"十二五"普通高等教育本科国家级规划教材

新工科建设·电子信息类精品教材

国家级本科一流课程配套教材

数字语音处理及 MATLAB 仿真
（第 3 版）

张雪英　主编

贾海蓉　李凤莲　副主编

电子工业出版社

Publishing House of Electronics Industry

北京·BEIJING

内 容 简 介

本书系统地阐述语音信号处理的原理、方法、技术和应用，同时给出部分内容对应的MATLAB程序。全书共14章，第1~7章是基本理论部分，包括绪论、语音信号的数字模型、语音信号短时时域分析、语音信号短时频域分析、语音信号倒谱分析、语音信号线性预测分析和矢量量化；第8~14章是应用部分，包括语音编码原理及应用、语音识别原理及应用、神经网络原理及应用、语音合成原理及应用、语音情感识别原理及应用、语音增强原理及应用、语音质量评价和可懂度评价。本书内容全面，重点突出，原理阐述深入浅出，注重理论与实际应用的结合，可读性强。

本书可作为高等院校电子信息工程、通信工程、自动化、计算机技术与应用等专业高年级本科生相关课程的教材，也可供从事语音信号处理研究的研究生和科研人员参考。

图书在版编目（CIP）数据

数字语音处理及MATLAB仿真 / 张雪英主编. -- 3版.

北京：电子工业出版社，2025. 5. -- ISBN 978-7-121
-50153-1

Ⅰ. TN912.3

中国国家版本馆CIP数据核字第2025XE9422号

责任编辑：凌　毅

印　　刷：三河市双峰印刷装订有限公司

装　　订：三河市双峰印刷装订有限公司

出版发行：电子工业出版社

　　　　　北京市海淀区万寿路173信箱　邮编：100036

开　　本：787×1 092　1/16　印张：19.75　字数：556千字

版　　次：2010年7月第1版

　　　　　2025年5月第3版

印　　次：2025年5月第1次印刷

定　　价：59.90元

凡所购买电子工业出版社图书有缺损问题，请向购买书店调换。若书店售缺，请与本社发行部联系，联系及邮购电话：（010）88254888，88258888。

质量投诉请发邮件至zlts@phei.com.cn，盗版侵权举报请发邮件至dbqq@phei.com.cn。

本书咨询联系方式：（010）88254528，lingyi@phei.com.cn。

前　言

本书第 1 版于 2010 年 7 月出版，以语音信号处理的基础理论为主；第 2 版于 2016 年 4 月出版，拓展了语音信号处理的应用部分，并增加习题，完善了实践内容。经过多年的使用，作者在教学过程中不断跟踪并总结教材的使用效果，结合了深度神经网络的优势及语音信号处理技术的发展趋势，对教材进行了修订和提升。本书第 3 版中适当增加了近几年的前沿知识，尤其是深度神经网络及其在语音信号处理中的应用。语音信号处理技术是目前人工智能领域的研究热点，本书从人工智能中语音信号的应用着手，使学生深刻理解专业技术推动科技发展、科技发展推动中国经济发展、科技和经济的强大代表着国力的强大，激发学生专业学习的责任感和爱国精神；同时，注重培养学生的科学思维和创新精神，使他们具有科学情怀和世界格局，成为社会主义事业的建设者和接班人。

该教材于 2012 年被评为"十二五"普通高等教育本科国家级规划教材，使用该教材的本科生课程"语音信号处理"于 2020 年获首批"国家级本科一流课程"，对该教材的进一步完善也是这门课程建设的内容之一。在保持第 2 版教材优点的基础上，第 3 版具有下列特点：

（1）符合科技发展的方向，内容更加全面，原理深入浅出，知识结构合理。

（2）更加突出新理论的应用案例呈现。不仅有基础的语音编码、语音合成、语音识别和语音增强的经典理论，而且进一步增加了用新型神经网络等新理论和方法对语音信号进行处理和应用的内容，可以激发学生进一步深入学习的兴趣，为学生未来成为满足社会需求的人工智能人才打下坚实的基础。

（3）教材知识结构合理，逻辑性强，易于理解。在总体结构上，该教材的第 1~7 章是基本理论，第 8~14 章是语音信号处理的应用部分，该部分增加了深度学习的内容，结构上先以深度神经网络的知识为基础，拓展到语音合成、语音识别、语音情感识别和语音增强的应用中，第 14 章阐述了语音的质量评价方法。

（4）教材内容上，保留了经典的基础理论，增加了人工智能领域应用的新理论，如深度神经网络及其在语音信号处理中的应用，同时加入目前热点研究的语音情感识别，拓展了语音处理的新领域。在原有 MATLAB 程序的基础上，增加了一些新程序，如 MFCC 的提取、LPC 基音检测、语音合成的基音同步叠加 PSOLA 算法等。

（5）教材适用面广。不仅适用于本科生作为教材，也适用于通信和信号处理方向的硕士研究生和博士研究生参考，同时可作为人工智能领域专业人才的参考书。希望教材的出版在人才培养方面能发挥一定作用：培养能用所学语音处理基础知识和应用技术解决工程问题的本科生，培养具有应用和科研能力的硕士生，培养具有科研创新性和交叉学科知识运用能力的博士生。

全书共 14 章，第 1 章是绪论，第 2 章是语音信号的数字模型，第 3 章是语音信号短时时域分析，第 4 章是语音信号短时频域分析，第 5 章是语音信号倒谱分析、第 6 章是语音信号线性预测分析，第 7 章是矢量量化，第 8 章是语音编码原理及应用，第 9 章是语音识别原理及应用，第 10 章是神经网络原理及应用，第 11 章是语音合成原理及应用，第 12 章是语音情感识别原理及应用，第 13 章是语音增强原理及应用，第 14 章是语音质量评价和可懂度评价。本书前 7 章可用作高等院校电子信息工程、通信工程、自动化、计算机技术与应用等专业本科生 32～40 学时的课程内容，后 8 章可作为本科生选学内容或研究生课程内容。

本书由张雪英教授任主编，贾海蓉教授、李凤莲教授任副主编，程永强教授、马建芬教授、白静教授、孙颖副教授、黄丽霞副教授、陈桂军副教授参编，具体编写分工如下：第 1 章由张雪英和贾海蓉编写，第 2、3、4、5、7 章由张雪英编写，第 6 章由李凤莲编写，第 8 章由程永强编写，第 9 章由白静编写，第 10 章由黄丽霞编写，第 11 章由陈桂军编写，第 12 章由孙颖编写，第 13 章由贾海蓉编写，第 14 章由马建芬编写，全书的统稿工作由张雪英和贾海蓉完成。在本书编写过程中，特别是 MATLAB 程序的调试过程中，得到了太原理工大学电子信息工程学院数字音视频技术研究中心的一些硕士生和博士生的帮助，在此表示衷心感谢。

本书配有**电子课件和 MATLAB 程序**，读者可以登录华信教育资源网（www.hxedu.com.cn）免费下载，也可到"学堂在线""中国大学 MOOC""山西省高校精品共享课程联盟""超星智慧校园网络教学平台"网站上获取更丰富的学习资源。本书中出现过的专业术语缩写英汉对照和程序索引可扫描下面的二维码查看：

专业术语缩写
英汉对照

本书程序
索引

由于作者水平有限，书中难免存在错误之处，敬请读者批评指正。

张雪英
2025 年 3 月

目　　录

第1章　绪论 ··· 1

1.1　语音信号处理的发展 ·· 1

　　1.1.1　语音合成 ··· 1

　　1.1.2　语音编码 ··· 2

　　1.1.3　语音识别 ··· 4

1.2　语音信号处理的应用 ·· 7

1.3　语音信号处理的过程 ·· 8

1.4　MATLAB 在数字语音信号处理中的应用 ·· 9

习题 1 ··· 10

第2章　语音信号的数字模型 ·· 11

2.1　语音的发声机理 ·· 11

　　2.1.1　人的发声器官 ··· 11

　　2.1.2　语音生成 ··· 12

2.2　语音的听觉机理 ·· 13

　　2.2.1　听觉器官 ··· 13

　　2.2.2　听觉掩蔽效应 ··· 14

　　2.2.3　临界带宽与频率群 ··· 15

　　2.2.4　耳蜗的信号处理机制 ·· 16

　　2.2.5　语音信号听觉模型 ··· 17

2.3　语音信号的数字模型 ·· 18

　　2.3.1　激励模型 ··· 18

　　2.3.2　声道模型 ··· 20

　　2.3.3　辐射模型 ··· 22

　　2.3.4　数字模型 ··· 22

　　2.3.5　模型局限性 ·· 23

习题 2 ··· 23

第3章　语音信号短时时域分析 ··· 24

3.1　语音信号的预处理 ··· 24

　　3.1.1　语音信号的预加重处理 ·· 24

　　3.1.2　语音信号的加窗处理 ·· 26

3.2　短时平均能量 ··· 29

3.3　短时平均幅度 ··· 32

3.4　短时平均过零率 ·· 34

3.5　短时自相关分析 ·· 36

　　　3.5.1　短时自相关函数 ·· 36

　　　3.5.2　语音信号的短时自相关函数 ···································· 36

　　　3.5.3　修正的短时自相关函数 ··· 41

　　　3.5.4　短时平均幅度差函数 ·· 44

　3.6　基于能量和过零率的语音端点检测 ··································· 45

　3.7　基音周期估值 ·· 47

　　　3.7.1　基于短时自相关法的基音周期估值 ·························· 47

　　　3.7.2　基于短时平均幅度差函数法的基音周期估值 ············· 51

　　　3.7.3　基音周期估值的后处理 ··· 53

　　　3.7.4　基音周期估值后处理的 MATLAB 实现 ······················ 54

　习题 3 ·· 57

第 4 章　语音信号短时频域分析 ·· 59

　4.1　傅里叶变换的解释 ··· 59

　　　4.1.1　短时傅里叶变换 ·· 59

　　　4.1.2　窗函数的作用 ·· 60

　4.2　滤波器的解释 ·· 65

　　　4.2.1　短时傅里叶变换的滤波器实现形式一 ······················ 65

　　　4.2.2　短时傅里叶变换的滤波器实现形式二 ······················ 66

　4.3　短时合成的两种方法 ·· 67

　　　4.3.1　短时合成的滤波器组相加法原理 ······························ 67

　　　4.3.2　短时合成的滤波器组相加法的 MATLAB 实现 ·············· 69

　　　4.3.3　短时合成的叠接相加法原理及其 MATLAB 实现 ··········· 75

　习题 4 ·· 78

第 5 章　语音信号倒谱分析 ·· 80

　5.1　复倒谱和倒谱的定义及性质 ·· 80

　　　5.1.1　定义 ··· 80

　　　5.1.2　复倒谱的性质 ·· 80

　5.2　语音信号倒谱分析及应用 ··· 83

　　　5.2.1　语音信号倒谱分析原理 ··· 83

　　　5.2.2　语音信号倒谱应用 ··· 85

　5.3　Mel 频率倒谱参数 ·· 91

　　　5.3.1　Mel 频率滤波器组 ··· 91

　　　5.3.2　MFCC 提取 ·· 93

　　　5.3.3　MFCC 提取的 MATLAB 实现 ·································· 94

　习题 5 ·· 95

第 6 章　语音信号线性预测分析 ·· 97

　6.1　LPC 的基本原理 ·· 97

　　　6.1.1　LPC 的实现方法 ··· 97

　　　6.1.2　语音信号模型和 LPC 之间的关系 ···························· 99

6.1.3 模型增益 G 的确定 ······ 100

6.2 LPC 系数的解法 ······ 101
   6.2.1 自相关法 ······ 101
   6.2.2 协方差法 ······ 102
   6.2.3 自相关法的 MATLAB 实现 ······ 103

6.3 线谱对（LSP）分析 ······ 104
   6.3.1 LSP 的定义和特点 ······ 105
   6.3.2 LPC 系数到 LSP 系数的转换及 MATLAB 实现 ······ 108
   6.3.3 LSP 系数到 LPC 系数的转换及 MATLAB 实现 ······ 111

6.4 LPC 的几种推演参数 ······ 113
   6.4.1 反射系数 ······ 113
   6.4.2 对数面积比（LAR）系数 ······ 113
   6.4.3 预测器多项式的根 ······ 114
   6.4.4 预测误差滤波器的冲激响应及其自相关函数 ······ 114

6.5 LPC 的两个应用实例 ······ 114
   6.5.1 LPC 倒谱及 MATLAB 实现 ······ 115
   6.5.2 LPC 基音周期检测及 MATLAB 实现 ······ 117

习题 6 ······ 124

第 7 章 矢量量化 ······ 126

7.1 矢量量化基本原理 ······ 127
   7.1.1 矢量量化的定义 ······ 127
   7.1.2 失真测度 ······ 128
   7.1.3 矢量量化器 ······ 129

7.2 最佳矢量量化器 ······ 130

7.3 矢量量化器的设计算法及 MATLAB 实现 ······ 131
   7.3.1 LBG 算法 ······ 131
   7.3.2 初始码书的选取与空胞腔的处理 ······ 133
   7.3.3 已知训练序列的 LBG 算法的 MATLAB 实现 ······ 134
   7.3.4 树形搜索矢量量化器 ······ 136

习题 7 ······ 139

第 8 章 语音编码原理及应用 ······ 140

8.1 语音编码的分类及特性 ······ 140
   8.1.1 波形编码 ······ 140
   8.1.2 参数编码 ······ 141
   8.1.3 混合编码 ······ 141

8.2 语音编码性能的评价指标 ······ 141
   8.2.1 编码速率 ······ 141
   8.2.2 编码语音质量评价 ······ 142
   8.2.3 编解码延时 ······ 142
   8.2.4 算法复杂度 ······ 142

8.3　语音信号波形编码 ·· 143
　　8.3.1　脉冲编码调制（PCM） ··· 143
　　8.3.2　自适应预测编码（APC） ·· 147
　　8.3.3　G.721 标准及算法实现 ·· 149
8.4　语音信号参数编码 ·· 161
　　8.4.1　LPC 声码器原理 ·· 161
　　8.4.2　LPC-10 声码器 ·· 162
8.5　语音信号混合编码 ·· 165
　　8.5.1　合成分析技术和感觉加权滤波器 ··· 165
　　8.5.2　激励模型的演变 ·· 167
　　8.5.3　G.728 标准简介 ·· 167
8.6　语音信号宽带变速率编码 ·· 168
习题 8 ··· 169

第 9 章　语音识别原理及应用 ·· 170
9.1　语音识别系统概述 ·· 170
　　9.1.1　语音信号预处理 ·· 170
　　9.1.2　语音识别特征提取 ·· 171
　　9.1.3　语音训练识别网络 ·· 172
9.2　支持向量机在语音识别中的应用 ·· 175
　　9.2.1　支持向量机分类原理 ·· 175
　　9.2.2　支持向量机的模型参数选择问题 ··· 180
　　9.2.3　支持向量机用于语音识别的 MATLAB 实现 ···························· 181
习题 9 ··· 185

第 10 章　神经网络原理及应用 ·· 186
10.1　人工神经网络 ·· 186
　　10.1.1　神经元 ··· 186
　　10.1.2　神经网络的分类 ··· 187
10.2　深度神经网络 ·· 188
　　10.2.1　深度学习 ·· 188
　　10.2.2　卷积神经网络 ·· 189
　　10.2.3　长短时记忆（LSTM）网络 ·· 190
10.3　神经网络在语音信号处理中的应用 ·· 191
　　10.3.1　RBF 网络在语音识别中的应用及 MATLAB 实现 ···················· 191
　　10.3.2　SOFM 网络在语音编码中的应用及 MATLAB 实现 ················· 197
　　10.3.3　深度神经网络在语音识别中的应用 ·· 200
习题 10 ·· 202

第 11 章　语音合成原理及应用 ·· 203
11.1　语音合成系统概述 ··· 203
　　11.1.1　文本分析 ·· 204

　　11.1.2　韵律控制 ··· 206

　　11.1.3　语音合成方法 ··· 206

11.2　传统语音合成 ··· 207

　　11.2.1　共振峰合成 ·· 208

　　11.2.2　线性预测分析合成 ··· 210

　　11.2.3　基音同步叠加 ··· 212

　　11.2.4　统计参数语音合成 ··· 219

11.3　基于深度学习的端到端语音合成 ··· 223

　　11.3.1　基于 WaveNet 的语音合成 ·· 223

　　11.3.2　基于 FastSpeech 的语音合成 ··· 225

习题 11 ··· 226

第 12 章　语音情感识别原理及应用 ··· 227

12.1　情感的划分 ·· 227

　　12.1.1　离散情感划分 ·· 227

　　12.1.2　情感维度空间 ·· 228

　　12.1.3　其他情感模型 ·· 231

12.2　情感语音数据库 ·· 232

　　12.2.1　情感语音数据库建立原则与方法 ······································ 232

　　12.2.2　常用情感语音数据库 ·· 233

12.3　语音情感特征及识别模型的应用 ··· 234

　　12.3.1　传统语音情感特征 ·· 234

　　12.3.2　基于经验模态分解的特征 ··· 238

　　12.3.3　语音情感的非线性特征 ·· 242

　　12.3.4　深度神经网络在语音情感识别中的应用 ······························ 249

习题 12 ··· 251

第 13 章　语音增强原理及应用 ··· 252

13.1　语音特性和数据库 ··· 252

　　13.1.1　语音和噪声的主要特性 ·· 252

　　13.1.2　语音和噪声数据库 ·· 253

13.2　语音增强算法的分类 ·· 254

　　13.2.1　无监督语音增强算法 ·· 254

　　13.2.2　有监督语音增强算法 ·· 255

13.3　传统语音增强算法及 MATLAB 实现 ··· 257

　　13.3.1　谱减法 ·· 257

　　13.3.2　维纳滤波法 ·· 260

　　13.3.3　最小均方误差法 ··· 263

13.4　基于深度学习的语音增强算法 ·· 266

　　13.4.1　基于卷积神经网络的语音增强 ·· 267

　　13.4.2　基于长短期记忆网络的语音增强 ······································· 273

　　13.4.3　基于生成对抗网络的语音增强 ·· 275

习题 13 ··· 278

第 14 章　语音质量评价和可懂度评价 ·· 279

　14.1　语音质量与可懂度 ··· 279

　14.2　语音质量的主观评价方法 ··· 279

　14.3　语音可懂度的主观评价方法 ··· 281

　14.4　语音质量客观评价方法 ··· 283

　　14.4.1　时域和频域分段信噪比方法及 MATLAB 实现 ················· 283

　　14.4.2　基于 LPC 客观评价方法及 MATLAB 实现 ···················· 287

　　14.4.3　语音质量的感知（PESQ）评价方法及 MATLAB 实现 ·········· 290

　14.5　语音可懂度客观评价方法 ··· 294

　　14.5.1　频域加权分段信噪比评价方法及 MATLAB 实现 ··············· 294

　　14.5.2　归一化协方差（NCM）评价方法及 MATLAB 实现 ············· 298

　习题 14 ·· 301

参考文献 ··· 302

第1章 绪　论

语言是人类交换信息最方便、最快捷的一种方式，语音则是语言的声学表现形式，语音信号处理是语音学与数字信号处理技术相结合产生的一门综合性较强的新兴交叉学科。它和认知科学、心理学、语言学、计算机科学、模式识别和人工智能等学科有着紧密的联系。语音信号处理的发展依赖并推动着这些学科的发展和进步。

在高度发达的信息社会中，用数字化的方法进行语音的传送、存储、识别、合成和增强等是整个数字化通信网中最重要、最基本的组成部分之一。数字电话通信、高音质的窄带语音通信系统、语言学习机、声控打字机、自动翻译机、智能机器人、新一代计算机语音智能终端等，都要用到语音信号处理技术，随着集成电路、微电子技术和大模型的飞速发展，语音信号处理系统已经走向实用化和智能化。

语音信号处理的目的是要得到某些语音特征参数以便高效地传输或存储；或者是通过某种处理运算以达到某种用途的要求，例如人工合成语音、辨识出讲话者、识别出讲话的内容等。

随着现代科学和计算机技术的发展，除人与人之间的自然语言的通信方式外，人机对话及智能机器等领域也广泛使用语言。这些人工语言同样有词汇、语法、语法结构和语义内容等。控制论创始人维纳在 1950 年就曾指出：通常，我们把语言仅仅看作人与人之间的通信手段，但是，要使人向机器、机器向人及机器向机器讲话，那也是完全办得到的。目前，这已变成智能语音处理中随处可见的现实。通常认为，语音信息的交换大致上可以分为 3 大类：

① 人与人之间的语言通信，包括语音压缩与编码、语音增强等；

② 第一类人机语言通信问题，指的是机器讲话、人听话的研究，即语音合成；

③ 第二类人机语言通信问题，指的是人讲话、机器听话的情况，即语音识别和理解。

开展语音编码、语音识别及语音合成等应用领域的研究构成了语音信号处理技术的主要研究内容，同时为我国人工智能的发展提供技术基础。

1.1　语音信号处理的发展

1.1.1　语音合成

语音合成的目的主要是让计算机能够产生高清晰度、高自然度的连续语音。计算机语音合成系统又称为文语转换（TTS）系统。其主要功能是把文本文件通过一定的软硬件转换后由计算机或其他语音系统输出语音，并尽量使合成的语音有较高的可理解度和自然度。

语音合成是智能人机语音交互领域的一个重要研究方向，国内外对语音合成技术的研究可追溯到 18 世纪，并经历了从机械装置合成、电子器件合成到基于计算机技术的语音合成的漫长发展过程。

1835 年，由 W.von Kempelen 发明经 Weston 改进的机械式会讲话的机器，完全模仿人的发音生理过程，分别用风箱、特别设计的哨和软管来模拟肺部的空气动力、模拟口腔。而最早的电子式语音合成器是 1939 年 Homer Dudley 发明的声码器，它不是简单地模拟人的发音生理过程，而是通过电子线路来实现基于语音产生的源-滤波器理论。

近代语音合成技术真正具有实用意义，始于计算机技术和数字信号处理技术的发展。在语音合成技术的发展中，早期的研究主要是采用参数合成方法。但是，由于准确提取语音共振峰参数比较困难，故整体合成语音的音质难以达到 TTS 系统的实用要求。

自 20 世纪 80 年代末期至今，语音合成技术有了新的进展，特别是 1990 年提出的基音同步叠加（PSOLA）方法，使基于时域波形拼接方法合成的语音的音色和自然度大大提高，且合成器结构简单，易于实时实现。

20 世纪末期，一种基于大语料库的单元挑选与波形拼接合成技术的语音合成方法成为研究热点。该方法的优点是可以保持原始发音人的音质，实现高自然度的语音合成。但缺点是需要大规模的语音库支撑。随着语音信号统计建模方法的日益成熟，基于统计声学建模的语音合成方法被提出并逐渐成为近年来新的语音合成研究主流。它将参数语音合成技术推到了一个新的发展阶段。由于此方法可以实现系统的自动训练与构建，所以又被称为可训练的语音合成。

目前，语音合成的发展方向及研究热点主要集中在基于大规模预训练模型的语音合成、多模态融合语音合成及用于情感计算和跨语言的语音合成等方面。其中，基于大规模预训练模型的语音合成，如 OpenAI 的 DALL-E、ChatGPT 的语音版本等，通过在庞大的语音和文本数据集上进行预训练，显著提升了语音合成的自然度和灵活性。此类模型不仅能生成高质量的语音，还能跨模态生成语音，与图像、文本等其他数据类型结合，实现多模态内容的自然输出。多模态融合语音合成逐渐成为一个重要的研究热点，这种技术结合视觉、语音、触觉等多种感官信号，创建更为沉浸式的交互体验。例如，结合视觉信号的语音合成可以同步生成与语音匹配的面部表情和唇部运动，从而提升虚拟形象的真实感和亲和力。此外，这种技术在虚拟现实（VR）和增强现实（AR）中也得到了显著发展，推动了更为自然的沉浸式体验。

在情感计算和跨语言的语音合成方面，近年来的研究注重在语音合成中准确传达情感、意图和文化背景。例如，通过情感嵌入模型，合成的语音可以传达出不同的情感状态，如愤怒、喜悦、悲伤等，从而增强人机交互的表现力。同时，跨语言语音合成技术得到了加强，这种技术可以在不牺牲语音自然度的情况下，实现不同语言间的无缝转换，对全球化的内容创作和跨文化沟通具有重要意义。

现阶段语音合成的最大进展是生成模型的革命性进步，特别是基于 Transformer 和扩散模型的应用，这些技术使得实时生成高度自然的语音成为可能。当前的语音合成系统已经能够在保持高保真度的同时，生成具有丰富情感、复杂语调及多语言支持的语音输出。尤其在个性化和情感化语音合成领域，技术的进步使得虚拟助手、智能音箱、社交机器人等设备能够以更加人性化的方式与用户互动。此外，随着技术的进步，语音合成的应用场景也在不断扩大，涵盖从虚拟内容创作、语音翻译到医疗康复等众多领域。

1.1.2 语音编码

随着移动通信与互联网的飞速发展，语音通信技术也在不断地进行更新并与之相融合，频率资源也愈发显得宝贵。因此，压缩语音信号的传输带宽或降低电话信道的传输码率，一直是人们追求的目标，在实现这一目标中，语音压缩编码技术扮演着重要角色。语音编码理论与技术在有线与无线电话的窄带语音信号、会议电视的宽带语音信号、数字高清电视和高保真音乐音频信号等领域已经有广泛的应用。语音编码算法研究是通信产业的重要支柱。

语音编码的目的是在保证一定语音质量的前提下，尽可能降低编码比特率，以节省频率资源。语音编码技术的研究始于 1939 年军事保密通信的需要，贝尔实验室的 Homer Dudley 提出并实现了在低带宽电话电报电缆上传输语音信号的通道声码器，它成为语音编码技术的鼻祖。国际电信联盟（ITU-T，原 CCITT）于 1972 年发布了 64kbit/s 脉冲编码调制（PCM）语音编码算法的 G.711 建议，它被广泛应用于数字通信、数字交换机等领域，从而占据统治地位。1980 年美国政府公布了一种 2.4kbit/s 的线性预测编码标准算法 LPC-10，这使得在普通电话带宽中传输数字电话成为可能。ITU-T 于 20 世纪 80 年代初着手研究低于 64kbit/s 的非 PCM 编码算法，并于 1984 年通过了 32kbit/s ADPCM 语音编码算法的 G.721 建议，它不仅可以达到与 PCM 相同的语音质量，而且具有更优良的抗误码性能。1988 年美国又公布了一个 4.8kbit/s 的码激励线性预测（CELP）编码算法。与此同时，欧洲推出了一个 16kbit/s 的规则脉冲激励线性预测（RPE-LPC）编码算法。这些算法的语音质量都能达到较高的水平，大大超过 LPC 声码器的质量。20 世纪 90 年代，随着因特网在全球范围的兴起，人们对能在网络上传输语音的 VoIP 技术兴趣大增，由此，IP 分组语音通信技术获得了突破性进展和实际应用。ITU-T 于 1992 年公布了 16kbit/s 低延迟码激励线性预测（LD-CELP）编码的 G.728 建议。它以较小的延迟、较低的速率、较高的性能在实际中得到广泛的应用，成为分组化语音通信的可选算法之一。1996 年 ITU-T 发布了码率为 5.3/6.4kbit/s 的 G.723.1 标准。1995 年 11 月 ITU-T 通过了共轭代数码激励线性预测（CS-ACELP）的 8kbit/s 语音编码 G.729 建议，并于 1996 年 6 月通过 G.729 建议的附件 A（减少复杂度的 8kbit/s CS-ACELP 语音编解码器）。以上这几种语音编码算法也成为分组化语音通信的可选算法。

20 世纪 90 年代中期到现在，变速率语音编码和宽带语音编码得到了迅速发展，不断有新的国际标准和地区标准公布。应用于第三代移动通信的变速率语音编码主要有可变速率码激励线性预测（QCELP）、增强型变速率编码器（EVRC）、自适应多速率（AMR）编码器、自适应多速率宽带（AMR-WB）编码器、可选模式声码器（SMV）和变速率多模式宽带（VMR-WB）编码器等。宽带语音的发展也经历了一个过程，1988 年 ITU-T 通过了第一个宽带语音编码器标准 G.722，该标准基于子带自适应差分脉码调制（SB-ADPCM）编码原理，速率为 64kbit/s、56kbit/s 和 48kbit/s。宽带语音编码器的合成语音更自然，非常适合应用到电视电话会议中。1999 年 ITU-T 公布了新的宽带语音编码标准 G.722.1，降低了编码速率（24kbit/s 和 32kbit/s）。2002 年 ITU-T 在对以往宽带语音编码算法改进的基础上提出 G.722.2 标准，由 9 种速率的语音模式组成，编码速率较低，而且可以根据无线环境和本地容量需求动态选择。2006 年人们又提出了一类应用于 16kHz 采样宽带信号的嵌入式语音编码算法，如 ITU-T 的 G.729.1 标准以及宽带嵌入式变速率语音编码 G.EV-VBR 的提案。G.EV-VBR 提案已于 2008 年 6 月正式标准化并命名为 G.718。G.718 是宽带嵌入式变速率语音编码算法，可以处理 8kHz 及 16kHz 采样的语音信号及音频信号，码率范围为 8~32kbit/s。编码器由 5 层组成，高层比特流的丢失不会影响底层解码。编码器中的核心层内嵌了 AMR-WB12.65kbit/s 编码模式。在低码率时，可提供高性能的语音编码质量，且对主要编码速率的帧擦除及包丢失提高了鲁棒性；在码率高时，可产生高质量的音频信号。

AMR-WB+是 AMR-WB 的升级版，可以和 AMR-WB 兼容。2004 年 9 月由 ETSI/3GPP 标准化，采样速率为 6～48kbit/s。其中立体声的采样速率是 8～48kbit/s，非立体声的采样速率是 6～36kbit/s，这使得它的语音带宽更宽，接近 CD 的语音品质。为了满足移动音频服务的需求，AMR-WB+和 E-AAC+编码算法被 3GPP 选作可以满足多媒体服务规范的编码标准。LTE（Long Term Evolution，长期演进）被定义为 4G 标准的基础，并引入了 EVS（Enhanced Voice

Service）编解码器，它继承了 AMR-WB+的许多优势，并在此基础上增加了更广的带宽支持，提升了语音和音乐的质量。EVS 是专门为 VoLTE（Voice over LTE）设计的，支持更广泛的频率范围，包括窄带、宽带、超宽带（50Hz～16kHz）和全带宽（20kHz）。EVS 支持从 5.9kbit/s 到 128kbit/s 的多种码率，能够根据网络状况和语音活动自适应调整；能够在不增加带宽的情况下提供更好的语音质量；具有更强的抗丢包能力，非常适合 4G 网络的语音传输。EVS 仍然是 5G 中的主要语音编码技术，结合了低密度奇偶校验码（Low-Density Parity-Check Code，LDPC）和极化码（Polar Code），在理想条件下，5G 技术的理论峰值速率可以达到 10Gbit/s 甚至更高。这是在使用大带宽（如 100MHz 或更高频率段）、高阶 MIMO 技术及高效编码方案（如 LDPC 和极化码）的情况下实现的。对于实际用户，速率会受到多种因素的影响，如用户密度、信号干扰、网络负载等。一般来说，实际体验速率在 100Mkbit/s 至 1Gkbit/s 之间。6G 技术在编码上比 5G 的优势在于使用自适应与智能化编码、超大规模 MIMO 与新型调制编码结合、量子编码技术和超密集网络中的先进编码。6G 技术是下一代移动通信技术的研究热点，预计将在 2030 年前后正式推出。

目前，语音编码技术的研究方向主要聚焦在两个方面：其一是利用神经网络和深度学习的强大能力，在极低比特率下实现高质量的语音重建；其二是提升现有低比特率编码方案的实际应用性能，特别是在抗干扰、抗噪声、实时性等方面的增强。与之前相比，如今的研究重心已从中低速率的优化转向如何在更低速率（如 1~2kbit/s，甚至更低）下实现短延时、高质量的语音重建。尤其是生成对抗网络（GAN）和向量量化变分自编码器（VQ-VAE）等模型，已经在更低比特率下展现了超越传统方法的显著优势。

除了低比特率编码算法的优化，近年来的研究还致力于通过神经网络和深度学习技术来挖掘人类听觉对失真和噪声的容忍度。例如，生成对抗网络通过建模人耳的感知机制来提升语音质量，自适应的时频分析技术可以根据具体应用场景优化编码效果。这使得语音编码系统能够在低带宽环境下，例如智能语音助手、远程通信和会议系统中，保持高效和高质量的语音传输。

1.1.3　语音识别

语音识别技术以语音信号为研究对象，涉及语言学、计算机科学、信号处理、生理学及心理学等诸多领域，是模式识别的重要分支。

与机器进行语音交流，让机器明白你说什么，这是人机交互的前提。而语音识别技术就是让机器通过识别和理解过程把语音信号转变为相应的文本或命令的技术。由于语音本身所固有的难度，让机器识别语音的困难在某种程度上就像一个外语不好的人听外国人讲话一样，这和不同的说话人、不同的说话速度、不同的说话内容及不同的环境条件有关。语音信号本身的特点造成了语音识别的困难，这些特点包括多变性、动态性、瞬时性和连续性等。根据在不同限制条件下的研究任务，产生了不同的研究领域。这些领域包括：①根据对说话人说话方式的要求，可以分为孤立字语音识别系统、连接字语音识别系统及连续语音识别系统；②根据对说话人的依赖程度，可以分为特定人和非特定人语音识别系统；③根据词汇量大小，可以分为小词汇量、中等词汇量、大词汇量及无限词汇量语音识别系统。

语音识别的研究工作始于 20 世纪 50 年代贝尔实验室的 Audry 系统，它是第一个可以识别 10 个英文数字的特定人孤立数字语音识别系统。

语音识别的研究真正取得实质性进展，并将其作为一个重要的课题开展则是在 20 世纪 60 年代末。这一时期，日本的东京无线电研究实验室、京都大学和 NEC 实验室都制作了能够进行语音识别的专用硬件，对语音识别领域进行了开拓性的研究工作。而在世界范围内，有关语音识别的 3 个关键项目的启动，对以后语音识别的研究和发展产生了深远的影响。首先是 RCA 实验室的 Martin 为解决语音事件时间尺度的非均匀性，以便能可靠地检测到语音的起始点和终止点，提出了一组基本的时间归一化方法，有效地减小了识别结果的可变性；其次是苏联的 Vintsyuk 提出了使用动态规划方法，对一组语音在时间上进行校准；最后是 Carnegie Mellon 大学的 Reddy 通过对音素的动态跟踪，对连续语音识别方法做了开创性的研究工作，并促成了一项后来获得巨大成功的连续语音研究计划。这一时期的重要成果除提出动态规划（DP）方法外，还有线性预测编码（LPC）分析技术，该技术较好地解决了语音信号产生模型的问题，对整个语音识别、语音合成、语音分析、语音编码的研究发展产生了深远影响。

20 世纪 70 年代，语音识别领域取得了突破性进展。在理论上，LPC 技术得到进一步发展，动态时间弯折（DTW）技术基本成熟，特别是提出了矢量量化（VQ）和隐马尔可夫模型（HMM）理论。在实践上，首先在孤立词识别方面，日本学者 Sakoe 给出了使用动态规划（DP）方法进行语音识别的途径——DP 算法。DP 算法是把时间规整和距离测度计算结合起来的一种非线性规整技术，这是语音识别中一种非常成功的匹配算法，并在小词汇量中获得了成功，进而掀起了语音识别的研究热潮。另外，学者 Itakura 基于语音编码中广泛使用的 LPC 技术，通过定义基于 LPC 频谱参数的合适的距离测度，成功将其应用到语音识别中。同时，以 IBM 公司为首的一些语音研究单位开始了有关大词汇量语音识别的长期的、庞大的研究计划，贝尔实验室也开始进行一系列旨在完成真正非特定人识别系统的实验，这些项目在开展过程中都获得了极具价值的研究成果。

20 世纪 80 年代初，Linda、Buzo、Gray 等人解决了矢量量化码本生成的方法，并将矢量量化成功地应用到语音编码中，从此矢量量化技术很快被推广应用到其他领域。

同时，语音识别研究进一步走向深入，出现了大量的连续语音识别算法，如 NEC 公司提出的二层动态规划算法，贝尔实验室的 Myers、Rabiner 和 Lee 等人提出的分层构造算法，以及帧同步分层构造算法等。20 世纪 80 年代中后期，语音识别研究所用的技术方法发生了变化：识别算法开始从模式匹配技术转向基于统计模型的技术，更多地追求从整体统计的角度来建立最佳的语音识别系统。HMM 技术就是其中的一项典型技术。随着对 HMM 技术的深入研究和在语音识别中的需要，许多新的算法随之产生，如估计、平滑、外插、建立时间模型、自适应等，使得这一技术在语音识别中有了更深入的应用。到目前为止，HMM 方法仍然是语音识别研究中的主流方法，并使得大词汇量连续语音识别系统的开发成为可能。20 世纪 80 年代末，美国卡内基梅隆大学用 VQ/HMM 实现了 997 个词的非特定人连续语音识别系统 SPHINX 成为世界上第一个高性能的非特定人、大词汇量、连续语音识别系统。这些研究开创了语音识别的新时代。

20 世纪 80 年代中期重新开始的人工神经网络（ANN）研究，也给语音识别带来一些新的生机。由于 ANN 具有自组织和自动学习各种复杂分类边界的能力，以及很强的区分能力，使它特别适用于语音识别这一特殊的分类问题。人们将 ANN 和 HMM 在同一语音识别系统中结合使用，即由 ANN 完成静态的模式分类问题，而用 HMM 甚至传统的 DP 来完成时间对准问题。这种做法可行且有效，并使 ANN 比较容易地用于连续语音识别问题。

进入 20 世纪 90 年代，随着多媒体时代的来临，迫切要求语音识别系统从实验室走向实用。20 世纪 90 年代初期，开始出现孤立语音的英文听写机系统。1997 年开始出现基于说话人自适应的连续语音听写系统，并达到一定的实用化程度。从语音识别的进展来看，国际上孤立词识别系统已经扩大到数万个，特定说话人或非特定说话人的连续语音识别系统已达到了很高的识别率。从研究领域来看，在连续语音中识别关键词的研究以及多种语言之间的自动翻译、语音检索等已成为比较热门的课题。随着网络技术和语音研究工作的迅速发展，出现了语种识别技术、基于语音的情感技术、嵌入式语音识别技术等一些新的研究方向。

在国内，语音识别的研究工作起步于 20 世纪 50 年代，但是除中科院声学所外，大多数单位是 20 世纪 70 年代末及 80 年代初才开始的。到 20 世纪 80 年代末，以汉语全音节识别为主攻方向的研究已经取得相当大的进展，一些汉语输入系统已向实用化迈进。20 世纪 90 年代初，在"八五""九五"国家科技攻关计划，国家自然科学基金，国家 863 计划等的支持下，我国在中文语音技术的基础研究方面也取得了一系列成果。清华大学与中科院自动化所等单位在汉语听写机原理样机的研制方面开展了卓有成效的研究。北京大学在说话人识别方面也做了很好的研究。近些年，在我国科研人员长期艰苦努力下，我国在语音技术研究和原型系统开发方面达到了世界级水平，取得了显著的成果。在中科院自动化所模式识别国家重点实验室，汉语非特定人、连续语音听写机系统的普通话系统，其错误率可以控制在 10%以内，并具有非常好的自适应功能。尤其是在国内外首创研究开发了汉语自然口语的人机对话系统和汉语到日语、英语的直接语音翻译系统，为未来发展民族化的语音产业打下了非常坚实的技术基础。近年来，我国语音识别技术的研究已取得了令人瞩目的成绩，其基础研究涉及汉语语音学、听觉模型、深度神经网络、自监督学习、小波变换、分形维数和支持向量机等理论，其研究成果必将推动我国语音识别技术研究迈上新台阶。

当前，国际上的一些跨国公司也纷纷涉足中文语音识别技术。Facebook、IBM、微软都把包括中文语音识别技术在内的综合性中文智能平台的研究开发列为重点。Facebook AI Research 推出了基于自监督学习和对比学习方法的 Wav2Vec 2.0 模型，它可以识别中文、英文在内的世界上大部分主流语言，并且显著提升了语音识别的精度；微软的 Azure Speech 服务包括中文语音识别功能，它提供实时语音转文本、批量转录和自定义模型训练；IBM Watson 的语音识别服务同样支持中文语音转文本。这些公司在中文语音识别技术的研究和开发中取得了显著进展，涵盖了从实时语音转文本、语音翻译到虚拟助手等多个应用领域，这些成果的取得使人们看到了语音识别更美好的前景。

语音情感识别是语音识别领域的一个重要分支。2000 年，在芬兰召开的国际会议 ISCA Workshop on Speech and Emotion，首次将大批情感识别方向的研究者聚在一起。近年来，逐渐涌现出与语音情感识别方向相关的主题会议和期刊，同时大批的大学和科研机构开始投身于语音情感的识别研究中，其中国外研究机构包括麻省理工大学以 R.Picard 为首的多媒体研究实验室；R.Cowie 和 E.Douglas.Cowie 领导的贝尔法斯特女王大学的语音情感小组；慕尼黑工业大学 B.Schuller 建立的人机语音交互小组等。而国内对语音情感识别研究始于 21 世纪初，其中比较著名的大学和研究机构包括清华大学、东南大学、浙江大学、太原理工大学和中国科学院的大批语音情感研究团队等。

语音情感识别的基本问题是寻找能有效表征语音中情感成分的特征参数并建立有效的特征参数和情感类别间的映射模型。在早期阶段，研究者们主要关注使用基于声学特征的传统机器学习方法并结合统计模型，如高斯混合模型（GMM）、隐马尔可夫模型（HMM）、K 最近邻算法（KNN）、支持向量机（SVM）等，用以情感分类。后来随着深度学习技术的发展，研究者开始探索使用卷积神经网络（CNN）、长短时记忆网络（LSTM）、基于注意力机制的模型（Transformer）等来提取更丰富、更高级的特征，并在情感识别中取得了显著的进展。同时，研究者们也在利用更大规模的语音数据集进行训练，提高了情感识别模型的准确性与泛化性。基于语音情感特征选取及深度学习模型建立已经取得了一系列的成果，并且有非常广阔的市场与应用前景，而如何利用深度学习网络来提高语音情感识别的准确度已经成为该领域的研究方向之一。

1.2 语音信号处理的应用

语音信号处理技术是计算机智能接口与人机交互的重要手段之一。从目前和整个信息社会发展趋势看，语音信号处理技术有很多应用。语音信号处理技术包括语音识别、说话人的鉴别和确认、语种的鉴别和确认、关键词检测和确认、语音合成、语音编码等，但其中最具有挑战性和最富有应用前景的为语音识别技术。

对于说话人识别技术，近年来已经在安全加密、银行信息电话查询服务等方面得到了很好的应用。此外，说话人识别技术也在公安机关破案和法庭取证方面发挥着重要作用。

对于语音识别技术，在一些应用领域中正成为关键的竞争性技术。比如：具有语音接口的计算机可以改变人们目前对计算机的操作方式，引起操作系统的革命，具有听写功能的计算机将给办公自动化带来重大的变革，同时使某些非拼音文字（如汉语）的计算机输入不再是一种需要专门训练的技能；在通信方面则可实现两种语言间的直接通信，即通过"语音识别—机器翻译—语音合成"将一种语言直接转换成另一种语言；可以使用户通过语音直接检索数据库，既经济又迅速；在一些特殊行业，如飞机、汽车或者高铁驾驶员在高速行驶中进行电话拨号或发布命令。基于语音识别技术的发音错误识别系统，可对受训者外语学习过程中的发音进行培训，为学生的硬件（如嘴）和软件（大脑）提供重新锻炼机会，使他们从汉语发音习惯到英语发音，并且纠正他们的发音，增强其说外语的能力。21 世纪是"数字化生存"的时代，语音识别技术将是数字化生存的重要标志之一，它将改变人们学习、工作和生活娱乐的方式。

就语音合成而言，该技术已经在许多方面得到了实际的应用并发挥了很大的社会作用，其中最主要的是用于计算机口语输出，即制造一种会说话的机器，并最终与语音识别技术相结合形成全新的人机对话系统。例如，公共汽车上的自动报站、各种场合的自动报时/自动报警、智能手机查询服务和各种文本校对中的语音提示等。在智能电话查询系统中，采用语音合成技术可以弥补以往通过电话进行静态查询的不足，满足海量数据和动态查询的需求；在汽车导航中，可提供实时的导航信息播报，此外还能够给语言沟通障碍人士提供辅助沟通方式。

对于语音编码而言，随着人类社会信息化进程的加快，语音编码技术也正在迅速发展，在移动通信、卫星通信、军事保密通信、信息高速公路和 IP 电话通信中得到了广泛应用。例如，低速率语音编码技术解决了信道容量问题。光纤通信技术使有线通信的信道容量得到了缓解，但对于信道价格昂贵的卫星通信及线路铺设艰难的边远山区通信，仍希望能在现有信道上得到更大的通信容量。由于数字加密技术具有高度可靠性，一般在军事保密通信中采用低速率语音编码器，以便对经过压缩编码后的语音数据进行加密处理，然后在窄带信道上进行传输。目前语音编码的算法发展较快，其应用范围也相当广泛，除上述应用外，未来的卫星通信、移动通信、微波接力通信和信息高速公路等都将采用低速率语音编码技术。

随着信息技术的不断发展，尤其是网络技术的日益普及和完善，语音信号处理技术正发挥着越来越重要的作用，并且出现了一些新的方向。

① 基于语音的信息检索。随着语音助手和智能设备的普及，用户对通过语音进行信息查询的需求不断增加。研究重点已从简单的关键词匹配扩展到更复杂的语义理解和上下文处理上。

② 基于语音识别的广播新闻的自动文摘技术。由于深度学习和自然语言处理（NLP）技

术的进步，自动文摘技术的效果和准确性得到提高。现有的自动文摘技术在广播新闻发挥着重要作用。

③ 语音个性化服务。通过大数据和机器学习技术，智能语音助手能够根据用户的个性化需求提供定制化的服务，如根据用户的喜好推荐音乐、电影等，或根据用户的日程安排提醒重要的会议或活动。

④ 语音训练与校正技术也是近年来语音信号处理的一个重要方向。现在越来越多的人希望掌握其他非母语语言，以便进行交流。因此语言学习机已成为当今外语学习者的有利工具。

⑤ 多语言自动语音识别（ASR）模型。未来的智能语音技术将支持多语言识别，使得开发人员能够构建出能够理解任意语言的应用程序，从而真正实现全球范围内的语音识别应用。

⑥ 基于语音的情感处理研究。在人与人的交流中，除语音信息外，非语音信息也起着重要的作用。为了使人机交流更自然、更人性化，基于语音的情感处理研究也是非常必要的。

⑦ 基于压缩感知理论的语音信号处理技术研究。语音信号具有稀疏性或可压缩性，压缩感知理论的核心思想是边压缩边采样，基于压缩感知实现低速率无失真地采样，便于语音信号的采样、存储、传输和处理。语音压缩感知技术可用于语音编码、识别及语音增强等，是近年的研究热点。

⑧ 多模态交互。除语音交互外，智能语音助手还支持手势、面部表情等多种交互方式，使用户能够更便捷地表达自己的需求，同时提高了响应速度和准确性。

⑨ 自然语言处理的提升。随着深度学习技术的发展，智能语音助手的自然语言处理能力得到了显著提升。它能够更准确地理解用户的意图，并生成更加自然、流畅的回应，使用户体验更加人性化。

⑩ 多语种的语音合成，即使用单一说话者的声音合成多种语言的语音。这种技术使得一个说话者可以用自己的声音说出多种语言的内容，实现跨语言的个性化合成。

1.3　语音信号处理的过程

在信号处理领域，信息加工和处理的一般流程如图 1.1 所示。

就具体的语音信号而言，信号源就是说话的人，通过观察和测量得到的就是语音的波形。信号处理包括以下内容：首先根据一个给定的模型得到这一信号的表示；然后用某种高级的变换把这一信号变成一种更加方便的形式；最后是信息的提取和使用，这一步可由听者来完成，也可由机器自动完成。

所以，语音信号处理一般有两个任务：第一，它是一种工具，利用它可以得到语音信号的一般表示，这种表示可以用波形表示也可用参数形式表示；第二，把信号从一种形式变换到另一种形式，变换后的表示形式虽然从性质上讲其普遍性可能小一些，而对某一特殊应用却更加合适。由此从总体上来看，语音信号处理过程可以用统一的框架来表示，其基本的结构框图如图 1.2 所示。

从图 1.2 可以看出：无论是语音识别还是语音编码与合成，对输入的语音信号首先要进行预处理，对信号进行适当的放大和增益控制，并进行反混叠滤波来消除工频信号的干扰；然后进行数字化，将模拟信号转换为便于计算机处理的数字信号；随后对数字语音信号进行分析，提取一定的反映语音信息的参数；最后根据语音信号处理任务的不同，采用不同的处理方法。

语音识别技术分为两个阶段：训练和识别。在训练阶段，对用特定的参数形式表示的语音信号进行相应的处理，获得表示识别基本单元共性的标准数据，以此构成参考模板，并将所有能识别的基本单元的参考模板结合在一起，形成参考模式库；在识别阶段，将待识别的语音信号经特征提取后逐一与参考模式库中的各个模板按某种原则进行比较，找出最相似的参考模板所对应的发音，即识别结果。对于语音编码技术来说，为了对语音信号进行有效的传输，需要对语音信号以某种算法进行编码，并在接收端进行解压缩。对于语音信号的合成，则是对编码后的信号进行存储。

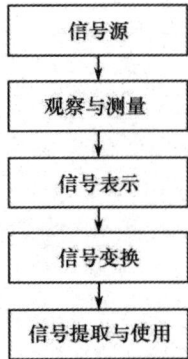

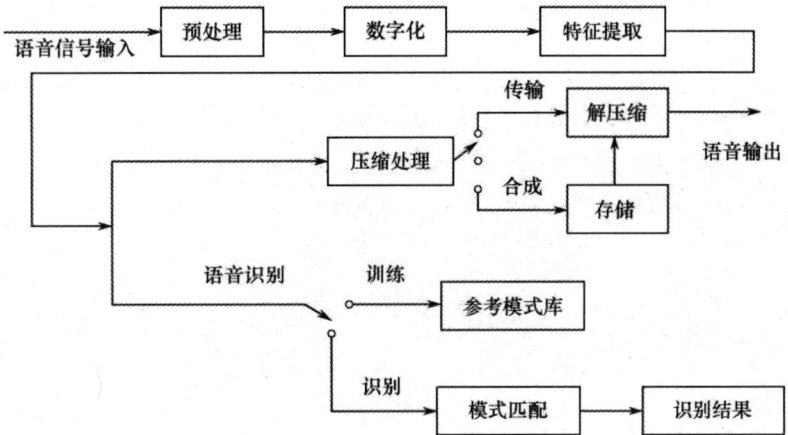

图 1.1　信号加工和处理的一般流程　　　　图 1.2　语音信号处理过程基本的结构框图

1.4　MATLAB 在数字语音信号处理中的应用

数字语音信号处理是将数字信号处理与语音学相结合，用于解决现代通信领域中人与人、人与机器之间信息交流的学科，是信号处理领域一个重要的学科分支。近几年语音信号处理学科在世界范围内飞速发展，并取得了一系列重要的研究成果。MATLAB 是一种功能强大、效率高、交互性好的数值计算和可视化计算机高级语言，它将数值分析、信号处理和图形显示有机融合，形成了一个极其方便、用户界面友好的操作环境。随着 MATLAB 的不断发展，其功能越来越强大，广泛应用于数字语音信号处理、数值图像处理、仿真、自动控制、小波分析和神经网络等领域。同时由于 MATLAB 具有大量的信号处理工具箱并能利用非线性动态系统分析工具 Simulink 等优点，MATLAB 已成为数字信号处理的有利工具，因此也成为学习数字语音信号处理并辅助开展相关研究工作的一款必备的仿真软件。

下面简要介绍 MATLAB 在数字语音信号处理中的应用。

① 通过 MATLAB 可以对数字化的语音信号进行时频域分析。通过 MATLAB 可以方便地展现语音信号的时域及频域曲线，并且根据语音的特性对语音信号进行分析。例如，清浊音的幅度差别、语音信号的端点检测、信号在频域中的共振峰频率、加不同窗和不同窗长对信号的影响、LPC 分析、频谱分析及语谱图分析等。

② 通过 MATLAB 可以对数字化的语音信号进行估计和判别。例如，根据语音信号的短时参数，以及不同语音信号的短时参数的性质对一段给定的信号进行有无声和清浊音的判断、分析清浊音残差信号区别、对语音信号的基音周期进行估计等。

③ 通过利用 MATLAB 编程对语音信号进行处理。由于 MATLAB 是一种面向科学和工程计算的高级语言，允许用数学形式的语言编程，又有大量的库函数，所以编程简单、编程效率高、易学易懂。我们可以对语音信号进行加噪和去噪、滤波、截取等，也可进行语音编码、语音识别、语音合成的编程等。

本书中的程序实例均用 MATLAB 编写，供大家上机实践时参考。

习 题 1

1.1 语音信号处理主要研究哪几个方面的内容？

1.2 简述语音编码在现实生活中的意义。

1.3 在人与 Siri 的对话中，体现了几种语音信号处理技术？

1.4 你所学的专业知识如何应用到语音信号处理中？

第2章 语音信号的数字模型

为了用数字信号处理方法对语音信号进行处理，首先需要建立语音信号产生的数字模型，因此，我们必须在对人的发声器官和发声机理进行研究的基础上，才能建立精确的模型。但是，由于人类语音产生过程的复杂性和语音信息的丰富性及多样性，迄今为止还没有找到一种能够精确描述语音产生过程和所有特征的理想模型。本章介绍的数字模型是一种经典的模拟语音信号产生过程比较成功的模型，它简单实用，是学习语音信号处理理论的基础。

作为接收语音信息的人耳听觉系统，其听觉机理也是很复杂的。听觉模型的精确建立对于语音识别和理解是非常重要的，但是，目前人们对听觉机理的了解比对发音机理的了解少得多。本章重点介绍语音信号产生的数字模型，对语音信号的特性和听觉特性做一般介绍。

2.1 语音的发声机理

2.1.1 人的发声器官

人类的语音是由人的发声器官在大脑控制下的生理运动产生的。人的发声器官由 3 部分组成：①肺和气管产生气源；②喉和声带组成声门；③由咽喉、口腔、鼻腔组成声道。发声器官示意图 2.1。

肺的发声功能主要是产生压缩气体，通过气管传送到声音生成系统。气管连接着肺和喉，它是肺与声道联系的通道。

喉是控制声带运动的软骨和肌肉的复杂系统，主要包括环状软骨、甲状软骨、杓状软骨和声带。其中声带是重要的发声器官，它是伸展在喉前、后端之间的褶肉，如图 2.2 所示，前端由甲状软骨支撑，后端由杓状软骨支撑，而杓状软骨又与环状软骨较高部分相联。这些软骨在环状软骨上的肌肉的控制下，能将两片声带合拢或分离。声带之间的间隙称为声门。声带的声学功能主要是产生激励。位于喉前端呈圆形的甲状软骨称为喉结。

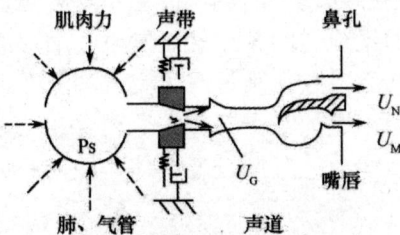

图 2.1 发声器官示意图   图 2.2 喉的平面解剖示意图

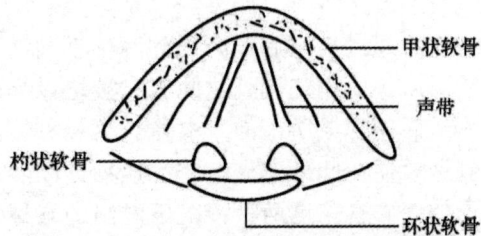

声道是指声门至嘴唇的所有发声器官，其纵剖面图如图 2.3 所示，包括咽喉、口腔和鼻

腔。口腔包括上下唇、上下齿、上下齿龈、上下腭、舌和小舌等部分。上腭又分为硬腭和软腭两部分；舌又分为舌尖、舌面和舌根 3 部分。鼻腔在口腔上面，靠软腭和小舌将其与口腔隔开。当小舌下垂时，鼻腔和口腔便耦合起来，当小舌上抬时，口腔与鼻腔是不相通的。口腔和鼻腔都是发声时的共鸣器。口腔中各器官能够协同动作，使空气流通过时形成各种不同情况的阻碍并产生振动，从而发出不同的声音。声道可看成一根从声门一直延伸到嘴唇的具有非均匀截面的声管，其截面积主要取决于唇、舌、腭和小舌的形状及位置，最小截面积可以为零（对应于完全闭合的部位），最大截面

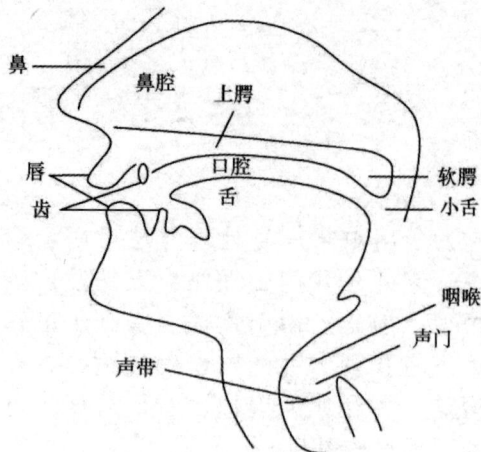

图 2.3　声道纵剖面图

积可以达到约 20cm²。在产生声音的过程中，声道的非均匀截面又是随着时间在不断地变化的。成年男性的声道的平均长度约为 17cm。当小舌下垂使鼻腔和口腔耦合时，将产生出鼻音。

2.1.2　语音生成

图 2.1 也为语音生成机理模型。空气由肺部排入喉部，经过声带进入声道，最后由嘴唇辐射出声波，这就形成了语音。在声门（声带）以左，称为"声门子系统"，它负责产生激励振动；右边是"声道系统"和"辐射系统"。当发出不同性质的语音时，激励和声道的情况是不同的，它们对应的模型也是不同的。

1．发浊音的情况

空气流经过声带时，如果声带是崩紧的，则声带将产生张弛振动，即声带将周期性地启开和闭合。声带启开时，空气流从声门喷射出来，形成一个脉冲；声带闭合时，对应于脉冲序列的间隙期。因此，这种情况下在声门处产生出一个准周期脉冲状的空气流。该空气流经过声道后最终从嘴唇辐射出声波，这便是浊音。这个准周期脉冲的周期即基音周期。声门处产生的准周期脉冲，其周期、宽度及形状与声带的长度、厚度及张力等参数有关。声带越短、厚度越薄、张力越大，则听起来感觉的音调就越高，也就是浊音的基音频率越高。因此，基音频率是由声带张开、闭合的周期决定的。男性的基音频率一般为 50~250Hz，女性的基音频率一般为 100~500Hz。

2．发清音的情况

空气流经过声带时，如果声带是完全舒展开来的，则肺部发出的空气流将不受影响地通过声门。空气流通过声门后，会遇到两种不同情况。一是如果声道的某个部位发生收缩形成了一个狭窄的通道，当空气流到达此处时被迫以高速冲过收缩区，并在附近产生空气湍流，这种湍流通过声道后便形成所谓的摩擦音。另一种情况是，如果声道的某个部位完全闭合在一起，当空气流到达时便在此处建立起空气压力，闭合点突然开启便会让气压快速释放，经过声道后便形成所谓的爆破音。这两种情况下发出的音称为清音。

3．共振峰频率或共振峰

当声音产生后，便沿着声道进行传播。声道可以看成一根具有非均匀截面的声管，在发声时起着共鸣器的作用。声音进入声道后，其频谱必定会受到声道的共振特性的影响，声道具有

一组共振频率，称为共振峰频率或共振峰。声道的频谱特性就主要反映出这些共振峰的不同位置以及各个峰的频带宽度。共振峰及其带宽取决于声道的形状和尺寸，因而不同的语音对应于一组不同的共振峰参数。

2.2 语音的听觉机理

听觉是接收声音并将其转换成神经脉冲的过程。大脑受到听觉神经脉冲的刺激感知为确定的含义是一个非常复杂的过程，至今尚不完全清楚。

2.2.1 听觉器官

人的听觉器官分为 3 部分：外耳、中耳和内耳，如图 2.4 所示。

外耳由位于头颅两侧呈贝壳状和向内呈 S 形弯曲的外耳道组成，主要包括耳廓、耳壳和外耳道，其主要作用是收集声音、辨别声源，并对某些频率的声音有扩大作用。声音沿外耳道传送至鼓膜，外耳道有许多共振频率，恰好落在语音频率范围内。

中耳主要由鼓膜和听骨链组成。听骨链由 3 块听小骨组成，分别称为锤骨、砧骨和镫骨。其中锤骨柄与鼓膜相连，镫骨底板与耳蜗的前庭窗相连。声音经鼓膜至内耳的传输过程主要由听骨链来完成。由于鼓膜的面积比前庭窗大出许多倍（55∶3.2），听骨链有类似杠杆的作用，所以人的声音从鼓膜到达内耳时，能量扩大了 20 多倍，补充了声音在传播过程中的能量消耗。

由于中耳将气体运动高效地转为液体运动，所以它实际上起到一种声阻抗匹配的作用，由此可以看出，整个中耳的主要生理功能是传声，即将声音由外耳道高效地传入耳蜗。

从上述分析可以看出，中耳的主要功能是改变增益，另外就是对外耳和内耳进行匹配阻抗。

内耳是颅骨腔内的一个小而复杂的体系，由前庭窗、圆窗和耳蜗等构成。前庭窗在听觉机制中不起什么作用；圆窗可以为不可压缩液体缓解压力；耳蜗是内耳的主要器官，它是听觉的受纳器，形似蜗牛壳，为螺旋样骨管。蜗底面向内耳道，耳蜗神经穿过此处的许多小孔进入耳蜗。耳蜗中央有呈圆锥形骨质的蜗轴，从蜗轴有螺旋板伸入耳蜗管内，由耳蜗底盘旋上升，直到蜗顶。耳蜗由 3 个分隔的部分组成：鼓阶、中阶和前庭阶。鼓阶与中耳通过圆窗相连，前庭阶与中耳的镫骨由前庭窗的膜相连，鼓阶和前庭阶在耳蜗的顶端即蜗孔处是相通的。中阶的底膜称为基底膜，在基底膜之上是科蒂氏器官，它由耳蜗覆膜、外毛细胞及内毛细胞构成。图 2.5 给出了耳蜗未展开时的内耳。

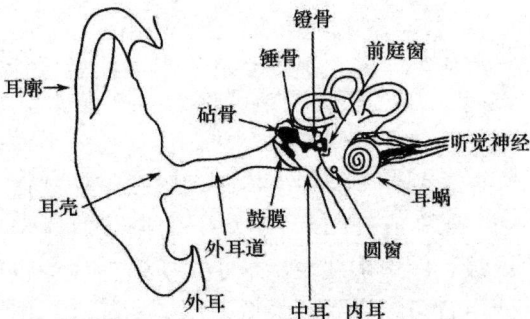

图 2.4　人耳结构示意图

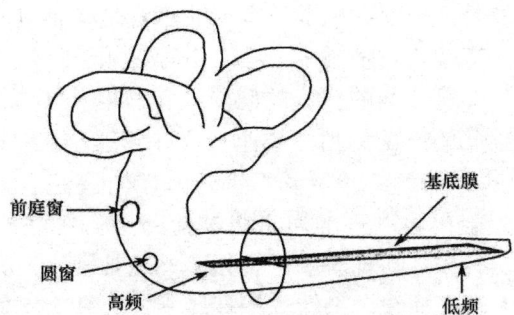

图 2.5　耳蜗未展开时的内耳

2.2.2　听觉掩蔽效应

人耳听觉的频率范围为 20Hz~20kHz。在频率范围低端感觉声音变成低频脉冲串，在高端感觉声音减小直至完全听不到一点声响。声音感知的强度范围是 0~130dB 声强级（基准声强为 10^{-10}W/cm²），声音强度太高则感到难以忍受，强度太低则感到寂静无声。声音的听觉感知是一个复杂的人脑-心理过程。目前对听觉感知的研究还很不成熟，听觉感知的试验主要还在测试响度、音高和掩蔽效应等方面。

1．响度

这是频率和强度的函数，通常用响度（单位为 sone，宋）和响度级（单位为 phon，方）来表示。

人耳刚刚可以听到的声音强度，称为"听阈"。此时响度级定为零方。测量表明，听阈值是随频率变化的。通常，人们把 1kHz 的纯音听阈值定为零方。此时声强为 10^{-16}W/cm²，这样的声波振动几乎不能使鼓膜离开它的静止位置，可见人耳对声音是非常灵敏的。另外，加大声音的强度，听起来使耳朵感到疼痛，这个阈值称为"痛阈"。测试表明，对 1kHz 的纯音，当声强级大到 120dB 时，即声强为 10^{-4}W/cm² 时会达到痛阈。可见人耳的听觉范围相当宽，痛阈和听阈相差 10^{12}。

响度与响度级是有区别的。60 方响度级的声音比 30 方响度级的声音要响，但没有响了一倍。响度是刻划数量关系的。2 宋响度要比 1 宋响度的声音响一倍。1 宋响度被定义为 1kHz 纯音在声强级为 40dB 时（声强为 10^{-12}W/cm²）的响度。

2．音高

音高也称基音。物理单位为赫兹，主观感觉的音高单位是美（Mel）。当声强级为 40dB（或响度级为 40 方）、频率为 1kHz 时，设定的音高为 1000 美。

响度与音高之间具有互为补充的关系。例如，可以用频率补充声强使人们感觉到响度相同，也可以用声强补充频率使人感觉到音高相同。

3．掩蔽效应

人耳能感受声音的频率范围为 20Hz~20kHz，其对频率的分辨能力是非均匀的，在 100~500Hz 范围内，可分辨的两个纯音的频率之差为 $\Delta f \approx 1.8$Hz，而在 500Hz~16kHz 范围内，相对频率分辨率几乎恒定，$\Delta f/f \approx 3.5\%$，因此，20Hz~20kHz 的频率范围共有 620 个频率间隔。当然，人耳对频率的分辨能力是受声强影响的，对于太强或太弱的声音，频率分辨率都会降低。人耳对声音的时间分辨能力可以短至 2ms，这是用两个紧接着的高低不同的声音进行测听，看能否说出是两个音而测得的结果。但是，人耳对声音的感觉也不是绝对的，当发生掩蔽效应时，个别在频率范围内的声音是听不到的。

掩蔽效应是指两个响度不等、频率接近的声音作用于人耳时，响度较高的声音的存在会影响到响度较低的声音的感受，使其变得不易觉察。这里，响度较高的声音称为"掩蔽音"，响度较低的声音称为"被掩蔽音"。掩蔽会造成因一个声音（掩蔽音）的存在，而使另一个声音（被掩蔽音）的"听阈"上升。被掩蔽音不能被听到的最大声压级称为掩蔽门限或掩蔽阈值，在掩蔽门限以下的声音将被掩蔽掉。图 2.6 给出了一个掩蔽音频率为 1kHz 的掩蔽曲线示意图，其中，横轴表示声音频率，纵轴表示声音的声压级。图中虚线表示最小可听阈曲线，也称绝对听阈曲线，即在安静环境下，人耳对不同频率的声音可以听到的最低声压。实线表示由于 1kHz 掩蔽音的存在，使得附近频率的声音听阈提高，这个变化部分称为掩蔽听阈曲线。

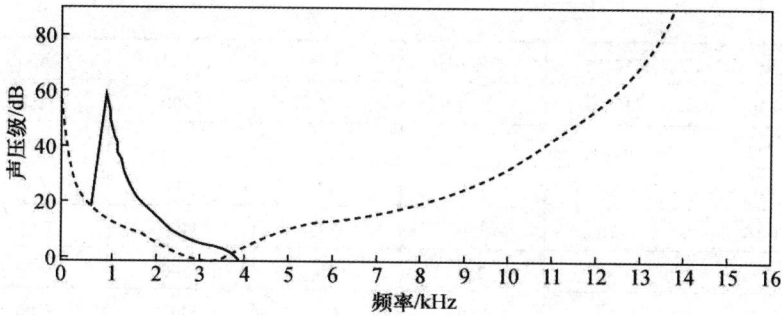

图 2.6　一个掩蔽音频率为 1kHz 的掩蔽曲线

　　基于以上介绍，可以将真实的声音频率映射到"感知"频率尺度上，即 Bark 尺度对应的临界带宽，于是就引出了临界带宽的概念。

2.2.3　临界带宽与频率群

　　用一个中心频率为 f、带宽为 Δf 的白噪声来掩蔽一个频率为 f 的纯音，先将这个白噪声的强度调节到使被掩蔽纯音恰好听不见为止，然后将 Δf 由大到小逐渐变化，而保持单位频率的噪声强度（即噪声谱密度）不变，起初这个纯音一直是听不见的，但当 Δf 小到某个临界值时，这个纯音就突然可以听见了。如果再进一步减小 Δf，被掩蔽音 f 就会越来越清晰。这里刚刚开始能听到被掩蔽音时的 Δf 的频带，称为频率 f 处的临界带宽。当掩蔽噪声的带宽窄于临界带宽时，能掩蔽住纯音 f 的强度是随噪声带宽的增加而增加的，但当掩蔽噪声的带宽达到临界带宽后，继续增加噪声带宽就不再引起掩蔽强度的提高了。临界带宽是随中心频率而变的，被掩蔽纯音的频率（即临界带宽的中心频率）越高，临界带宽也越宽。不过二者的变化关系不是一种线性关系。前面已经提到基底膜具有与频谱分析仪相似的作用，耳蜗的一个重要功能就是频率分解，不同的频率在沿基底膜的不同位置上集中响应，那么临界带宽也可定义为：一个给定的正弦纯音在基底膜上能够产生谐振反应的那一部分。一个频率群的划分相应于基底膜分成许多很小的部分，每一部分对应一个频率群。掩蔽效应就在这些部分内发生，对应同一基底膜的那些频率的声音，在大脑中似乎是叠加在一起进行评价的，如果它们同时发声，可以互相掩蔽，因此，频率群与临界带宽之间存在密切的联系。一个临界带宽的单位用巴克（Bark）表示。Bark 尺度的引出验证了人耳听觉系统对声音频率的感知与实际频率之间是一种非线性映射的对应关系，Bark 频率 f_{Bark} 与实际频率 f 的关系为

$$f_{Bark} = \begin{cases} \dfrac{f}{100}, & f \leqslant 500Hz \\ 9 + 4\lg\left(\dfrac{f}{1000}\right), & f > 500Hz \end{cases} \tag{2.1}$$

　　通常认为，20Hz～16kHz 范围内有 24 个临界带宽。Bark 尺度频带划分见表 2-1。

表 2-1　Bark 尺度频带划分

编号	低端/Hz	高端/Hz	带宽/Hz	编号	低端/Hz	高端/Hz	带宽/Hz
1	20	100	80	4	300	400	100
2	100	200	100	5	400	510	110
3	200	300	100	6	510	630	120

编号	低端/Hz	高端/Hz	带宽/Hz	编号	低端/Hz	高端/Hz	带宽/Hz
7	630	770	140	16	2700	3150	450
8	770	920	150	17	3150	3700	550
9	920	1080	160	18	3700	4400	700
10	1080	1270	190	19	4400	5300	900
11	1270	1480	210	20	5300	6400	1100
12	1480	1720	240	21	6400	7700	1300
13	1720	2000	280	22	7700	9500	1800
14	2000	2320	320	23	9500	12000	2500
15	2320	2700	380	24	12000	15500	3500

2.2.4　耳蜗的信号处理机制

当声音经外耳传入中耳时，镫骨的运动引起耳蜗内流体压强的变化，从而引起行波沿基底膜的传播。图 2.7 是耳蜗内流体波的简单表示。在耳蜗的底部，基底膜的硬度很高，流体波传播得很快。随着波的传播，基底膜的硬度变得越来越小，波的传播也逐渐变缓。不同频率的声音产生不同的行波，而峰值出现在基底膜的不同位置上。频率较低时，基底膜振动的幅度峰值出现在基底膜的顶部附近；相反，频率较高时，基底膜振动的幅度峰值出现在基底膜的基部附近（靠近镫骨）。如果信号是一个多频率信号，则产生的行波沿着基底膜在不同的位置产生最大的幅度如图 2.8 所示。从这个意义上讲，耳蜗就像一个频谱分析仪，将复杂的信号分解成各种频率分量。

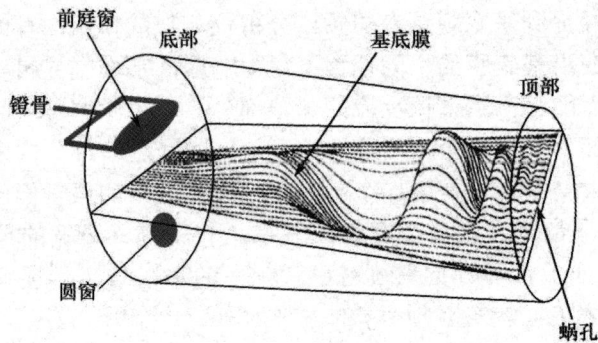

图 2.7　耳蜗内流体波的简单表示

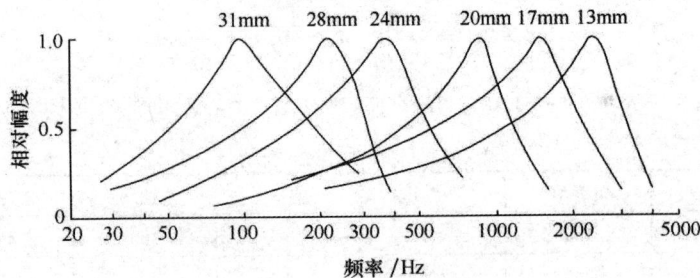

图 2.8　基底膜上 6 个不同点的频率响应

基底膜的振动引起毛细胞的运动，使得毛细胞上的绒毛发生弯曲。绒毛向一个方向的弯曲会使细胞产生去极化，即开启离子通道产生向内的离子流，从而使听神经发放增加。而绒毛向另一个方向弯曲时，则会引起毛细胞的超极化，即增加细胞膜电位，从而导致抑制效应。因此，毛细胞对于流体运动速度而言，就像一个自动回零的半波整流器。在基底膜不同部位的毛细胞具有不同的电学与力学特征。在耳蜗的基部，基底膜宽而柔和，毛细胞及其绒毛也较长而柔和。正是由于这种结构上的差异，它们具有不同的机械谐振特性和电谐振特性。有学者认为，这种差异可能是确定频率选择性的最重要的因素。外毛细胞可在中枢神经系统的控制下调节科蒂氏器官的力学特性，内毛细胞则负责声音检测并激励听神经发放，而内、外毛细胞通过将其绒毛插入共同的耳蜗覆膜而耦合。这样，外毛细胞性质的变化可以调节内毛细胞的调谐，使整个耳蜗的动态功能处于大脑控制之下。

对于听神经如何表达声音信息，目前有两种流行的解释，一种是"发放率-位置表达"，另一种则是"时间-位置表达"，即听神经与刺激同步发放。但这两种解释尚不能完满地解释对不同复杂声音刺激的神经响应，因此，对于听神经如何向上层传递声音信息的机理还是当前继续研究的课题。

2.2.5 语音信号听觉模型

听觉系统的研究主要集中在 3 个方面：听觉系统的实验研究、听觉系统的建模和听觉模型的应用。听觉系统的实验研究主要是指听觉系统在医学、生理学及心理学方面的研究。由于耳蜗深植于颅骨中，尺寸极小（如蜗管的直径只有 1mm），所以耳蜗的实验研究是一项非常艰巨和复杂的工作。

耳蜗建模主要集中在基底膜的振动上，而耳蜗的听觉感受实际上是通过基底膜的振动和毛细胞的转换才能最后变成听神经的脉冲发放。然而，建立基底膜的振动模型是耳蜗建模的首要任务，它又被称为耳蜗的宏观力学模型。

目前工程上用得较多的是一种耳蜗的计算模型，它与数学模型不同，它主要是一种算法。其优点是：许多难以在数学模型中得以描述的听觉特性在计算模型中很容易表现出来，它是一种面向应用的耳蜗模型。这里介绍一种计算模型，是 1982 年由美国 Fairchild 人工智能研究室 Lyon 提出的，由 3 部分组成。第一部分是基底膜的振动模型，它由许多二阶网络组成的串、并联滤波器组构成。由滤波器的总输入到每个滤波器的输出，其传递函数为带通函数，且各相邻滤波器的频率特性高度重叠。这一部分的功能主要是将输入的声音信号在频域上分解，从而在某一部分滤波器的输出端可得到较高信噪比的被分解了的信号。第二部分是毛细胞模型，用一个半波整流器加上一个低通滤波器来模拟单个毛细胞的检测功能。半波整流器用来模拟毛细胞的单向开关特性，由于所采用的是理想半波整流器，所以其后必须用一低通滤波器来消除整流后的高频分量。第三部分是神经纤维模型，这里认为耳蜗神经纤维具有非线性压缩特性，因此，用一种压缩网络模拟神经纤维的这一特点。整个模型共有 64 个通道，系统的输出是一种类似于语谱图的信号。由此得到了语音信号听觉模型的常用结构图，如图 2.9 所示。

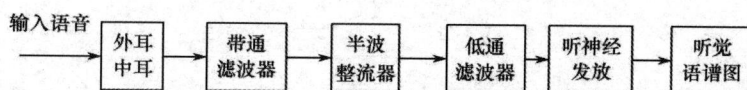

输入语音 → 外耳中耳 → 带通滤波器 → 半波整流器 → 低通滤波器 → 听神经发放 → 听觉语谱图

图 2.9 语音信号听觉模型的常用结构图

后来人们在该模型的基础上不断改进，也提出了许多其他模型。但即便如此，到目前为止模拟人类的听觉系统仍然很困难，已知的机理知识仍不足以满足工程模型的细节建模要求。由于听觉模型通常包括多级非线性传输级，分析处理变得十分困难，而且大多数模型都依赖于实验数据，因此关于模拟人类的听觉模型进行语音信号的分析依然是一个研究的热点课题。

2.3　语音信号的数字模型

由 2.1 节介绍的发声机理可知，语音生成系统包含 3 部分：由声门产生的激励函数 $G(z)$、由声道产生的调制函数 $V(z)$ 和由嘴唇产生的辐射函数 $R(z)$。语音生成系统的传递函数由这 3 个函数级联而成，即

$$H(z)=G(z)V(z)R(z) \tag{2.2}$$

下面我们将建立这 3 个函数的数学表达，从而建立起语音信号的数字模型。

2.3.1　激励模型

发浊音时，由于声门不断开启和关闭，产生间隙的脉冲。经仪器测试，它类似于斜三角形的脉冲。也就是说，这时的激励波是一个以基音周期为周期的斜三角波串。

如图 2.10 所示为斜三角波及其频谱图，由程序 2.1 生成。单个斜三角波的数学表达式为

$$g(n)=\begin{cases} \dfrac{1}{2}\left(1-\cos\dfrac{n\pi}{N_1}\right), & 0 \leqslant n \leqslant N_1 \\ \cos\left(\dfrac{n-N_1}{2N_2}\pi\right), & N_1 \leqslant n \leqslant N_1+N_2 \\ 0, & \text{其他} \end{cases} \tag{2.3}$$

式中，N_1 为斜三角波的上升时间，N_2 为其下降时间，由图 2.10 可以看出单个斜三角波的频谱 $G(\mathrm{e}^{\mathrm{j}\omega})$ 表现出一个低通滤波器的特性。可以把它表示成 z 变换的全极点形式

$$G(z)=\frac{1}{(1-\mathrm{e}^{-cT}\cdot z^{-1})^2} \tag{2.4}$$

式中，c 是一个常数，$T=N_1+N_2$。显然，上式表示一个二极点模型。因此，作为激励的斜三角波串可以用一串加了权的单位脉冲序列去激励上述单位斜三角波模型实现。这个单位脉冲串和幅度因子可以表示成下面的 z 变换形式

$$E(z)=\frac{A_v}{1-z^{-1}} \tag{2.5}$$

所以整个激励模型可表示为

$$U(z)=\frac{A_v}{1-z^{-1}}\cdot\frac{1}{(1-\mathrm{e}^{-cT}\cdot z^{-1})^2} \tag{2.6}$$

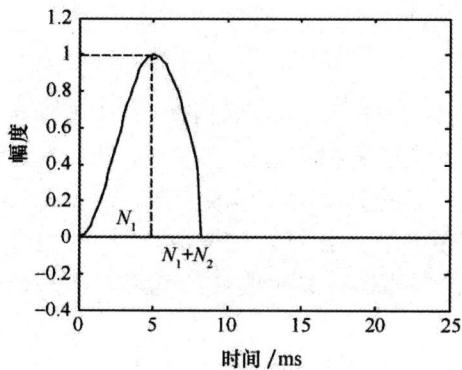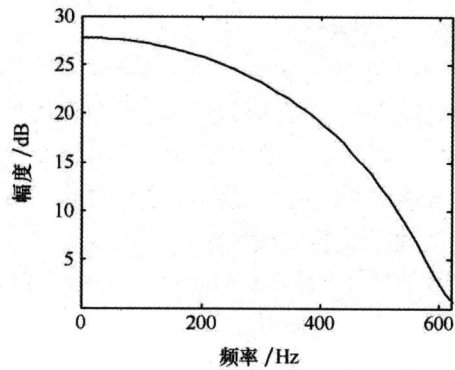

（a）斜三角波时域波形 （b）斜三角波频谱

图 2.10 斜三角波及其频谱图

在发清音的场合，声道被阻碍形成湍流，所以可以模拟成随机白噪声。

【程序 2.1】sanjiaobopinpu.m

```
%斜三角波及其频谱
n=linspace(0,25,125);
g=zeros(1,length(n));
i=0;
for i=0:40
    if n(i+1)<=5
        g(i+1)=0.5*(1-cos(n(i+1)*pi/5));
    else
        g(i+1)=cos((n(i+1)-5)*pi/8);
    end
end
figure(1)
subplot(121)
plot(n,g)
xlabel('时间/ms')
ylabel('幅度')
gtext('N1')
gtext('N1+N2')
axis([0,25,-0.4,1.2])

r=fft(g,1024);              %对信号 g 进行 1024 点傅里叶变换
r1=abs(r);                 %对 r 取绝对值,r1 表示频谱的幅度
yuanlai=20*log10(r1);      %对幅度取对数
signal(1:64)=yuanlai(1:64);  %取 64 个样点,目的是画图时保持维数一致
pinlv=(0:1:63)*4000/512;   %点和频率的对应关系
subplot(122)
plot(pinlv,signal);
xlabel('频率/Hz')
ylabel('幅度/dB')
axis([0,620,0,30])
```

2.3.2 声道模型

典型的声道模型有两种，即无损声管模型和共振峰模型。这两种模型本质上没有区别。无损声管模型比较复杂，故本节只介绍共振峰模型，关于无损声管模型可参考其他书籍。

当声波通过声道时，受到声腔共振的影响，在某些频率附近形成谐振。反映在信号频谱图上，在谐振频率处其谱线包络产生峰值，一般把它称作共振峰，如图2.11所示。图2.11（a）为清音信号的频谱图；图2.11（b）为浊音信号的频谱图，具有明显的峰起，即共振峰，一般元音可以有3~5个共振峰。

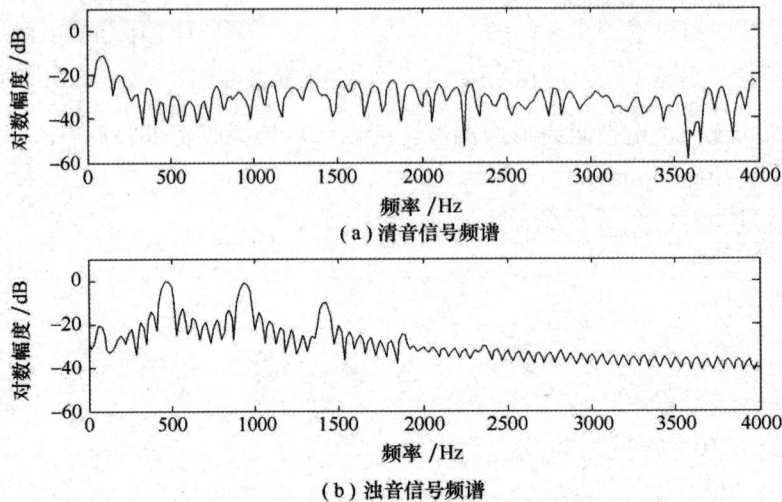

（a）清音信号频谱

（b）浊音信号频谱

图2.11　语音信号的频谱

从物理声学可容易推导出均匀断面的共振峰频率。例如，对成人声道 $L=17\text{cm}$，其共振峰频率计算公式为：$F_i = c(2i-1)/4L$，其中 $i = 1, 2, 3, \cdots$，i 是共振峰频率的序号，$c=340\text{m/s}$ 为声速。按此算出前3个共振峰频率为：$F_1=500\text{Hz}$，$F_2=1500\text{Hz}$，$F_3=2500\text{Hz}$。由于发音时，声道的形状很少是均匀断面的，因此必须通过语音信号来计算共振峰。

一个二阶谐振器的传输函数可以写成

$$V_i(z) = \frac{A_i}{1 - B_i z^{-1} - C_i z^{-2}} \tag{2.7}$$

实践表明，用前3个共振峰代表一个元音足够了。对于较复杂的辅音或鼻音，共振峰的个数要到5个以上。多个 V_i 叠加可以得到声道的共振峰模型为

$$V(z) = \sum_{i=1}^{M} V_i(z) = \sum_{i=1}^{M} \frac{A_i}{1 - B_i z^{-1} - C_i z^{-2}} = \frac{\sum_{r=0}^{R} b_i z^{-r}}{1 - \sum_{k=1}^{N} a_k z^{-k}} \tag{2.8}$$

通常 $N>R$，且分子与分母无公共因子及分母无重根。可见，声道模型的传递函数是一个零极点模型，即 ARMA 模型。

语音信号随时间变化的频谱特性可以用语谱图直观地表示。语谱图的纵轴对应于频率，横轴对应于时间，而图像的黑白度对应于信号的能量。所以，声道的谐振频率在图上就表示成为黑带，浊音部分则以出现条纹图形为其特征，这是因为此时的时域波形有周期性，而在浊音的时间间隔内图形显得很致密。图2.12为"我到北京去"的语谱图，程序2.2为其 MATLAB 仿真实现。

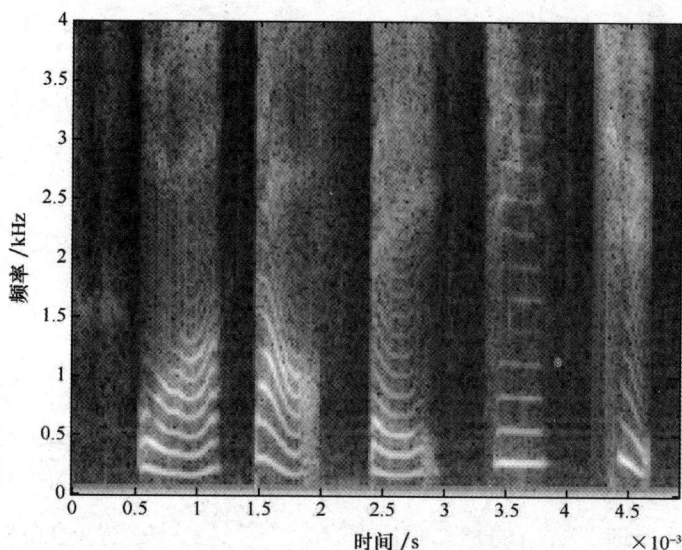

图 2.12 "我到北京去"的语谱图

【程序 2.2】yuputu.m

```
clear all;
[x,sr]=wavread('Beijing.wav');         %sr 为采样率
if (size(x,1)>size(x,2))               %size(x,1)为 x 的行数,size(x,2)为 x 的列数
    x=x';
end
s=length(x);
w=round(44*sr/1000);                   %窗长,取离 44*sr/100 最近的整数
n=w;                                   %FFT 的点数
ov=w/2;                                %50%的重叠
h=w-ov;
% win=hanning(n)';                     %汉宁窗
win=hamming(n)';                       %汉明窗
c=1;
ncols=1+fix((s-n)/h);                  %fix 函数是将(s-n)/h 的小数舍去
d=zeros((1+n/2),ncols);
for b=0:h:(s-n)
    u=win.*x((b+1):(b+n));
    t=fft(u);
    d(:,c)=t(1:(1+n/2))';
    c=c+1;
end
tt=[0:h:(s-n)]/sr;
ff=[0:(n/2)]*sr/n;
imagesc(tt/1000,ff/1000,20*log10(abs(d)));
colormap(gray);
axis xy
xlabel('时间/s');
ylabel('频率/kHz');
```

2.3.3　辐射模型

从声道模型输出的是速度波,而语音信号是声压波，二者倒比称为辐射阻抗 Z_1，它表征嘴唇的辐射效应。如果认为嘴唇张开的面积远远小于头部的表面积，利用单板开槽辐射的处理方法，可以得到辐射阻抗为

$$Z_1(\Omega) = \frac{j\Omega L_r R_r}{R_r + j\Omega L_r} = R_0(1 - z^{-1}) \tag{2.9}$$

式中

$$R_r = \frac{128}{9\pi^2}, \quad L_r = \frac{8a}{3\pi c} \tag{2.10}$$

这里 a 是嘴唇张开的半径，c 是声速。由辐射引起的能量损耗正比于辐射阻抗的实部，其频响曲线表现出一阶高通滤波器的特性。在分析实际信号时，常用所谓的预加重技术，即在采样之后加入一个一阶高通滤波器。这样，模型只剩下声道部分，对参数分析就方便了。在语音合成时再进行解加重处理。常用的预加重因子为 $\left[1 - \dfrac{R(1)}{R(0)}z^{-1}\right]$，这里 $R(n)$ 是信号 $s(n)$ 的自相关函数，对浊音 $R(1)/R(0)≈1$，对清音该值可取得很小。

2.3.4　数字模型

前面我们分别得到了语音信号的激励模型 $G(z)$、辐射模型 $R(z)$ 和声道模型 $V(z)$，并且知道它们的级联组合形式为 ARMA 模型。这说明语音信号数字模型的传递函数为

$$H(z) = G(z)V(z)R(z) = \frac{\sum_{i=0}^{M} b_i z^{-i}}{\sum_{j=1}^{N} a_j z^{-j}} \tag{2.11}$$

一般情况下，极点个数取 8~12 个，零点个数取 3~5 个，在采样率为 8kHz 或 10kHz 时，$H(z)$ 在 10~20ms 范围内可以很好地反映语音信号的特征。

根据随机过程理论，一个零点可以用若干极点来近似。因此，适当选取极点个数 p，可以用全极点模型即 AR(p)过程来表达语音信号

$$H(z) = \frac{G}{1 - \sum_{i=1}^{p} a_i z^{-i}} \tag{2.12}$$

在早期 LPC 二元激励模型下，极点个数 p 一般选为 10 个。对于延时较短或采用后向滤波时，对模型要求较严，必须加入零点或增加极点个数。实际上，对于男声来说，取 20 个极点已经足够了，考虑女声后，阶数可以加大到 30 阶。语音信号产生的二元激励模型如图 2.13 所示。

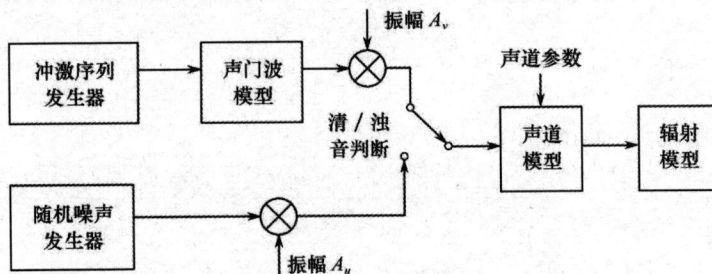

图 2.13　语音信号产生的二元激励模型

2.3.5 模型局限性

声道的传输函数具有全极点的性质,这对于元音和大多数辅音来说是比较符合实际的,但对于鼻音和阻塞音来说,由于出现了零点,这种模型就不够准确了。

一种解决问题的方案是在 $V(z)$ 中引入若干零点,但这将使模型复杂化;另一种方案是适当提高阶数 p,使得全极点模型能更好地逼近具有此种零点的传输函数。数字模型的基本思想是认为任何语音都是由一个适当的激励源作用于声道而产生的,这意味着激励源与声道是互相独立的。上述假定对于大多数语音是合适的,但在有些情况下,例如某些瞬变音,实际上声门和声道是互相耦合的,这便形成了这些语音的非线性特性。

并非任何语音都能够明显地按清音和浊音来划分,有的音甚至也不是清音和浊音的简单叠加。这种将语音信号截然分为周期脉冲激励和噪声激励两种情况的"二元激励"法在高质语音的合成中是不适用的。但二元激励模型,由于其简单性,在早期的语音信号处理研究中使用了许多年。直到 20 世纪 80 年代中期开始,新的激励模型才开始取代二元激励模型。

20 世纪 80 年代中期,人们开始在一个基音周期内采用多个脉冲来构造激励模型。新的激励方法本质上可以归结为存储器模型。就是说将可能的各种激励预先放在存储器内,通过某种判据决定哪一种激励是当前信号的最佳激励,并把这个最佳激励的存储地址作为激励的表征。例如,码激励模型或矢量激励模型等,存储器内容随时间变化的部分称为自适应码书。自适应码书的搜索等价于基音检测。

习 题 2

2.1 分别给出响度、音高、掩蔽效应、临界带宽与频率群的定义。

2.2 写出声道共振峰模型传递函数的表示式,并根据共振峰模型传递函数的表示式计算语音信号前 3 个共振峰对应的频率。

2.3 解释用全极点二元激励模型作为语音产生模型的局限性,并找出解决的方法。

2.4 试证明:若 $a<1$,则

$$1 - az^{-1} = \frac{1}{\sum_{n=0}^{\infty} a^n z^{-n}}$$

因而可以用多个极点的办法按要求精确地逼近一个零点。

2.5 如果声门脉冲的近似表达式为

$$g(n) = \begin{cases} na^n, & n \geqslant 0 \\ 0, & n < 0 \end{cases}$$

(1)求出 $g(n)$ 的 Z 变换。

(2)用 MATLAB 画出 $g(n)$ 的傅里叶变换 $G(e^{j\omega})$。

(3)说明如何选择 a 才能使

$$20\lg|G(e^{j0})| - 20\lg|G(e^{j\pi})| = 60dB$$

第3章　语音信号短时时域分析

　　语音信号是一种非平稳的时变信号，它携带着各种信息。在语音编码、语音合成、语音识别和语音增强等语音处理中都需要提取语音信号包含的各种信息。一般而言，语音处理的目的有两个：一是对语音信号进行分析，提取特征参数，用于后续处理；二是加工语音信号，例如在语音增强中对含噪语音进行背景噪声抑制，以获得相对"干净"的语音；在语音合成中需要对分段语音进行平滑拼接，获得主观音质较高的合成语音，这方面的应用同样是建立在分析并提取语音信号信息的基础上的。总之，语音信号分析的目的就在于方便有效地提取并表示语音信号所携带的信息。

　　根据所分析的参数类型，语音信号分析可以分成时域分析和变换域（频域、倒谱域）分析。其中时域分析方法是最简单、最直观的方法之一，它直接对语音信号的时域波形进行分析，提取的特征参数主要有语音的短时能量和平均幅度、短时平均过零率、短时自相关函数和短时平均幅度差函数等。本章将介绍这几种时域特征参数，以及它们在语音信号处理的端点检测和基音周期估值中的应用。

3.1　语音信号的预处理

　　实际的语音信号是模拟信号，因此在对语音信号进行数字处理之前，首先要将语音信号 $s(t)$ 以采样周期 T 进行采样，将其离散化为 $s(n)$，采样周期的选取应根据语音信号的带宽（依奈奎斯特采样定理）来确定，以避免信号的频域混叠失真。在对离散后的语音信号进行量化处理过程中会带来一定的量化噪声和失真。实际中获得数字语音的途径一般有两种：正式的和非正式的。正式的是指大公司或语音研究机构发布的、被大家认可的语音数据库，非正式的则是研究者个人用录音软件或硬件电路加麦克风随时随地录制的一些发音或语句。通常作为初学者，可使用多媒体计算机，安装相关的音频处理软件即可获得语音数据文件。语音信号的频率范围通常是 300~3400Hz，一般情况下取采样率为 8kHz 即可。本书的数字语音处理对象为语音数据文件，是已经数字化了的语音。

　　有了语音数据文件后，对语音的预处理包括预加重和加窗等。

3.1.1　语音信号的预加重处理

　　对输入的数字语音信号进行预加重，其目的是对语音的高频部分进行加重，去除嘴唇辐射的影响，提高语音的高频分辨率。一般通过传递函数为 $H(z)=1-\alpha z^{-1}$ 的一阶 FIR 高通滤波器来实现预加重，其中 α 为预加重系数，$0.9<\alpha<1.0$。设 n 时刻的语音采样值为 $x(n)$，经过预加重处理后的结果为 $y(n)=x(n)-\alpha x(n-1)$，这里取 $\alpha=0.98$。图 3.1 为该高通滤波器的幅频特性和相频特性。图 3.2 中分别给出了预加重前和预加重后的一段浊音信号及频谱，可以看出，预加重后的频谱在高频部分的幅度得到了提升。程序 3.1 为实现高频提升的 MATLAB 程序。

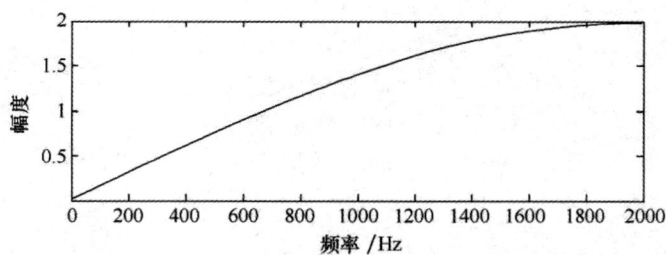

（a）高通滤波器的幅频特性

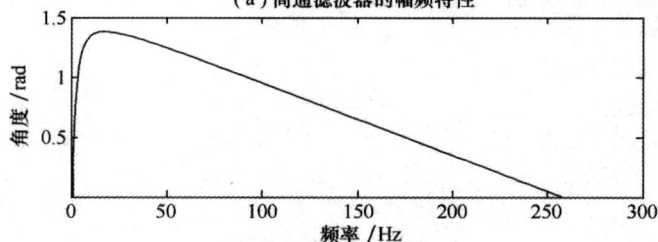

（b）高通滤波器的相频特性

图 3.1　预加重滤波器的幅频特性和相频特性

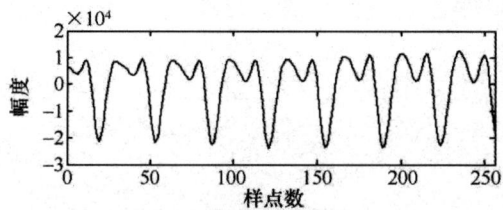

（a）原始语音信号

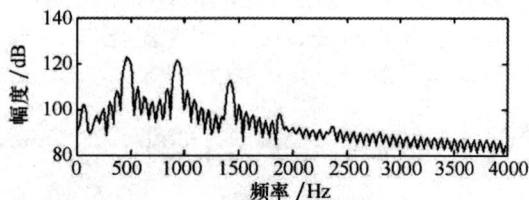

（b）原始语音信号频谱

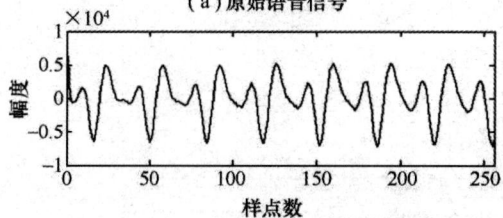

（c）经高通滤波后的语音信号

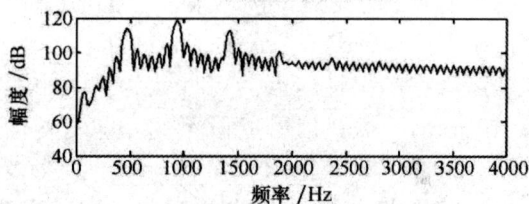

（d）经高通滤波后的语音信号频谱

图 3.2　预加重前和预加重后的一段浊音信号及频谱

【程序 3.1】 gaopintisheng.m

```
fid=fopen('voice2.txt','rt')              %打开文件
e=fscanf(fid,'%f');                        %读数据
ee=e(200:455);                             %选取原始文件 e 的第 200~455 点的语音,
                                           %也可选其他采样点
r=fft(ee,1024);                            %对信号 ee 进行 1024 点傅里叶变换
r1=abs(r);                                 %对 r 取绝对值,r1 表示频谱的幅度
pinlv=(0:1:255)*4000/512                   %点和频率的对应关系
yuanlai=20*log10(r1)                       %对幅度取对数
signal(1:256)=yuanlai(1:256);              %取 256 个点,目的是画图时保持维数一致
[h1,f1]=freqz([1,-0.98],[1],256,4000);     %高通滤波器
pha=angle(h1);                             %高通滤波器的相位
H1=abs(h1);                                %高通滤波器的幅度
```

```
r2(1:256)=r(1:256)
u=r2.*h1'                          %将信号频域与高通滤波器频域相乘相当于在时域的卷积
u2=abs(u)                          %取幅度绝对值
u3=20*log10(u2)                    %对幅度取对数
un=filter([1,−0.98],[1],ee)        %un 为经过高频提升后的时域信号
figure(1);subplot(211);
plot(f1,H1);
xlabel('频率/Hz');ylabel('幅度');
subplot(212);plot(pha);
xlabel('频率/Hz');ylabel('幅度/dB');
figure(2);subplot(211);plot(ee);
xlabel('样点数');ylabel('幅度');
axis([0 256 −3*10^4 2*10^4]);
subplot(212);plot(real(un));
axis([0 256 −1*10^4 1*10^4]);
xlabel('样点数');ylabel('幅度');
figure(3);subplot(211);plot(pinlv,signal);
xlabel('频率/Hz');ylabel('幅度/dB');
subplot(212);plot(pinlv,u3);
xlabel('频率/Hz');ylabel('幅度/dB');
```

3.1.2　语音信号的加窗处理

进行预加重处理后，接下来进行加窗处理。语音信号是一种随时间而变化的信号，主要分为浊音和清音两大类。浊音的基音周期、清浊音信号幅度和声道参数等都随时间而缓慢变化。由于发声器官的惯性运动，可以认为在一小段时间里（一般为 10~30ms）语音信号近似不变，即语音信号具有短时平稳性。这样，可以把语音信号分为一些短段（称为分析帧）来进行处理。语音信号的分帧是采用可移动的有限长度窗口进行加权的方法来实现的。一般每秒的帧数为33~100 帧，视实际情况而定。分帧虽然可以采用连续分段的方法，但一般要采用图 3.3 所示的交叠分段的方法，这是为了使帧与帧之间平滑过渡，保持其连续性。前一帧和后一帧的交叠部分称为帧移，帧移与帧长的比值一般取为0~1/2，图 3.3 给出了帧移与帧长示意图。

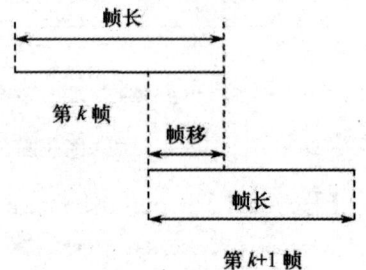

图 3.3　语音信号分帧

常用的窗有两种，一种是矩形窗，窗函数为

$$w(n) = \begin{cases} 1, & 0 \leqslant n \leqslant N-1 \\ 0, & \text{其他} \end{cases} \tag{3.1}$$

另一种是汉明（Hamming）窗，窗函数为

$$w(n) = \begin{cases} 0.54 - 0.45\cos[2\pi n / (N-1)], & 0 \leqslant n \leqslant N \\ 0, & \text{其他} \end{cases} \tag{3.2}$$

这两种窗的时域和频域波形可用 MATLAB 程序实现，程序 3.2 为矩形窗及其频谱的 MATLAB 程序，程序 3.3 为汉明窗及其频谱的 MATLAB 程序。

1．矩形窗时域和频域波形（窗长 N=61）

【程序 3.2】juxing.m

```
x=linspace(0,100,10001);          %在 0~100 的横坐标间取 10001 个值
h=zeros(10001,1);                 %为矩阵 h 赋 0 值
h(1:2001)=0;                      %前 2000 个值取为 0
h(2002:8003)=1;                   %窗长,窗内值取为 1
h(8004:10001)=0;                  %后 2000 个值取为 0
figure(1);                        %定义图号
subplot(1,2,1)                    %画第一幅子图
plot(x,h,'k');                    %画波形,横坐标为 x,纵坐标为 h,k 表示黑色
xlabel('样点数');                  %横坐标名称
ylabel('幅度');                    %纵坐标名称
axis([0,100,-0.5,1.5])            %限定横、纵坐标范围
line([0,100],[0,0])               %画出 x 轴
w1=linspace(0,61,61);             %取窗长内的 61 个点
w1(1:61)=1;                       %赋值 1,相当于矩形窗
w2=fft(w1,1024);                  %对时域信号进行 1024 点的傅里叶变换
w3=w2/w2(1)                       %幅度归一化
w4=20*log10(abs(w3));             %对归一化幅度取对数
w=2*[0:1023]/1024;                %频率归一化
subplot(1,2,2);                   %画第二幅子图
plot(w,w4,'k')                    %画幅度特性图
axis([0,1,-100,0])                %限定横、纵坐标范围
xlabel('归一化频率 f/fs');          %横坐标名称
ylabel('幅度/dB');                 %纵坐标名称
```

图 3.4 为程序运行后相应的矩形窗时域波形及其幅频特性。

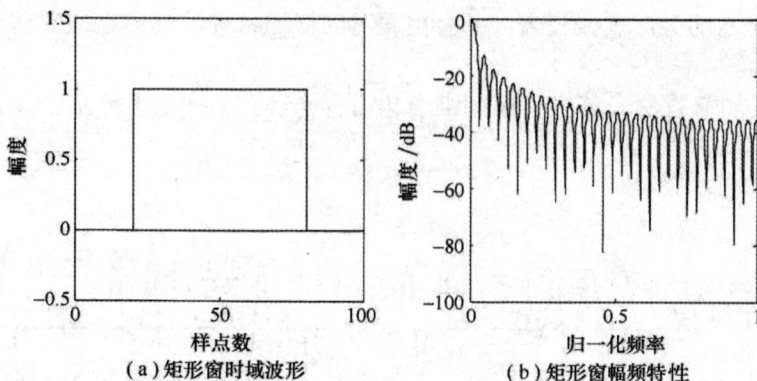

（a）矩形窗时域波形　　　　（b）矩形窗幅频特性

图 3.4　矩形窗及其频谱

2．汉明窗时域和频域波形（窗长 N=61）

【程序 3.3】hamming.m

```
x=linspace(20,80,61);            %在 20~80 的横坐标间取 61 个值作为横坐标点
h=hamming(61);                   %取 61 个点的汉明窗值为纵坐标值
```

```
figure(1);                          %画图
subplot(1,2,1);                     %第一幅子图
plot(x,h,'k');                      %横坐标为 x,纵坐标为 h,k 表示黑色
xlabel('样点数'); ylabel('幅度');   %横、纵坐标名称
w1=linspace(0,61,61);               %取窗长内的 61 个点
w1(1:61)=hamming(61);               %加汉明窗
w2=fft(w1,1024);                    %对时域信号进行 1024 点傅里叶变换
w3=w2/w2(1);                        %幅度归一化
w4=20*log10(abs(w3))                %对归一化幅度取对数
w=2*[0:1023]/1024;                  %频率归一化
subplot(1,2,2)                      %画第二幅子图
plot(w,w4,'k')                      %画幅频特性图
axis([0,1,-100,0])                  %限定横、纵坐标范围
xlabel('归一化频率'); ylabel('幅度/dB');    %横、纵坐标名称
```

图 3.5 为程序运行后相应的汉明窗时域波形及其幅频特性。

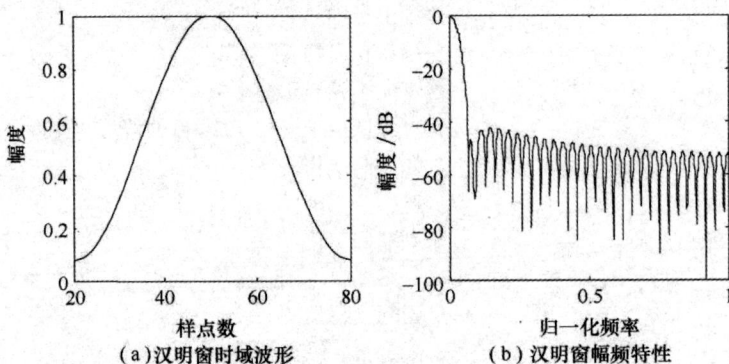

（a）汉明窗时域波形　　　　　　　（b）汉明窗幅频特性

图 3.5　汉明窗及其频谱

对比图 3.4 与图 3.5 可以看出，矩形窗的主瓣宽度小于汉明窗，具有较高的频谱分辨率，但是矩形窗的旁瓣峰值较大，因此其频谱泄露比较严重。虽然汉明窗的主瓣宽度较大，约为矩形窗的 2 倍，但是它的旁瓣衰减较大，具有更平滑的低通特性，能够在较高程度上反映短时信号的频率特性。

图 3.6 说明了加窗方法，其中窗序列沿着语音样点值序列 $x(n)$ 逐帧从左向右移动，窗函数 $w(n)$ 的长度为 N。

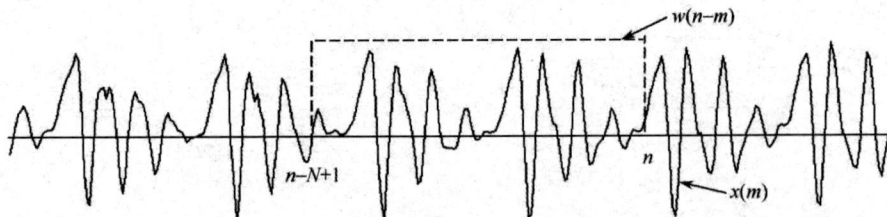

图 3.6　加窗方法示意图

在确定了窗函数以后，对语音信号的分帧处理实际上就是对各帧进行某种变换或运算。设这种变换或运算用 $T[\ ]$ 表示，$x(n)$ 为输入语音信号，$w(n)$ 为窗序列，$h(n)$ 是与 $w(n)$ 有关的滤波器，则各帧经处理后的输出可以表示为

$$Q_n = \sum_{m=-\infty}^{\infty} T[x(m)]h(n-m) \qquad (3.3)$$

几种常见的短时处理方法是：

① $T[x(m)]=x^2(m)$，$h(n)=w^2(n)$，Q_n 对应于能量；

② $T[x(m)]=|\mathrm{sgn}[x(m)]-\mathrm{sgn}[x(m-1)]|$，$h(n)=w(n)$，$Q_n$ 对应于平均过零率；

③ $T[x(m)]=x(m)x(m+k)$，$h(n)=w(n)w(n+k)$，Q_n 对应于自相关函数。

3.2 短时平均能量

由于语音信号的能量随时间而变化，清音和浊音之间的能量差别相当显著，因此对短时平均能量和短时平均幅度进行分析，可以描述语音的这种特征变化情况。

定义 n 时刻某语音信号的短时平均能量 E_n 为

$$E_n = \sum_{m=-\infty}^{\infty} [x(m)w(n-m)]^2 = \sum_{m=n-(N-1)}^{n} [x(m)w(n-m)]^2 \qquad (3.4)$$

式中，N 为窗长。可见短时平均能量为一帧样点值的加权平方和。特殊地，当窗函数为矩形窗时，有

$$E_n = \sum_{m=n-(N-1)}^{n} x^2(m) \qquad (3.5)$$

也可以从另一个角度来解释。令

$$h(n) = w^2(n) \qquad (3.6)$$

式（3.4）可以表示为

$$E_n = \sum_{m=-\infty}^{+\infty} x^2(m)h(n-m) = x^2(n)*h(n) \qquad (3.7)$$

式（3.7）可以理解为：首先语音信号的各个样点值平方，然后通过一个冲激响应为 $h(n)$ 的滤波器，输出为由短时平均能量构成的时间序列，如图 3.7 所示。

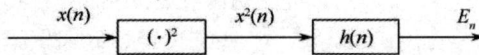

图 3.7 语音信号的短时平均能量实现框图

冲激响应 $h(n)$ 的选择或者说窗函数的选择会直接影响短时平均能量的计算。若 $h(n)$ 的幅度恒定，其序列长度 N（窗长）很大，这样的窗等效为很窄的低通滤波器，此时 $h(n)$ 对 $x^2(n)$ 的平滑作用非常显著，使得短时平均能量几乎没有多大变化，无法反映语音的时变特性。反之，若 $h(n)$ 序列的长度 N 过小，那么等效窗又不能提供足够的平滑，以至于语音振幅瞬时变化的许多细节仍然被保留了下来，从而看不出振幅包络的变化规律。通常 N 的选择与语音的基音周期相联系，一般要求窗长为几个基音周期。由于基音频率范围为 50~500Hz，因此折中选择帧长为 10~20ms。图 3.8 画出了一段实际语音（女声"我到北京去"）的短时平均能量随矩形窗长的变化曲线，横坐标为帧数，帧间无交叠。从图中可以看到，$N=50$ 和 $N=100$ 的短时平均能量

曲线不够平滑；而 $N=800$ 的曲线又过于平滑，将个别的细节变化平滑掉了；$N=400$ 的曲线比较合适。程序 3.4 为不同矩形窗长 N 时的短时平均能量的 MATLAB 程序。

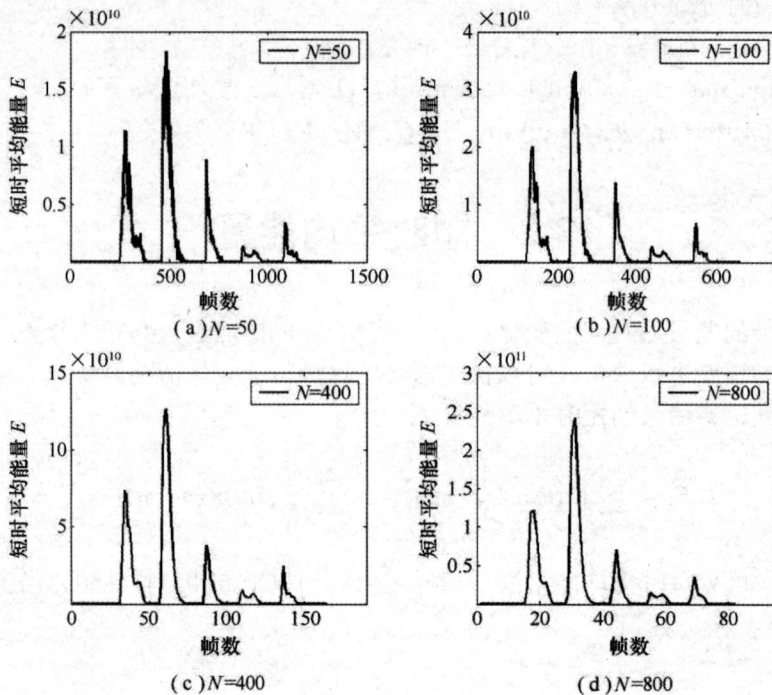

图 3.8　不同矩形窗长 N 时的短时平均能量变化曲线

将读入的语音 wav 文件保存为 txt 文件，设置采样率为 8kHz，16 位，单声道。

【程序 3.4】 nengliang.m

```
fid=fopen('zqq.txt','rt');                      %读入语音文件
x=fscanf(fid,'%f');
fclose(fid);
%计算 N=50,帧移=0 时的语音能量
s=fra(50,50,x)                                  %对输入的语音信号进行分帧,其中帧长为 50,帧移为 0
s2=s.^2;                                        %一帧内各样点的能量
energy=sum(s2,2)                                %求一帧能量
subplot(2,2,1)                                  %定义画图数量和布局
plot(energy)                                    %画 N=50 时的语音能量图
xlabel('帧数')                                  %横坐标
ylabel('短时平均能量 E')                        %纵坐标
legend('N=50')                                  %曲线标识
axis([0,1500,0,2*10^10])                        %定义横、纵坐标范围
%计算 N=100,帧移=0 时的语音能量
s=fra(100,100,x)
s2=s.^2;
energy=sum(s2,2)
subplot(2,2,2)
plot(energy)                                    %画 N=100 时的语音能量图
xlabel('帧数')
```

```
ylabel('短时平均能量 E')
legend('N=100')
axis([0,750,0,4*10^10])                %定义横、纵坐标范围
%计算 N=400,帧移=0 时的语音能量
s=fra(400,400,x)
s2=s.^2;
energy=sum(s2,2)
subplot(2,2,3)
plot(energy)                           %画 N=400 时的语音能量图
xlabel('帧数')
ylabel('短时平均能量 E')
legend('N=400')
axis([0,190,0,1.5*10^11])              %定义横、纵坐标范围
%计算 N=800,帧移=0 时的语音能量
s=fra(800,800,x)
s2=s.^2;
energy=sum(s2,2)
subplot(2,2,4)
plot(energy)                           %画 N=800 时的语音能量图
xlabel('帧数')
ylabel('短时平均能量 E')
legend('N=800')
axis([0,95,0,3*10^11])                 %定义横、纵坐标范围
```

其中，fra()为分帧函数，其 MATLAB 程序如下：

```
% fra.m
function f=fra(len,inc,x)               %对读入语音分帧,len 为帧长,inc 为帧长减去帧移
                                        %数,x 为输入语音数据
fh=fix(((size(x,1)-len)/inc)+1)         %计算帧数
f=zeros(fh,len);                        %设一个零矩阵,行为帧数,列为帧长
i=1;n=1;
while i<=fh                             %帧间循环
    j=1;
    while j<=len                        %帧内循环
        f(i,j)=x(n);
        j=j+1;n=n+1;
    end
    n=n-len+inc;                        %下一帧开始位置
    i=i+1;
end
```

短时平均能量的主要用途如下：

① 可以作为区分清音和浊音的特征参数。实验结果表明浊音的能量明显高于清音。通过设置一个能量门限值，可以大致判定浊音变为清音或者清音变为浊音的时刻，同时可以大致划分浊音区间和清音区间。

② 在信噪比较高的情况下，短时平均能量还可以作为区分有声和无声的依据。

③ 可以作为辅助的特征参数用于语音识别中。

3.3 短时平均幅度

短时平均能量的一个主要问题是 E_n 对信号电平值过于敏感。由于需要计算信号样点值的平方和，在定点实现时很容易产生溢出。为了克服这个缺点，可以定义一个短时平均幅度 M_n 来衡量语音幅度的变化，即

$$M_n = \sum_{m=-\infty}^{+\infty} |x(m)| w(n-m) = \sum_{m=n-N+1}^{n} |x(n)| w(n-m) \tag{3.8}$$

式（3.8）可以理解为 $w(n)$ 对 $|x(n)|$ 的线性滤波运算，实现框图如图 3.9 所示。与短时平均能量比较，短时平均幅度相当于用绝对值之和代替了平方和，简化了运算。

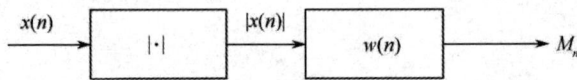

图 3.9 短时平均幅度实现框图

图 3.10 画出了短时平均幅度随矩形窗长 N 变化的情况，帧间无交叠。比较图 3.8 和图 3.10，短形窗长 N 对短时平均幅度的影响与短时平均能量的分析结论是完全一致的。但由于短时平均幅度没有平方运算，因此其动态范围（最大值与最小值之差）要比短时平均能量小，接近于标准能量的动态范围的平方根。所以，尽管短时平均幅度也可以用来区分清音和浊音、无声和有声，但是二者之间的幅度差不如短时平均能量那么明显。

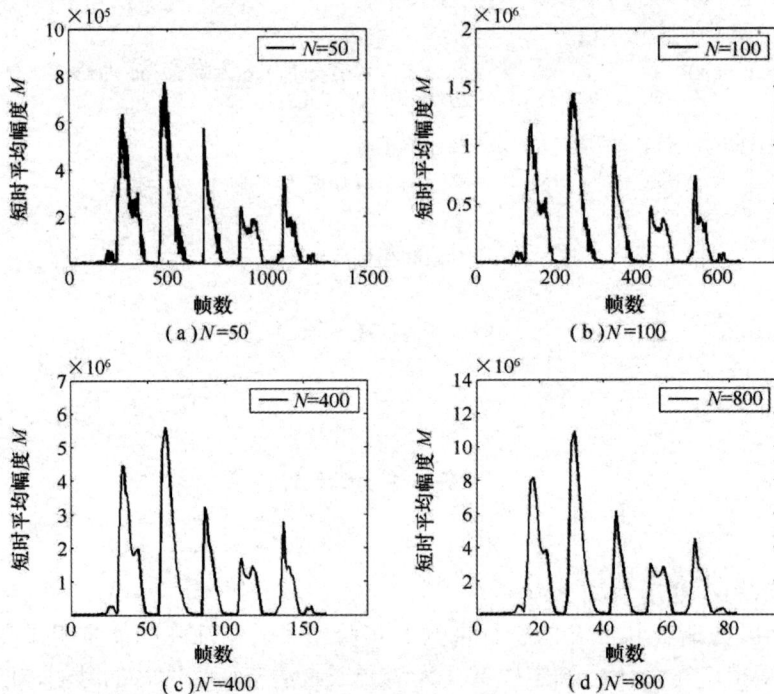

图 3.10 不同矩形窗长 N 时的短时平均幅度变化曲线

程序 3.5 为不同矩形窗长 N 时的短时平均幅度的 MATLAB 程序，其中每行程序的意义可

参见短时平均能量的解释。

【程序 3.5】 fudu.m

```
fid=fopen('zqq.txt','rt')           %读入语音文件
x=fscanf(fid,'%f')
fclose(fid)

s=fra(50,50,x)                      %语音短时平均幅度图
s3=abs(s)
avap=sum(s3,2)
subplot(2,2,1)
plot(avap)
xlabel('帧数')
ylabel('短时平均幅度 M')
legend('N=50')
axis([0,1500,0,10*10^5])
s=fra(100,100,x)
s3=abs(s)
avap=sum(s3,2)
subplot(2,2,2)
plot(avap)
xlabel('帧数')
ylabel('短时平均幅度 M')
legend('N=100')
axis([0,750,0,2*10^6])
s=fra(400,400,x)
s3=abs(s)
avap=sum(s3,2)
subplot(2,2,3)
plot(avap)
xlabel('帧数')
ylabel('短时平均幅度 M')
legend('N=400')
axis([0,190,0,7*10^6])

s=fra(800,800,x)
s3=abs(s)
avap=sum(s3,2)
subplot(2,2,4)
plot(avap)
xlabel('帧数')
ylabel('短时平均幅度 M')
legend('N=800')
axis([0,95,0,14*10^6])
```

3.4 短时平均过零率

短时平均过零率是语音信号时域分析中的一种特征参数，它是指每帧内信号通过零值的次数。对有时间横轴的连续语音信号，可以观察到语音的时域波形通过横轴的情况。在离散时间语音信号情况下，如果相邻的采样具有不同的代数符号就称发生了过零，因此可以计算过零的次数。单位时间内过零的次数称为过零率，一段长时间内的过零率称为平均过零率。如果是正弦信号，其平均过零率就是信号频率的两倍除以采样率，而采样率是固定的，因此过零率在一定程度上可以反映信号的频率信息。语音信号不是简单的正弦信号序列，所以平均过零率的表示方法不那么确切。但由于语音是一种短时平稳信号，采用短时平均过零率仍然可以在一定程度上反映其频谱性质，由此可获得频谱特性的一种粗略估计。短时平均过零率的定义为

$$Z_n = \sum_{m=-\infty}^{+\infty} |\operatorname{sgn}[x(m) - \operatorname{sgn}[x(m-1)]| w(n-m)$$

$$= |\operatorname{sgn}[x(n) - \operatorname{sgn}[x(n-1)]| * w(n) \qquad (3.9)$$

其中，sgn[ ]为符号函数，即

$$\operatorname{sgn}[x(n)] = \begin{cases} 1, & x(n) \geq 0 \\ -1, & x(n) < 0 \end{cases} \qquad (3.10)$$

$w(n)$为窗函数，计算时常采用矩形窗，窗长为 N。可以这样理解：当相邻两个样点符号相同时，$|\operatorname{sgn}[x(m)]-\operatorname{sgn}[x(m-1)]|=0$，没有产生过零；当相邻两个样点符号相反时，$|\operatorname{sgn}[x(m)]-\operatorname{sgn}[x(m-1)]|=2$，为过零次数的 2 倍。因此在统计一帧（$N$ 点）的短时平均过零率时，求和后必须要除以 $2N$。这样就可以将窗函数 $w(n)$表示为

$$w(n) = \begin{cases} \dfrac{1}{2N}, & 0 \leq n \leq N-1 \\ 0, & \text{其他} \end{cases} \qquad (3.11)$$

在矩形窗条件下，式（3.9）可以简化为

$$Z_n = \frac{1}{2N} \sum_{m=n-(N-1)}^{n} |\operatorname{sgn}[x(m) - \operatorname{sgn}[x(m-1)]| \qquad (3.12)$$

按照式（3.9），可得出实现短时平均过零率的框图，如图 3.11 所示。

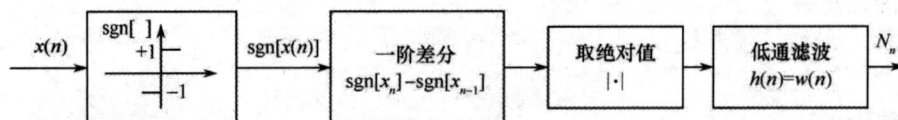

图 3.11 语音信号的短时平均过零率实现框图

图 3.12 画出了语音（女声"我到北京去"）的短时平均过零率的变化曲线，图中窗长 N=220，帧重叠 50%。从图中可以看出，清音与浊音的短时平均过零率区别还是比较明显的。

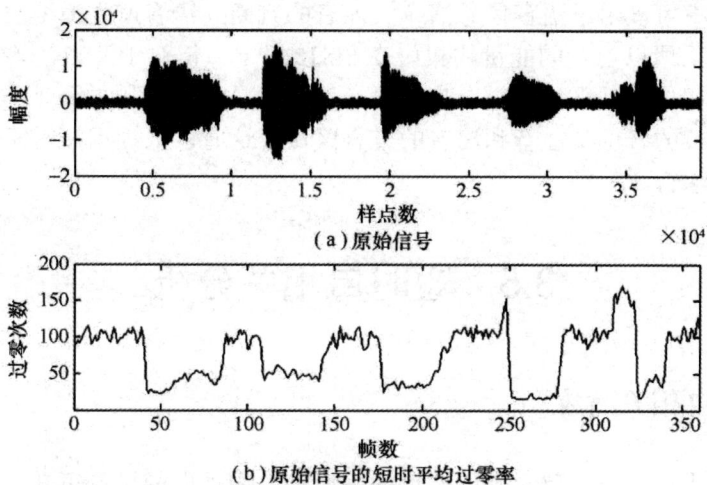

图 3.12 一句语音的短时平均过零率

程序 3.6 为一句语音的短时平均过零率的 MATLAB 程序。

【程序 3.6】guoling.m

```
clear all
fid=fopen('beijing.txt','rt')
x1=fscanf(fid,'%f');
fclose(fid);
x=awgn(x1,15,'measured');          %加入 15dB 的噪声
s=fra(220,110,x);                  %分帧,帧移为 110
zcr=zcro(s);                       %求过零率
figure(1);
subplot(2,1,1)
plot(x);
xlabel('样点数');
ylabel('幅度');
axis([0,39760,-2*10^4,2*10^4]);
subplot(2,1,2)
plot(zcr);
xlabel('帧数');
ylabel('过零次数');
axis([0,360,0,200]);
```

其中，zcro( )为求过零率的函数，其 MATLAB 程序如下：

```
%zcro.m
function f=zcro(x)
f=zeros(size(x,1),1);              %生成全零矩阵
for i=1：size(x,1)
    z=x(i,：);                     %提取一行数据
    for j=1：(length(z)-1);
        if z(j)*z(j+1)<0;
            f(i)=f(i)+1;
        end
    end
end
```

短时平均过零率可以用于语音信号清音、浊音的判断。语音产生模型表明，由于声门波引起了谱的高频跌落，所以浊音的能量约集中在 3kHz 以下。但对于清音，多数能量出现在较高的频率上。所以，如果短时平均过零率高，语音信号就是清音，如果短时平均过零率低，语音信号就是浊音。但有的音位于浊音和清音的重叠区域，这时，只根据短时平均过零率就不可能明确地判别清音、浊音。

3.5 短时自相关分析

3.5.1 短时自相关函数

自相关函数用于衡量信号自身时间波形的相似性。由前面的讨论可知，清音和浊音的发声机理不同，因而在波形上也存在着较大的差异。浊音的时间波形呈现出一定的周期性，波形之间的相似性较好；清音的时间波形呈现出随机噪声的特性，杂乱无章，样点间的相似性较差。这样，可以用短时自相关函数来测定语音的相似特性。

时域离散确定信号的自相关函数定义为

$$R(k) = \sum_{m=-\infty}^{+\infty} x(m)x(m+k) \tag{3.13}$$

时域离散随机信号的自相关函数定义为

$$R(k) = \lim_{N \to \infty} \frac{1}{2N+1} \sum_{m=-N}^{N} x(m)x(m+k) \tag{3.14}$$

若信号为周期信号，周期为 P，则

$$R(k) = R(k+P) \tag{3.15}$$

式（3.15）说明，周期信号的自相关函数也是一个同样周期的周期信号，自相关函数具有下述性质：

① 对称性，$R(k) = R(-k)$；

② 在 $k=0$ 处为最大值，即对于所有 k，$|R(k)| \leqslant R(0)$；

③ 对于确定信号，$R(0)$对应于能量，而对于随机信号，$R(0)$对应于平均功率。

在上述性质②中，如果是一个周期为 P 的信号，则在采样处 $0, \pm P, \pm 2P, \cdots$，其自相关函数也是最大值，因此可以根据自相关函数的最大值的位置来估计周期信号的周期。

3.5.2 语音信号的短时自相关函数

对于语音信号来说，采用短时分析方法可以定义短时自相关函数为

$$R_n(k) = \sum_{m=-\infty}^{+\infty} x(m)w(n-m)x(m+k)w(n-k-m) \tag{3.16}$$

因为 $R_n(-k) = R_n(k)$，所以

$$R_n(k) = R_n(-k) = \sum_{m=-\infty}^{+\infty} [x(m)x(m-k)][w(n-m)w(n-m+k)] \tag{3.17}$$

定义

$$h_k(n) = w(n)w(n+k) \tag{3.18}$$

那么式（3.16）可以写成

$$R_n(k) = \sum_{m=-\infty}^{+\infty} x(m)x(m-k)h_k(n-m) \qquad （3.19）$$

式（3.19）表明，序列 $x(n)x(n-k)$ 经过一个冲激响应为 $h_k(n)$ 的数字滤波器滤波即得到短时自相关函数 $R_n(k)$，如图 3.13 所示。

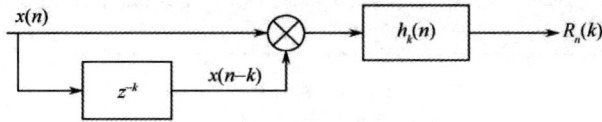

图 3.13　短时自相关函数的实现框图

也可采用直接运算的方法，令 $m=n+m'$，代入式（3.16）中，且令 $w(-m)=w'(m)$，则可得

$$
\begin{aligned}
R_n(k) &= \sum_{m'=-\infty}^{+\infty} [x(n+m')w(-m')][x(n+m'+k)w'(k+m')] \\
&= \sum_{m=-\infty}^{+\infty} [x(n+m)w'(m)][x(n+m+k)w'(k+m)]
\end{aligned}
\qquad （3.20）
$$

注意：当 $0 \leq m \leq N-1$ 时，$w'(m)$ 为非零值；当 $0 \leq k+m \leq N-1$ 或 $-k \leq m \leq N-1-k$ 时，$w'(k+m)$ 为非零值，故 $w'(m)$ 和 $w'(k+m)$ 均为非零值，则 $0 \leq m \leq N-1-k$，故式（3.20）可以写成

$$R_n(k) = \sum_{m=0}^{N-1-k} [x(n+m)w'(m)][x(n+m+k)w'(k+m)] \qquad （3.21）$$

式（3.21）这种直接计算 $R_n(k)$ 的运算量较大，可用 FFT 来减小运算量。

图 3.14 和图 3.15 分别给出了浊音和清音的短时自相关函数曲线，分别画出了时域波形、加矩形窗和加汉明窗后用式（3.21）计算短时自相关函数归一化后的结果。语音的采样率为 8kHz，窗长为 320。

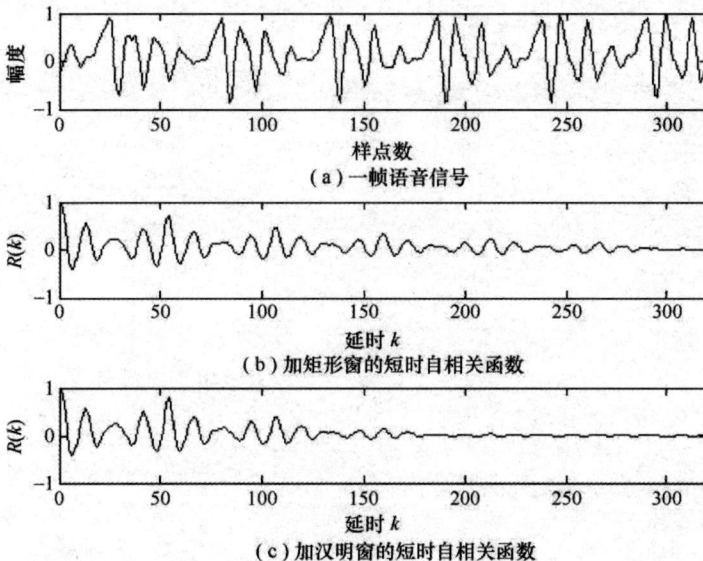

（a）一帧语音信号

（b）加矩形窗的短时自相关函数

（c）加汉明窗的短时自相关函数

图 3.14　浊音的短时自相关函数曲线

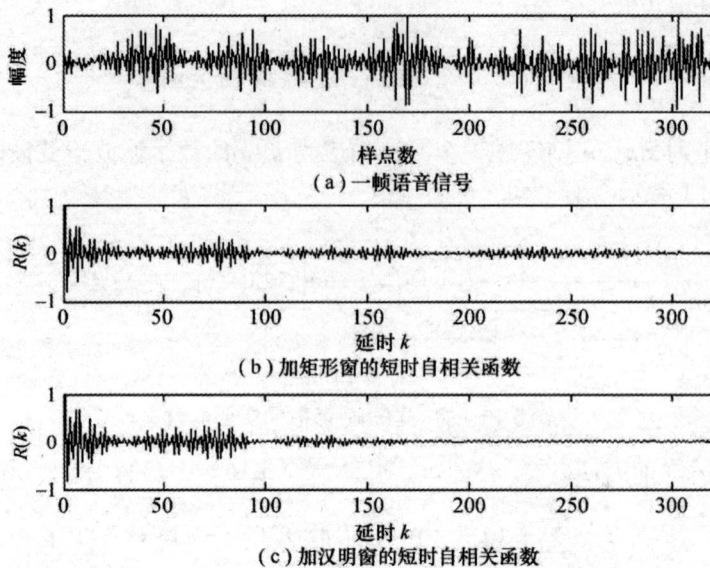

图 3.15　清音的短时自相关函数曲线

程序 3.7 为浊音的短时自相关函数的 MATLAB 程序。

【程序 3.7】 zhuoyinzixiangguan.m

```
fid=fopen('voice.txt','rt')
x=fscanf(fid,'%f');
fclose(fid);


s1=x(1:320);                        %选择一段 320 点的语音段
N=320;                              %选择的窗长
A=[];                              %加 N=320 的矩形窗
for k=1:320;
sum=0;
for m=1:N-k+1;
sum=sum+s1(m)*s1(m+k-1);            %计算自相关
end
A(k)=sum;
end
for k=1:320
A1(k)=A(k)/A(1);                    %归一化 A(k)
End

f=zeros(1,320);                     %加 N=320 的汉明窗
n=1;j=1;
    while j<=320
        f(1,j)=x(n)*[0.54-0.46*cos(2*pi*n/319)];
        j=j+1;n=n+1;
    end
B=[];
for k=1:320;
```

```
sum=0;
for m=1:N-k+1;
sum=sum+f(m)*f(m+k-1);
end
B(k)=sum;
end
for k=1:320
B1(k)=B(k)/B(1);                        %归一化 B(k)
end
s2=s1/max(s1);
figure(1)
subplot(3,1,1)
plot(s2)
xlabel('样点数')
ylabel('幅度')
axis([0,320,-1,1]);
subplot(3,1,2)
plot(A1);
xlabel('延时 k')
ylabel('R(k)')
axis([0,320,-1,1]);
subplot(3,1,3)
plot(B1);
xlabel('延时 k')
ylabel('R(k)')
axis([0,320,-1,1]);
```

清音的短时自相关函数的 MATLAB 程序的实现与浊音的基本一致，需要改动的地方只是文件名及显示图形时浊音波形的动态范围，故这里不再给出详细程序。

从图 3.14 和图 3.15 可以看出，浊音和清音的短时自相关函数有如下几个特点。

① 短时自相关函数可以很明显地反映出浊音信号的周期性。

② 清音的短时自相关函数没有周期性，也不具有明显突出的峰值，其性质类似于噪声。

③ 不同的窗对短时自相关函数的结果有一定的影响。采用矩形窗时，浊音自相关函数曲线的周期性显示出比用汉明窗时更明显的周期性。其主要原因是加汉明窗后，语音段两端的幅度逐渐下降，从而模糊了信号的周期性。

窗长对浊音的短时自相关函数的周期性有着直接的影响。一方面，由于语音信号的特性是变化的，因此要求 N 应尽量小。但与之相矛盾的另一方面是为了充分反映语音的周期性，又必须选择足够宽的窗，以使得选出的语音段包含两个以上的基音周期。由于基音频率分布在 50~500Hz 的范围内，8kHz 采样时对应于 16~160 点，那么窗长 N 的选择要求 $N \geqslant 320$。如图 3.16 所示，分别用 N=320、N=160、N=70 的矩形窗对图 3.14 的浊音段加窗。当 N=70 时，由于窗长不足两个基音周期，所以将不能正确检测基音周期。从图 3.16 也可看到，采用式（3.21）计算出来的短时自相关函数，其幅度是一个逐渐衰减的曲线。这是由于在计算短时自相关函数时，窗长为有限长度 N，而求和上限为 $N-1-k$，因此当 k 增大时，可用于计算的数据就越来越少，从而导致 k 增大时短时自相关函数的幅度减小。

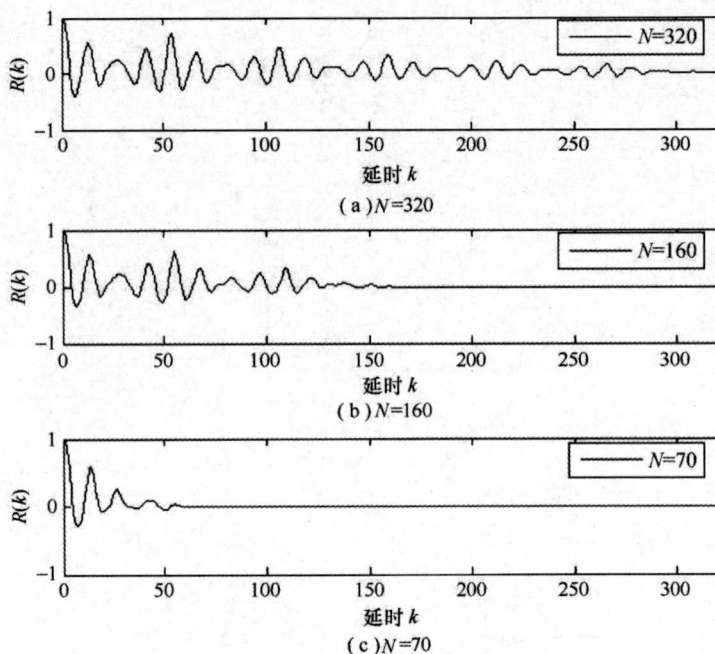

图 3.16 不同矩形窗长时的短时自相关函数曲线

程序 3.8 为不同矩形窗长时的短时自相关函数的 MATLAB 程序。

【程序 3.8】duanshizixiangguan.m

```matlab
fid=fopen('voice.txt','rt')
x=fscanf(fid,'%f');
fclose(fid);
s1=x(1:320);
N=320;                              %选择的窗长,加 N=320 的矩形窗
A=[];
for k=1:320;
sum=0;
for m=1:N-(k-1);
sum=sum+s1(m)*s1(m+k-1);           %计算自相关
end
A(k)=sum;
end
for k=1:320
A1(k)=A(k)/A(1);                    %归一化 A(k)
end
N=160;                              %选择的窗长,加 N=160 的矩形窗
B=[];
for k=1:320;
sum=0;
for m=1:N-(k-1);
sum=sum+s1(m)*s1(m+k-1);           %计算自相关
end
B(k)=sum;
```

```
end
for k=1:320
B1(k)=B(k)/B(1);                            %归一化 B(k)
end
N=70;                                       %选择的窗长,加 N=70 的矩形窗
C=[];
for k=1:320;
sum=0;
for m=1:N-(k-1);
sum=sum+s1(m)*s1(m+k-1);                     %计算自相关
end
C(k)=sum;
end
for k=1:320
C1(k)=C(k)/C(1);                            %归一化 C(k)
end
figure(1)
subplot(3,1,1)
plot(A1)
xlabel('延时 k')
ylabel('R(k)')
axis([0,320,-1,1]);
legend('N=320')
subplot(3,1,2)
plot(B1);
xlabel('延时 k')
ylabel('R(k)')
axis([0,320,-1,1]);
legend('N=160')
subplot(3,1,3)
plot(C1);
xlabel('延时 k')
ylabel('R(k)')
axis([0,320,-1,1]);
legend('N=70')
```

根据上面的分析可知，如果是长的基音周期用窄窗，将得不到预期的基音周期；但是如果是短的基音周期用长的窗，自相关函数将对多个基音周期进行平均计算，从而模糊语音的短时特性，这是不希望的。最理想的方法是让窗长自适应于基音周期的变化，但这样会增大计算复杂度。为了解决这个问题，可以采用修正的短时自相关函数，这种方法可以采用较窄的窗，同时避免了短时自相关函数随 k 增大而衰减的不足。

3.5.3 修正的短时自相关函数

修正的短时自相关函数的定义为

$$\hat{R}_n(k) = \sum_{m'=-\infty}^{+\infty} x(m)w_1(n-m)x(m+k)w_2(n-m-k) \qquad (3.22)$$

若令 $m=n+m'$，代入式（3.22）中，可得

$$\hat{R}_n(k) = \sum_{m'=-\infty}^{+\infty} x(n+m')w_1(-m')x(n+m'+k)w_2(-m'-k) \qquad (3.23)$$

定义
$$\begin{cases} \hat{w}_1(m) = w_1(-m) \\ \hat{w}_2(m) = w_2(-m) \end{cases}$$

则有

$$\hat{R}_n(k) = \sum_{m=-\infty}^{+\infty} x(n+m)\hat{w}_1(m)x(n+m+k)\hat{w}_2(m+k) \qquad (3.24)$$

$$\hat{w}_1(m)\begin{cases} 1, & 0 \leqslant n \leqslant N-1 \\ 0, & \text{其他} \end{cases}$$

$$\hat{w}_2(m)\begin{cases} 1, & 0 \leqslant n \leqslant N-1+K \\ 0, & \text{其他} \end{cases} \qquad (3.25)$$

式中，K 为 k 的最大值，即 $0 \leqslant k \leqslant K$。

由式（3.25）可知，要使 $\hat{w}_2(m+k)$ 为非零值，必须使 $m+k \leqslant N-1+K$，考虑到 $k \leqslant K$，可得 $m \leqslant N-1$，故式（3.24）可以写成

$$\hat{R}_n(k) = \sum_{m=0}^{N-1} x(n+m)x(n+m+k) \qquad (3.26)$$

程序 3.9 为不同矩形窗长时的修正的短时自相关函数的 MATLAB 程序。

【程序 3.9】xiuzhengzixiangguan.m

```
fid=fopen('voice.txt','rt')
b=fscanf(fid,'%f');

b1=b(1:640);
N=320;                                    %选择的窗长
A=[];
for k=1:320;
sum=0;
for m=1:N;
sum=sum+b1(m)*b1(m+k-1);
end
A(k)=sum;
end
for k=1:320
A1(k)=A(k)/A(1);                          %归一化 A(k)
end
figure(1)
subplot(3,1,1)
```

```
plot(A1);
xlabel('延时 k')
ylabel('R(k)')
legend('N=320')
axis([0,320,-0.5,1]);

b2=b(1:320);
N=160;                              %选择的窗长
B=[];
for k=1:160;
sum=0;
for m=1:N;
sum=sum+b2(m)*b2(m+k-1);
end
B(k)=sum;
end
for k=1:160
B1(k)=B(k)/B(1);                    %归一化 B(k)
end
figure(1)
subplot(3,1,2)
plot(B1);
xlabel('延时 k')
ylabel('R(k)')
legend('N=160')
axis([0,320,-0.5,1]);

b3=b(1:140);                        %选择的语音起始点
N=70;                               %选择的窗长
C=[];
for k=1:70;
sum=0;
for m=1:N;
sum=sum+b3(m)*b3(m+k-1);
end
C(k)=sum;
end
for k=1:70
C1(k)=C(k)/C(1);                    %归一化 C(k)
end
figure(1)
subplot(3,1,3)
plot(C1);
xlabel('延时 k')
```

```
ylabel('R(k)')
legend('N=70')
axis([0,320,-0.5,1]);
```

因为求和上限是 $N-1$，与 k 无关，故当 k 增大时，$\hat{R}_n(k)$ 值不下降。与图 3.16 对应的修正的自相关函数示于图 3.17 中。可以看到，自相关函数相关峰值下降得很小。式（3.24）可以看作两个不同的有限长度段 $x(n+m)\hat{w}_1(m)$ 与 $x(n+m)\hat{w}_2(m)$ 的互相关函数，故 $\hat{R}_n(k)$ 有互相关函数的性质，而不具备自相关函数的性质，即 $\hat{R}_n(k)=\hat{R}_n(-k)$，但这个 $\hat{R}_n(k)$ 的最近的第二个最大值点仍代表了基音周期的位置，而使 N 的长度压缩到最小，K 可以做到大于 N。

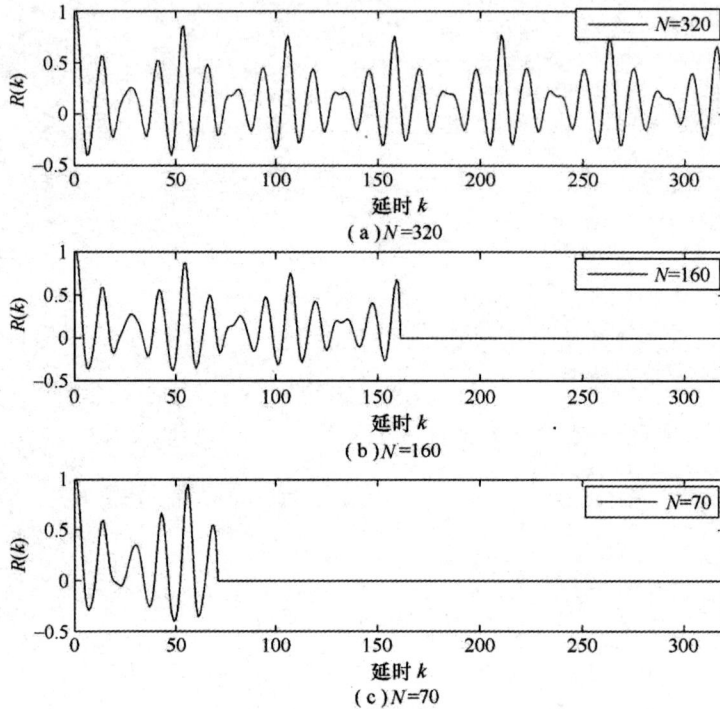

图 3.17　不同矩形窗长时的修正的短时自相关函数曲线

计算短时自相关函数需要很大的运算量，有时为简化运算，常使用一种与自相关函数有相似作用的另一参量，即短时平均幅度差函数（AMDF）。

3.5.4　短时平均幅度差函数

对一个周期为 P 的周期信号 $x(n)$ 来说，在 $k=0, \pm P, \pm 2P, \cdots$ 时，$d(n)=x(n)-x(n-k)=0(k=0, \pm P, \pm 2P, \cdots)$。对于浊音，在基音周期的整数倍上，$d(n)$ 总是很小，但不是零，因此，可以定义短时平均幅度差函数为

$$r_n(k) = \sum_{m=-\infty}^{+\infty} |x(n+m)w_1(m) - x(n+m-k)w_2(m-k)| \qquad （3.27）$$

显然，如果 $x(n)$ 具有周期 P，则当 $k=P, \pm 2P, \cdots$ 时，$r_n(k)$ 具有最小值。应注意的是，取矩形窗是很合适的。如果 $w_1(n)$ 和 $w_2(n)$ 有同样的宽度，可得到类似于式（3.27）的幅度差函数；如果两个窗口的长度不同，则将得到类似于修正自相关函数的函数。使用矩形窗时，短时平均

幅度差函数可写成

$$r_n(k) = \sum_{n=0}^{N-1} |x(n) - x(n+k)| \qquad k = 0, 1, \cdots, N-1 \qquad (3.28)$$

$r_n(k)$ 与 $\hat{R}_n(k)$ 之间的关系为

$$r_n(k) = \sqrt{2}\beta(k)[\hat{R}_n(0) - \hat{R}_n(k)]^{1/2} \qquad (3.29)$$

式中，$\beta(k)$ 对不同语音段可在 0.6~1.0 变化，但对于一个特定的语音段，它随 k 的变化并不明显。

3.6 基于能量和过零率的语音端点检测

在复杂的应用环境下，从信号流中分辨出语音信号和非语音信号，是语音处理的一个基本问题。语音端点检测就是指从包含语音的一段信号中确定出语音的起始点和终止点。正确的端点检测对于语音识别和语音编码都有重要的意义，它可以使采集的数据真正是语音信号的数据，从而减小数据量和运算量并缩短处理时间。

端点检测是语音信号处理中的一个基本问题，其目的是从包含语音的一段信号中确定语音的起始点及终止点。有效的端点检测不仅能使处理时间缩到最短，而且能抑制无声段的噪声干扰，提高语音处理的质量。有些发音仅用短时平均过零率来判断其起始点和终止点是比较困难的，包括下面几种情况：

- 开始和末尾是弱摩擦音（f, th, h）；
- 开始和末尾是弱爆破音（p, t, k）；
- 末尾是鼻音；
- 浊擦音在字的终了变为清音；
- 在一个发音的终止为拖长的元音。

当遇到上述情况时，端点检测非常困难，这时可把短时平均能量和短时平均过零率结合起来使用，也可以使用其他改进方法。

判别语音段的起始点和终止点的问题主要归结为区别语音和背景噪声的问题。如果能够保证系统的输入信噪比很高（即使最低电平的语音的能量也比背景噪声的能量高），那么只要计算输入信号的短时能量就基本能够把语音和背景噪声区别开来。但是，在实际应用中很难保证这么高的输入信噪比，仅仅根据能量来判断是比较粗糙的。因此，还需进一步利用短时平均过零率进行判断，因为清音的短时平均过零率比背景噪声的要高出好几倍。本节介绍基于能量和过零率的语音端点检测方法——两级判决法及程序实现。

两级判决法采用双门限比较法，可以用图 3.18 来说明。

1. 第一级判决

① 先根据语音短时能量的轮廓选取一个较高的门限 T_1，进行一次粗判：语音起止点位于该门限与短时能量包络交点所对应的时间间隔之外（即 AB 段之外）。

② 根据背景噪声的平均能量确定一个较低的门限 T_2，并从 A 点往左、从 B 点往右搜索，分别找到短时能量包络与门限 T_2 相交的两个点 C 和 D，于是 CD 段就是用双门限比较法根据短时能量所判定的语音段。

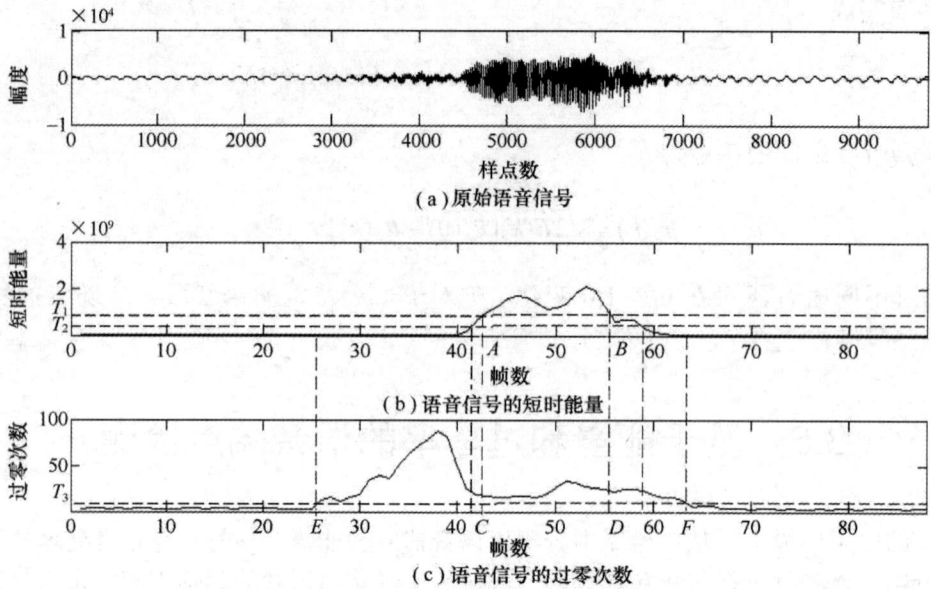

图 3.18　利用能量和过零率进行语音端点检测的两级判决法示意图

2. 第二级判决

以短时平均过零率为标准，从 C 点往左和从 D 点往右搜索，找到短时平均过零率低于某个门限 T_3 的两点 E 和 F，这便是语音段的起止点。门限 T_3 是由背景噪声的平均过零率所确定的。

这里要注意，门限 T_2、T_3 都是由背景噪声特性确定的，因此，在进行起止点判决前，通常都要采集若干帧背景噪声并计算其平均短时能量和平均过零率，作为选择 T_2 和 T_3 的依据。当然，T_1、T_2、T_3 这三个门限值的确定还应通过多次实验。

基于 MATLAB 实现能量与过零率的端点检测算法步骤如下：

① 对语音信号 $x(n)$ 进行分帧处理，每一帧记为 $s_i(n)$，$n=1, 2, \cdots, N$，n 为离散语音信号时间序列，N 为帧长，i 表示帧数。

② 计算每一帧语音的短时能量，得到语音的短时帧能量：$E_i = \sum_{n=1}^{N} s_i^2(n)$。

③ 计算每一帧语音的过零率，得到短时帧过零率：$Z_i = \sum_{n=1}^{N} |\operatorname{sgn}[s_i(n)] - \operatorname{sgn}[s_i(n-1)]|$，其中

$$\operatorname{sgn}[s_i(n)] = \begin{cases} 1, & s_i(n) \geqslant 0 \\ 0, & s_i(n) < 0 \end{cases}$$

④ 根据语音的平均能量设置一个较高的门限 T_1，用以确定语音开始，然后根据背景噪声的平均能量确定一个稍低的门限 T_2，用以确定第一级中的语音终止点，$T_2 = \alpha_1 E_N$，E_N 为背景噪声能量的平均值，完成第一级判决。第二级判决同样根据背景噪声的平均过零率 Z_N 设置一个门限 T_3，用于判断语音前端的清音和后端的尾音。α_1 为经过大量实验得到的经验值。

由于 MATLAB 实现的程序较长，这里从略。

3.7 基音周期估值

基音周期是表征语音信号本质特征的参数，属于语音分析的范畴，只有准确分析并且提取出语音信号的特征参数，才能够利用这些参数进行语音编码、语音合成和语音识别等处理。语音编码的压缩率高低、语音合成的音质好坏及语音识别率的高低，都依赖于对语音信号分析的准确性和精确性，因此基音周期估值在语音信号处理应用中具有十分重要的作用。语音信号基音周期估值的方法有很多，本节介绍最基本的两种方法：基于短时自相关法的基音周期估值和基于短时平均幅度差函数法的基音周期估值。

3.7.1 基于短时自相关法的基音周期估值

前面介绍过自相关函数的性质，如果 $x(n)$ 是一个周期为 P 的信号，则其自相关函数也是周期为 P 的，且在信号周期的整数倍处自相关函数取最大值。浊音具有准周期性，其自相关函数在基音周期的整数倍处取最大值。计算两相邻最大峰值间的距离，就可以估计出基音周期。观察浊音的自相关函数曲线，其中真正反映基音周期的只是其中少数几个峰，而其余大多数峰都是由声道的共振特性引起的。因此为了突出反映基音周期的信息，同时压缩其他无关信息、减小运算量，有必要对语音信号进行适当预处理后再进行自相关计算以获得基音周期。

第一种方法是先对语音信号进行低通滤波，再进行自相关计算。因为语音信号包含十分丰富的谐波分量，基音频率的范围分布在 50~500Hz，即使女高音升 C 调最高也不会超过 1kHz，所以采用 1kHz 的低通滤波器先对语音信号进行滤波，保留基音频率；再用 2kHz 进行采样；最后用 2~20ms 的滞后时间计算短时自相关，帧长取 10~20ms，即可估计出基音周期。

第二种方法是先对语音信号进行中心削波处理，再进行自相关计算。常用的有两种削波函数，下面分别介绍。

1. 中心削波

中心削波函数如式（3.30）所示，其对应波形如图 3.19 所示。

$$f(x) = \begin{cases} x - x_{\mathrm{L}}, & x > x_{\mathrm{L}} \\ 0, & -x_{\mathrm{L}} \leq x \leq x_{\mathrm{L}} \\ x + x_{\mathrm{L}}, & x < -x_{\mathrm{L}} \end{cases} \quad (3.30)$$

一般削波电平 x_{L} 取本帧语音最大幅度的 60%~70%。将削波后的序列 $f(x)$ 用短时自相关函数估计基音周期，在基音周期位置的峰值更加尖锐，可以有效减少倍频或半频错误。图 3.20 和图 3.21 分别给出了中心削波前后语音信号对比图及修正自相关对比图。

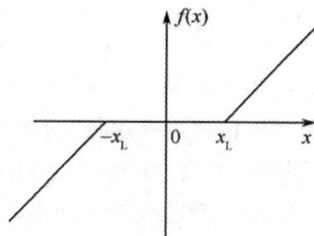

图 3.19 中心削波函数

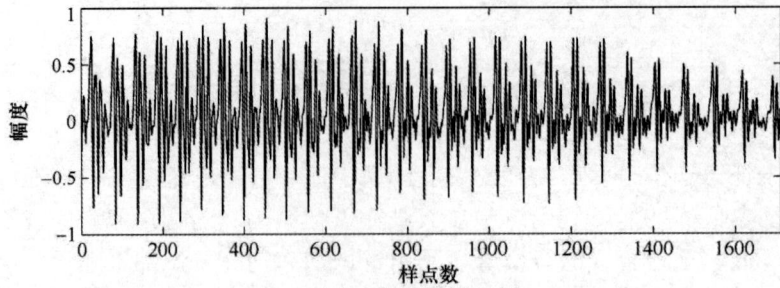
（a）中心削波前语音波形

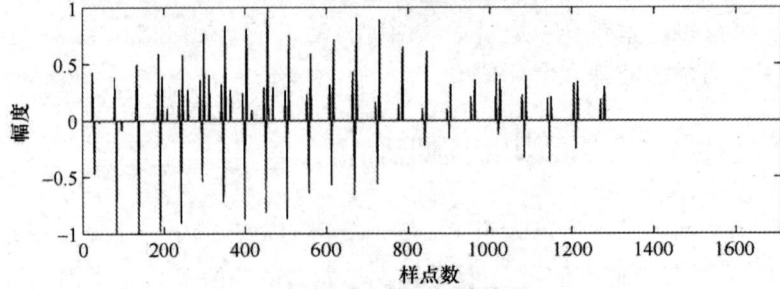
（b）中心削波后语音波形

图 3.20　中心削波前后语音信号对比图

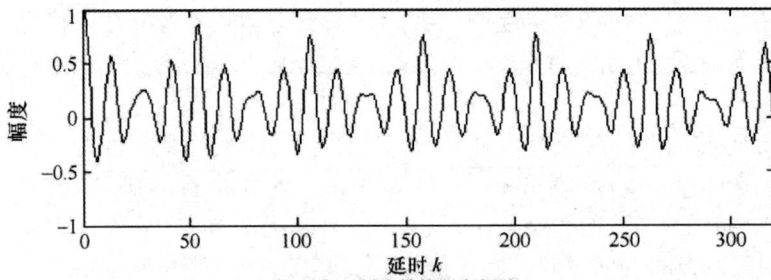
（a）中心削波前修正自相关

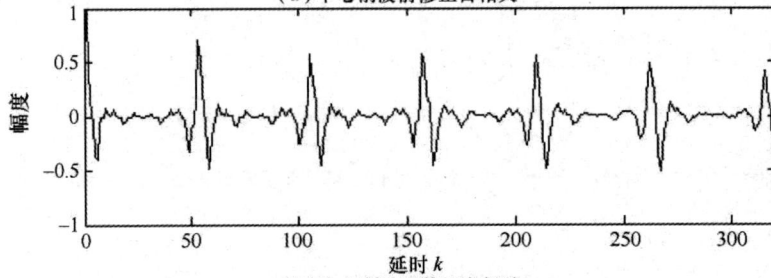
（b）中心削波后修正自相关

图 3.21　中心削波前后修正自相关对比图

程序 3.10 为中心削波前后修正自相关对比的 MATLAB 程序。

【程序 3.10】zhongxinxuebo.m

```
%本程序运行结果为中心削波前后的语音波形,以及削波前后的自相关波形
%读入数据:采样 fs=8kHz,采样位数 16bit,长度 320 个样点
fid=fopen('voice.txt','rt');            %打开语音文件
[a,count]=fscanf(fid,'%f',[1,inf]);     %读语音文件
L=length(a);                            %测定语音的长度
m=max(a);
for i=1:L
```

```
        a(i)=a(i)/m;                              %数据归一化
    end


%找到归一化后数据的最大值和最小值
m=max(a);                                        %找到最大的正值
n=min(a);                                        %找到最小的负值
%为保证幅度与横坐标轴对称,采用的计算公式是 n+(m-n)/2,即(m+n)/2
ht=(m+n)/2;
for i=1:L;                                        %数据中心下移,保持和横坐标轴对称
    a(i)=a(i)-ht;
End
figure(1);                                        %画第一幅图
subplot(2,1,1);                                   %第一幅子图
plot(a,'k');
axis([0,1711,-1,1]);                              %确定横、纵坐标的范围
xlabel('样点数');                                  %横坐标
ylabel('幅度');                                    %纵坐标


coeff=0.7;                                        %中心削波函数系数取 0.7
th0=max(a)*coeff;                                 %求中心削波函数阈值
for k=1:L ;                                       %中心削波
    if a(k)>=th0
        a(k)=a(k)-th0;
    elseif a(k)<=(-th0);
        a(k)=a(k)+th0;
    else
        a(k)=0;
    end
end
m=max(a);
for i=1:L;                                        %中心削波函数幅度归一化
    a(i)=a(i)/m;
end
subplot(2,1,2);                                   %第二幅子图
plot(a,'k');
axis([0,1711,-1,1]);                              %确定横、纵坐标的范围
xlabel('样点数');                                  %横坐标
ylabel('幅度');                                    %纵坐标
fclose(fid);                                       %关闭文件


%没有经过中心削波的修正自相关计算
fid=fopen('voice.txt','rt');
[b,count]=fscanf(fid,'%f',[1,inf]);
fclose(fid);
N=320;                                            %选择的窗长
```

```
A=[];
for k=1:320;                              %选择延迟长度
sum=0;
for m=1:N;
  sum=sum+b(m)*b(m+k-1);                   %计算自相关
end
A(k)=sum;
end
for k=1:320
    B(k)=A(k)/A(1);                        %自相关归一化
end
figure(2);                                %画第二幅图
subplot(2,1,1);                           %第一幅子图
plot(B,'k');
xlabel('延时 k');                          %横坐标
ylabel('幅度');                            %纵坐标
axis([0,320,-1,1]);

%中心削波函数和修正的自相关方法结合
N=320;                                    %选择的窗长
A=[];
for k=1:320;                              %选择延迟长度
sum=0;
for m=1:N;
  sum=sum+a(m)*a(m+k-1);                   %对削波后的函数计算自相关
end
A(k)=sum;
end
for k=1:320
    C(k)=A(k)/A(1);                        %自相关归一化
end

subplot(2,1,2);                           %第二幅子图
plot(C,'k');
xlabel('延时 k');                          %横坐标
ylabel('幅度');                            %纵坐标
axis([0,320,-1,1]);
```

2．三电平削波

为了克服短时自相关函数计算量大的问题，在中心削波的基础上，还可以采用三电平削波。三电平削波函数如式（3.31）所示，其波形如图 3.22 所示。

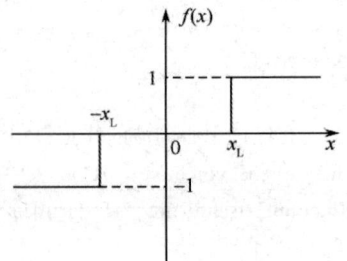

$$f(x)=\begin{cases}1, & x>x_{\mathrm{L}} \\ 0, & -x_{\mathrm{L}} \leqslant x \leqslant x_{\mathrm{L}} \\ -1, & x<-x_{\mathrm{L}}\end{cases} \qquad （3.31）$$

图 3.22　三电平削波函数

经三电平削波后的采样值仅有 3 种可能情况，即+1、0、−1。显然，计算这种信号的短时自相关函数实际上不需要乘法运算，这就大大节省了计算时间。图 3.23 和图 3.24 分别画出了三电平削波前后语音信号对比图及修正自相关对比图。由于实现程序与中心削波程序相似，这里不再给出。

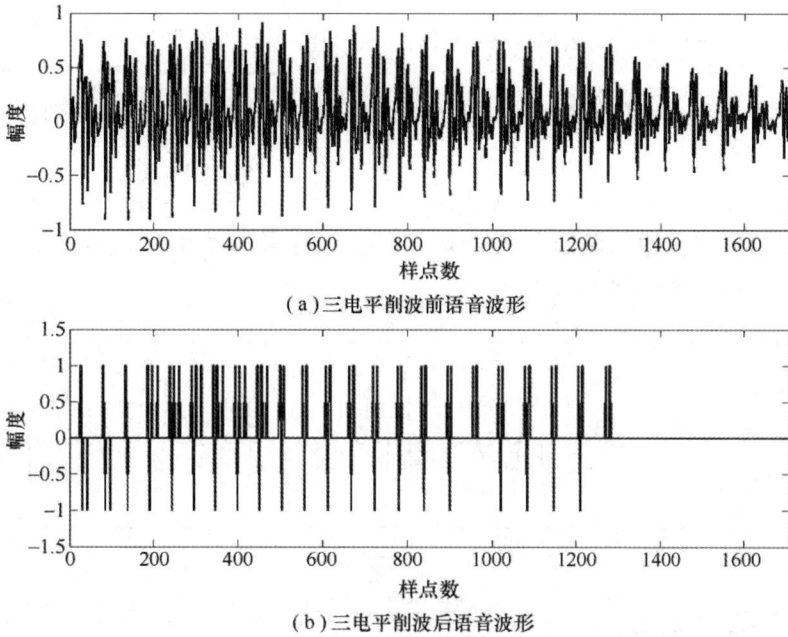

（a）三电平削波前语音波形

（b）三电平削波后语音波形

图 3.23　三电平削波前后语音信号对比图

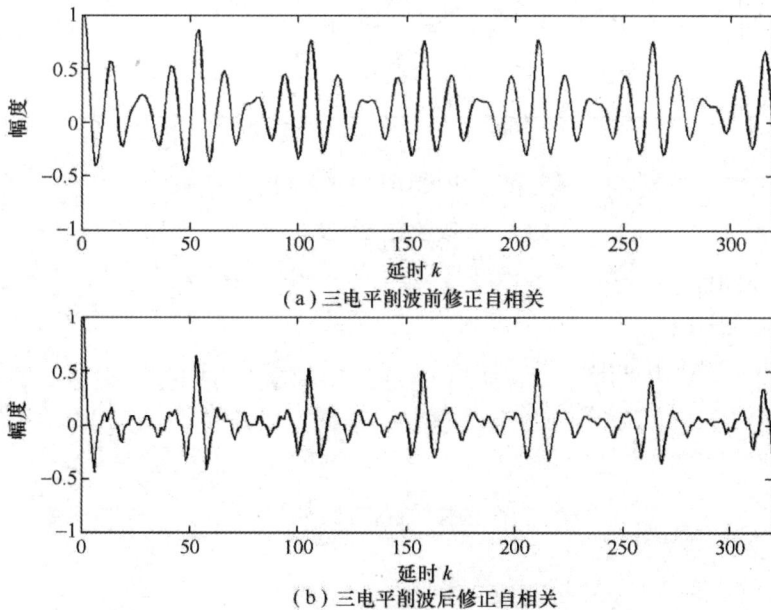

（a）三电平削波前修正自相关

（b）三电平削波后修正自相关

图 3.24　三电平削波前后修正自相关对比图

3.7.2　基于短时平均幅度差函数法的基音周期估值

根据 3.5.4 节关于短时平均幅度差函数（AMDF）的介绍可知：如果信号 $x(n)$ 是标准的周

期信号，则相距为周期的整数倍的样点上的幅度是相等的，二者的差值为零。对于浊音，在基音周期的整数倍上，该差值不是零，但总是很小，因此，可以通过计算短时平均幅度差函数中两相邻谷值间的距离来进行基音周期估值。这里使用修正的短时平均幅度差函数并加矩形窗，得

$$r_n(k) = \sum_{n=0}^{N-1} |x(n) - x(n+k)|, \quad k = 0,1,\cdots,N-1 \tag{3.32}$$

显然，如果 $x(n)$ 具有周期 P，则当 $k=\pm P, \pm 2P, \cdots$ 时，$r_n(k)$ 具有最小值。图 3.25 给出了一段浊音信号及其 AMDF 的波形。与短时自相关函数不同的是：短时自相关函数进行基音周期估计时寻找的是最大峰值点的位置，而 AMDF 寻找的是它的最小谷值点的位置。由于清音没有周期性，所以它的短时自相关函数和 AMDF 均不具有准周期性的峰值或谷值。程序 3.11 为一段浊音信号及其 AMDF 的 MATLAB 程序。

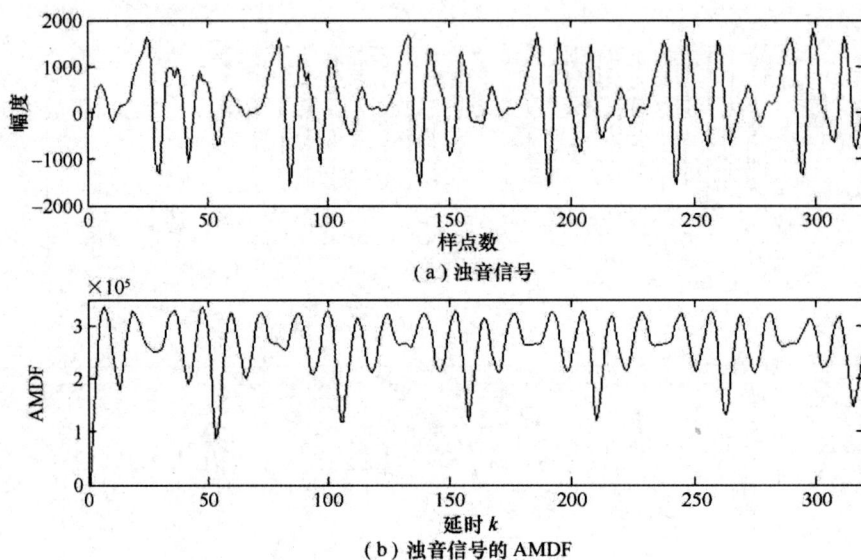

（a）浊音信号

（b）浊音信号的 AMDF

图 3.25　一段浊音信号及其 AMDF

【程序 3.11】AMDF.m

```
fid=fopen('voice.txt','rt')
[b,count]=fscanf(fid,'%f',[1,inf]);
fclose(fid);

b1=b(1:640);
N=320;                          %选择的窗长
A=[];
for k=1:320;
    sum=0;
    for m=1:N;
    sum=sum+abs(b1(m)−b1(m+k−1));
    end
    A(k)=sum;
end
```

```
s=b(1:320)
figure(1)
subplot(2,1,1)
plot(s);
xlabel('样点')
ylabel('幅度')
axis([0,320,-2*10^3,2*10^3])
subplot(2,1,2)
plot(A);
xlabel('延时 k')
ylabel('AMDF')
axis([0,320,0,3.5*10^5]);
```

3.7.3　基音周期估值的后处理

语音信号中的浊音的周期性从波形上观察可以看得很明显，但是其形状比较复杂，这使得基音检测算法很难做到处处准确可靠。在提取基音的过程中，无论采用哪种方法提取的基音频率轨迹与真实的基音频率轨迹都不可能完全吻合。实际情况是大部分段落吻合，而在一些局部段落和区域中有一个或几个基音频率估计值偏离，甚至远离正常轨迹，通常是偏离到正常值的 2 倍或 1/2 处，即实际基音频率的倍频或分频处，称这种偏离点为基音轨迹的"野点"。

为了去除这些"野点"，对求得的基音轨迹进行后处理是非常必要的。语音信号的基音频率通常是连续缓慢变化的，因此，用某种平滑技术来纠正这些"野点"是可以的。常用的平滑技术主要有：中值平滑处理、线性平滑处理、组合平滑处理。

1．中值平滑处理

中值平滑处理的基本原理是：设 $x(n)$ 为输入信号，$y(n)$ 为中值滤波器的输出，采用一滑动窗，则 n_0 处的输出值 $y(n_0)$ 就是将窗的中心移到 n_0 处时窗内输入样点的中值，即在 n_0 点的左右各取 L 个样点，连同被平滑点共同构成一组信号样值（共 $(2L+1)$ 个样值），然后将这 $(2L+1)$ 个样值按大小次序排成一队，取此队列中的中间者作为输出。L 一般取为 1 或 2，即中值平滑的"窗口"一般包括 3~5 个样值，称为 3 点或 5 点中值平滑。中值平滑的优点是既可以有效去除少量的"野点"，又不会破坏基音周期轨迹中两个平滑段之间的阶跃性变化。

2．线性平滑处理

线性平滑是指用滑动窗进行线性滤波处理，即

$$y(n) = \sum_{m=-L}^{L} x(n-m)w(m) \qquad (3.33)$$

其中，$\{w(m), m=-L, -L+1, \cdots, 0, 1, 2, \cdots, L\}$ 为 $2L+1$ 点平滑窗，满足

$$\sum_{m=-L}^{L} w(m) = 1 \qquad (3.34)$$

例如，三点窗的权值可取为 $\{0.25, 0.5, 0.25\}$。线性平滑在纠正输入信号中不平滑样点值的同时，也使附近各样点值做了修改。所以窗的长度加大虽然可以增加平滑的效果，但同时可能导致两个平滑段之间阶跃的模糊程度加重。将以上两种平滑技术结合起来使用可以克服各自的不足。

3. 组合平滑处理

为了改善平滑的效果，可以将两个中值平滑组合，图 3.26（a）所示是将一个 5 点中值平滑和一个 3 点中值平滑组合。另一种方法是将中值平滑和线性平滑组合，如图 3.26（b）所示。为了使平滑的基音轨迹更为贴近，还可以采用二次平滑。设所要平滑的信号为 $T_p(n)$，经过一次组合得到的信号为 $\tau_p(n)$。那么首先求出两者的差值信号 $\Delta T_p(n)=T_p(n)-\tau_p(n)$，再对 $\Delta T_p(n)$ 进行组合平滑，得到 $\Delta \tau_p(n)$，则输出等于 $\tau_p(n)+\Delta \tau_p(n)$，就可以得到更好的基音周期估计轨迹，如图 3.26（c）所示。由于中值平滑和线性平滑都会引入延时，所以在实现上述方案时应考虑到它的影响。图 3.26（d）是一个采用补偿延时的可实现二次平滑方案。其中的延时大小可由中值平滑的点数和线性平滑的点数来决定。例如，一个 5 点中值平滑引入 2 点延时，一个 3 点中值平滑引入 1 点延时，那么采用这两者完成组合平滑时，补偿延时的点数应等于 3。

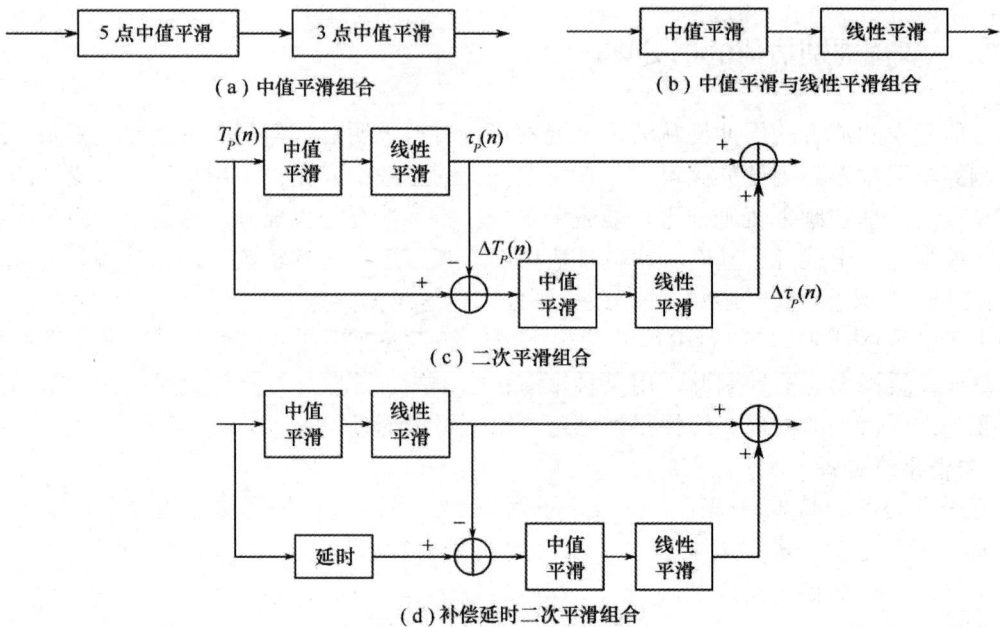

（a）中值平滑组合　　　　　　　　　（b）中值平滑与线性平滑组合

（c）二次平滑组合

（d）补偿延时二次平滑组合

图 3.26　各种组合平滑方案

3.7.4　基音周期估值后处理的 MATLAB 实现

本实验所用的语音样本是用 Cooledit 在普通室内环境下录制的女声"我到北京去"，采样率为 8kHz，单声道，将语音信号分为若干帧，每帧为 220 个样点，相邻帧交叠 110 个样点，采用基于能量的基音周期检测算法求出基音周期，并将原始基音周期保存为"zhouqi.txt"文件，程序 3.12 为各种组合平滑方案的 MATLAB 程序。

【程序 3.12】zuhepinghua.m

```
fid=fopen('zhouqi.txt','rt');          %读入语音文件
zhouqi=fscanf(fid,'%f');
fclose(fid);
zhouqi0=medfilt1(zhouqi,5);            %5 点中值平滑
zhouqi1=medfilt1(zhouqi0,3);           %3 点中值平滑,zhouqi1 为 5 点中值平滑和 3 点中值平滑组合
```

```
zhouqi2=linsmooth(zhouqi0,5);              %5 点线性平滑,zhouqi2 为 5 点中值平滑和 5 点线性平滑组合
w=[];
w=zhouqi;
w1=w-zhouqi2;
w1=medfilt1(w1,5);                          %5 点中值平滑
w1=linsmooth(w1,5);                         %5 点线性平滑
zhouqi3=w1+zhouqi2;                         %二次平滑组合

v=[];
v(1)=0;v(2)=0;v(3)=0;v(4)=0;               %延时 4 个样点
for i=1:(length(zhouqi)-4)
    v(i+4)=zhouqi(i);
end
v=v(:);
v1=v-zhouqi2;
v1=medfilt1(v1,5);                          %5 点中值平滑
v1=linsmooth(v1,5);                         %5 点线性平滑
zhouqi4=v1+zhouqi2;                         %加延时的二次平滑组合

figure(1)
subplot(511)
plot(zhouqi);
xlabel('帧数')
ylabel('样点数')
axis([0,360,0,150])
subplot(512),plot(zhouqi2);
xlabel('帧数')
ylabel('样点数')
axis([0,360,0,150])

subplot(513),plot(zhouqi2);
xlabel('帧数')
ylabel('样点数')
axis([0,360,0,150])

subplot(514),plot(zhouqi3);
xlabel('帧数')
ylabel('样点数')
axis([0,360,0,150])

subplot(515),plot(zhouqi4);
xlabel('帧数')
ylabel('样点数')
axis([0,360,0,150])
```

其中，linsmooth()函数的 MATLAB 程序如下：

```
function [y] = linsmooth(x,n,wintype)
% linsmooth(x,wintype,n) : linear smoothing
% x: 输入
% n: 窗长
% wintype: 窗类型,默认为 'hann'
if nargin<3
    wintype='hann';
end
if nargin<2
    n=3;
end
win=hann(n);
win=win/sum(win);                    %归一化
[r,c]=size(x);
if min(r,c)~=1
    error('sorry, no matrix here!:(')
end

if r==1                              %行向量
    len=c;
else
    len=r;
    x=x.";
end
y=zeros(len,1);
if mod(n,2)==0
    l=n/2;
    x = [ones(1,l)*x(1) x ones(1,l)*x(len)]';
else
    l=(n-1)/2;
    x = [ones(1,l)*x(1) x ones(1,l+1)*x(len)]';
end

for k=1:len
    y(k) = win'*x(k:k+n-1);
end
```

程序运行结果如图 3.27 所示，可以看出，组合平滑算法对原始基音周期的"野点"有很好的平滑作用，二次平滑算法在对语音"我到北京去"的平滑作用上与组合平滑算法相差无几，都很好地实现了对原始语音的平滑。理论上，加延时的二次平滑算法的平滑效果应优于二次平滑算法，但在该实验中效果不佳，可能原因是原始基音周期已经趋于平滑，加延时反而造成基音周期的不准确。

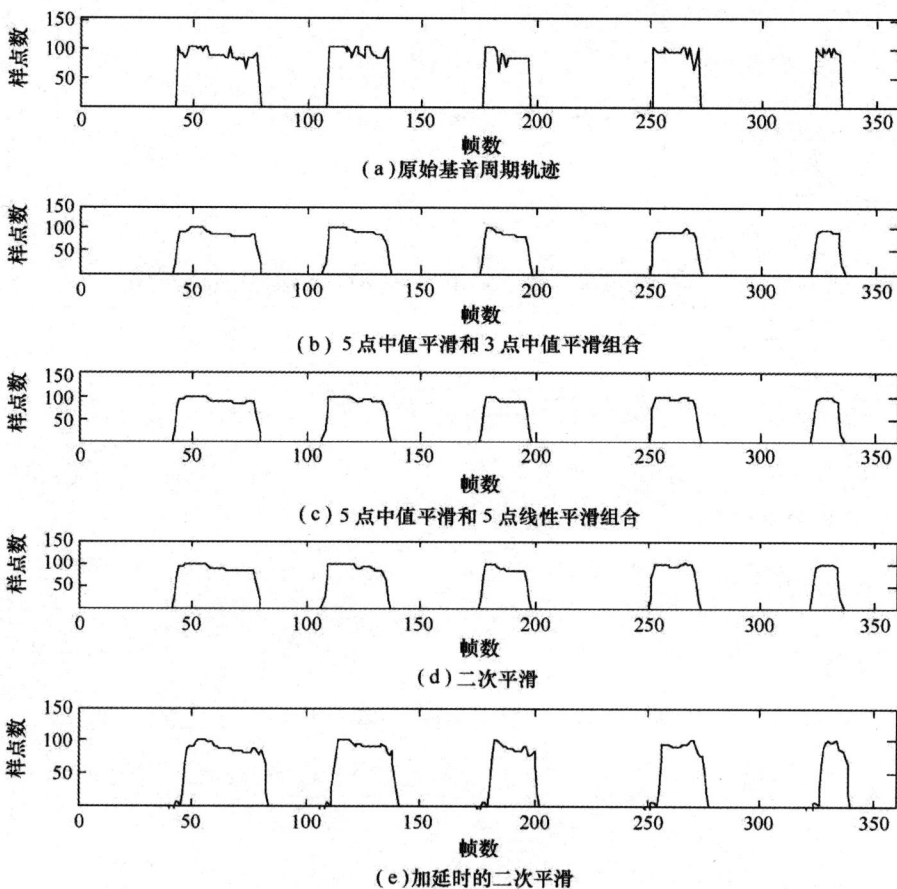

（a）原始基音周期轨迹

（b）5点中值平滑和3点中值平滑组合

（c）5点中值平滑和5点线性平滑组合

（d）二次平滑

（e）加延时的二次平滑

图 3.27　各种组合平滑算法的运行结果

习　题　3

3.1　为什么语音信号的时域分析要采用短时分析技术？

3.2　在语音信号参数分析前为什么要进行预处理？有哪些预处理过程？

3.3　语音信号短时平均能量及短时平均过零率分析的主要用途是什么？

3.4　浊音和清音的短时自相关函数有哪些特点？

3.5　简述语音端点检测的概念和意义。

3.6　写出至少两种基音周期估计方法及原理。

3.7　为什么要进行基音检测的后处理？在后处理中常用的有哪几种基音轨迹平滑方法？

3.8　编写基于双门限比较法的端点检测的 MATLAB 实现程序。

3.9　序列 $x(n)$ 的短时平均能量定义为

$$E_n = \sum_{m=-\infty}^{+\infty} [x(m)w(n-m)]^2$$

对于特定的选择

$$w(m) = \begin{cases} a^m, & m \geqslant 0 \\ 0, & m < 0 \end{cases}$$

（1）找一个差分方程，用 E_{n-1} 和输入 $x(n)$ 表示 E_n。

（2）画出这个方程的数字网络图。

3.10 短时平均过零率的定义为

$$Z_n = \frac{1}{2N} \sum_{m=n-(N-1)}^{n} |\mathrm{sgn}[x(m)] - \mathrm{sgn}[x(m-1)]|$$

证明 Z_n 可以表示成

$$Z_n = Z_{n-1} + \frac{1}{2N} \{|\mathrm{sgn}[x(n)] - \mathrm{sgn}[x(n-1)]| - |\mathrm{sgn}[x(n-N)] - \mathrm{sgn}[x(n-N-1)]|\}$$

3.11 短时自相关函数定义为

$$R_n(k) = \sum_{m=-\infty}^{+\infty} x(m)w(n-m)x(m+k)w(n-k-m)$$

（1）证明 $R_n(k) = R_n(-k)$。

（2）证明 $R_n(k)$ 可以表示为

$$R_n(k) = \sum_{m=-\infty}^{+\infty} x(m)x(m-k)h_k(n-m)，\quad 其中 h_k(n) = w(n)w(n+k)$$

（3）假定 $w(n) = \begin{cases} a^n, & n \geq 0 \\ 0, & n < 0 \end{cases}$，求 $h_k(n)$。

第4章 语音信号短时频域分析

傅里叶分析是分析线性系统和平稳信号稳态特性的强有力工具，它在许多工程领域得到了广泛应用。傅里叶分析的理论完善，且有快速算法，在语音信号处理领域也是一个重要工具。

语音信号本质上是非平稳信号，其非平稳特性是由发声器官的物理运动过程产生的。发声器官的运动由于存在惯性，所以可以假设语音信号在10~30ms这样短的时间段内是平稳的，这是短时分帧处理的基础，也是短时傅里叶分析的基础。短时傅里叶分析就是在基于短时平稳的假设下，用稳态分析方法处理非平稳信号的一种方法。

根据语音信号的二元激励模型，语音被看作一个受准周期脉冲或随机噪声源激励的线性系统的输出。输出频谱是声道系统的频率响应与激励源频谱的乘积，一般标准的傅里叶变换适用于周期及平稳随机信号的表示，但不能直接用于语音信号。因为语音信号可被看作短时平稳信号，所以可采用短时傅里叶分析。某一帧的短时傅里叶变换的定义式为

$$X_n(\mathrm{e}^{\mathrm{j}\omega}) = \sum_{m=-\infty}^{+\infty} x(m)w(n-m)\mathrm{e}^{-\mathrm{j}\omega m} \tag{4.1}$$

式中，$w(n-m)$是窗函数。用不同的窗函数，可得到不同的傅里叶变换的结果。式中，短时傅里叶变换有两个变量，即离散时间n及连续频率ω，若令$\omega=2\pi k/N$，则可得到离散的短时傅里叶变换为

$$X_n(\mathrm{e}^{\mathrm{j}\frac{2\pi k}{N}}) = X_n(k) = \sum_{m=-\infty}^{+\infty} x(m)w(n-m)\mathrm{e}^{-\mathrm{j}\frac{2\pi km}{N}}, \qquad 0\leqslant k\leqslant N-1 \tag{4.2}$$

它实际上就是$X_n(\mathrm{e}^{\mathrm{j}\omega})$的频率的采样。由式（4.1）或式（4.2）可以看出：当n固定时，它们就是序列$[w(n-m)x(m)](-\infty\leqslant m\leqslant+\infty)$的傅里叶变换或离散傅里叶变换；当$\omega$或$k$固定时，它们是一个卷积，这相当于滤波器的运算。因此，语音信号的短时频域分析可以解释为傅里叶变换或滤波器。

4.1 傅里叶变换的解释

4.1.1 短时傅里叶变换

将式（4.1）写为

$$X_n(\mathrm{e}^{\mathrm{j}\omega}) = \sum_{m=-\infty}^{+\infty} x(m)w(n-m)\mathrm{e}^{-\mathrm{j}\omega m} \tag{4.3}$$

时变傅里叶变换是时间n的函数，当n变化时，窗$w(n-m)$沿着$x(m)$滑动，图4.1画出了这种情况，它表明了在几个不同的n值上$x(m)$及$w(n-m)$与m的函数关系。

因为$w(n-m)$为有限宽度窗，故$x(m)w(n-m)$在所有n上绝对可和，因而时变傅里叶变换必

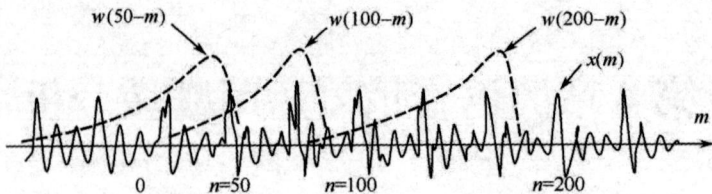

图 4.1 $x(m)$ 及 $w(n-m)$ 与 m 的函数关系

定存在。另外，时变傅里叶变换也是 ω 的周期函数，且周期为 2π。当 n 固定时，时变傅里叶变换的特性与标准傅里叶变换相同，故可写出傅里叶逆变换公式为

$$w(n-m)x(m) = \frac{1}{2\pi}\int_{-\pi}^{\pi}X_n(\mathrm{e}^{\mathrm{j}\omega})\mathrm{e}^{\mathrm{j}\omega m}\mathrm{d}\omega \tag{4.4}$$

令 $m=n$，则

$$x(n) = \frac{1}{2\pi\omega(0)}\int_{-\pi}^{\pi}X_n(\mathrm{e}^{\mathrm{j}\omega})\mathrm{e}^{\mathrm{j}\omega m}\mathrm{d}\omega \tag{4.5}$$

从上式可以看出，只有当 $w(0)\neq0$ 时，$x(n)$ 才能从 $X_n(\mathrm{e}^{\mathrm{j}\omega})$ 求出。

此外，由功率谱定义，可以写出短时功率谱与短时傅里叶变换的关系为

$$S_n(\mathrm{e}^{\mathrm{j}\omega}) = X_n(\mathrm{e}^{\mathrm{j}\omega})X_n(\mathrm{e}^{\mathrm{j}\omega}) = |X_n(\mathrm{e}^{\mathrm{j}\omega})|^2 \tag{4.6}$$

功率谱 $S_n(\mathrm{e}^{\mathrm{j}\omega})$ 是自相关函数

$$R_n(k) = \sum_{m=-\infty}^{+\infty}x(m)w(n-m)x(m+k)w(n-k-m) \tag{4.7}$$

的傅里叶变换。

4.1.2 窗函数的作用

对于 $w(n-m)$ 窗来说，除具有选出 $x(m)$ 序列中被分析部分的作用外，它的形状对时变傅里叶变换的特性也有重要作用，从标准傅里叶变换可以方便地解释这种作用。如果 $X_n(\mathrm{e}^{\mathrm{j}\omega n})$ 被看成 $w(n-m)x(m)$ 的标准傅里叶变换，同时假设 $x(m)$ 及 $w(m)$ 的标准傅里叶变换存在，即

$$X(\mathrm{e}^{\mathrm{j}\omega}) = \sum_{m=-\infty}^{+\infty}x(m)\mathrm{e}^{-\mathrm{j}\omega m} \tag{4.8}$$

$$W(\mathrm{e}^{\mathrm{j}\omega}) = \sum_{m=-\infty}^{+\infty}w(m)\mathrm{e}^{-\mathrm{j}\omega m} \tag{4.9}$$

当 n 固定时，$w(n-m)$ 的傅里叶变换为

$$\sum_{m=-\infty}^{+\infty}w(n-m)\mathrm{e}^{-\mathrm{j}\omega m} = W(\mathrm{e}^{-\mathrm{j}\omega})\mathrm{e}^{-\mathrm{j}\omega n} \tag{4.10}$$

根据卷积定理，两相乘序列的傅里叶变换等于各自傅里叶变换的卷积，因此，$w(n-m)x(m)$ 的标准傅里叶变换 $X_n(\mathrm{e}^{\mathrm{j}\omega n})$ 为

$$X_n(\mathrm{e}^{\mathrm{j}\omega})=[W(\mathrm{e}^{-\mathrm{j}\omega})\cdot\mathrm{e}^{-\mathrm{j}\omega n}]*[X(\mathrm{e}^{\mathrm{j}\omega})] \tag{4.11}$$

因为式（4.11）右边两个卷积项都是周期为 2π 的连续周期函数，所以上式可写成卷积积分的形式

$$X_n(e^{j\omega}) = \frac{1}{2\pi}\int_{-\pi}^{\pi} W(e^{-j\theta})e^{-j\theta n} \cdot X(e^{j(\omega-\theta)}) d\theta \qquad (4.12)$$

将 θ 改换为 $-\theta$ 后，可以写成

$$X_n(e^{j\omega}) = -\frac{1}{2\pi}\int_{-\pi}^{\pi} W(e^{j\theta})e^{j\theta n} \cdot X(e^{j(\omega+\theta)}) d\theta \qquad (4.13)$$

式（4.13）表示在 $-\infty < m < \infty$ 区间内，$x(m)$ 的傅里叶变换与平移窗 $w(n-m)$ 的傅里叶变换的卷积。从式（4.13）可以看出，为了使 $X_n(e^{j\omega})$ 能够充分地表现 $X(e^{j\omega})$ 的特性，要求 $W(e^{j\theta})$ 对 $X(e^{j\omega})$ 来说必须是一个冲激脉冲。

选择的窗函数和窗宽不同，对短时傅里叶谱的影响是不同的。

图 4.2 为加不同窗函数时的浊音、清音波形及频谱图。语音信号的采样率为 8kHz，窗长

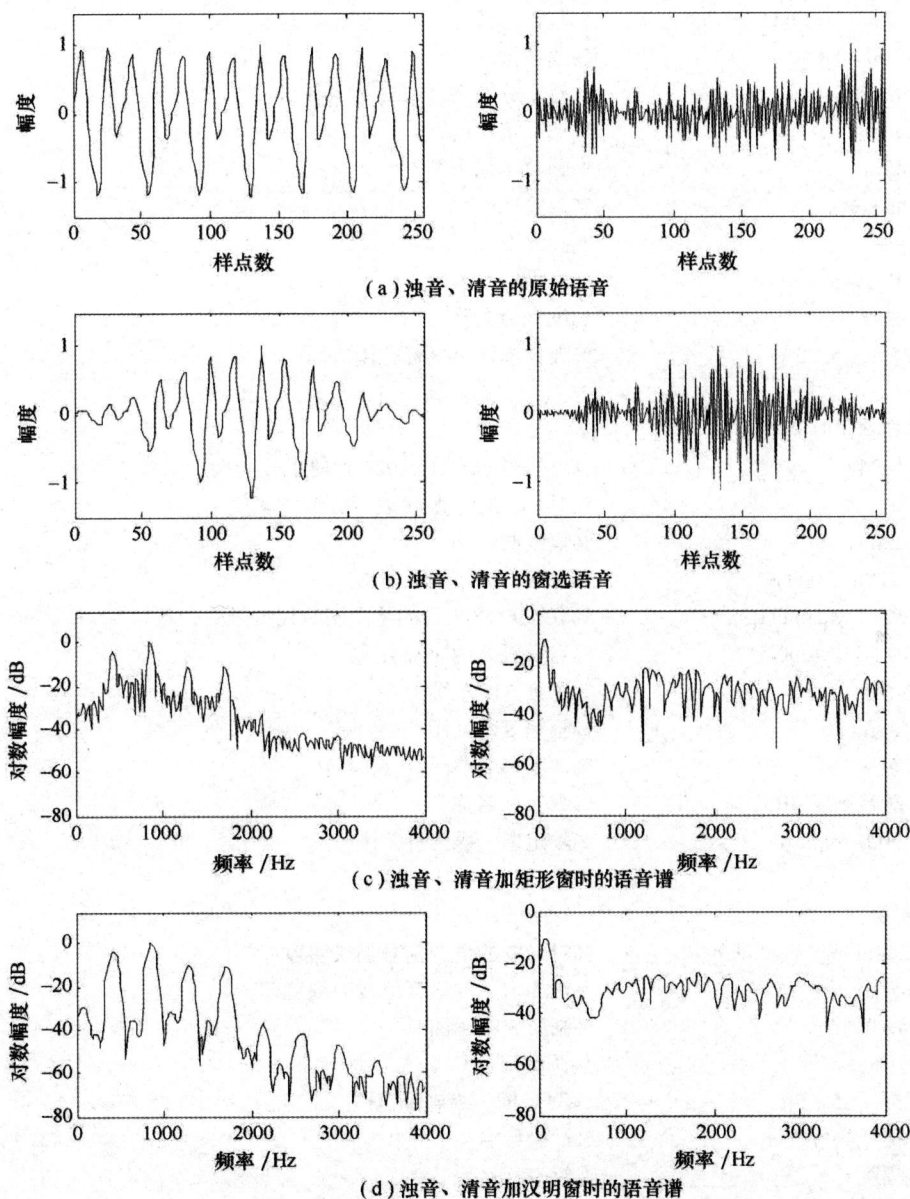

（a）浊音、清音的原始语音

（b）浊音、清音的窗选语音

（c）浊音、清音加矩形窗时的语音谱

（d）浊音、清音加汉明窗时的语音谱

图 4.2　加不同窗函数时的浊音、清音波形及频谱图（窗长 N=256）

取 256。可以看出在矩形窗和汉明窗两种窗函数下，短时频谱图都有两种变化：由周期性激励引起的快变化，反映了基音频率的各次谐波；由声道的共振特性引起的慢变化，反映了各共振峰的频率和带宽。还可以看出两个频谱图之间存在明显的差别：采用矩形窗时，基音谐波的各个峰都比较尖锐，且整个频谱图显得比较破碎（类似于噪声），这是因为矩形窗的主瓣较窄，具有较高的频率分辨率，但它也具有较高的旁瓣，因而使基音的相邻谐波之间的干扰比较严重。在相邻谐波间隔内有时叠加、有时抵消，出现了一种随机变化的现象。相邻谐波之间的这种严重"泄露"的现象，抵消了矩形窗主瓣窄的优点，因此，在语音短时频谱分析中极少采用矩形窗。当加汉明窗时，得到的短时频谱要平滑得多，因而在语音分析中汉明窗用得比较普遍，其 MATLAB 程序由程序 4.1 给出。

【程序 4.1】qingzhuoyinpinpu.m

```
fid=fopen('voice2.txt','rt');          %打开文件
y=fscanf(fid,'%f');                    %读数据
e=fra(256,128,y);                      %对 y 分帧,帧长 256,帧移 128
ee=e(10,:);                            %选取第 10 帧
subplot(421)                           %画第 1 幅子图
ee1=ee/max(ee);                        %幅度归一化
plot(ee1)                              %画波形
xlabel('样点数')                       %横坐标名称
ylabel('幅度')                         %纵坐标名称
axis([0,256,-1.5,1.5])                 %限定横、纵坐标范围


% 矩形窗傅里叶变换
r=fft(ee,1024);                        %对信号 ee 进行 1024 点傅里叶变换
r1=abs(r);                             %对 r 取绝对值,r1 表示频谱的幅度
r1=r1/max(r1);                         %幅度归一化
yuanlai=20*log10(r1);                  %对归一化幅度取对数
signal(1:256)=yuanlai(1:256);          %取 256 个点,目的是画图时保持维数一致
pinlv=(0:1:255)*4000/512;              %点和频率的对应关系
subplot(425)                           %画第 5 幅子图
plot(pinlv,signal);                    %画幅度特性图
xlabel('频率/Hz')                      %横坐标名称
ylabel('对数幅度/dB')                  %纵坐标名称
axis([0,4000,-80,15])                  %限定横、纵坐标范围


%加汉明窗
f=ee'.*hamming(length(ee));            %对选取的语音信号加汉明窗
f1=f/max(f);                           %对加窗后的语音信号的幅度归一化
subplot(423)                           %画第 3 幅子图
plot(f1)                               %画波形
axis([0,256,-1.5,1.5])                 %限定横、纵坐标范围
xlabel('样点数')                       %横坐标名称
ylabel('幅度')                         %纵坐标名称


%加汉明窗傅里叶变换
```

```
r=fft(f,1024);                    %对信号 ee 进行 1024 点傅里叶变换
r1=abs(r);                        %对 r 取绝对值,r1 表示频谱的幅度
r1=r1/max(r1);                    %幅度归一化
yuanlai=20*log10(r1);            %对归一化幅度取对数
signal(1:256)=yuanlai(1:256);    %取 256 个点,目的是画图时保持维数一致
pinlv=(0:1:255)*4000/512;        %点和频率的对应关系
subplot(427)                     %画第 7 幅子图
plot(pinlv,signal);              %画幅度特性图
xlabel('频率/Hz')                 %横坐标名称
ylabel('对数幅度/dB')             %纵坐标名称
axis([0,4000,-80,15])            %限定横、纵坐标范围


%清音的波形和短时频谱图(窗长 256)
fid=fopen('qingyin1.txt','rt');  %打开文件
y=fscanf(fid,'%f');              %读数据
e=fra(256,128,y);                %对 y 分帧,帧长 256,帧移 128
ee=e(2,:);                        %选取第 2 帧
subplot(422)                     %画第 2 幅子图
ee1=ee/max(ee);                  %幅度归一化
plot(ee1)                         %画波形
xlabel('样点数')                  %横坐标名称
ylabel('幅度')                    %纵坐标名称
axis([0,256,-1.5,1.5])           %限定横、纵坐标范围


% 矩形窗傅里叶变换
r=fft(ee,1024);                  %对信号 ee 进行 1024 点傅里叶变换
r1=abs(r);                        %对 r 取绝对值,r1 表示频谱的幅度
r1=r1/max(r1);                    %幅度归一化
yuanlai=20*log10(r1);            %对归一化幅度取对数
signal(1:256)=yuanlai(1:256);    %取 256 个点,目的是画图时保持维数一致
pinlv=(0:1:255)*4000/512;        %点和频率的对应关系
subplot(426)                     %画第 6 幅子图
plot(pinlv,signal);              %画幅度特性图
xlabel('频率/Hz')                 %横坐标名称
ylabel('对数幅度/dB')             %纵坐标名称
axis([0,4000,-80,1])             %限定横、纵坐标范围


%加汉明窗
f=ee'.*hamming(length(ee));      %对选取的语音信号加汉明窗
f1=f/max(f);                      %对加窗后的语音信号的幅度归一化
subplot(424)                     %画第 4 幅子图
plot(f1)                          %画波形
axis([0,256,-1.5,1.5])           %限定横、纵坐标范围
xlabel('样点数')                  %横坐标名称
ylabel('幅度')                    %纵坐标名称
```

```
%加汉明傅里叶变换
r=fft(f,1024);                          %对信号 ee 进行 1024 点傅里叶变换
r1=abs(r);                              %对 r 取绝对值,r1 表示频谱的幅度
r1=r1/max(r1);                          %幅度归一化
yuanlai=20*log10(r1);                   %对归一化幅度取对数
signal(1:256)=yuanlai(1:256);           %取 256 个点,目的是画图时保持维数一致
pinlv=(0:1:255)*4000/512;               %点和频率的对应关系
subplot(428)                            %画第 8 幅子图
plot(pinlv,signal);                     %画幅度特性图
xlabel('频率/Hz')                       %横坐标名称
ylabel('对数幅度/dB')                   %纵坐标名称
axis([0,4000,-80,1])                    %限定横、纵坐标范围
```

图 4.3 为窗宽较窄的情况下浊音、清音波形及频谱图。语音信号的采样率为 8kHz,窗长 N 取 64。由于窗很窄,选取出来的语音段的长度为 1~2 个基音周期,因此该语音短时频谱图

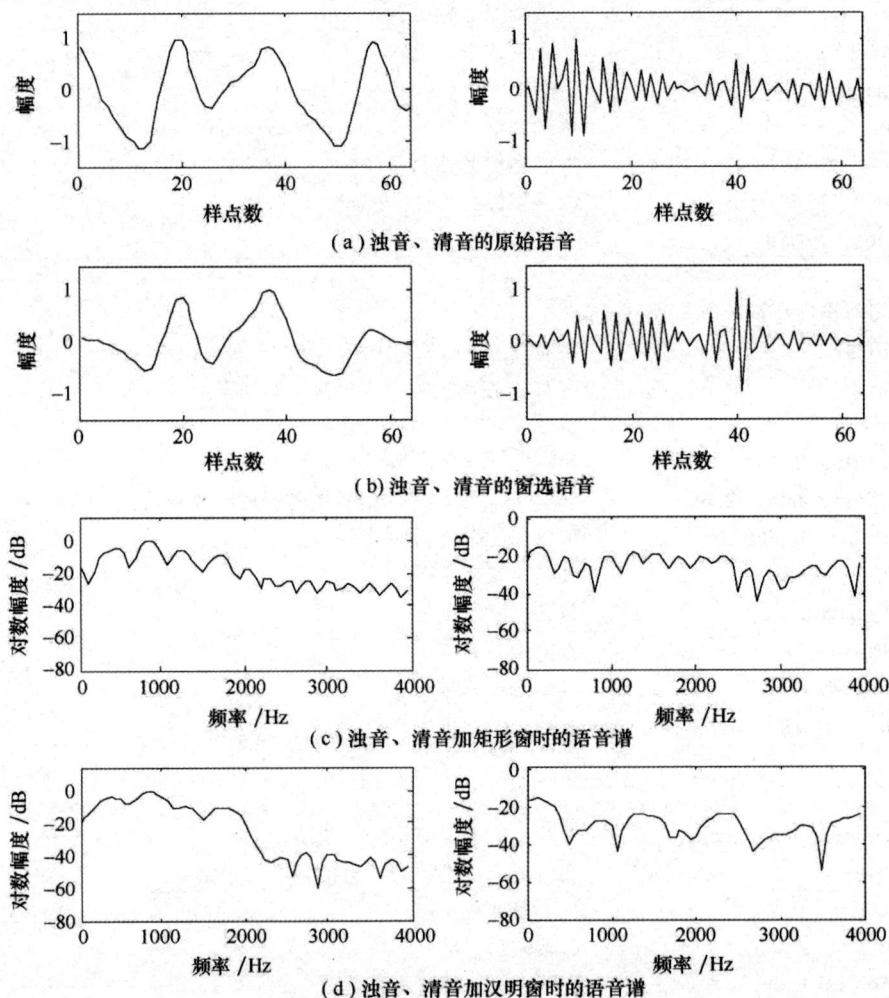

(a) 浊音、清音的原始语音

(b) 浊音、清音的窗选语音

(c) 浊音、清音加矩形窗时的语音谱

(d) 浊音、清音加汉明窗时的语音谱

图 4.3   加不同窗函数时的浊音、清音波形及频谱图（窗长 N=64）

中反映基音谐波频率的快速变化现象基本消失。但短时频谱图中仍然保留着慢变化（较宽的峰），它们是声道滤波器的共振峰。加矩形窗比加汉明窗时呈现出较多的细致结构，是由于矩形窗比汉明窗具有更高的频率分辨率。

综上所述，关于短时频谱和移动窗可以得出以下结论。

① 长窗具有较高的频率分辨率和较低的时间分辨率。从一个基音周期到另一个基音周期，共振峰是要发生变化的，这一点从语音波形上也能够看出来。然而如果采用较长的窗，这种变化便被模糊了，因为长窗起到了时间上的平均作用。

② 短窗具有较低的频率分辨率和较高的时间分辨率。采用矩形窗时，能够从短时频谱图中提取出共振峰从一个基音周期到另一个基音周期所发生的变化。当然，激励源的谐波的细致结构也从短时频谱图上消失了。

③ 窗宽的选择需折中考虑。短窗具有较好的时间分辨率，能够提取出语音信号中的短时变化（这常常是分析的目的），损失了频率分辨率。但应注意到，语音信号的基音周期提取范围很大，因此，窗宽的选择应当考虑到这个因素。

④ 矩形窗和汉明窗的频谱特性都具有低通的性质，在截止频率处都比较尖锐，当其通带都比较窄时（窗越宽，其通带越窄），加窗后得到的频谱能够很好地逼近短时语音信号的频谱。窗越宽，逼近效果越好。

4.2 滤波器的解释

4.2.1 短时傅里叶变换的滤波器实现形式一

由式（4.1）可得

$$X_n(\mathrm{e}^{\mathrm{j}\omega}) = \sum_{m=-\infty}^{+\infty} [x(m)\mathrm{e}^{-\mathrm{j}\omega m}]w(n-m) \tag{4.14}$$

因此，如果把 $w(n)$ 看作一个滤波器的单位采样响应，则短时傅里叶变换就是设滤波器的输出为 $X_n(\mathrm{e}^{\mathrm{j}\omega})$，滤波器的输入为 $x(n)\mathrm{e}^{-\mathrm{j}\omega n}$，如图 4.4（a）所示。

因为复数可分解为实部和虚部，所以 $X_n(\mathrm{e}^{\mathrm{j}\omega})$ 也可以用实数来运算，即

$$X_n(\mathrm{e}^{\mathrm{j}\omega}) = |X_n(\mathrm{e}^{\mathrm{j}\omega})| \cdot \mathrm{e}^{\mathrm{j}\theta(\omega)} = a_n(\omega) - \mathrm{j}b_n(\omega) \tag{4.15}$$

其中

$$\begin{cases} a_n(\omega) = \sum_{m=-\infty}^{+\infty} x(m)\cos(\omega m)w(n-m) \\ b_n(\omega) = \sum_{m=-\infty}^{+\infty} x(m)\sin(\omega m)w(n-m) \end{cases} \tag{4.16}$$

如图 4.4（b）所示。

为研究图 4.4（a）在频率 ω 上的短时傅里叶变换，假定 $x(n)$ 的标准傅里叶变换存在，为避免频率变量的混淆，这里将 $x(n)$ 的傅里叶变换写成 $X(\mathrm{e}^{\mathrm{j}\omega})$，将 ω 看成某个特定的角频率值。由此可知：$x(n)$ 经调制后，其傅里叶变换为 $X(\mathrm{e}^{\mathrm{j}(\theta+\omega)})$，这说明调制使 $x(n)$ 的频谱在频率轴上向左移动

了ω，线性滤波器输出端的频谱等于乘积$X(e^{j(\theta+\omega)})W(e^{j\theta})$，故为了使输出频谱准确地等于$X(e^{j\omega})$，$W(e^{j\theta})$应是一个冲激脉冲，即要求线性滤波器近似为一个窄带低通滤波器。

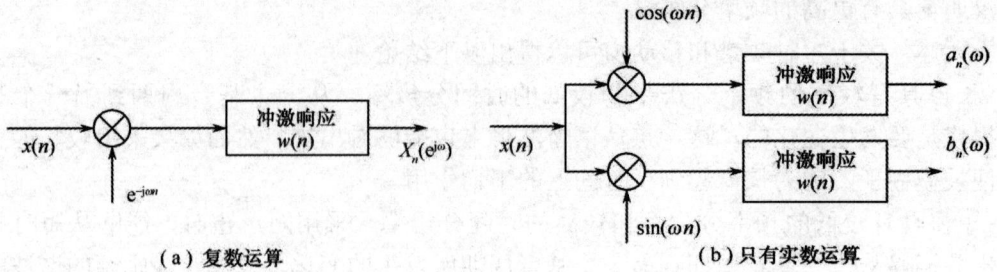

图 4.4　短时频谱分析的滤波器表示

4.2.2　短时傅里叶变换的滤波器实现形式二

用滤波器来实现短时傅里叶变换还有另一种形式。令$m'=n-m$，得

$$X_n(e^{j\omega}) = \sum_{m'=-\infty}^{+\infty} w(m')x(n-m')e^{-j\omega(n-m')}$$
$$= e^{-j\omega n}\left[\sum_{m'=-\infty}^{+\infty} x(n-m')w(m')e^{j\omega m'}\right] \tag{4.17}$$

令

$$\tilde{X}_n(e^{j\omega}) = \sum_{m'=-\infty}^{+\infty} x(n-m')w(m')e^{j\omega m'} = e^{j\omega n}X_n(e^{j\omega}) \tag{4.18}$$

则有

$$X_n(e^{j\omega}) = e^{-j\omega n} \cdot \tilde{X}_n(e^{j\omega}) = e^{-j\omega n}[\tilde{a}_n(\omega) - j\tilde{b}_n(\omega)] \tag{4.19}$$

因此，可以画出短时傅里叶变换的滤波器的另一种实现形式，如图 4.5 所示，也分为图 4.5（a）复数运算和图 4.5（b）实数运算两种。

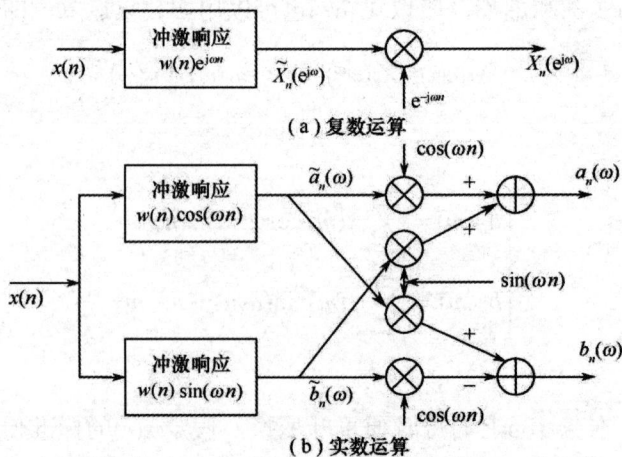

图 4.5　另一种用线性滤波器对短时频谱分析的实现

从图 4.5（a）可以看到，$X_n(e^{j\omega})$ 同样可被看作用复数带通滤波器的输出调制 $e^{-j\omega n}$ 的结果，此带通滤波器的冲激响应为 $w(n)e^{j\omega n}$。如果窗的傅里叶变换 $W(e^{j\theta})$ 是低通函数，这时图 4.5（a）中的滤波器将是一个通带中心位于频率 ω 上的窄带带通滤波器。

4.3 短时合成的两种方法

前面讨论了语音的短时傅里叶分析方法，本节讨论如何从短时傅里叶变换的采样恢复原始语音信号的问题，通常称为语音的短时合成。常用的短时合成技术有两种：滤波器组相加法和叠接相加法。

4.3.1 短时合成的滤波器组相加法原理

滤波器组相加法是利用滤波器组表示语音的短时频谱的方法。由式（4.1）知，可将 $X_n(e^{j\omega})$ 表示为

$$X_n(e^{j\omega_i}) \sum_{m=-\infty}^{+\infty} w_i(n-m)x(m)e^{-j\omega_i m} \tag{4.20}$$

或

$$X_n(e^{j\omega_i}) = e^{-j\omega_i n} \sum_{m=-\infty}^{+\infty} x(n-m)w_i(m)e^{j\omega_i m} \tag{4.21}$$

式中，$w_i(m)$ 是在频率 ω_i 上使用的窗，若定义

$$h_i(n) = w_i(n)e^{j\omega_i n} \tag{4.22}$$

则式（4.21）可以表示为

$$X_n(e^{j\omega_i}) = e^{-j\omega_i n} \sum_{m=-\infty}^{+\infty} x(n-m)h_i(m) \tag{4.23}$$

由于窗 $w_i(n)$ 具有低通滤波特性，式（4.23）可以理解为先经过一个冲激响应为 $h_i(n)$ 的带通滤波器，再用复指数 $e^{-j\omega_i n}$ 调制，如图 4.6 所示。

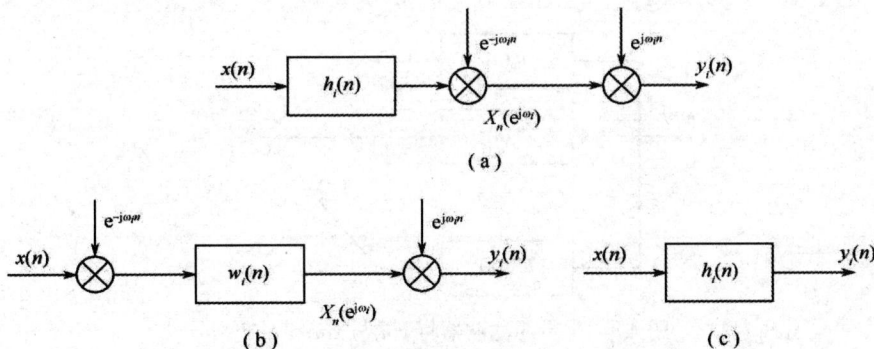

图 4.6 用线性滤波实现单个通道合成的方法

若定义

$$y_i(n) = X_n(e^{j\omega_i})e^{j\omega_i n} \tag{4.24}$$

则由式（4.23）可得

$$y_i(n) = \sum_{m=-\infty}^{+\infty} x(n-m)h_i(m) \tag{4.25}$$

由式（4.25）可见，$y_i(n)$ 是一个冲激响应为 $h_i(n)$ 的带通滤波器的输出。$h_i(n)$ 由式（4.22）决定。图 4.6（a）表示式（4.22）与式（4.23）的运算过程，图 4.6（b）表示式（4.20）和式（4.22）的运算过程，图 4.6（c）表示了两种情况下的等效带通滤波器。

利用上面讨论的结果，可以获得恢复输入信号的实际方法。考虑有 N 个满足式（4.22）的带通滤波器，其中对于 $i=0, 1, \cdots, N-1$，共有 N 个频率 $\omega_i = \dfrac{2\pi}{N}i$，假定 $w_i(n)$ 是一个截止频率为 ω_{pi} 的理想低通滤波器的冲激响应，图 4.7（a）表示此滤波器的频率响应 $W_i(\mathrm{e}^{j\omega})$，对应的复数带通滤波器的冲激响应如式（4.22）所示，其频率响应为

$$H_i(\mathrm{e}^{j\omega}) = W_i(\mathrm{e}^{j(\omega-\omega_i)}) \tag{4.26}$$

式（4.26）用图 4.7（b）表示，中心频率为 ω_i，带宽为 $2\omega_{pi}$，假定所有通道都使用了相同的窗函数，即

$$w_i(n)=w(n), \qquad i=0, 1, \cdots, N-1 \tag{4.27}$$

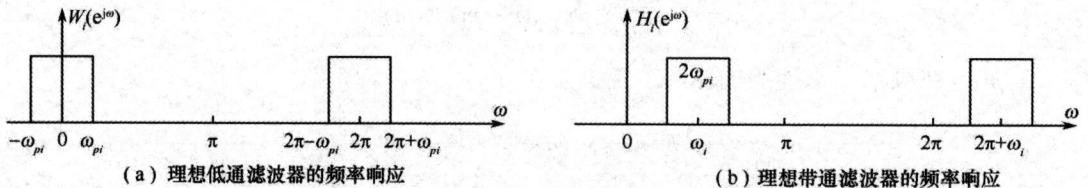

（a）理想低通滤波器的频率响应　　　　（b）理想带通滤波器的频率响应

图 4.7　理想低通和带通滤波器的频率响应

考虑整个带通滤波器组时，其中每个带通滤波器都具有相同的输入，其输出相加在一起，如图 4.8 所示，输出为 $y(n)$，输入为 $x(n)$，整个系统的复合频率响应为

$$\tilde{H}(\mathrm{e}^{j\omega}) = \sum_{i=0}^{N-1} H_i(\mathrm{e}^{j\omega}) = \sum_{i=0}^{N-1} W[\mathrm{e}^{j(\omega-\omega_i)}] \tag{4.28}$$

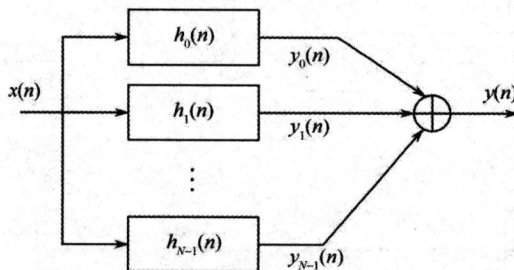

图 4.8　用带通滤波器将 $y(n)$ 与 $x(n)$ 联系起来

如果 $W(\mathrm{e}^{j\omega})$ 在频域上正确采样（$N \geq L$，L 为窗长），可以证明对于所有 ω 都满足

$$\frac{1}{N}\sum_{i=0}^{N-1} W[\mathrm{e}^{j(\omega-\omega_i)}] = w(0) \tag{4.29}$$

式（4.29）的证明如下。$W(\mathrm{e}^{j\omega})$ 的傅里叶逆变换是窗函数 $w(n)$，如果 $W(\mathrm{e}^{j\omega})$ 在频域上以 N

个均匀间隔采样，则 $W(\mathrm{e}^{\mathrm{j}\omega_i})$ 的离散傅里叶逆变换为

$$\frac{1}{N}\sum_{i=0}^{N-1}W(\mathrm{e}^{\mathrm{j}\omega_i})\mathrm{e}^{\mathrm{j}\omega_i n}=\sum_{r=-\infty}^{+\infty}w(n+rN) \tag{4.30}$$

如果 $w(n)$ 的宽度等于 L，则

$$W(n)=0, \quad n<0, n\geqslant L \tag{4.31}$$

这时只要 $W(\mathrm{e}^{\mathrm{j}\omega})$ 在频域上正确采样（$N\geqslant L$），就不会引起混叠。式（4.30）中取 $n=0$，得

$$\frac{1}{N}\sum_{i=0}^{N-1}W(\mathrm{e}^{\mathrm{j}\omega_i})=w(0) \tag{4.32}$$

考虑到 $W[\mathrm{e}^{\mathrm{j}(\omega-\omega_i)}]$ 是 $W(\mathrm{e}^{\mathrm{j}\omega})$ 在 $\omega-\omega_i$ 上而不是在 ω_i 上的均匀采样形式后，能得出式（4.29），因为按采样定理，任何一组 N 个均匀分布的采样都是适用的。

由式（4.22）和式（4.29）可以推出复合系统的冲激响应为

$$\tilde{h}(n)=\sum_{i=0}^{N-1}h_i(n)=\sum_{i=0}^{N-1}w(n)\mathrm{e}^{\mathrm{j}\omega_i n}=Nw(0)\delta(n) \tag{4.33}$$

这时的复合输出为

$$y(n)=Nw(0)x(n) \tag{4.34}$$

于是，用滤波器组相加法恢复的信号可以表示为

$$y(n)=\sum_{i=0}^{N-1}y_i(n)=\sum_{i=0}^{N-1}X_n(\mathrm{e}^{\mathrm{j}\omega_i})\mathrm{e}^{\mathrm{j}\omega_i n} \tag{4.35}$$

式（4.35）中所包含的分析与合成运算过程如图 4.9 所示，其中的滤波器均为带通滤波器。

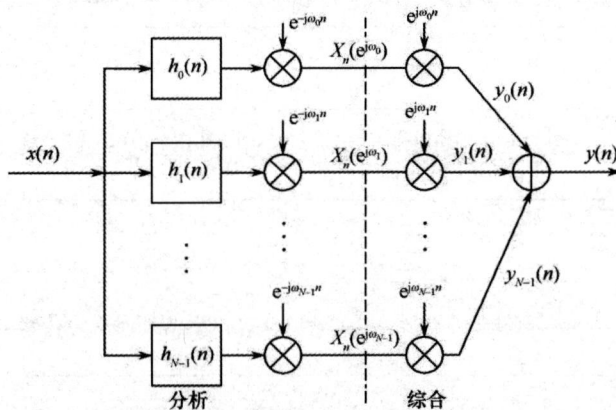

图 4.9　短时频谱中的分析与合成运算过程

上面的讨论说明，当 $w(n)$ 具有有限宽度 L 时，$x(n)$ 完全能从时域及频域采样后的时变傅里叶变换准确地恢复。同样可以证明，如果 $W(\mathrm{e}^{\mathrm{j}\omega})$ 在频域内是频带受限的，则 $x(n)$ 也能准确地从 $X_n(\mathrm{e}^{\mathrm{j}\omega})$ 中恢复，这里证明从略。

4.3.2　短时合成的滤波器组相加法的 MATLAB 实现

程序 4.2 对应于图 4.6（b），先调制后滤波，实现流程图如图 4.10 所示，程序运行结果如图 4.11 所示。程序 4.3 对应于图 4.6（a），先滤波后调制，实现流程图如图 4.12 所示，程序运行结果如图 4.13 所示。

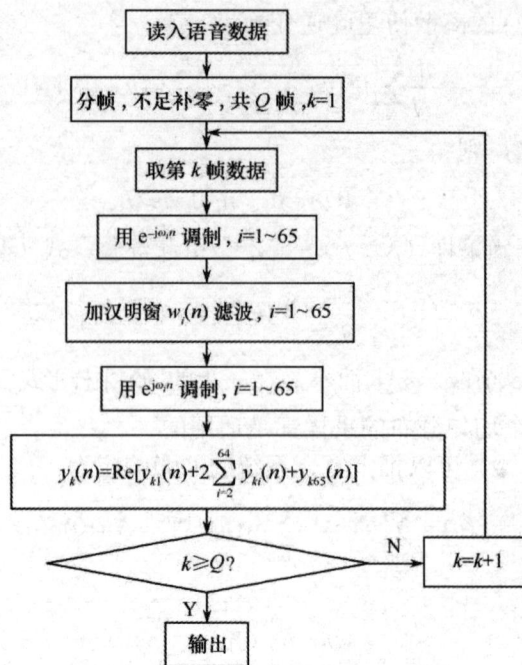

图 4.10　短时合成的滤波器组相加法（先调制后滤波）的实现流程图

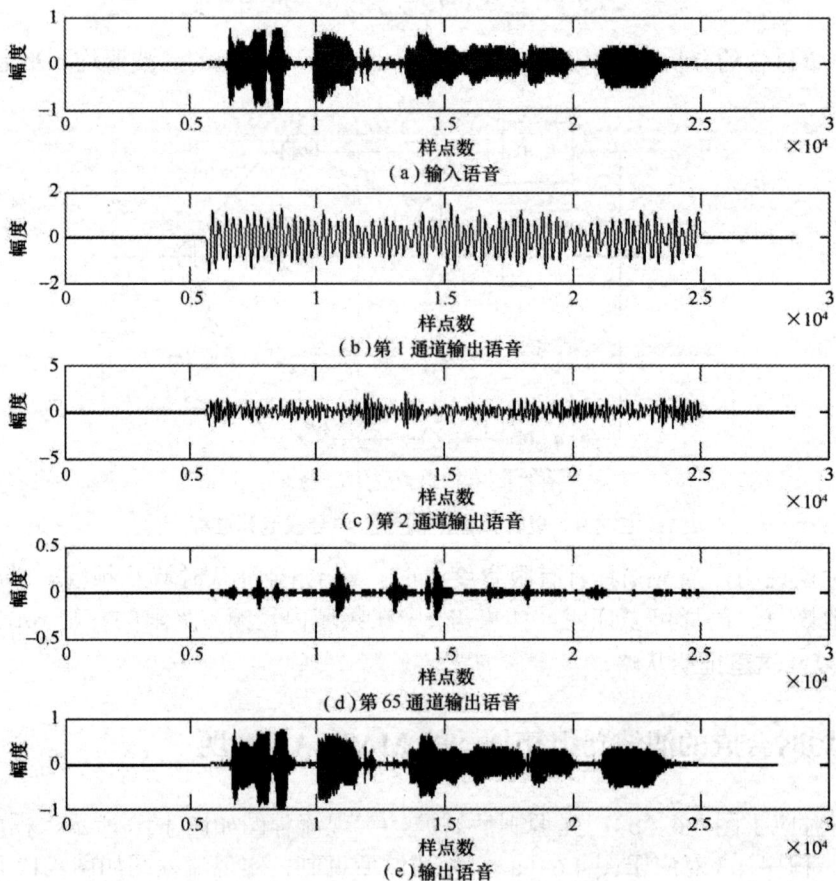

图 4.11　短时合成的滤波组相加法（先调制后滤波）的程序运行结果

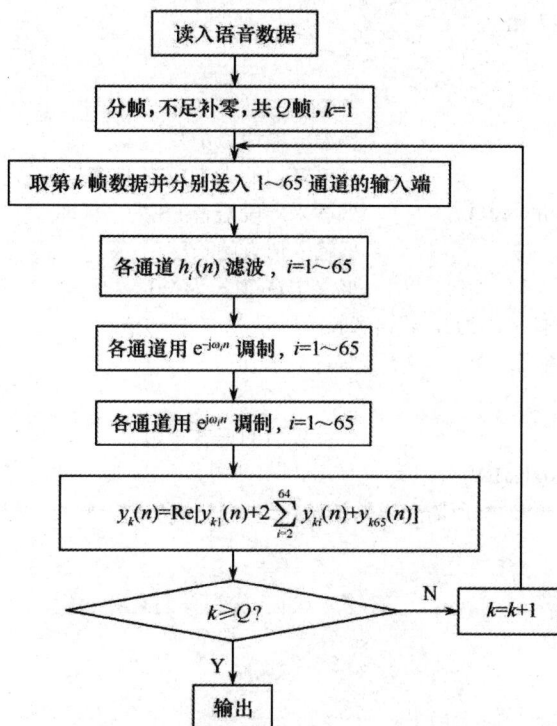

图 4.12 短时合成的滤波器组相加法（先滤波后调制）的实现流程图

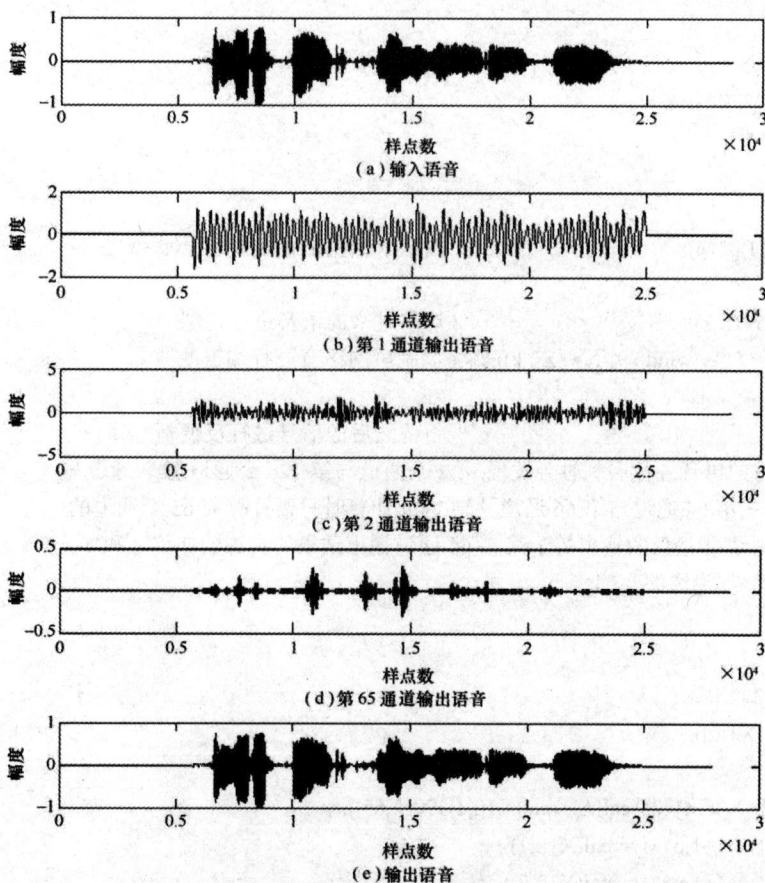

图 4.13 短时合成的滤波器组相加法（先滤波后调制）的程序运行结果

【程序 4.2】 Filterbank1.m

```
clear;clf;
WL= 256;                                    %窗长
N=128;                                       %滤波器通道个数
M=1024;                                      %语音帧的大小,必须是窗长的倍数
[IN, FS] = wavread('speech.wav');            %读入一段语音,FS 为采样率
L= length(IN);                               %输入语音的长度
window = hann(WL);                           %汉宁窗,窗长为 WL
%*******将语音分帧,每帧大小为 M,若语音长度不是 M 的整数倍
%*******则需补零至能整除为止,并将语音幅度归一化
Mod=M-mod(L,M);
Q=(L+Mod)/M;                                 %补零后的语音帧数
IN=[IN;zeros(Mod,1)]/max(abs(IN));
%***********************所需变量的初始化***********************
OUT=zeros(length(IN),1);
X=zeros(M,(N/2+1));
Z=zeros(WL-1,(N/2+1));
t= (0:M-1)';
WN1= zeros(M,(N/2+1));
WN2= zeros(M,(N/2+1));
%***********************************************************
for k=1:(N/2+1)
w=2*pi*i*(k-1)/N;                            %各个通道的一组角频率
WN1(:,k)=exp(-w*t);
WN2(:,k)=exp(w*t);
end
for p=1:Q;
R=IN((p-1)*M+1:p*M);                         %每次取一帧语音,直至将语音取完
for k=1:(N/2+1)
    x=R.*WN1(:,k);                           %对取进来的语音进行调制
 [X(:,k), Z(:,k)] = filter(window, 1, x, Z(:,k));%将调制后的语音进行加窗滤波
end
X1= X.*WN2;                                  %将滤波后的信号进行反调制
%由于对取进来的语音进行调制时会发现,第 2 个通道与第 128 个通道,第 3 通道与
%第 127 通道,…,第 64 通道与第 66 通道共轭,因此计算时只需计算前 65 个通道的
%滤波和反调制结果,最后的输出等于第 2~64 通道输出结果的实部的 2 倍之和加上
%第 1 通道和第 65 通道的实部

    A=zeros(M,1);
    for j=2:(N/2)
        A=A+X1(:,j);
    end
    Y((p-1)*M+1:p*M)=2*real(A)+real(X1(:,1)+X1(:,65));
      Y1((p-1)*M+1:p*M)=real(X1(:,1));
      Y2((p-1)*M+1:p*M)=real(X1(:,2));
```

```matlab
            Y65((p-1)*M+1:p*M)=real(X1(:,65));
end
OUT =Y(1:L)/max(abs(Y));                        %输出语音幅度归一化
wavwrite(OUT, FS, 'wn.wav');                     %将 OUT 写入.wav 文件 wn
wavplay(OUT,FS);                                 %播放 wn.wav 文件
%绘出输入与输出语音的时域波形图并显示在一幅图中
figure(1);
subplot(511);
plot(IN);
xlabel('样点数');
ylabel('幅度');
subplot(512);
plot(Y1);
xlabel('样点数');
ylabel('幅度');
subplot(513);
plot(Y2);
xlabel('样点数');
ylabel('幅度');
subplot(514);
plot(Y65);
xlabel('样点数');
ylabel('幅度');
subplot(515);
plot(OUT);
xlabel('样点数');
ylabel('幅度');
```

程序运行结果如图 4.11 所示。

【程序 4.3】Filterbank2.m

```matlab
clear; clf;
WL= 256;                                         %窗长
N=128;                                           %滤波器通道个数
M=1024;                                          %语音帧的大小,必须是窗长的倍数
[IN, FS] = wavread('speech.wav');                %读入一段语音,FS 为采样率
L= length(IN);                                   %输入语音的长度
window = hann(WL);                               %汉宁窗,窗长为 WL
%*******将语音分帧,每帧大小为 M,若语音长度不是 M 的整数倍
%*******则需补零至能整除为止,并将语音幅度归一化
Mod=M-mod(L,M);
Q=(L+Mod)/M;                                     %补零后的语音帧数
IN=[IN;zeros(Mod,1)]/max(abs(IN));
%************************所需变量的初始化*****************************
OUT=zeros(length(IN),1);
X=zeros(M, (N/2+1));
Z=zeros(WL-1, (N/2+1));
```

```matlab
t= (-WL/2:WL/2-1)';
WN=zeros(WL, (N/2+1));
%***********************************************************************
for k=1:(N/2+1)
w=2*pi*i*(k-1)/N;                    %各个通道的一组角频率
    WN(:,k)=exp(w*t);
end
for p=1:Q;
x=IN((p-1)*M+1:p*M);                 %每次取一帧语音,直至将语音取完
%将取进来的语音加窗调制滤波
    for k=1:(N/2+1)
        [X(:,k), Z(:,k)] = filter(window.*WN(:,k), 1, x, Z(:,k));
    end


%由于对取进来的语音进行加窗调制滤波时会发现,第 2 个通道与第 128 个通道,
%第 3 通道与第 127 通道,…,第 64 通道与第 66 通道共轭,因此在计算时只需计算前 65 个通道
%的滤波和反调制结果,
%最后的输出等于第 2~64 通道输出结果的实部的 2 倍之和加上第 1 通道和第 65 通道的实部
    A=zeros(M,1);
    for j=2:(N/2)
        A=A+X(:,j);
    end
Y((p-1)*M+1:p*M)=2*real(A)+real(X(:,1)+X(:,65));
    Y1((p-1)*M+1:p*M)=real(X(:,1));
    Y2((p-1)*M+1:p*M)=real(X(:,2));
    Y65((p-1)*M+1:p*M)=real(X(:,65));
end
OUT =Y(1:L)/max(abs(Y));             %输出语音幅度归一化
wavwrite(OUT, FS, 'wn.wav');         %将 OUT 写入 wn.wav 文件
wavplay(OUT,FS);                     %播放 wn.wav 文件
%绘出输入与输出语音的时域波形图并显示在一幅图中
figure(1);
subplot(511);
plot(IN);
xlabel('样点数');
ylabel('幅度');
subplot(512);
plot(Y1);
xlabel('样点数');
ylabel('幅度');
subplot(513);
plot(Y2);
xlabel('样点数');
ylabel('幅度');
subplot(514);
```

```
plot(Y65);
xlabel('样点数');
ylabel('幅度');
subplot(515);
plot(OUT);
xlabel('样点数');
ylabel('幅度');
```
程序运行结果如图 4.13 所示。

4.3.3　短时合成的叠接相加法原理及其 MATLAB 实现

假设在时域上利用周期为 R 的采样对 $X_n(\mathrm{e}^{\mathrm{j}\omega_i})$ 进行采样，则得

$$Y_r(\mathrm{e}^{\mathrm{j}\omega_i}) = X_n(\mathrm{e}^{\mathrm{j}\omega_i})\big|_{n=rR} = X_{rR}(\mathrm{e}^{\mathrm{j}\omega_i}) \tag{4.36}$$

式中，r 为一整数，$0 \leqslant i \leqslant N-1$，求上式的逆变换，可得

$$y_r(n) = \frac{1}{N}\sum_{i=0}^{N-1} Y_r(\mathrm{e}^{\mathrm{j}\omega_i})\,\mathrm{e}^{\mathrm{j}\omega_i n} \tag{4.37}$$

又

$$y_r(k) = x(k)w(rR-k), \quad -\infty < k < +\infty \tag{4.38}$$

因而

$$y(n) = \sum_{r=-\infty}^{+\infty} y_r(n) = x(n)\sum_{r=-\infty}^{+\infty} w(rR-n) \tag{4.39}$$

将式（4.37）代入式（4.39）中，可得

$$y(n) = \sum_{r=-\infty}^{+\infty}\left[\frac{1}{N}\sum_{i=0}^{N-1} Y_r(\mathrm{e}^{\mathrm{j}\omega_i})\,\mathrm{e}^{\mathrm{j}\omega_i n}\right] \tag{4.40}$$

如果 $w(n)$ 的傅里叶变换频带受限且 $X_n(\mathrm{e}^{\mathrm{j}\omega_i})$ 在时域上被正确采样，即 R 选得足够小，这时不论 n 为何值均可写出

$$\sum_{r=-\infty}^{+\infty} w(rR-n) = \sum_{r=-\infty}^{+\infty} w(rR-n)\mathrm{e}^{\mathrm{j}(rR-0)} \approx W(\mathrm{e}^{\mathrm{j}0})/R \tag{4.41}$$

因而，式（4.39）可写成

$$y(n) = x(n)W(\mathrm{e}^{\mathrm{j}0})/R \tag{4.42}$$

上式说明，$y(n)$ 与 $x(n)$ 只差一个常系数，因而利用式（4.40）就能准确恢复 $x(n)$。图 4.14 为短时综合的叠接相加法的流程图。图 4.15 表示利用一个 L 点汉明窗计算 $y(n)$ 的过程。

在图 4.14 及图 4.15 中，假定 $n<0$ 时 $x(n)=0$，对汉明窗需要 4：1 的时间重叠，即 $R = \dfrac{L}{4}$。

在图 4.15 中，第一分析段从 $n = \dfrac{L}{4}$ 为标志，利用窗（窗宽为 L）来得到信号为

$$y_r(k) = x(k)w(rR-k) \tag{4.43}$$

此时信号在 $rR-L+1 \leqslant k \leqslant rR$ 范围内不为零，填充零值后，得到 N 点序列，求 N 点 FFT 即可求得 $Y_r(\mathrm{e}^{\mathrm{j}\omega_i})$。

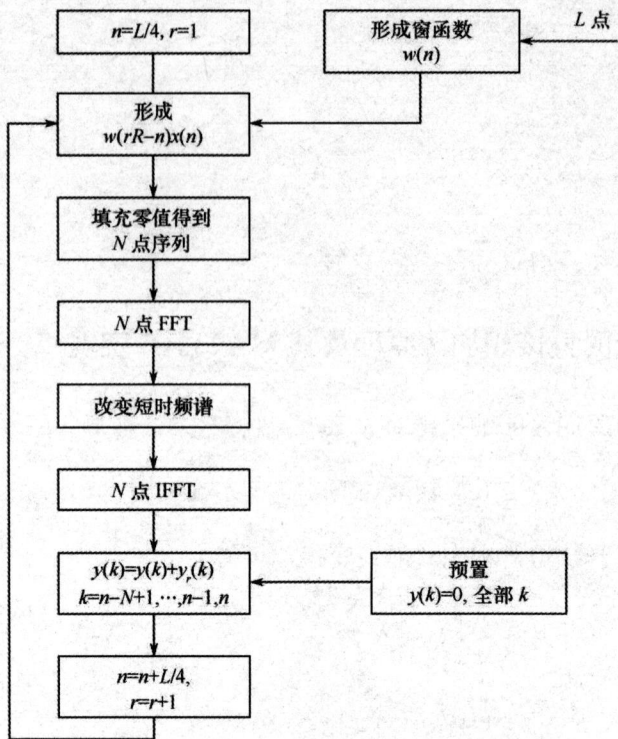

图 4.14　短时合成的叠接相加法流程图

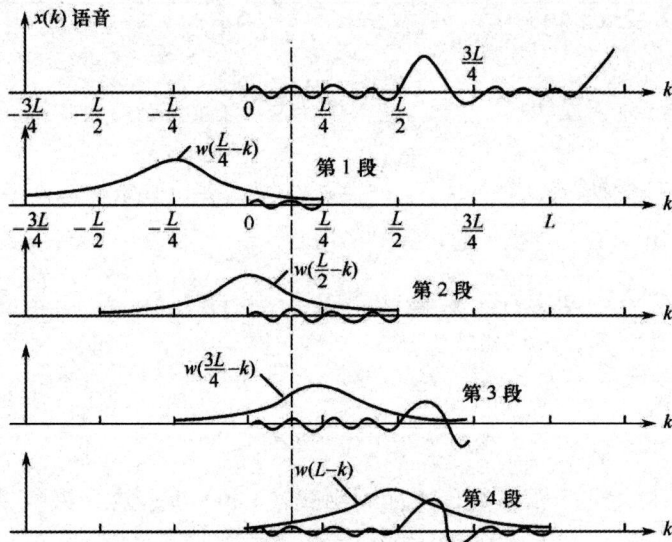

图 4.15　利用一个 L 点汉明窗时 $y(n)$ 的计算过程

图 4.15 表示了按照式（4.39）的运算过程，当 $0 \leqslant n \leqslant R-1$ 时，$y(n)$ 可写成

$$y(n) = x(n)w(R-n) + x(n)w(2R-n) + x(n)w(3R-n) + x(n)w(4R-n) \tag{4.44}$$

当 $R \leqslant n \leqslant 2R-1$ 时，则 $y(n)$ 可写成

$$y(n) = x(n)w(2R-n) + x(n)w(3R-n) + x(n)w(4R-n) + x(n)w(5R-n) \tag{4.45}$$

· 76 ·

滤波器组相加法与频率采样有关，它所要求的频率采样数应使窗变换满足

$$\frac{1}{N}\sum_{i=0}^{N-1}W[\mathrm{e}^{\mathrm{j}(\omega-\omega_i)}]=w(0)\qquad(4.46)$$

而叠接相加法要求时间采样率应选得使窗满足

$$\sum_{r=-\infty}^{+\infty}w(rR-n)=W(\mathrm{e}^{\mathrm{j}0})/R\qquad(4.47)$$

下面给出了短时合成的叠接相加法的 MATLAB 实现程序。

【程序 4.4】ShortTimeAdd.m

```
clear all;
s=wavread('speech.wav');          %读入一段语音
s=s';                             %将 s 转置
M=length(s);                      %读入语音的长度
L=280;                            %窗长
R=L/4;                            %帧移
w=hamming(L);                     %汉明窗
w=w';                             %将 w 转置
k=((M-mod(M,R))/R);               %如果 M 不是 R 的倍数,将最后剩余的去掉不做处理
                                  %取一帧语音,直至取完
for i=0:k-1
for n=(1+i*R):((i+1)*R)
    y(n)=s(n)*(w((i+1)*R-n+1)+w((i+2)*R-n+1)+w((i+3)*R-n+1)+w((i+4)*R-n+1));
end
b=[y((1+i*R):((i+1)*R)),zeros(1,3*R)];   %给 y 补 3R 个零,使达到 L 点
c=fft(b,L);                       %对 b 进行 L 点傅里叶变换
d=ifft(c,L);                      %对 c 进行 L 点傅里叶逆变换
e((1+i*R):((i+1)*R))=d(1:R);      %存储数据
end
e=e/max(abs(e));
wavwrite(e,'wnt.wav');            %将 e 写入 wnt.wav 文件
wavplay(e,8000);                  %播放 wnt.wav 文件
                                  %绘图

figure(1);
subplot(2,1,1);
plot(s);
xlabel('样点数');
ylabel('幅度');
subplot(2,1,2);
plot(e);
xlabel('样点数');
ylabel('幅度');
```

程序运行结果如图 4.16 所示。

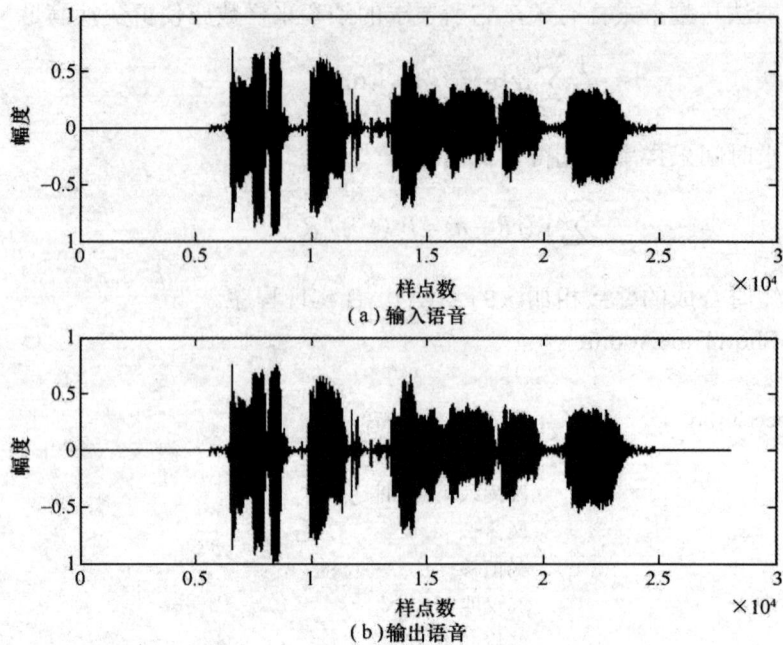

图 4.16 短时合成的叠接相加法语音

习 题 4

4.1 根据定义 $X_n(e^{j\omega}) = a_n(\omega) - jb_n(\omega) = |X_n(e^{j\omega})| e^{j\theta_n(\omega)}$ ，将：

（1） $|X_n(e^{j\omega})|$ 及 $\theta_n(\omega)$ 用 $a_n(\omega)$ 和 $b_n(\omega)$ 表示。

（2） $a_n(\omega)$ 和 $b_n(\omega)$ 用 $|X_n(e^{j\omega})|$ 及 $\theta_n(\omega)$ 表示。

4.2 假定 $x(n)$ 和 $w(n)$ 序列的标准傅里叶变换 $X(e^{j\omega})$ 和 $W(e^{j\omega})$ 存在，证明短时傅里叶变换 $X_n(e^{j\omega}) = \sum\limits_{m=-\infty}^{+\infty} x(m)w(n-m)e^{-j\omega m}$ 能化成

$$X_n(e^{j\omega}) = \frac{1}{2\pi}\int_{-\pi}^{\pi} W(e^{j\theta})e^{j\theta n} \cdot X(e^{j(\omega+\theta)})d\theta$$

即 $X_n(e^{j\omega})$ 是 $X(e^{j\omega})$ 在频率 ω 上的平滑的频谱估值。

4.3 （1）证明图 4.17 中系统的冲激响应为 $h_k(n)=h(n)\cos(\omega_k n)$；（2）并求出图中系统的频率响应表示式。

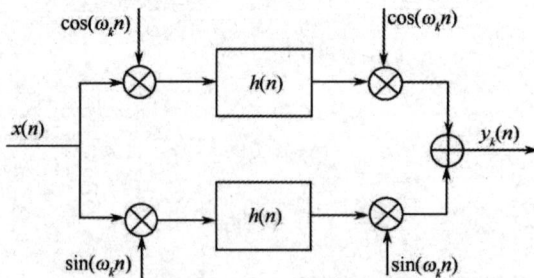

图 4.17 习题 4.3 图

4.4 设有一个数字滤波器组基音检测器，它包含一组数字带通滤波器，其低端截止频率为 $F_k=2^{k-1}F_1$，$k=1, 2, \cdots, M$，而高端截止频率为 $F_{k+1}=2^k F_1$，$k=1, 2, \cdots, M$，这种选择截止频率的方式使滤波器组具有下列特

点：如果输入为周期信号，其频率等于基频 F_0，且满足 $F_k<F_0<F_{k+1}$，这时 1~k-1 带的滤波器输出中只有极少的能量，第 k 个输出带中将含有基频，而 k+1~M 带将包含一个或更多的谐波。因此，在每个滤波器输出后面加上能检出纯音的检出器后，可以检出基音。试确定 F_1 及 M，以示此法能工作于 100~1600Hz 基音频率范围内。

4.5 现考虑对 $x(n)=\cos(\omega_0 N)$ 信号的分析及综合。图 4.18 是第 k 个通道的分析网络，对给定输入信号求出 $a_n(\omega_k)$ 及 $b_n(\omega_k)$。

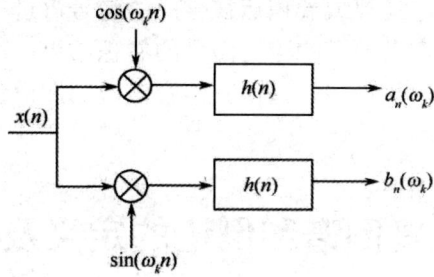

图 4.18 习题 4.5 图

第 5 章　语音信号倒谱分析

在数字信号处理中，有一种称之为同态处理的方法，它可以将非线性问题转化为线性问题来进行处理。例如，将通过乘法运算或卷积运算合成的信号再进行分离。对语音信号而言，从其生成模型可知，语音信号是声道冲激响应与激励的卷积结果，可以用同态处理的方法将二者进行分离。对语音信号进行同态处理后，将得到语音信号的倒谱参数，因此这里的同态处理也称为倒谱分析。

5.1　复倒谱和倒谱的定义及性质

5.1.1　定义

设信号 $x(n)$ 的 z 变换为 $X(z)=z[x(n)]$，其对数为

$$\hat{X}(z) = \ln X(z) = \ln\{z[x(n)]\} \tag{5.1}$$

那么 $\hat{X}(z)$ 的 z 逆变换可写成

$$\hat{x}(n) = z^{-1}[\hat{X}(z)] = z^{-1}[\ln X(z)] = z^{-1}\{\ln z[x(n)]\} \tag{5.2}$$

取 $z=\mathrm{e}^{\mathrm{j}\omega}$，式（5.1）可写成

$$\hat{X}(\mathrm{e}^{\mathrm{j}\omega}) = \ln[X(\mathrm{e}^{\mathrm{j}\omega})] = \ln|X(\mathrm{e}^{\mathrm{j}\omega})| + \mathrm{j}\arg[X(\mathrm{e}^{\mathrm{j}\omega})] \tag{5.3}$$

在式（5.3）中，实部是可以取唯一值的，但对于虚部，会引起唯一性问题，因此要求相角为 ω 的连续奇函数。

根据傅里叶逆变换的定义

$$\hat{x}(n) = \frac{1}{2\pi}\int_{-\pi}^{\pi}\hat{X}(\mathrm{e}^{\mathrm{j}\omega})\mathrm{e}^{\mathrm{j}\omega n}\mathrm{d}\omega \tag{5.4}$$

则式（5.4）即信号 $x(n)$ 的复倒谱 $\hat{x}(n)$ 的定义。在英语中，Cepstrum（倒谱）是将 Spectrum（谱）中前 4 个字母倒置后得到的。因为 $\hat{X}(\mathrm{e}^{\mathrm{j}\omega})$ 一般为复数，故称 $\hat{x}(n)$ 为复倒谱。

如果只对 $\hat{X}(\mathrm{e}^{\mathrm{j}\omega})$ 的实部求逆变换，则可得实倒谱 $c(n)$，简称为倒谱，即

$$c(n) = \frac{1}{2\pi}\int_{-\pi}^{\pi}\ln|X(\mathrm{e}^{\mathrm{j}\omega})|\mathrm{e}^{\mathrm{j}\omega n}\mathrm{d}\omega \tag{5.5}$$

5.1.2　复倒谱的性质

为判断复倒谱的性质，研究有理 z 变换的一般形式即可。z 变换的一般形式为

$$X(z) = \frac{Az^r \prod\limits_{k=1}^{M_i}(1-a_k z^{-1}) \prod\limits_{k=1}^{M_0}(1-b_k z)}{\prod\limits_{k=1}^{N_i}(1-c_k z^{-1}) \prod\limits_{k=1}^{N_0}(1-d_k z)} \tag{5.6}$$

其中，a_k、b_k、c_k、d_k 的绝对值皆小于 1；A 是一个非负实系数。因此，$1-a_k z^{-1}$ 和 $1-c_k z^{-1}$ 对应于单位圆内的零点和极点；$1-b_k z$ 和 $1-d_k z$ 对应于单位圆外的零点和极点；M_i 和 M_0 分别表示单位圆内和单位圆外的零点数目；N_i 和 N_0 分别表示单位圆内和单位圆外的极点数目；因子 z^r 简单地表示时间原点的移动。于是，$X(z)$ 的复对数为

$$\hat{X}(z) = \ln[A] + \ln[z^r] + \sum_{k=1}^{M_i}\ln(1-a_k z^{-1}) + \sum_{k=1}^{M_0}\ln(1-b_k z) - \sum_{k=1}^{N_i}\ln(1-c_k z^{-1}) + \sum_{k=1}^{N_0}\ln(1-d_k z) \tag{5.7}$$

当在单位圆上估计式（5.7）时，可以看到其中 $\ln[z^r]$ 这一项只在复对数的虚部中出现。它只携带关于时间原点的信息，在计算复倒谱的过程中一般要去掉，因此，在讨论复倒谱的性质时将这一项略去。每个对数项都可以写成一个幂级数展开式，可以证明复倒谱具有如下形式：

$$\hat{x}(n) = \begin{cases} \ln[A], & n=0 \\ \sum\limits_{k=1}^{N_i}\dfrac{c_k^n}{n} - \sum\limits_{k=1}^{M_i}\dfrac{a_k^n}{n}, & n>0 \\ \sum\limits_{k=1}^{M_0}\dfrac{b_k^{-n}}{n} - \sum\limits_{k=1}^{N_0}\dfrac{d_k^{-n}}{n}, & n<0 \end{cases} \tag{5.8}$$

上式表明了复倒谱的许多重要性质。

性质 1：即使 $x(n)$ 可以满足因果性、稳定性甚至持续期有限的条件，一般而言，复倒谱也是非零的，而且在正、负 n 两个方向上都是无限伸展的。

性质 2：复倒谱是一个有界衰减序列，其界限为

$$|\hat{x}(n)| < \beta \frac{\alpha^{|n|}}{|n|}, \quad |n| \to \infty \tag{5.9}$$

其中，α 是 a_k、b_k、c_k、d_k 的最大绝对值，而 β 是一个常数。

性质 3：如果 $X(z)$ 在单位圆外无极点和零点（即 $b_k=d_k=0$），则有

$$\hat{x}(n) = 0, \quad n<0 \tag{5.10}$$

这种信号称为"最小相位"信号。对于用式（5.10）所表示的序列，有一个通用的结论：这种序列完全可以用它们的傅里叶变换的实部来表示。因此，可以单独用傅里叶变换的模的对数值来求最小相位信号的复倒谱。我们知道一个序列的傅里叶变换的实部就等于该序列偶部的傅里叶变换，因为 $\ln|X(\mathrm{e}^{j\omega})|$ 是倒谱 $c(n)$ 的傅里叶变换，所以

$$c(n) = \frac{\hat{x}(n) + \hat{x}(-n)}{2} \tag{5.11}$$

用式（5.10）和式（5.11），容易证明

$$\hat{x}(n) = \begin{cases} 0, & n<0 \\ c(n), & n=0 \\ 2c(n), & n>0 \end{cases} \tag{5.12}$$

因此，为了求得最小相位信号的复倒谱，可以先计算其倒谱 $c(n)$，然后用式（5.12）求 $\hat{x}(n)$。对于最小相位信号的另一个重要结论是复倒谱可由输入信号经过递推计算得到，递推公式为

$$\hat{x}(n) = \begin{cases} \ln[x(0)], & n = 0 \\ \dfrac{x(n)}{x(0)} - \displaystyle\sum_{k=0}^{n-1}\left(\dfrac{k}{n}\right)\hat{x}(k)\dfrac{x(n-k)}{x(0)}, & n > 0 \\ 0, & n < 0 \end{cases} \tag{5.13}$$

性质 4：对于 $X(z)$ 在单位圆内没有极点或零点的情形，可以得到与性质 3 类似的结论。这种信号称为"最大相位"信号，在此情况下有

$$\hat{x}(n) = 0, \quad n > 0 \tag{5.14}$$

如果再一起考虑式（5.11）与式（5.14），可得

$$\hat{x}(n) = \begin{cases} 0, & n > 0 \\ c(n), & n = 0 \\ 2c(n), & n < 0 \end{cases} \tag{5.15}$$

和最小相位信号的情形相同，也能得到一个复倒谱的递推公式，其形式为

$$\hat{x}(n) = \begin{cases} \ln[x(0)], & n = 0 \\ \dfrac{x(n)}{x(0)} - \displaystyle\sum_{k=n+1}^{0}\left(\dfrac{k}{n}\right)\hat{x}(k)\dfrac{x(n-k)}{x(0)} & n < 0 \\ 0, & n > 0 \end{cases} \tag{5.16}$$

性质 5：如果输入信号为一串冲激信号，它具有如下形式

$$p(n) = \sum_{r=0}^{M}\alpha_r\delta(n - rN_p) \tag{5.17}$$

其 z 变换为

$$p(z) = \sum_{r=0}^{M}\alpha_r z^{-rN_p} \tag{5.18}$$

由式（5.18）可见，$p(z)$ 是变量 z^{-N_p} 的多项式而不是 z^{-1} 的多项式，这样，$p(z)$ 可以表示成若干形式为 $1 - az^{-N_p}$ 和 $1 - bz^{N_p}$ 的因式的乘积，因而容易看到，复倒谱 $\hat{p}(z)$ 只在 N_p 的各整数倍点上不为零，这意味着 $\hat{p}(n)$ 也是一串间隔为 N_p 的冲激信号。

例如，设 $p(n)$ 为

$$p(n) = \delta(n) + \alpha\delta(n - N_p) \tag{5.19}$$

其中 $0 < \alpha < 1$，则

$$p(z) = 1 + \alpha z^{-N_p} \tag{5.20}$$

$$\hat{p}(z) = \ln(1 + \alpha z^{-N_p}) = \sum_{n=1}^{\infty}(-1)^{n+1}\frac{\alpha^n}{n}z^{-nN_p} \tag{5.21}$$

这表明 $\hat{p}(n)$ 是一串冲激信号，冲激信号之间的间隔为 N_p，有

$$\hat{p}(n) = \sum_{r=1}^{\infty}(-1)^{r+1}\frac{\alpha^r}{r}\delta(n-rN_p) \qquad (5.22)$$

这表明对于一串间隔均匀的冲激信号，它的复倒谱也是一串均匀间隔的冲激信号，而且间隔相同，这对于语音分析是一个很重要的结果。

5.2　语音信号倒谱分析及应用

5.2.1　语音信号倒谱分析原理

在许多应用中，语音分析的任务是将声门和声道特性进行分离，这时可以用倒谱分析方法来解决此问题。

根据语音产生模型（见本书 2.3 节），如果用 $H_v(z)$ 和 $H_u(z)$ 分别表示发浊音和清音时的声道传递函数，对应的冲激响应分别为 $h_v(n)$ 和 $h_u(n)$，则 $H_v(z)$ 或 $H_u(z)$ 总可以用式（5.6）那样的有理分式表示，其复倒谱 $\hat{h}_v(n)$ 或 $\hat{h}_u(n)$ 具有式（5.8）所示的形式，注意到 $|a_k|$、$|b_k|$、$|c_k|$、$|d_k|$ 都小于 1，那么不难看出，$\hat{h}_v(n)$ 或 $\hat{h}_u(n)$ 的绝对值是随 n 的增大而迅速衰减的，相比 $h_v(n)$ 或 $h_u(n)$ 的衰减要更快，即更加集中在低时域区。对于浊音来说，它的激励脉冲串在时域和复倒谱域都是间隔为 N_p 的周期性冲激串。在时域的冲激串与 $h_v(n)$ 是相卷积的关系，各周期之间常常存在混叠，无法把 $h_v(n)$ 从信号 $s(n)$ 中很好地分离出来。但是，在复倒谱域冲激串与 $h_v(n)$ 是相加关系，采用宽度小于 N_p 的倒谱窗，就可以去掉激励脉冲，得到 $\hat{h}_v(n)$ 的良好估值，再把它通过逆特征系统就可求得 $h_v(n)$。因此，这里的倒谱窗可定义为

$$l(n) = \begin{cases} 1, & |n| < n_0 \\ 0, & |n| \geqslant n_0 \end{cases} \qquad (5.23)$$

如果要保存激励分量，选择倒谱窗 $l(n)$ 为

$$l(n) = \begin{cases} 0, & |n| < n_0 \\ 1, & |n| \geqslant n_0 \end{cases} \qquad (5.24)$$

其中 $n_0 < N_p$。倒谱窗在对数幅频谱域起平滑作用。

对于清音来说，清音信号的声道幅频响应 $|H_u(e^{j\omega})|$ 比浊音的要显得平坦一些，共振峰不像浊音那么突出，它的对数 $\ln|H_u(e^{j\omega})|$ 就显得更平坦了。这样，发清音时的声道幅频响应的倒谱将集中在时间原点附近。当然，用上述倒谱窗对清音信号进行平滑，也可以使 $\ln|H_u(e^{j\omega})|$ 变得更加光滑。

在语音识别的特征提取中，常常不用上述矩形倒谱窗来提取反映声道特性的倒谱系数，而是用一种半个正弦波或类似的两头小中间大的倒谱窗来处理，效果更好一些。这样的加权倒谱窗有多种形式，其中一种典型的形式为

$$l(n) = \begin{cases} |\sin(\pi n / n_0)|, & |n| < n_0 \\ 0, & |n| \geqslant n_0 \end{cases} \qquad (5.25)$$

这样得到的倒谱系数，称为加权倒谱系数。语音识别的大量实践表明，这种加权倒谱系数

用作语音特征参数比不加权的效果更好，但其中权值的选择是很重要的。

　　用同态解卷积来分离语音的各波形分量很有效。但在许多场合下做语音分析时，只要求估计语音参数，而不是去恢复实际分量的波形。例如，可能只要求判断一段特定的语音是浊音还是清音，如果是浊音，则进行基音周期估计，如果是清音，则要估计频谱等。在这种情况下，不必使用复倒谱，而使用倒谱 $c(n)$。倒谱中的低频分量相当于声道系统函数，而高频分量在浊音时是周期性的，在清音时不是周期性的，没有强烈的峰起，因而利用倒谱可以进行清音、浊音判别以及估计浊音的基音周期。语音信号的倒谱分析系统如图 5.1 所示。

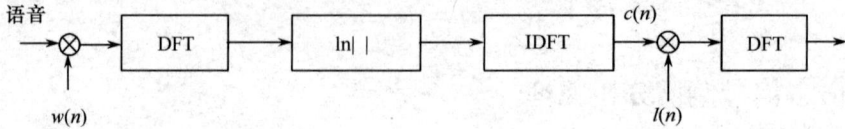

图 5.1　语音信号的倒谱分析系统

　　图 5.1 所示的方法已用到语音分析与综合上，根据倒谱的低时分量计算声道冲激响应，还可根据倒谱判别清音或浊音，估计浊音的基音周期等，在语音综合时，以声道冲激响应和准周期冲激或噪声序列相卷积来合成语音，也可根据倒谱来估计声道滤波器的极点和零点。语音综合即以二阶时变数字滤波器的级联来实现。利用倒谱分析方法都隐含着声道冲激响应是最小相位的假设。

　　求语音信号倒谱的 MATLAB 程序由程序 5.1 给出。实验所用的语音样本是用 Cooledit 在普通室内环境下录制的女声"我到北京去"，采样率为 8kHz，单声道。

【程序 5.1】 Cepstrum.m

```
clear all;
[s,fs,nbit]=wavread('beijing.wav');        %读入一段语音
b=s';                                       %将 s 转置
x=b(5000:5399);                             %取 400 点语音
N=length(x);                                %读入语音的长度
S=fft(x);                                   %对 x 进行傅里叶变换
Sa=log(abs(S));                             %log 为以 e 为底的对数
sa=ifft(Sa);                                %对 Sa 进行傅里叶逆变换
ylen=length(sa);
for i=1:ylen/2
    sa1(i)=sa(ylen/2+1-i);
end
for i=(ylen/2+1):ylen
    sa1(i)=sa(i+1-ylen/2)
end
%绘图
figure(1);
subplot(2,1,1);
plot(x);
axis([0,400,-0.5,0.5])
xlabel('样点数');
ylabel('幅度');
```

```
subplot(2,1,2);
time2=[-199:1:-1,0:1:200];
plot(time2,sa1);
axis([-200,200,-0.5,0.5])
xlabel('样点数');
ylabel('幅度');
```
程序运行结果如图 5.2 所示。

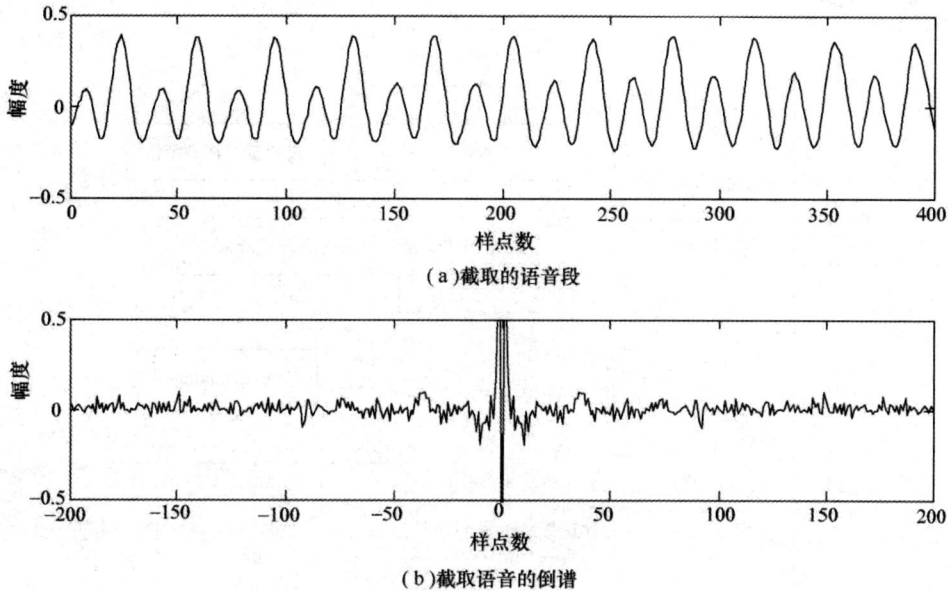

（a）截取的语音段

（b）截取语音的倒谱

图 5.2　语音信号的倒谱图

5.2.2　语音信号倒谱应用

1. 基音检测

语音的倒谱是将语音的短时频谱取对数后再进行 IDFT 得到的，所以浊音的周期性激励反映在倒谱上是同样周期的冲激信号。因此，可从倒谱波形中估计出基音周期。一般把倒谱波形中的第二个冲激信号认为是对应激励源的基频。下面给出一种倒谱法求基音周期的框图（见图 5.3）及流程图（见图 5.4），MATLAB 实现见程序 5.2。先计算倒谱，然后在预期的基音周期附近寻找峰值。如果倒谱的峰值超出了预先规定的门限，则输入语音段定为浊音，而峰的位置就是基音周期的良好估值。如果没有超出门限的峰值，则输入语音段定为清音。如果计算的是一个时变的倒谱，则可估计出激励源模型及基音周期随时间的变化。一般每隔 10~20ms 计算一次倒谱，这是因为在一般语音中激励参数是缓慢变化的。

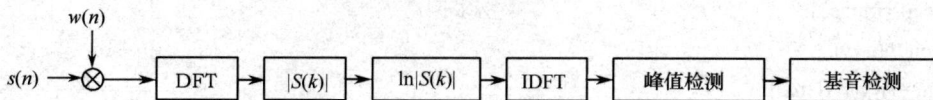

图 5.3　一种倒谱法求基音周期的框图

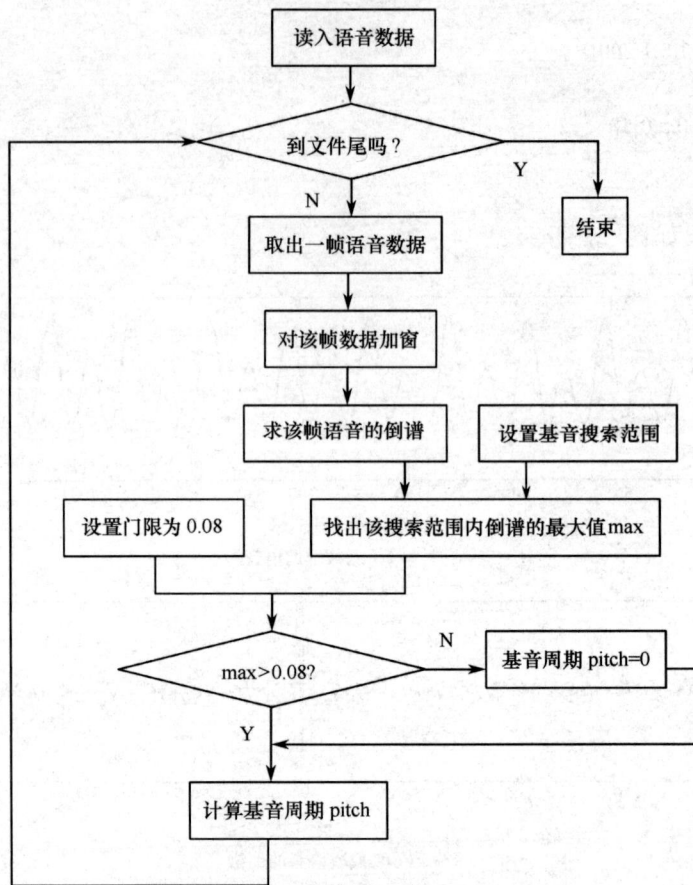

图 5.4　一种倒谱法求基音周期的流程图

【程序 5.2】 PitchDetect.m

```
waveFile='beijing.wav';
[y, fs, nbits]=wavread(waveFile);
time1=1:length(y);
time=(1:length(y))/fs;
frameSize=floor(50*fs/1000);            %帧长
startIndex=round(5000);                 %起始序号
endIndex=startIndex+frameSize-1;        %结束序号
frame=y(startIndex:endIndex);           %取出该帧

frameSize=length(frame);
frame2=frame.*hamming(length(frame));   %加汉明窗
rwy= rceps(frame2);                     %求倒谱
ylen=length(rwy);
cepstrum=rwy(1:ylen/2);

for i=1:ylen/2
    cepstrum1(i)=rwy(ylen/2+1-i);
end
```

```
for i=(ylen/2+1):ylen
    cepstrum1(i)=rwy(i+1−ylen/2);
end

%基音检测
LF=floor(fs/500);                          %基音周期的范围是 70~500Hz
HF=floor(fs/70);
cn=cepstrum(LF:HF);
[mx_cep ind]=max(cn);
if mx_cep>0.08&ind>LF
a= fs/(LF+ind);
else
a=0;
end
pitch=a

%画图
figure(1);
subplot(3,1,1);
plot(time1, y);
axis tight
ylim=get(gca, 'ylim');
line([time1(startIndex),time1(startIndex)],ylim,'color','r');
line([time1(endIndex), time1(endIndex)],ylim,'color','r');
xlabel('样点数');
ylabel('幅度');

subplot(3,1,2);
plot(frame);
axis([0,400,−0.5,0.5])
xlabel('样点数');
ylabel('幅度')

subplot(3,1,3);
time2=[−199:1:−1,0:1:200];
plot(time2,cepstrum1);
axis([−200,200,−0.5,0.5])
xlabel('样点数');
ylabel('幅度');
```
① 浊音：取 startIndex=round(5000)，程序的运行结果如图 5.5 所示。
② 清音：取 startIndex=round(35000)，程序的运行结果如图 5.6 所示，其中 pitch=0。

（a）语音波形

（b）一帧语音

（c）一帧语音的倒谱

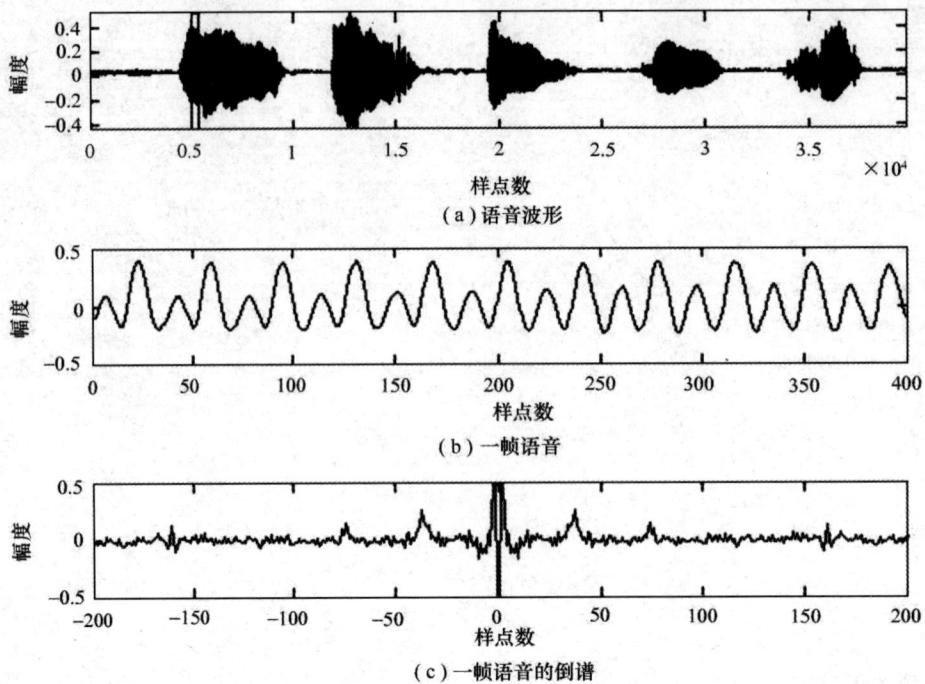

图 5.5　倒谱法求浊音的基音周期

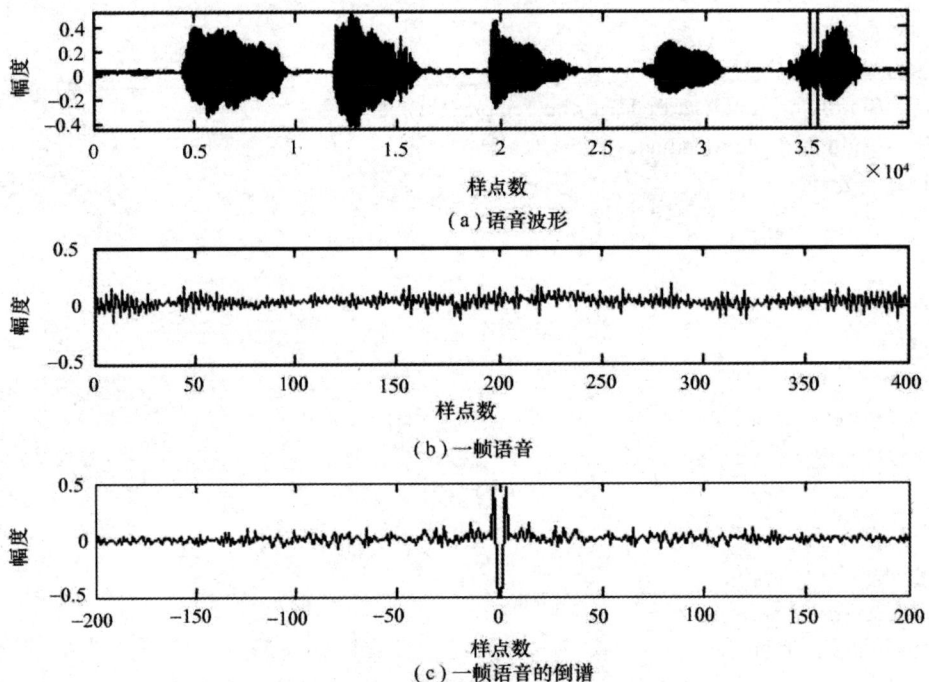

（a）语音波形

（b）一帧语音

（c）一帧语音的倒谱

图 5.6　倒谱法求清音的基音周期

2．共振峰检测

倒谱将基音谐波和声道的频谱包络分离开来。倒谱的低频部分可以分析声道、声门和辐射信息，而高频部分可用来分析激励源信息。对倒谱进行低频窗选，通过语音倒谱分析系统的最后一级，进行 DFT 后的输出即平滑后的对数模函数，这个平滑的对数谱显示了特定输入语音段的谐振结构，即谱的峰值基本上对应于共振峰频率，对平滑过的对数谱中的峰值进行定位，即可估计共振峰。共振峰检测框图如图 5.7 所示，流程图如图 5.8 所示。

图 5.7　共振峰检测框图

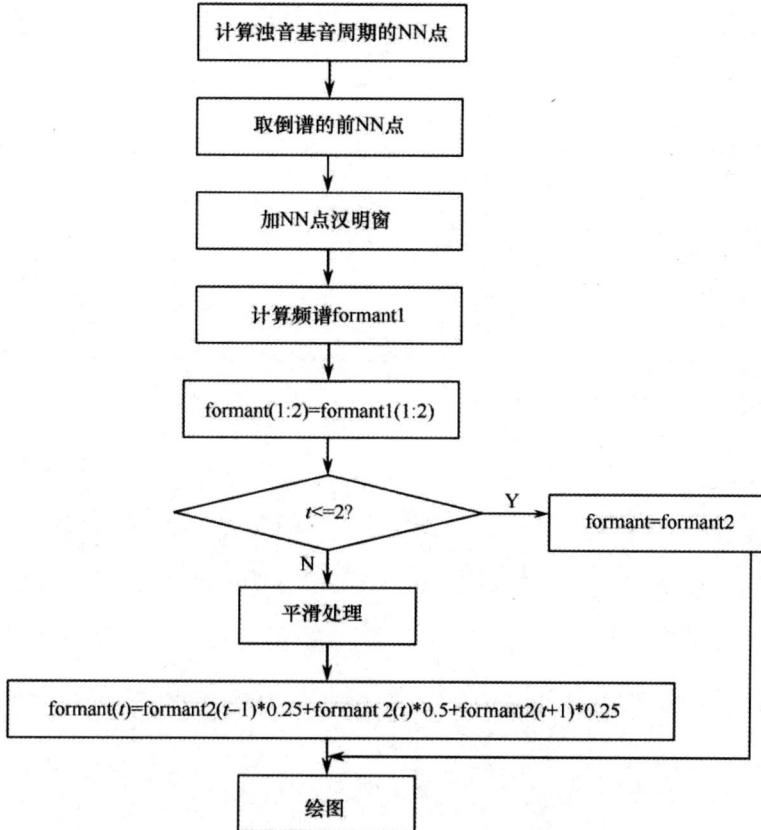

图 5.8　共振峰检测流程图

下面给出共振峰检测的 MATLAB 程序。

【程序 5.3】FormantDetect.m

```
waveFile='qinghua.wav';
[y, fs, nbits]=wavread(waveFile);
time=(1:length(y))/fs;
frameSize=floor(40*fs/1000);            %帧长
startIndex=round(15000);                %起始序号
endIndex=startIndex+frameSize−1;        %结束序号
frame=y(startIndex:endIndex);           %取出该帧
frameSize=length(frame);
frame2=frame.*hamming(length(frame));   %加汉明窗
rwy= rceps(frame2);                     %求倒谱
ylen=length(rwy);
cepstrum=rwy(1:ylen/2);
```

```matlab
%基音检测
LF=floor(fs/500);
HF=floor(fs/70);
cn=cepstrum(LF:HF);
[mx_cep ind]=max(cn);


%共振峰检测核心代码:
%找到最大的突起的位置
NN=ind+LF;
ham= hamming (NN);
cep=cepstrum(1:NN);
ceps=cep.*ham;                              %汉明窗
formant1=20*log(abs(fft(ceps)));
formant(1:2)=formant1(1:2);
for t=3:NN
%--do some median filtering
    z=formant1(t-2:t);
    md=median(z);
    formant2(t)=md;
end
for t=1:NN-1
    if t<=2
        formant(t)=formant1(t);
    else
        formant(t)=formant2(t-1)*0.25+formant2(t)*0.5+formant2(t+1)*0.25;
    end
end

subplot(3,1,1);
plot(cepstrum);
xlabel('样点数');
ylabel('幅度')
axis([0,220,-0.5,0.5])

spectral=20*log10(abs(fft(frame2)));
subplot(3,1,2);
xj=(1:length(spectral)/2)*fs/length(spectral);
plot(xj,spectral(1:length(spectral)/2));
xlabel('频率/Hz');
ylabel('幅度/dB')
axis([0,5500,-100,50])

subplot(3,1,3);
xi=(1:NN/2)*fs/NN;
```

```
plot(xi,formant(1:NN/2));
xlabel('频率/Hz');
ylabel('幅度/dB')
axis([0,5500,-80,0])
```
程序运行结果如图 5.9 所示。

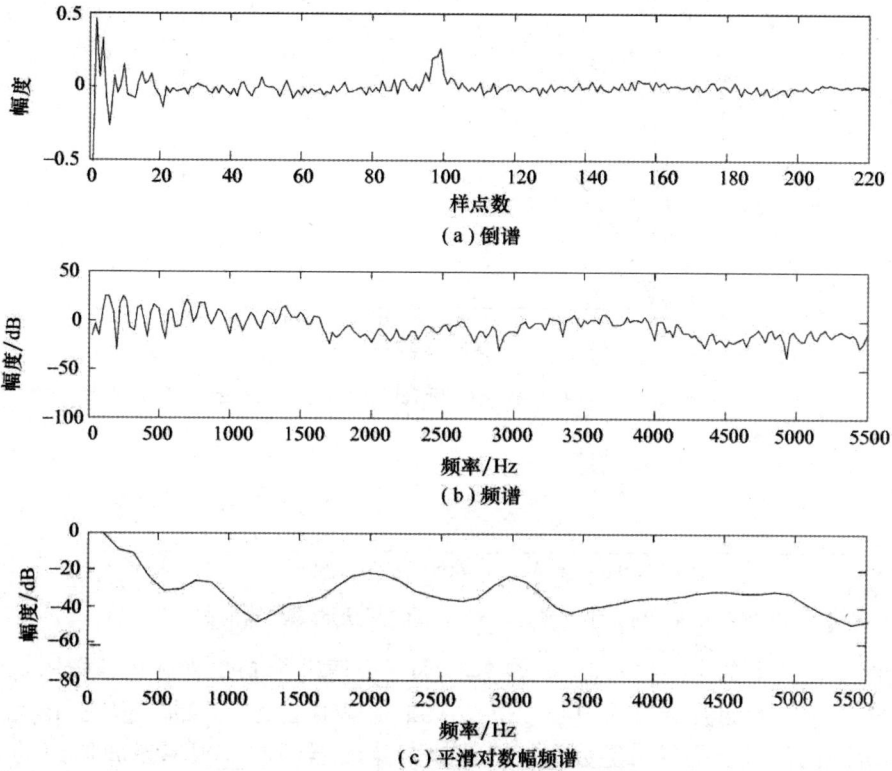

（a）倒谱

（b）频谱

（c）平滑对数幅频谱

图 5.9　共振峰检测程序运行结果

5.3　Mel 频率倒谱参数

5.3.1　Mel 频率滤波器组

　　声音所处频段的不同会影响人耳对声音的感知能力，Mel 频率倒谱参数（Mel-Frequency Cepstral Coefficient，MFCC）是基于人耳听觉特性得到的特征，在语音识别系统中应用广泛，具有优良性能。人耳对低频声音较为敏感，感知能力和声音频率大小呈正相关；人耳对高频声音不够敏感，感知能力和声音频率接近非线性的对数关系。为了将语音信号的频谱从实际的物理频率映射到人耳的感知频率，引入了 Mel 频率来模仿听觉过程。Mel 频率的计算公式为

$$\text{Mel}(f) = 2595\lg(1 + f / 700) \tag{5.26}$$

其中，f（单位 Hz）为实际频率，$\text{Mel}(f)$ 为 Mel 频率，二者成对数关系，如图 5.10 所示。

　　根据 Mel 频率与实际频率的对应关系，可以将语音频率范围划分为一组三角形滤波器的

频率范围，这组三角形滤波器称为 Mel 频率滤波器组。设 $f(m)$ 表示第 m 个滤波器的中心频率，图 5.11 显示了在 Mel 频率轴上这个滤波器相邻的三个滤波器的关系图。三角形滤波器的中心频率在 Mel 频率上都是等距分布的。

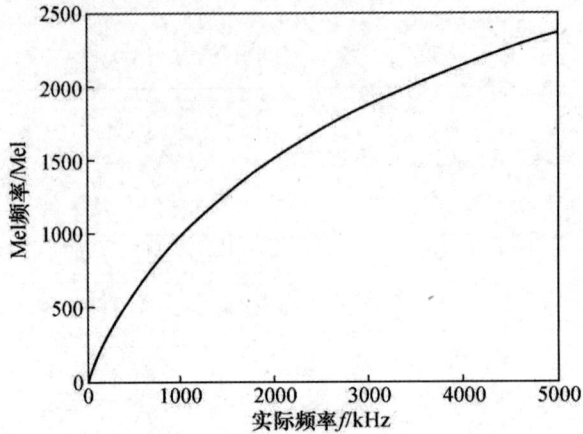

图 5.10　实际频率 f 和 Mel 频率的关系曲线

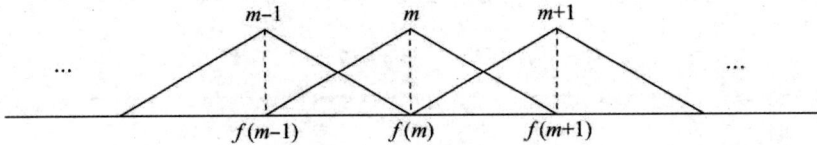

图 5.11　Mel 频率轴上三个相邻的三角形滤波器的关系图

　　滤波器组中滤波器的个数通常取为 16~24；为了方便进行 FFT 变换，一帧语音信号的点数通常取为 256。三角形滤波器组的中心频率在 Mel 频率轴上是等距的，但在 Hz 为单位的 f 频率轴上是不等距的，符合临界带宽分布。Mel 频率滤波器组与 f 频率滤波器组的对应关系如图 5.12 所示。

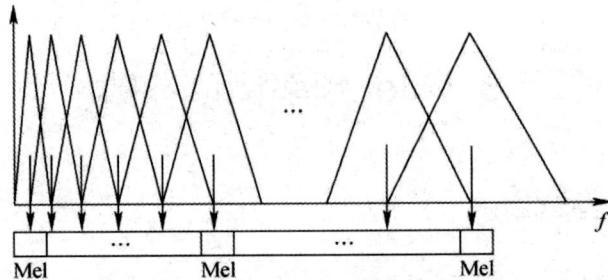

图 5.12　Mel 频率滤波器组与 f 频率滤波器组的对应关系示意图

　　设 m 为滤波器序号，第 m 个滤波器的下截止频率为第 $m-1$ 个滤波器的中心频率，上截止频率为第 $m+1$ 个滤波器的中心频率，三角形滤波器组的频率响应 $H_m(k)$ 计算如下

$$H_m(k) = \begin{cases} 0, & k < f(m-1) \\ \dfrac{k - f(m-1)}{f(m) - f(m-1)}, & f(m-1) < k < f(m) \\ \dfrac{f(m+1) - k}{f(m+1) - f(m)}, & f(m) < k < f(m+1) \\ 0, & k > f(m+1) \end{cases} \qquad (5.27)$$

其中，$f(m)$用下面的公式计算

$$f(m) = \left(\frac{N}{F_s} \right) \text{Mel}^{-1} \left(\text{Mel}(f_l) + m \frac{\text{Mel}(f_h) - \text{Mel}(f_l)}{M + 1} \right) \qquad (5.28)$$

其中，M 为滤波器的个数，$f(m)$ 为每个三角形滤波器的中心频率，f_h、f_l 为滤波器应用范围的最高频率和最低频率，N 为 FFT 的宽度，F_s 为采样率，$\text{Mel}^{-1} = 700(e^{f/2595} - 1)$ 是 Mel( ) 的逆函数。

三角形滤波器组的主要作用是对频谱进行平滑，消除谐波并凸显语音的共振峰，因此一段语音的音调（基音）不会呈现在 MFCC 内。换句话说，以 MFCC 为特征的语音识别系统，并不会受到输入语音的音调（基音）影响。

5.3.2　MFCC 提取

MFCC 提取原理框图如图 5.13 所示，MFCC 的提取过程如下。

$x(n) \rightarrow$ 预处理 $\rightarrow$ FFT $\rightarrow$ Mel滤波器组 $\rightarrow$ 取对数 $\rightarrow$ DCT $\rightarrow$ MFCC

图 5.13　MFCC 提取原理框图

1．预处理

预处理包括预加重、分帧和加窗。

预加重：预加重可以去除嘴唇辐射的影响，增加语音信号的高频分辨率。一般采用传递函数为 $H(z)=1-\alpha z^{-1}$ 的一阶高通滤波器来实现，其中 α 为预加重系数，$0.9<\alpha<1$。

分帧：语音信号通常是分帧处理的，帧长为 N。为了避免相邻两帧的变化过大，两个相邻帧之间有一段重叠区域，即帧移。设帧移为 L，它的值可取为 N 的一半。

加窗：选取汉明窗，窗函数为

$$w(n) = 0.54 - 0.46\cos\frac{2\pi n}{N-1} \qquad (5.29)$$

汉明窗的特点是主瓣宽度较大，但旁瓣衰减较大，具有较平滑的低通特性，能够比较好地反映短时信号的频率特性。

2．FFT

计算公式为

$$X(k) = \sum_{n=0}^{N-1} x(n)e^{-j2\pi nk/N}, \qquad 0 \leqslant n, k \leqslant N-1 \qquad (5.30)$$

式中，$x(n)$ 为加窗后的语音信号，经过 FFT 变换后为 $X(k)$，将其平方后得到谱能量 $|X(k)|^2$。

3．Mel 滤波器组滤波并取对数

将 $|X(k)|^2$ 经过 Mel 滤波器组滤波，再取对数，就得到对数谱 $S(m)$。其计算公式为

$$S(m) = \ln\left[\sum_{k=1}^{N} |X(k)|^2 H_m(k) \right], \qquad 1 \leqslant m \leqslant M \qquad (5.31)$$

4．离散余弦变换（DCT）

将对数谱 $S(m)$ 进行 DCT 变换，公式为

$$c(n) = \sqrt{2/M} \sum_{m=1}^{M} S(m) \cos\left[\frac{\pi n(m-1/2)}{M}\right], \qquad 1 \leqslant m \leqslant M \qquad (5.32)$$

则 $c(n)$ 为求得的 MFCC 值。

5.3.3 MFCC 提取的 MATLAB 实现

程序 5.4 分析了一段时长为 5s 的语音，采样率设置为 11025Hz。在实现过程中，参数配置如下：帧长为 256，帧移为 128，预加重系数为 0.98；根据人耳的听觉界限，低频设定为 20Hz，高频设定为采样率的一半；滤波器的数量为 24，FFT 变换的点数为 1024。

【程序 5.4】MFCC.m

```
clear all;
frameSize=256;                        %设置帧长
inc=128;                              %设置帧移
[x,fs]=audioread('wodaobeijingqu.wav'); %读取音频
for i=2:length(x)                     %预加重
    y(i)=x(i)-0.98*x(i-1);           %预加重系数取 0.98
end
y=y';                                %保证 y 为列向量
L=enframe(y,frameSize,inc);          %对信号进行分帧
[a,b]=size(L);                       % a 为帧数，b 为帧长
n=1:b;                               %遍历帧长
W=0.54-0.46*cos((2*pi.*n)/b);        %创建汉明窗
C=zeros(a,b);                        %创建汉明窗矩阵 C
for i=1:a                            %对每一帧进行遍历
    C(i,:)=W;                        %为汉明窗矩阵 C 赋值
end
LC=L.*C;                             %将 C 和 L 相乘，得到加窗后的数据 LC
N=1024;                              %快速傅里叶变换点数
for i=1:a                            %遍历每一帧数据
    D(i,:)=fft(LC(i,:),N);           %对 LC 中每一帧作 N=1024 的 FFT 变换，
                                     %大小为(帧数，FFT 点数)
    for j=1:N                        %遍历每一个频率点
        t=abs(D(i,j));
        E(i,j)=(t^2)/N;              %求能量谱密度 E，大小为(帧数，FFT 点数)
    end
end
fl=20;                               %定义频率范围，fl 为低频 20Hz
fh=fs/2;                             %fh 为高频，大小为采样率的一半
bl=2595*log10(1+fl/700);             %根据 Mel 频率计算公式得到低频对应的 Mel 频率
bh=2595*log10(1+fh/700);             %根据 Mel 频率计算公式得到高频对应的 Mel 频率
p=24;                                %滤波器个数
mm=linspace(bl,bh,p+2);              %linspace 划分 p+2 个等间距点，包括 bl 和 bh，
                                     %剩余 p 个点为滤波器的中心 Mel 频率
fm=(N/fs)*700*(exp(mm/2595)-1);      %将中心 Mel 频率转换为中心频率
```

```
                                            %大小为(1，滤波器个数+2)
hm=zeros(p,N);                              %初始化频率响应矩阵
for i=2:p+1                                 %求解滤波器的频率响应
                                            %在 fm 中第一个和最后一个数值为频率范围对应的低频和高频
    n0=floor(fm(i-1));                      %获取当前频带下限的整数部分
    n1=floor(fm(i));                        %获取当前频带的频率响应的中心频率
    n2=floor(fm(i+1));                      %获取当前频带上限的整数部分
    for j=1:N                               %遍历频率轴上的点
        if n0<=j && j<=n1                   %检查当前频率 j 是否在该滤波器的下限 n0 和上限 n1 之间
            hm(i-1,j)=(j-n0)/(n1-n0);       %计算从 n0 到 n1 的线性变化，得到当前频带的频率响应
        elseif n1<=j && j<=n2               %检查当前频率 j 是否在该滤波器的中间频率 n1 和上限 n2 之间
            hm(i-1,j)=(n2-j)/(n2-n1);       %计算从 n1 到 n2 的线性变化，得到当前频带的频率响应
        end                                 %得到滤波器的频率响应，大小为(滤波器个数，FFT 点数)
    end
end
            S=E*hm';                        %求解对数谱 S(m)

for i=1:a
    for j=1:p
        S(i,j)=log(S(i,j));                 %求对数谱
    end
end
for i=1:a                                   %将对数谱 S(m)做离散余弦变换
    for j=1:p                               %对于每一帧，要计算 p 个离散余弦变换的输出值
        sum1=0;                             %每次计算新的离散余弦变换输出值，都需要对 sum 进行初始化
        for m=1:p
            sum1=sum1+S(i,m)*cos((pi*j)*(2*m-1)/(2*p));   %做离散余弦变换
        end
        mfcc(i,j)=sqrt(2/p)*sum1;           %DCT 系数乘以归一化系数，mfcc 大小为(帧数，滤波器个数)
    end
end
```

习 题 5

5.1 设声道转移函数的全极点模型具有如下形式

$$V(z) = \frac{1}{\displaystyle\prod_{k=1}^{q}\left(1-c_k z^{-1}\right)\left(1-c_k^{*} z^{-1}\right)}$$

其中

$$c_k = r_k e^{j\theta_k}$$

证明相应的倒谱为

$$\hat{v}(n) = 2\sum_{k=1}^{q}\frac{r_k^{n}}{n}\cos\left(\theta_k n\right)$$

5.2　设声道、声门脉冲和辐射的组合系统，其全极点模型具有如下形式

$$H(z) = \frac{G}{1 - \sum_{k=1}^{p} \alpha_k z^{-k}}$$

设 $H(z)$ 的所有极点都在单位圆内，求出复倒谱 $\hat{h}(n)$ 和系数 $\{a_k\}$ 之间的递推关系。[提示：$1/H(z)$ 的复倒谱和 $\hat{h}(n)$ 有什么关系？]

5.3　为了平滑一个信号的对数模函数，通常要对它的倒谱窗选后再进行傅里叶变换，如图 5.14 所示。

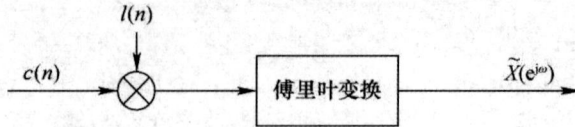

图 5.14　习题 5.3 图

（1）写出把 $\tilde{X}(\mathrm{e}^{\mathrm{j}\omega})$ 同 $\ln|X(\mathrm{e}^{\mathrm{j}\omega})|$ 和 $L(\mathrm{e}^{\mathrm{j}\omega})$ 联系起来的表达式，其中 $L(\mathrm{e}^{\mathrm{j}\omega})$ 是 $l(n)$ 的傅里叶变换。

（2）为了平滑 $\ln|X(\mathrm{e}^{\mathrm{j}\omega})|$，应该用什么样的倒谱窗 $l(n)$？

（3）比较矩形倒谱窗和汉明倒谱窗的用途。

（4）倒谱窗应该有多长？为什么？

第6章　语音信号线性预测分析

1947 年美国科学家 N.Wiener（维纳）在研究火炮的自动控制时提出了线性预测编码（LPC）的思想。1967 年日本学者 Itakura（板仓）等人首先将 LPC 技术应用于语音分析和语音合成领域中，使语音信号处理技术获得了巨大的发展。在各种语音处理技术中，LPC 是第一个真正得到实际应用的技术，可用于估计基本的语音参数，如基音周期、共振峰频率、谱特征及声道截面积等。

作为最有效的语音信号处理技术之一，LPC 的基本思想是：一个语音采样的现在值可以用若干语音采样过去值的加权线性组合来逼近。在线性组合中的加权系数称为 LPC 系数。通过使实际语音采样和线性预测采样之间差值的平方和达到最小值，就能够决定唯一的一组 LPC 系数。

LPC 的基本原理建立在语音的数字模型基础上，为估计数字模型中的参数，LPC 提供了一种可靠精确且有效的方法。

本章主要介绍语音信号 LPC 的基本原理，LPC 系数的求解方法及 LPC 的几种推演参数，最后给出 LPC 的两个应用实例。

6.1　LPC 的基本原理

6.1.1　LPC 的实现方法

在语音编码算法中，由于实际语音信号的动态变化范围较大，如果直接对其进行量化，则编码所需的比特数较大，编码速率较高。为了保证在较好的语音编码质量前提下，尽量减少编码速率，可设法减小编码器输入信号的动态范围。LPC 就是利用过去的采样值对新采样值进行预测，然后将采样值的实际值与其预测值相减得到一个误差信号，显然误差信号的动态范围远小于原始语音信号的动态范围，对误差信号进行量化编码，可大大减少量化所需的比特数，使编码速率降低。

设语音信号的样值序列为 $s(n), n=1, 2, \cdots, n$，其中语音信号的当前采样值，即第 n 时刻的采样值为 $s(n)$。而 p 阶线性预测，是根据信号过去 p 个采样值的加权和来预测信号当前采样值 $s(n)$ 的，此时的预测器称为 p 阶预测器。设 $\hat{s}(n)$ 为 $s(n)$ 的预测值，则有

$$\hat{s}(n) = \sum_{i=1}^{p} a_i s(n-i) \tag{6.1}$$

式中，$a_1, a_2, \cdots, a_p$ 称为 LPC 系数，式（6.1）称为线性预测器，预测器的阶数为 p。p 阶线性预测器的传递函数为

$$P(z) = \sum_{i=1}^{p} a_i z^{-i} \tag{6.2}$$

信号 $s(n)$ 与其线性预测值 $\hat{s}(n)$ 之差称为预测误差，用 $e(n)$ 表示。则 $e(n)$ 为

$$e(n) = s(n) - \hat{s}(n) = s(n) - \sum_{i=1}^{p} a_i s(n-i) \qquad (6.3)$$

可见，预测误差 $e(n)$ 是信号 $s(n)$ 通过具有如下传递函数的系统输出

$$A(z) = 1 - \sum_{i=1}^{p} a_i z^{-i} \qquad (6.4)$$

如图 6.1 所示，称系统 $A(z)$ 为 LPC 误差滤波器，设计 LPC 误差滤波器 $A(z)$ 就是求解 LPC 系数 $a_1, a_2, \cdots, a_p$，使得预测误差 $e(n)$ 在某个预定的准则下最小，这个过程称为 LPC 分析。

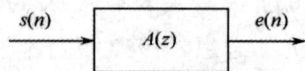

图 6.1　LPC 误差滤波器

线性预测的基本问题就是由语音信号直接求出一组 LPC 系数 $a_1, a_2, \cdots, a_p$，这组 LPC 系数就被看作语音产生模型中系统函数 $A(z)$ 的参数，它使得在一短段语音波形中均方预测误差最小。理论上，常用的是均方误差 $E[e^2(n)]$ 最小的准则，$E[\cdot]$ 表示对误差的平方求数学期望或平均值。要得到使 $E[e^2(n)]$ 最小的 a_k，可将 $E[e^2(n)]$ 对各个系数求偏导，并令其结果为零，即

$$\frac{\partial E[e^2(n)]}{\partial a_k} = 2E\left[e(n)\frac{\partial e(n)}{\partial a_k}\right] = 0, \quad k = 1, 2, \cdots, p \qquad (6.5)$$

由式（6.3）可知

$$\frac{\partial e(n)}{\partial a_k} = -s(n-k), \quad k = 1, 2, \cdots, p \qquad (6.6)$$

将式（6.6）代入式（6.5）可得

$$-2E[e(n)s(n-k)] = 0, \quad k = 1, 2, \cdots, p \qquad (6.7)$$

式（6.7）表明预测误差与信号的过去 p 个采样值是正交的，称为正交方程。将式（6.3）代入式（6.7）得

$$E[e(n)s(n-k)] = E\left[s(n)s(n-k) - \sum_{i=1}^{p} a_i s(n-i)s(n-k)\right] = 0, \quad k = 1, 2, \cdots, p \qquad (6.8)$$

令 $s(n)$ 的自相关序列为

$$R(k) = E[s(n)s(n-k)] \qquad (6.9)$$

由于自相关序列为偶对称，因此

$$R(k) = R(-k) = E[s(n)s(n+k)] \qquad (6.10)$$

这表明式（6.9）与一般自相关序列的定义是一致的。这样式（6.8）可进一步表示为

$$R(k) - \sum_{i=1}^{p} a_i R(k-i) = 0, \quad k = 1, 2, \cdots, p \qquad (6.11)$$

式（6.11）称为标准方程式，它表明只要语音信号是已知的，则 p 个 LPC 系数 $a_1, a_2, \cdots, a_p$ 通过求解该方程即可得到。设

$$\boldsymbol{A}_p = \begin{bmatrix} a_1 \\ a_2 \\ \vdots \\ a_p \end{bmatrix}, \quad \boldsymbol{R}_p = \begin{bmatrix} R(0) & R(1) & \cdots & R(p-1) \\ R(1) & R(0) & \cdots & R(p-2) \\ \vdots & \vdots & & \vdots \\ R(p-1) & R(p-2) & \cdots & R(0) \end{bmatrix}, \quad \boldsymbol{R}_p^{\alpha} = \begin{bmatrix} R(1) \\ R(2) \\ \vdots \\ R(p) \end{bmatrix}$$

式（6.11）矩阵形式为

$$\boldsymbol{R}_p^\alpha - \boldsymbol{R}_p \boldsymbol{A}_p = 0 \quad \text{或} \quad \boldsymbol{A}_p = \boldsymbol{R}_p^{-1} \boldsymbol{R}_p^\alpha \tag{6.12}$$

式中，$\boldsymbol{R}_p^{-1}$ 是 p 阶自相关阵的逆矩阵，通过求解该式即可求得 p 个 LPC 系数。

6.1.2 语音信号模型和 LPC 之间的关系

LPC 分析是建立在语音产生的数字模型基础上的，语音产生的数字模型简化框图如图 6.2 所示。

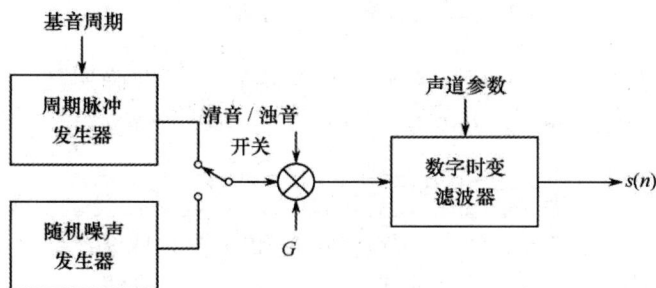

图 6.2　语音产生的数字模型简化框图

该模型的参数有清/浊音判决、浊音的基音周期、增益 G 及数字时变滤波器系数 $a_1, a_2, \cdots, a_p$，这些参数是随时间缓慢变化的。其中，输入的语音信号可由周期脉冲序列的激励（对于浊音）或者随机噪声序列的激励（对于清音）来模拟，周期脉冲序列之间的间隔即基音周期。而声门激励、声道调制和嘴唇辐射的合成贡献，可用如下数字时变滤波器表示为

$$H(z) = \frac{S(z)}{U(z)} = \frac{G\left(1 - \sum_{l=1}^{q} b_l z^{-l}\right)}{1 - \sum_{i=1}^{p} a_i z^{-i}} \tag{6.13}$$

式（6.13）既有极点又有零点。按其有理式的不同，有如下 3 种信号模型。

① 自回归滑动平均模型（ARMA 模型）。此时 $H(z)$ 既有极点又有零点，是一种一般的模型。此时模型输出 $s(n)$ 可由信号的过去值 $s(n-i)$, $i=1, 2, \cdots, p$ 及输入信号值的线性组合 $u(n-l)$, $l=1, 2, \cdots, q$ 来预测得到。

② 自回归信号模型（AR 模型）。此时 $H(z)$ 只有极点没有零点，模型输出 $s(n)$ 只由过去的信号值 $s(n-i)$, $i=1, 2, \cdots, p$ 的线性组合来得到。

③ 滑动平均模型（MA 模型）。此时 $H(z)$ 只有零点没有极点，模型输出 $s(n)$ 只由模型的输入 $u(n-l)$, $l=1, 2, \cdots, q$ 的线性组合来得到。

可见，ARMA 模型是 AR 模型和 MA 模型的混合结构。

声道系统是一个时变系统，但相对于声门激励而言，它是一个随时间而缓慢变化的系统。由声学理论可知，除鼻音和摩擦音的声道系统 $H(z)$ 需用零极点模型 ARMA 来模拟外，其他语音均可用全极点 AR 模型来模拟。因为从理论上讲，ARMA 模型和 MA 模型可以用无限高阶的 AR 模型来表示，而且对 AR 模型进行参数估计时遇到的是线性方程组的求解问题，处理起来很容易。模型中含有有限个零点时，则需要求解非线性方程组，处理难度大。所以一般都用

AR 模型作为语音信号处理的常用模型，此时数字时变滤波器 $H(z)$ 写为

$$H(z) = \frac{S(z)}{U(z)} = \frac{G}{1 - \sum_{i=1}^{p} a_i z^{-i}} \qquad (6.14)$$

式中，增益 G 及系数 $a_1, a, \cdots, a_p$ 都可随时间而变化，p 为阶数。当 p 足够大时，这个全极点模型几乎可以模拟所有语音信号的声道系统。采用这样一个简化模型的主要优点在于，可以用 LPC 分析法对增益 G 和系数 $a_1, a_2, \cdots, a_p$ 进行直接且高效的计算。

对图 6.2 所示的系统，语音采样信号 $s(n)$ 和激励信号之间的关系可用下列简单的差分方程来表示

$$s(n) = \sum_{i=1}^{p} a_i s(n-i) + Gu(n) \qquad (6.15)$$

比较式（6.15）与式（6.3）可以看出，如果语音信号准确服从式（6.15）的模型，则 $e(n)=Gu(n)$，所以 LPC 误差滤波器 $A(z)$ 是式（6.14）中 $H(z)$ 的逆滤波器，故有下式成立

$$H(z) = \frac{G}{A(z)} \qquad (6.16)$$

因为图 6.2 所示的模型常用于合成语音，故 $H(z)$ 也称为合成滤波器。而 LPC 误差滤波相当于一个逆滤波过程或逆逼近过程，当调整滤波器 $A(z)$ 的参数使输出 $e(n)$ 逼近一个白噪声序列 $u(n)$ 时，$A(z)$ 和 $H(z)$ 是等效的，而按最小均方误差准则求解 LPC 系数正是使输出 $e(n)$ 白化的过程。

6.1.3　模型增益 G 的确定

根据 LPC 分析的原理可知，求解 p 个 LPC 系数的依据，是 LPC 误差滤波器的输出均方值或输出功率最小。可称这一最小均方误差为正向预测误差功率 E_p，即

$$\begin{aligned} E_p &= E[e^2(n)]_{\min} = E\left\{ e(n)\left[s(n) - \sum_{i=1}^{p} a_i s(n-i) \right] \right\} \\ &= E[e(n)s(n)] - \sum_{i=1}^{p} a_i E[e(n)s(n-i)] \end{aligned} \qquad (6.17)$$

由式（6.7）正交方程知，上式第二项为 0。再将式（6.3）代入上式可得

$$E_p = E[e(n)s(n)] = E[s(n)s(n)] - \sum_{i=1}^{p} a_i E[s(n)s(n-i)] = R(0) - \sum_{i=1}^{p} a_i R(i) \qquad (6.18)$$

由式（6.14）得

$$Gu(n) = s(n) - \sum_{i=1}^{p} a_i s(n-i) \qquad (6.19)$$

对上式两边乘以 $s(n)$ 并求平均值，等式右边为

$$\begin{aligned} E\left\{ \left[s(n) - \sum_{i=1}^{p} a_i s(n-i) \right] s(n) \right\} &= E[s^2(n)] - \sum_{i=1}^{p} a_i E[s(n-i)s(n)] \\ &= R(0) - \sum_{i=1}^{p} a_i R(i) \end{aligned} \qquad (6.20)$$

等式左边为

$$GE[u(n)s(n)] = E\left\{ Gu(n)\left[Gu(n) + \sum_{i=1}^{p} a_i s(n-i) \right]\right\}$$

$$= G^2 E[u^2(n)] + G\sum_{i=1}^{p} a_i E[u(n)s(n-i)] \tag{6.21}$$

因为假设 $u(n)$ 为零均值、单位方差的白噪声序列，所以 $E[u^2(n)]=1$，又由于 $u(n)$ 和 $s(n-i)$ 不相关，所以 $E[u(n)s(n-i)]=0$，最后得到

$$G^2 = R(0) - \sum_{i=1}^{p} a_i R(i) \tag{6.22}$$

将式（6.22）与式（6.18）比较，可以得出

$$G^2 = E_p \tag{6.23}$$

由此可知，求得 E_p 后，增益 $G = \sqrt{E_p}$。

关于语音数字模型中的激励源有一个问题需要说明。当一个语音信号确实由图 6.2 的信号模型产生，并且激励源是具有平坦谱包络特性的白噪声时（相当于清音），应用 LPC 误差滤波方法可以求得 LPC 系数和增益，并且 $H(z)$ 和所分析的语音信号有相同的谱包络特性；但在浊音情况下，激励源是一间隔为基音周期的冲激序列，这与 LPC 分析中信号源的假设有所不同。但考虑到这样一个事实：$u(n)$ 是一串冲激信号组成的，意味着大部分时间里它的值是非常小的（零值）。由于采用均方误差最小准则来使预测误差 $e(n)$ 逼近 $u(n)$，与 $u(n)$ 能量很小这一事实并不矛盾，因此，为简化运算，我们认为，无论是清音还是浊音，图 6.2 的模型都适合于 LPC。

6.2 LPC 系数的解法

根据 LPC 的原理可知，要求解 LPC 系数，需使得语音信号的均方预测误差最小。经典的方法有两种：自相关法和协方差法。下面分别进行介绍。

6.2.1 自相关法

自相关法假定语音信号序列 $s(n)$ 在间隔 $0 \le n \le N-1$ 以外为 0，这相当于用窗函数从语音信号序列中截取出选定的部分，截取出的序列记为 $s(0), s(1), \cdots, s(N-1)$。

将式（6.18）与式（6.12）组合起来可得

$$\begin{bmatrix} R(0) & R(1) & \cdots & R(p) \\ R(1) & R(0) & \cdots & R(p-1) \\ R(2) & R(1) & \cdots & R(p-2) \\ \vdots & \vdots & & \vdots \\ R(p) & R(p-1) & \cdots & R(0) \end{bmatrix} \begin{bmatrix} 1 \\ -a_1 \\ -a_2 \\ \vdots \\ -a_p \end{bmatrix} = \begin{bmatrix} E_p \\ 0 \\ 0 \\ \vdots \\ 0 \end{bmatrix} \tag{6.24}$$

式（6.24）的系数矩阵元素是对称的，且沿着任一与主对角线平行的斜对角线上的所有元素相等，系数矩阵大小为 $p \times p$，这样的矩阵称为 Toeplitz（特普利茨）矩阵。式（6.24）称为 Yule-

Walker 方程，其中的 $R(p)$ 为根据式（6.9）确定的待分析语音信号序列 $s(n)$ 的自相关序列。可见，为了解得 LPC 系数，必须首先计算出 $R(k)$，$1 \leqslant k \leqslant p$，然后解式（6.24）即可。但是计算 $R(k)$，$1 \leqslant k \leqslant p$ 是一个十分复杂的问题。为了简化计算，可根据语音信号序列的短时平稳特性将语音信号分帧，每帧长度取 10~30ms。这样自相关序列 $R(k)$ 可用下式估计

$$R(k) = E[s(n)s(n-k)] = \frac{1}{n}\sum_n s(n)s(n-k) \qquad (6.25)$$

如果将预测误差功率 E_p 理解为预测误差能量，则式（6.25）中的系数 $1/n$ 对式（6.24）的求解没有影响，因此可以忽略。但其中的求和范围 n 的不同定义，将会导致不同的 LPC 解法。自相关法只计算语音信号序列在 $0 \leqslant n \leqslant N$ 范围内的语音数据，其余部分的语音信号视为零，这相当于先将语音加窗，再对加窗的语音进行处理。

由于假定窗外的语音数据为零是存在误差的，因此为了减少这种误差的影响，在 LPC 分析中，一般使用两端具有平滑过渡特性的窗函数如汉明窗等，而不使用突变的矩形窗。经加窗处理后的自相关函数可表示为

$$R_n(k) = E[s_w(n)s_w(n-k)] \qquad (6.26)$$

式中，$R_n(k)$ 为短时自相关函数，它仍然保留了自相关函数的偶对称特性，即 $R_n(k)=R_n(-k)=E[s_w(n)s_w(n+k)]$，且 $R(k-i)$ 仅与 k、i 的相对值有关，而与 k、i 的绝对值无关。求得加窗处理后的自相关函数，根据式（6.12）即可解得 LPC 系数。

自相关法的优点是较简单且结果较稳定，但由于对语音信号进行加窗做了人为的截取，从而引入了误差，导致计算精度降低。

6.2.2 协方差法

协方差法不规定语音信号序列 $s(n)$ 的长度范围，需要确定的是信号序列之间的互相关函数，由此组成的协方差方程组系数矩阵已经不具有 Toeplitz 矩阵的性质，因此方程的求解不同于自相关法。由于不需要加窗，协方差法的计算精度较自相关法大大提高。

互相关函数定义为

$$\phi(k, i)=E[s(n-k)s(n-i)] \qquad (6.27)$$

此处 $\phi(k, i)$ 不再是自相关函数，虽然仍然满足 $\phi(k, i)=\phi(i, k)$，但是不能满足 $\phi(k+1, i+1)=\phi(k, i)$。此时 LPC 方程可进一步写为

$$\begin{bmatrix} \phi(0,1) & \phi(0,2) & \cdots & \phi(0, p) \\ \phi(1,1) & \phi(1,2) & \cdots & \phi(1, p) \\ \phi(2,1) & \phi(2,2) & \cdots & \phi(2, p) \\ \vdots & \vdots & & \vdots \\ \phi(p,1) & \phi(p,2) & \cdots & \phi(p, p) \end{bmatrix} \begin{bmatrix} 1 \\ -a_1 \\ -a_2 \\ \vdots \\ -a_p \end{bmatrix} = \begin{bmatrix} \phi(0,0) \\ \phi(1,0) \\ \phi(2,0) \\ \vdots \\ \phi(p,0) \end{bmatrix}$$

此方程组的系数矩阵不再是一个 Toeplitz 矩阵，其主对角线和各个副对角线上的元素不相等。求解这种方程组可用 Choleskey（乔里斯基）分解法，其基本思想是将系数矩阵采用消元法化为主对角线元素为 1 的上三角矩阵，然后逐个变量递推求解。

协方差法由于不采用窗函数对语音信号进行截取，所以计算精度高，但由于协方差法不具

有自相关法稳定性的条件，因此在进行 LPC 分析时，必须随时判定 $H(z)$ 的极点位置，并加以修正，才能得到稳定的结果。

斜格法是为了解决自相关法和协方差法的精度和稳定性之间的矛盾而形成的一种方法，该方法通过引入正向预测和反向预测的概念，使得均方误差最小逼近准则得到更加灵活的运用，此处不再详述。

6.2.3 自相关法的 MATLAB 实现

利用对称 Toeplitz 矩阵的性质，自相关法求解式（6.24）可用 Levinson-Durbin（莱文森-杜宾）递推算法求解。该算法是目前广泛采用的一种方法，算法的计算复杂度为 $O(p^2)$，而线性方程组的一般解法的计算复杂度为 $O(p^3)$，后者比前者要大得多。利用 Levinson-Durbin 算法递推时，从最低阶预测器开始，由低阶到高阶进行逐阶递推计算。其递推过程为

$$k_i = \left[r(i) - \sum_{j=1}^{i-1} a_j^{(i-1)} r(i-j) \right] \Big/ E_{(i-1)}, \quad 1 \leqslant i \leqslant p \tag{6.28}$$

$$E_{(0)} = r(0) \tag{6.29}$$

$$E_i = (1 - k_i^2) E_{(i-1)} \tag{6.30}$$

$$a_i^{(i)} = k_i \tag{6.31}$$

$$a_j^{(i)} = a_j^{(i-1)} - k_i a_{i-j}^{(i-1)}, \quad 1 \leqslant j \leqslant i-1 \tag{6.32}$$

式（6.28）至式（6.32）可对 $i=1, 2, \cdots, p$ 进行递推求解，最终解为

$$a_i = a_j^{(p)}, \quad 1 \leqslant j \leqslant p \tag{6.33}$$

在上面的一组式子中，i 表示预测器的阶数，如 $a_j^{(i)}$ 表示 i 阶预测器的第 j 个 LPC 系数。对于 p 阶预测器，在上述求解 LPC 系数的过程中，阶数低于 p 的各阶预测器的 LPC 系数也同时得到。

由于各阶预测器的预测误差能量 E_i 都是非负的，且 E_i 会随预测器阶数的增加而减小，因此可进一步推知参数 k_i 必须满足

$$|k_i| \leqslant 1, \quad 1 \leqslant i \leqslant p \tag{6.34}$$

这是保证系统 $H(z)$ 稳定的条件，即使 $H(z)$ 的根在单位圆内的充分必要条件。

程序 6.1 为用 Levinson-Durbin 递推算法求解 LPC 系数的 MATLAB 程序。

【程序 6.1】LPC_Levinson

```
%此程序的功能是用自相关法求使信号 s 均方误差为最小的 LPC 系数
%算法为 Levinson-Durbin 快速递推算法
%首先对输入语音进行分帧，并给出 LPC 分析阶次
    fid=fopen('sx86.txt','r');
    p1=fscanf(fid,'%f')
    fclose(fid);
    p2=filter([1 -0.68], 1, p1)              %预加重滤波
    x=fra(320,160,p2);                       %将预加重后语音分帧,每帧 320 个样点,帧重叠 160
    x=x(60,:);                               %取第 60 帧输入信号进行处理,x 为行向量
    s=x';                                    %s 为列向量
```

```
N=16;                                        %LPC 阶次 N=16
p=N;                                         %获得 LPC 阶次
n=length(s);                                  %获得信号长度


for i=1:p
  Rp(i,1)=sum(s(i+1:n).*s(1:n-i))            %求向量的自相关函数, .*表示两个同维
                                             %矩阵的相应元素相乘

    %Rn(i)=sum(s(1:N-i).*s(1+i:N));
end
Rp=Rp(:)                                      %将自相关函数变为列向量
Rp_0=s'*s;                                    %即 Rn(0)
Ep=zeros(p,1);                                %Ep 为 p 阶最佳预测误差能量
k=zeros(p,1);                                 %k 为自相关系数
a=zeros(p,p);                                 %以上为初始化
%i=1 的情况需要特殊处理,也就是对 p=1 进行处理
Ep_0=Rp_0;
k(1,1)=Rp(1,1)/Rp_0;
a(1,1)=k(1,1);
Ep(1,1)=(1-k(1,1)^2)*Ep_0;
%i>=2 以后使用递归算法
if p>1
  for i=2:p
      k(i,1)=(Rp(i,1)-sum(a(1:i-1,i-1).*Rp(i-1:-1:1)))/Ep(i-1,1);
%  求式(6.28)k(i)
      a(i,i)=k(i,1);                          %求式(6.31)中的 a(i)
      Ep(i,1)=(1-k(i,1)^2)*Ep(i-1,1);         %求式(6.30)中的 Ei
      for j=1:i-1
          a(j,i)=a(j,i-1)-k(i,1)*a(i-j,i-1);
        end                                   %求式(6.32)中的 a(j,i)
    end
end
c=-a(:,p);                                     %将 a 矩阵从第 1 行到最后一行的第 p 列元素乘以(-1)赋
                                              %给 c,c 即最后求得的 LPC 系数,不包括第一个系数 1,
                                              %得到最终的 LPC 系数 a1,此处 a1 为行向量

a1(1,1)=1.0;                                   %赋上第一个 LPC 系数 1
for i=2:p+1
  a1(1,i)= c(i-1,1);                           %得到第 2 到第 p+1 个 LPC 系数
end
```

6.3　线谱对（LSP）分析

在线性预测语音编码中，线性预测合成滤波器 $H(z)=1/A(z)$，其中 $A(z)$ 为逆滤波器，且 $A(z)=1-\sum_{i=1}^{p}a_i z^{-i}, a_i(i=1,2,\cdots,p)$ 为 LPC 系数。$H(z)$ 常被用于重建语音，但当直接对 LPC 系数

进行编码时，$H(z)$ 的稳定性就不能得到保证。由此引出了许多与 LPC 系数等价的表示方法，以提高 LPC 系数的鲁棒性，如线谱对（LSP）就是 LPC 系数的一种等价表示形式。LSP 的概念是由 Itakura（板仓）引入的，但是它一直没有被利用，直到后来人们发现利用 LSP 在频域对语音进行频域编码时，比其他的变换技术更能改善编码效率，特别是和预测量化方案结合使用时。由于 LSP 能够保证线性预测滤波器的稳定性，其小的系数偏差带来的谱误差也只是局部的，且 LSP 具有良好的量化特性和内插特性，因而在许多编码系统中得到成功的应用。LSP 分析的主要缺点是运算量较大。

6.3.1 LSP 的定义和特点

设线性预测逆滤波器 $A(z) = 1 - \sum_{i=1}^{p} a_i z^{-i}$。LSP 系数作为 LPC 系数的一种表示形式，可通过求解 $p+1$ 阶对称和反对称多项式的共轭复根得到。其中 $p+1$ 阶对称和反对称多项式表示为

$$p(z) = A(z) + z^{-(p+1)} A(z^{-1}) \tag{6.35}$$

$$Q(z) = A(z) - z^{-(p+1)} A(z^{-1}) \tag{6.36}$$

将式（6.35）、式（6.36）中的 $z^{-(p+1)} A(z^{-1})$ 写为

$$z^{-(p+1)} A(z^{-1}) = z^{-(p+1)} - a_1 z^{-p} - a_2 z^{-p+1} - \cdots - a_p z^{-1} \tag{6.37}$$

可以推出

$$P(z) = 1 - (a_1 + a_p) z^{-1} - (a_2 + a_{p-1}) z^{-2} - \cdots - (a_p + a_1) z^{-p} + z^{-(p+1)} \tag{6.38}$$

$$Q(z) = 1 - (a_1 - a_p) z^{-1} - (a_2 - a_{p-1}) z^{-2} - \cdots - (a_p - a_1) z^{-p} - z^{-(p+1)} \tag{6.39}$$

可见，$P(z)$ 和 $Q(z)$ 分别为对称和反对称的实系数多项式，它们都有共轭复根。可以证明，当 $A(z)$ 的根位于单位圆内时，$P(z)$ 和 $Q(z)$ 的根都位于单位圆上，而且相互交替出现。如果阶数 p 是偶数，则 $P(z)$ 和 $Q(z)$ 各有一个实根，其中 $P(z)$ 有一个根 $z=-1$，$Q(z)$ 有一个根 $z=1$。如果阶数 p 是奇数，则 $Q(z)$ 有 ±1 两个实根，$P(z)$ 没有实根。此处假定 p 是偶数，这样 $P(z)$ 和 $Q(z)$ 各有 $p/2$ 个共轭复根位于单位圆上，共轭复根的形式为 $z_i = \mathrm{e}^{\pm j\omega_i}$。设 $P(z)$ 的零点为 $\mathrm{e}^{\pm j\omega_i}$，$Q(z)$ 的零点为 $\mathrm{e}^{\pm j\theta_i}$，则满足

$$0 < \omega_1 < \theta_1 < \cdots < \omega_{p/2} < \theta_{p/2} < \pi$$

其中，ω_i 和 θ_i 分别为 $P(z)$ 和 $Q(z)$ 的第 i 个根。

$$P(z) = (1 + z^{-1}) \prod_{i=1}^{p/2} (1 - z^{-1} \mathrm{e}^{j\omega_i})(1 - z^{-1} \mathrm{e}^{-j\omega_i}) = (1 + z^{-1}) \prod_{i=1}^{p/2} (1 - 2\cos\omega_i z^{-1} + z^{-2}) \tag{6.40}$$

$$Q(z) = (1 - z^{-1}) \prod_{i=1}^{p/2} (1 - z^{-1} \mathrm{e}^{j\theta_i})(1 - z^{-1} \mathrm{e}^{-j\theta_i}) = (1 - z^{-1}) \prod_{i=1}^{p/2} (1 - 2\cos\theta_i z^{-1} + z^{-2}) \tag{6.41}$$

其中，$\cos\omega_i$、$\cos\theta_i (i=1, 2, \cdots, p/2)$ 就是 LSP 系数在余弦域的表示，ω_i、θ_i 则是与 LSP 系数对应的线谱频率。由于 LSP 参数 ω_i 和 θ_i 成对出现，且反映信号的频谱特性，因此称为线谱对。它们就是 LSP 分析所要求解的系数。

下面对 LSP 系数的特性归纳如下：

① LSP 系数都在单位圆上且满足降序排列的特性。

② 与 LSP 系数对应的 LSF 都满足升序排列的顺序特性，且 $P(z)$ 和 $Q(z)$ 的根相互交替出

现，这可使与 LSP 系数对应的 LPC 滤波器的稳定性得到保证。因为它保证了在单位圆上，任何时候 $P(z)$ 和 $Q(z)$ 不可能同时为零。

③ LSP 系数都具有相对独立的性质，如果某个特定的 LSP 系数中只移动其中任意一个线谱频率 ω_i 的位置，那么它所对应的频谱只在 ω_i 附近与原始语音频谱有差异，而在其他线谱频率上则变化很小。这一特性有利于 LSP 系数的量化和内插。在对 LSP 系数进行矢量量化时，可以把码本分裂为几个低维矢量分别进行，这样不仅大大减少搜索量、存储量和训练量，又可以使整体质量得以保持。

④ LSP 系数能够反映声道幅度谱的特点，在幅度谱大的地方分布较密，反之较疏，这样就相当于反映出了幅度谱中的共振峰特性。因为按照 LPC 分析的原理，语音信号的谱特性可以由 LPC 模型谱来估计，将式（6.35）、式（6.36）相加可得

$$A(z) = \frac{1}{2}[P(z) + Q(z)] \tag{6.42}$$

这样，功率谱可以表示为

$$|H(\mathrm{e}^{\mathrm{j}\omega})|^2 = \frac{1}{|A(\mathrm{e}^{\mathrm{j}\omega})|^2} = 4|P(\mathrm{e}^{\mathrm{j}\omega}) + Q(\mathrm{e}^{\mathrm{j}\omega})|^{-2}$$

$$= 2^{-p}\left[\sin^2(\omega/2)\prod_{i=1}^{p/2}(\cos\omega - \cos\theta_i)^2 + \cos^2(\omega/2)\prod_{i=1}^{p/2}(\cos\omega - \cos\omega_i)^2\right]^{-1} \tag{6.43}$$

分析式（6.43）可知，当 ω 接近于 0 或者 $\theta_i(i=1, 2, \cdots, p/2)$ 时，式（6.43）等式右边方括号中的第一项接近于零；当 ω 接近于 π 或者 $\omega_i(i=1, 2, \cdots, p/2)$ 时，方括号中的第二项接近于零；如果 $\omega_i(i=1, 2, \cdots, p/2)$ 与 $\theta_i(i=1, 2, \cdots, p/2)$ 之间很靠近，则当 ω 接近这些频率时，$|A(\mathrm{j}\omega)|^2$ 变小，$|H(\mathrm{j}\omega)|^2$ 显示出强谐振特性，相应地语音信号谱包络在这些频率处出现峰值。因此可以说，LSP 分析是用 p 个离散频率 ω_i、$\theta_i(i=1, 2, \cdots, p/2)$ 的分布密度来表示语音信号谱特性的一种方法。即在语音信号幅度谱较大的地方 LSP 的分布较密，反之较疏。

⑤ 相邻帧 LSP 系数之间都具有较强的相关性，便于语音编码时帧间系数的内插。

图 6.3 为 $p=16$ 时，16 阶 LPC 系数构成的 17 阶对称和反对称多项式 $P(z)$ 和 $Q(z)$ 的根在单

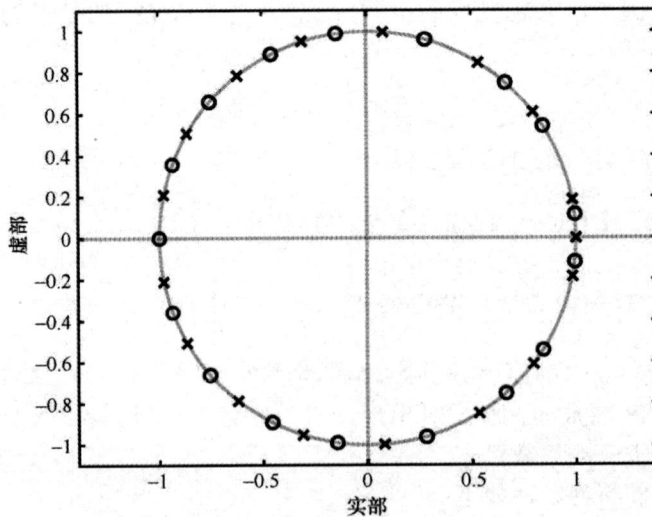

图 6.3　$P(z)$ 和 $Q(z)$ 的根在单位圆上的分布图

位圆上的分布图。其中"×"为 $Q(z)$ 的根所在位置，"○"为 $P(z)$ 的根所在位置。可见，$P(z)$ 和 $Q(z)$ 的根在单位圆上是交替出现的。

图 6.4 给出了连续 20 帧 16 阶语音信号的 LSP 轨迹图及 LSF 图，其中图 6.4（a）为连续 20 帧语音信号的 LSP 轨迹图，图中从上往下的曲线分别为 $\cos\omega_i$、$\cos\theta_i (i=1, 2, \cdots, p/2)$，两者交错出现。图中的曲线较好地反映了 LSP 系数的顺序特性，表明了每一帧的 16 个 LSP 系数满足降序排列的特性，帧间的同一个 LSP 系数则比较接近。图 6.4（b）为连续 20 帧语音信号的 LSF 图，可以看出，所有 LSF 曲线都是升序排列的，且各帧的同一个 LSF 参数都比较接近。

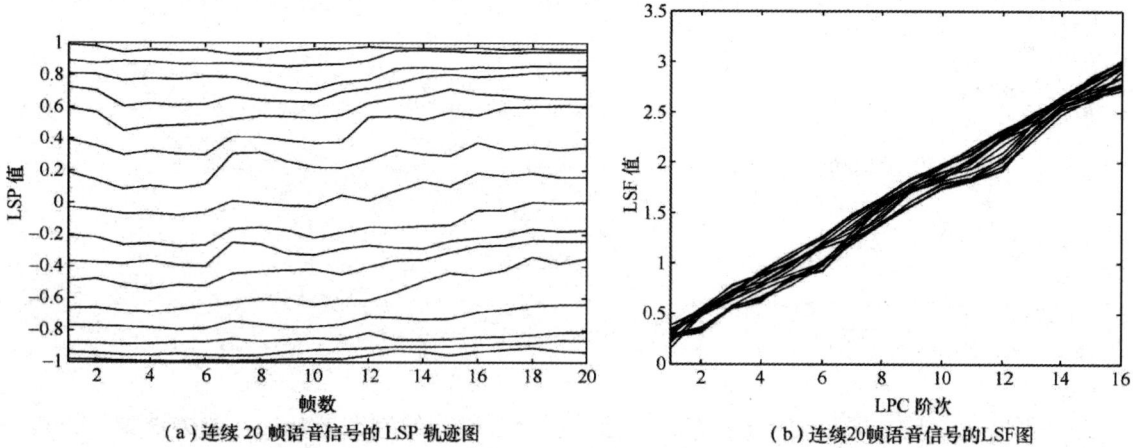

（a）连续 20 帧语音信号的 LSP 轨迹图　　　　（b）连续 20 帧语音信号的 LSF 图

图 6.4　连续 20 帧 16 阶语音信号的 LSP 轨迹图与 LSF 图

图 6.5 给出了一帧语音信号的 16 阶 LPC 谱包络和相应的 LSF 值（归一化频率 0~π），其中实垂线所确定的频率 $f_1, f_3, \cdots, f_{15}$ 与 $P(z)$ 的根 $e^{j\omega_i}$ 的频率对应，虚垂线所确定的频率 $f_2, f_4, \cdots, f_{16}$ 与 $Q(z)$ 的根 $e^{j\theta_i}$ 的频率对应，二者相互交替出现。可以看出，在 LPC 谱包络共振峰区域，LSF 的分布较密，谱谷区域则分布较疏。

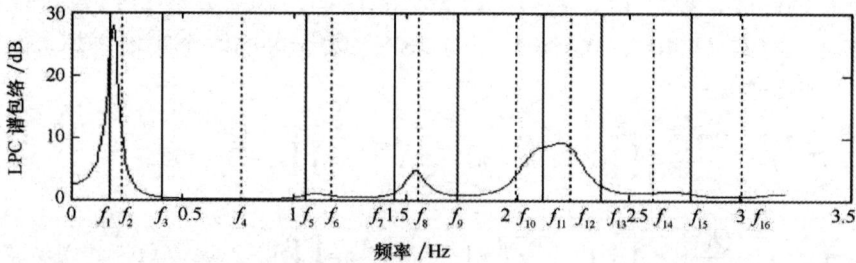

图 6.5　一帧语音信号的 16 阶 LPC 谱包络和相应的 LSF 值

程序 6.2 为求解连续 20 帧语音信号的 LSF 与 LSP 的 MATLAB 程序。

【程序 6.2】 LPC_LSF_LSP

```
clear;close all
clc
fid=fopen('sx86.txt','r');
p1=fscanf(fid,'%f')
fclose(fid);
p=filter([1 -0.68], 1, p1)          %预加重滤波
x1=fra(320,160,p)                   %分帧，每帧 320 个样点，帧重叠 160 个样点
```

```
for i=60:79                    %取出第 60~79 帧的信号进行分析
x=x1(i,:)
a1=lpc(x,16)
a=a1(:);                       %将 LPC 系数赋给矩阵 a
lsf=LPC_LSF_function           %调用函数 LPC_LSF_function 实现从 LPC 系数到 LSF 系数
                               %的转换,函数 LPC_LSF_function 见 6.3.2 节程序

lsp=cos(lsf)
hold on                        %把连续 20 帧 LSP 绘制在一个图形 figure(1)中
figure(1);
xlabel('帧数')
ylabel('LSP 值')
        for j=1:16
        lsp1(i−59, j)=lsp(j);
        end
figure(2);
plot(lsf)
xlabel('LPC 阶次')
ylabel('LSF 值')
end
```

上述程序运行后，即可在 figure(2)中得到图 6.4（b）。绘制图 6.4（a）的方法如下：程序运行后，打开 MATLAB 中的 Workspace，单击打开 lsp1 矩阵，它为一个 20×16 阶的矩阵，以每一列为对象单击 Array Editor 中 [图标] 图标中的 plot 按钮，并以 figure(1)作为绘图区域。

6.3.2　LPC 系数到 LSP 系数的转换及 MATLAB 实现

在进行语音编码时，要对 LPC 系数进行量化和内插，就需要将 LPC 系数转换为 LSP 系数。为计算方便，将式（6.40）、式（6.41）与 LSP 系数无关的两个实根去掉，得到如下两个新的多项式 $P'(z)$ 和 $Q'(z)$。

$$P'(z) = \frac{P(z)}{1+z^{-1}} = \prod_{i=1}^{p/2}(1-z^{-1}\mathrm{e}^{\mathrm{j}\omega_i})(1-z^{-1}\mathrm{e}^{-\mathrm{j}\omega_i}) = \prod_{i=1}^{p/2}(1-2\cos\omega_i z^{-1}+z^{-2}) \qquad (6.44)$$

$$Q'(z) = \frac{Q(z)}{1-z^{-1}} = \prod_{i=1}^{p/2}(1-z^{-1}\mathrm{e}^{\mathrm{j}\theta_i})(1-z^{-1}\mathrm{e}^{-\mathrm{j}\theta_i}) = \prod_{i=1}^{p/2}(1-2\cos\theta_i z^{-1}+z^{-2}) \qquad (6.45)$$

从 LPC 系数到 LSP 系数的转换过程，其实就是求解使式（6.44）、式（6.45）等于零时的 $\cos\omega_i$、$\cos\theta_i$ 的值，可采用以下几种方法求解。

第一种方法是利用代数方程式求解。

在式（6.44）中，等式的右端可进一步表示为

$$\begin{aligned}1-2\cos\omega_i z^{-1}+z^{-2} &= 2z^{-1}(0.5z-\cos\omega_i+0.5z^{-1}) \\ &= 2z^{-1}[0.5(z+z^{-1})-\cos\omega_i]\end{aligned} \qquad (6.46)$$

令 $z=\mathrm{e}^{\mathrm{j}\omega}$，则由欧拉公式 $\mathrm{e}^{\mathrm{j}\omega}=\cos\omega+\mathrm{j}\sin\omega$，可得 $z+z^{-1}=2\cos\omega=2x$。因此式（6.44）、式（6.45）就是关于 x 的一对 $p/2$ 次代数方程式，其系数决定于 $a_i(i=1, 2, \cdots, p)$，且 a_i 是已知的，可以用

牛顿迭代法来求解。

第二种方法是离散傅里叶变换（DFT）方法。

对 $P'(z)$ 和 $Q'(z)$ 的系数求离散傅里叶变换，得到 $z_k = \exp\left(-\dfrac{jk\pi}{N}\right)(k=0,1,\cdots,N-1)$ 各点的值，搜索最小值的位置，即零点所在。由于除了 0 和 π，共有 p 个零点，而且 $P'(z)$ 和 $Q'(z)$ 的根是相互交替出现的，因此只要很少的计算量即可解得，其中 N 取 64~128 就可以。

第三种方法是利用 Chebyshev（切比雪夫）多项式求解。

用 Chebyshev 多项式估计 LSP 系数，可直接在余弦域得到。当 $z=e^{j\omega}$ 时，$P'(z)$ 和 $Q'(z)$ 可分别写为

$$P'(z) = 2e^{-jp\omega/2}C(x) \tag{6.47}$$

$$Q'(z) = 2e^{-jp\theta/2}C(x) \tag{6.48}$$

其中

$$C(x) = T_{\frac{p}{2}}(x) + f(1)T_{\frac{p}{2}-1}(x) + f(2)T_{\frac{p}{2}-2}(x) + \cdots + f\left(\frac{p}{2}-1\right)T_1(x) + f\left(\frac{p}{2}\right)/2 \tag{6.49}$$

式中，$T_m(x)=\cos mx$ 是 m 阶的 Chebyshev 多项式；$f(i)$ 是由递推关系计算得到的 $P'(z)$ 和 $Q'(z)$ 的每个系数。由于 $P'(z)$ 和 $Q'(z)$ 是对称和反对称的，所以每个多项式只计算前 5 个系数即可。用下面的递推关系可得

$$\begin{cases} f_1(i+1) = a_{i+1} + a_{p-i} - f_1(i), \\ f_2(i+1) = a_{i+1} - a_{p-i} + f_2(i), \end{cases} \quad i=0,1,\cdots,p/2 \tag{6.50}$$

其中，$f_1(0)=f_2(0)=1.0$。多项式 $C(x)$ 在 $x=\cos\omega$ 时的递推关系为

$$\lambda_k = 2x\lambda_{k+1} - \lambda_{k+2} + f\left(\frac{p}{2}-k\right), \quad k=\frac{p}{2}-1,\cdots,1$$

$$C(x) = x\lambda_1 - \lambda_2 + f\left(\frac{p}{2}\right)/2$$

其中，初始值 $\lambda_{\frac{p}{2}}=1$，$\lambda_{\frac{p}{2}+1}=0$。

第四种方法是将 0~π 均分为 60 个点，以这 60 个点的频率值代入式（6.44）、式（6.45），检查它们的符号变化，在符号变化的两点之间 4 等分，再将这 3 个点的频率值代入式（6.44）、式（6.45），符号变化的点即所求的解。这种方法误差略大，计算量较大，但程序实现容易。

下面给出从 LPC 系数到 LSP 系数转换的 MATLAB 程序，其中 LPC_LSF_function 为求解 LSF 的函数，LPC_LSF.m 为主程序。由于 MATLAB 程序本身有求多项式根的函数，因此在求解 $P'(z)$ 和 $Q'(z)$ 的零点时直接调用即可，这极大简化了求解过程。如果用 C 语言编程实现，则上述第四种方法由于编程较容易，因此在语音编码标准中用得较多，如在自适应多速率宽带及窄带语音编码标准 AMR-WB、AMR-NB 及 G.729 中，就使用了这种方法。

程序 6.3 为 LPC 系数转换为 LSF 系数的 MATLAB 程序。

【程序 6.3】 LPC_LSF.m

```
%已知语音文件求出其 LPC 系数后,调用 LPC_LSF_function 函数求其对应的 LSF 系数
clear;close all                  %将所有变量置为 0
clc                              %清除命令窗口
fid=fopen('sx86.txt','r');
p1=fscanf(fid,'%f')
fclose(fid);
p=filter([1 −0.68], 1, p)        %预加重滤波
x=fra(320,160,p)                 %分帧,帧移为 160 个样点
x=x(60,:)                        %取第 60 帧作为分析帧
N=16                             %给 LPC 分析的阶次赋值
a1=lpc(x,N)                      %调用 MATLAB 库函数中的 lpc 函数求解出 LPC 系数 a1
                                 %此处也可以调用本章的 LPC_Levinson 程序得到
a=a1(:);                         %将 LPC 系数 a1 赋给矩阵 a
lsf=LPC_LSF_function(a)          %调用函数 LPC_LSF_function 实现从 LPC 系数到 LSF 系数的转换
%lsf=poly2lsf(a);                %也可调用 MATLAB 库函数中的 poly2lsf(a)函数求解出 LSF
                                 %系数,调用结果为归一化角频率
lsf_abnormalized=lsf.*(6400/3.14); %将求得的 LSF 系数反归一化,反归一化到 0~6400Hz
%使用时可根据实际需要进行更改,如窄带语音编码信号的频带范围为 300~3400Hz,此时就
%需要将 6400Hz 改为 3400Hz
%将求得的归一化、反归一化 LSF 系数输出到文本文件:从 LPC 系数解得 LSF 系数.txt
fid= fopen('从 LPC 系数解得的 LSF 系数.txt','w');
        fprintf(fid,'归一化的 LSF:\n');
        fprintf(fid,'%6.2f, ',lsf);
        fprintf(fid,'\n');
        fprintf(fid,'反归一化的 LSF:\n');
        fprintf(fid,'%8.4f, ',lsf_abnormalized);
        fclose(fid);
```

函数 LPC_LSF_function 的 MATLAB 程序如下:

```
%程序 LPC_LSF_function
function lsf=LPC_LSF_function(a)
%如果 a 不是实数,输出错误信息:LSF 不适用于复多项式的求解
if ~isreal(a),
    error('Line spectral frequencies are not defined for complex polynomials.');
end
%如果 a(1)不等于 1,将其归一化为 1
if a(1)~= 1.0,
    a=a./a(1);           %将矩阵 a 的每个元素除以 a(1)再赋给矩阵 a
end
%判断 LPC 多项式的根是否都在单位圆内,如果不在,则输出错误信息
if (max(abs(roots(a)))>= 1.0),
    error('The polynomial must have all roots inside of the unit circle.');
end
%求对称和反对称多项式的系数
 p=length(a)-1;          %求对称和反对称多项式的阶次
```

```
a1=[a;0];                    %给行向量 a 再增加一个元素为 0 的行
a2=a1(end:-1:1);             %a2 的第一行为 a1 的最后一行,最后一行为 a1 的第一行
P1=a1+a2;                    %求对称多项式的系数
Q1=a1-a2;                    %求反对称多项式的系数
%如果阶次 p 为偶数,从 P1 去掉实数根 z =-1,从 Q1 去掉实数根 z =1
%如果阶次 p 为奇数,从 Q1 去掉实数根 z=1 及 z =-1
if rem(p,2),                 %求解 p 除以 2 的余数,如果 p 为奇数,余数为 1,否则为 0
    Q=deconv(Q1,[1 0 -1]);%奇数阶次,从 Q1 去掉实数根 z=1 及 z =-1
    P=P1;
else                         % p 为偶数阶次,执行下面的操作
    Q=deconv(Q1,[1 -1]);     %从 Q1 去掉实数根 z=1
    P=deconv(P1,[1 1]);      %从 P1 去掉实数根 z =-1
end
rP=roots(P);                 %求去掉实根后的多项式 P 的根
rQ=roots(Q);                 %求去掉实根后的多项式 Q 的根
aP=angle(rP(1:2:end));       %将多项式 P 的根转换为角度(为归一化角频率)并赋给 aP
aQ=angle(rQ(1:2:end));       %将多项式 Q 的根转换为角度(为归一化角频率)并赋给 aQ
lsf=sort([aP;aQ]);           %将 P、Q 的根(为归一化角频率)按从小到大顺序排序后即 lsf
```

6.3.3 LSP 系数到 LPC 系数的转换及 MATLAB 实现

LSP 系数被量化和内插后,(在解码时)应转换回 LPC 系数 $a_i(i=1, 2, \cdots, p)$。已知量化和内插的 LSP 系数 $q_i(i=0, 1, \cdots, p-1)$,可用式(6.44)、式(6.45)计算 $P'(z)$ 和 $Q'(z)$ 的系数 $p'(i)$ 和 $q'(i)$,以下的递推关系可利用 $q_i(i=0, 1, \cdots, p-1)$ 来计算 $p'(i)$:

$$p'(i) = -2q_{2i-1}p'(i-1) + 2p'(i-2), \quad i=1,2,\cdots,p/2$$

$$p'(j) = p'(j) - 2q_{2i-1}p'(j-1) + p'(j-2), \quad j=i-1,\cdots,1$$

其中,$q_{2i-1}=\cos\omega_{2i-1}$,初始值 $p'(0)=1$,$p'(-1)=0$。把上面递推关系中的 q_{2i-1} 替换为 q_{2i},就可以得到 $q'(i)$。

一旦得出系数 $p'(i)$ 和 $q'(i)$,就可得到 $P'(z)$ 和 $Q'(z)$,$P'(z)$ 乘以 $1+z^{-1}$ 得到 $P(z)$,$Q'(z)$ 乘以 $1-z^{-1}$ 得到 $Q(z)$,即

$$\begin{cases} p_1(i) = p'(i) + p'(i-1), & i=1,2,\cdots,p/2 \\ q_1(i) = q'(i) - q'(i-1), & i=1,2,\cdots,p/2 \end{cases} \tag{6.51}$$

最后得到 LPC 系数为

$$a_i = \begin{cases} 0.5p_1(i) + 0.5q_1(i), & i=1,2,\cdots,p/2 \\ 0.5p_1(p+1-i) - 0.5q_1(p+1-i), & i=p/2+1, p/2+2, \cdots, p \end{cases} \tag{6.52}$$

这是直接从关系式 $A(z) = \dfrac{1}{2}[P(z)+Q(z)]$ 得到的,并且考虑了 $P(z)$ 和 $Q(z)$ 分别是对称和反对称多项式。

以上从 LSP 系数到 LPC 系数的求解过程,运用 C 语言实现时,读者可参阅语音编码算法标准 AMR-NB 及 G.729。如果用 MATLAB 实现,则可利用 MATLAB 自带的函数 poly( )来得

到 $P'(z)$ 和 $Q'(z)$ 多项式。

程序 6.4 为 LSF 系数转换为 LPC 系数的 MATLAB 程序。

【程序 6.4】LSF_LPC.m

```
function a=LSF_LPC(lsf)
%功能:将 LSF 系数转换为 LPC 系数,其中形参 lsf 为行向量
%LSF_LPC.m
%如果 lsf 是复数,则返回错误信息
if (~isreal(lsf)),
    error ('Line spectral frequencies must be real.');
end
%如果 LSF 不在 0~pi 范围,则返回错误信息
if (max(lsf)> pi || min(lsf)<0),
    error ('Line spectral frequencies must be between 0 and pi.');
end


lsf=lsf(:);                        %将 lsf 转换为列向量
p=length(lsf);                     % lsf 阶次为 p
%用 lsf 形成零点
z= exp(j*lsf);
rP=z(1:2:end);                     %把 z(1)、 z(3)到 z(p−1)赋给 rP
rQ=z(2:2:end);                     %把 z(2)、 z(4)到 z(p)赋给 rQ
%考虑共轭复根
rQ=[rQ;conj(rQ)];                  %把 rQ 的共轭复根赋给 rQ
rP=[rP;conj(rP)];                  %把 rP 的共轭复根赋给 rP
%构成多项式 P 和 Q,注意必须是实系数
Q =poly(rQ);
P =poly(rP);
%考虑 z=1 和 z=−1 以形成对称和反对称多项式
if rem(p,2),
    %如果是奇数阶次,则 z=+1 和 z=−1 都是 Q1(z)的根
    Q1=conv(Q,[1 0 -1]);
    P1=P;
else
    %如果是偶数阶次,则 z=−1 是对称多项式 P1(z)的根,z =1 是反对称多项式 Q1(z)的根
    Q1=conv(Q,[1 -1]);
    P1=conv(P,[1 1]);
end
%由 P1 和 Q1 求解 LPC 系数
a=.5*(P1+Q1);
a(end)=[];                         %最后一个系数是 0,不返回
% [EOF] LSF_LPC.m
```

调用该函数的语句如下:

```
a2=LSF_LPC(lsf); %调用函数 LSF_LPC( )实现从 LSF 系数到 LPC 系数的转换
```

6.4 LPC 的几种推演参数

在线性预测语音编码过程中,如果直接在信道传输 LPC 系数,则对误差会非常敏感,导致一个小的误差使整个频谱质量下降,甚至使线性预测滤波器变得不稳定。因此在语音编码算法中,通常将 LPC 系数转换为与之等效的参数,再进行量化编码。这些参数一般是由 LPC 系数推演出来的,因而称为 LPC 的推演参数。这些推演参数除 LSP 系数外,还包括反射系数、对数面积比系数、LPC 倒谱等,它们各有不同的物理意义和特性,如量化特性、插值特性和参数灵敏度等。

6.4.1 反射系数

反射系数也称为部分相关系数,即 PARCOR 系数,用 k_i 表示。由于它是与多节级联无损声管模型中的反射波相联系的,因而通常称之为反射系数。已知 LPC 系数 $a_i(i=1, 2, \cdots, p)$,求反射系数 k_i 的递推过程为

$$\begin{cases} a_j^{(p)} = a_j, & 1 \leqslant j \leqslant p \\ k_i = a_i^{(i)}, \\ a_j^{(i-1)} = (a_j^{(i)} + a_i^{(i)} a_{i-j}^{(i)})/(1-k_i^2), & 1 \leqslant j \leqslant i-1 \end{cases} \tag{6.53}$$

反过来,已知反射系数 k_i,求相应的 LPC 系数 $a_i(i=1, 2, \cdots, p)$ 的递推过程为

$$\begin{cases} a_i^{(i)} = k_i \\ a_j^{(i)} = a_j^{(i-1)} - k_i a_{i-j}^{(i-1)}, & 1 \leqslant j \leqslant i-1 \\ a_j = a_j^{(p)}, & 1 \leqslant j \leqslant p \end{cases} \tag{6.54}$$

为了保证相应的线性预测滤波器的稳定性,反射系数 k_i 通常取 $-1 \leqslant k_i \leqslant 1$。但是 k_i 具有不平坦的频谱灵敏度,其靠近 1 的值比远离 1 的值需要更高的量化精度。因此需要将 k_i 进行非线性变换,下面的对数面积比系数就是广泛采用的一种非线性函数。

6.4.2 对数面积比(LAR)系数

由反射系数 k_i 可进一步推导出对数面积比系数,其定义为

$$g_i = \log(A_{i+1}/A_i) = \log(1-k_i)/(1+k_i), \quad 1 \leqslant i \leqslant p \tag{6.55}$$

对上式两边取以 e 为底的指数,整理可得

$$k_i = [1-\exp(g_i)]/[1+\exp(g_i)], \quad 1 \leqslant i \leqslant p \tag{6.56}$$

其中,A_i 是多节级联无损声管模型中第 i 节的截面积。由于 g_i 相对于谱的变化的灵敏度比较平缓,因而特别适合量化。但是采用 LAR 量化时,要想使频谱失真最小,每个系数约需要 4 比特进行编码,这将占编码器容量的一大部分。另外用 LAR 系数表示时,LPC 系数帧与帧之间的相关性将不再显著。鉴于此及 LSF 系数所具有的帧到帧的优良的内插特性,在语音编码系统中 LAR 系数渐渐被 LSF 系数取代。

6.4.3 预测器多项式的根

LPC 分析是估计语音信号功率谱的一种有效方法。如果把合成滤波器看作一个 p 阶 AR 模型，则

$$|H(\omega)|^2 = |X(\omega)|^2 \tag{6.57}$$

其中，$H(\omega)$ 是合成滤波器 $H(z)$ 的频率响应，$X(\omega)$ 是语音信号的傅里叶变换，即信号谱。但语音信号并非是 p 阶 AR 过程，因此 $H(\omega)$ 只能看作对信号谱的一个估计。

通过求取预测器多项式的根，可以实现对共振峰的估计。预测误差滤波器 $A(z)$ 可以用它的一组根 $\{z_i, 1 \leqslant i \leqslant p\}$ 等效地表示，即

$$A(z) = 1 - \sum_{i=1}^{p} a_i z^{-i} = \prod_{i=1}^{p}(1 - z_i z^{-1}) \tag{6.58}$$

若使 $A(z)=0$，则可以解出 p 个根 $z_1, z_2, \cdots, z_p$。若 p 为偶数，一般情况下得到的是 $p/2$ 对复根，可以表示为

$$z_k = z_{kr} \pm \mathrm{j} \cdot z_{ki}, \quad k = 1, 2, \cdots, p/2 \tag{6.59}$$

每一对根与信号谱中的一个共振峰相对应。如果把 z 平面的根转换到 s 平面，令 $z_k = \mathrm{e}^{s_k T}$，其中 T 为采样间隔，设 $s_k = \sigma_k + \mathrm{j}\Omega_k$，则有

$$\Omega_k = \frac{1}{T} \arctan\left(\frac{z_{ki}}{z_{kr}}\right) \tag{6.60}$$

$$\sigma_k = \frac{1}{2T} \log(z_{kr}^2 + z_{ki}^2) \tag{6.61}$$

其中，Ω_k 决定了共振峰的频率，σ_k 决定了共振峰的带宽。

6.4.4 预测误差滤波器的冲激响应及其自相关函数

由前面分析可知，除鼻音和摩擦音时变声道系统需用零极点模型来模拟外，其他语音均可用全极点模型来模拟。式（6.4）所示全极点模型预测误差滤波器传递函数的单位冲激响应为

$$a(n) = \delta(n) - \sum_{i=1}^{p} a_i \delta(n-i) = \begin{cases} 1, & n = 0 \\ a_n, & 0 < n \leqslant P \\ 0, & \text{其他} \end{cases} \tag{6.62}$$

$a(n)$ 的自相关函数为

$$R_a(j) = \sum_{n=0}^{p-j} a(n)a(n+j), \quad j = 1, 2, \cdots, p \tag{6.63}$$

6.5 LPC 的两个应用实例

LPC 是一种有效的信号处理方法，在语音信号处理的各个应用领域占有重要地位。这里

给出其在 LPC 倒谱计算和基音周期检测中的两个应用实例，为后续实际用于语音编码、语音合成及语音识别等方面打下良好的基础。

6.5.1　LPC 倒谱及 MATLAB 实现

线性预测倒谱（LPCC）系数是 LPC 系数在倒谱域中的表示。语音信号的倒谱是指这个信号 z 变换的对数模函数的 z 逆变换。这样，对语音信号的傅里叶变换取模的对数再求傅里叶逆变换即可得到一个信号的倒谱。信号的倒谱也是描述语音信号特性的一个较好的参数，其特征基于语音信号为自回归信号的假设。LPCC 系数的优点是计算量小，易于实现，对元音有较好的描述能力，缺点是对辅音的描述能力较差，抗噪性能较差。由于线性预测合成滤波器的频率响应 $H(e^{j\omega})$ 可以反映声道的频率响应及被分析信号的谱包络，因此可以用 $\log|H(e^{j\omega})|$ 做傅里叶逆变换求出 LPCC 系数。设通过线性预测分析得到的声道模型系统函数为

$$H(z) = \frac{1}{1 - \sum_{i=1}^{p} a_i z^{-i}} \tag{6.64}$$

其冲激响应为 $h(n)$，倒谱为 $\hat{h}(n)$，则有

$$\hat{h}(z) = \ln H(z) = \sum_{n=1}^{\infty} \hat{h}(n) z^{-n} \tag{6.65}$$

将式（6.64）代入式（6.65）并将其两边对 z^{-1} 求导，整理可得

$$\left(1 - \sum_{i=1}^{p} a_i z^{-i}\right) \sum_{n=1}^{\infty} n\hat{h}(n) z^{-n+1} = \sum_{i=1}^{p} i a_i z^{-i} \tag{6.66}$$

令上式两边的各次 z^{-1} 的系数分别相等，可得由 LPC 系数求 LPCC 系数的递推公式为

$$\hat{h}(n) = \begin{cases} a_n, & n = 1 \\ a_n + \sum_{k=1}^{n-1} k\hat{h}(k) a_{n-k} / n, & 1 < n \leqslant p+1 \\ \sum_{k=1}^{n-1} k\hat{h}(k) a_{n-k} / n, & n > p+1 \end{cases} \tag{6.67}$$

由于线性预测合成滤波器的极点在单位圆内，其所对应的单位冲激响应是一个最小相位序列，因此其 LPCC 系数是一个右半序列。

由于语音信号的倒谱能较好地描述语音的共振峰特征，并比较彻底地去掉语音产生过程中的激励信息，因此在语音识别系统中得到了较好的应用效果。实验表明，使用倒谱可以提高特征参数的稳定性。

程序 6.5 为 LPC 系数转换为 LPCC 系数的 MATLAB 程序。

【程序 6.5】LPC_LPCC.m

```
% LPC_LPCC( )
%已知语音文件求出其 LPC 系数后,调用 LPC_LPCC_function( )函数求 LPCC 系数
%结果输出到文件"从 LPC 系数解得的 LPCC 系数.txt"
clear;close all
clc
fid=fopen('sx86.txt','r');
```

```
p1=fscanf(fid,'%f')
fclose(fid);
p=filter([1 -0.68], 1, p1)                    %预加重滤波
x=fra(320,160,p)                              %将 p 进行分帧,帧长 320 个样点,帧重叠 160 个样点
x=x(60,:)
a1=lpc(x,16)
a=a1(:);                                       %将 LPC 系数赋给矩阵 a
a_num=16;                                      %a_num 为 LPC 系数阶次,不包括 a(0)=1
C_num=16;                                      %C_num 为 LPCC 系数个数
lpcc= LPC_LPCC_function(a,C_num,a_num)        %调用 LPC_LPCC_function( )函数求 LPCC 系数
%结果输出到文件 "从 LPC 系数解得的 LPCC 系数.txt"
fid= fopen('从 LPC 系数解得的 LPCC 系数.txt','w');
fprintf(fid,'LPC 系数:\n');
fprintf(fid,'%6.2f ',a);
fprintf(fid,'\n');
fprintf(fid,'从 LPC 系数解得的 LPCC 系数:\n');
fprintf(fid,'%8.4f ',lpcc);
fclose(fid);
%EOF LPC_LPCC.m
```

求 LPCC 系数的函数见程序 LPC_LPCC_function.m:

```
%计算 LPCC 系数 C(1)到 C(C_num)的函数
%其中 a 为 LPC 系数,a_num 为 LPC 系数个数,即 LPC 系数阶次,不包括 a(0)=1
%C_num 为 LPCC 系数个数
% LPC_LPCC_function.m
function lpcc=LPC_LPCC_function(a,C_num,a_num)
n_lpc=a_num;n_lpcc=C_num;
lpcc=zeros(n_lpcc,1);               %初始化 LPCC 矩阵为 n_lpcc 行、1 列的一个全 0 矩阵
lpcc(1)=a(1);                       %C(1)=a(1)
%计算 LPCC 系数 C(2)到 C(n_lpc)
for n=2:n_lpc
    lpcc(n)=a(n);
    for m=1:n-1
        lpcc(n)=lpcc(n)+a(m)*lpcc(n-m)*(n-m)/n;
    end
end
%计算 LPCC 系数 C(n_lpc+1)到 C(C_num)
for n=n_lpc+1:n_lpcc
    lpcc(n)=0;
    for m=1:n_lpc
        lpcc(n)=a(n)+lpc(m)*lpcc(n-m)*(n-m)/n;
    end
end
%EOF LPC_LPCC_function.m
```

图 6.6 给出了语音信号及其 LPC 谱包络与倒谱包络的比较。由图可以看出，虽然共振峰频率在两个图中都明显可见，且两者得到的谱峰个数相同，但一般情况下语音信号 LPC 谱包

络比倒谱包络的共振峰要少，这是由于 LPC 分析的阶数决定其共振峰的个数，但倒谱不存在这种限制。

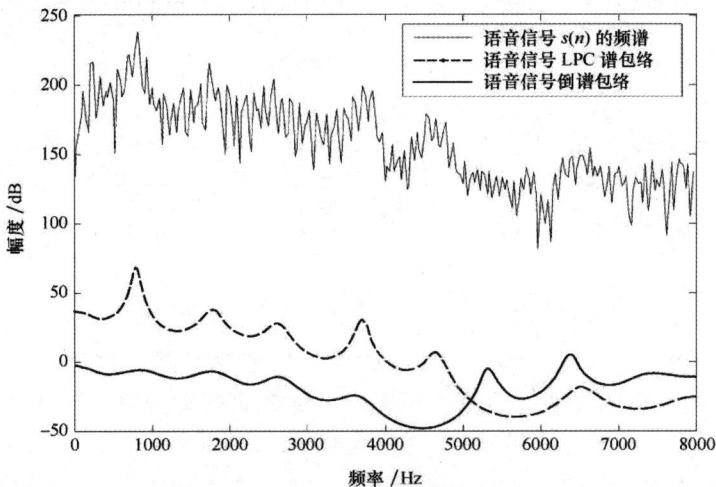

图 6.6   语音信号及其 LPC 谱包络与倒谱包络的比较

6.5.2   LPC 基音周期检测及 MATLAB 实现

基音周期是描述语音激励源的一个重要特征参数。基音周期的估计称为基音检测，是为了找出和声带振动频率完全一致或尽可能相吻合的轨迹曲线。基音周期信息在多个领域有着广泛的应用，如：语音及语种识别、说话人识别与验证、语音分析与综合及低码率语音编码、发音系统疾病诊断、听觉残障者的语言指导等。

在处理基音周期时，LPC 主要用于估计和分析基音周期的特征，通过最小化预测误差来估计语音信号的 LPC 系数，从而得到预测误差。对于周期性的信号，预测误差的自相关函数会在周期处产生明显的峰值，通过两个相邻峰值之间的距离可以用来检测基音周期。

LPC 在基音周期中的应用主要体现在以下几个方面。

① 基音周期检测：LPC 可以帮助检测和分析基音周期的变化。通过分析 LPC 系数的变化，可以识别和追踪基音周期中的变化，从而帮助理解语音的音调和节奏特征。

② 语音信号建模：LPC 可以用于建模语音信号的基音周期。通过线性预测模型，可以估计每个基音周期的语音信号的频谱特征，从而提取出基音周期中的重要信息，如共振峰等。

③ 语音合成：在语音合成中，LPC 可以用来生成基音周期的语音信号。通过将 LPC 系数与基音周期参数结合，可以合成具有自然语音特征的声音。

将语音信号通过逆滤波器，可获得预测误差信号，从理论上来说，预测误差信号中已不包含声道响应信息，但包含完整的激励信息，对预测误差信号进行自相关分析，可获得更为清晰的基音信息。

简化逆滤波法（Simplified Inverse Filtering，SIFT）是相关处理法进行基音提取的一种现代化版本。简化逆滤波法检测基音周期的基本思想是：先对语音信号进行 LPC 分析和逆滤波，获得语音信号的预测误差，然后将预测误差通过自相关器和峰值检测，以获得基音周期。逆滤波器提供了一个简化的频率平滑器，语音信号通过线性预测逆滤波器后达到频率的平坦化。预测误差是自相关器的输入，通过在自相关函数中寻找最大值，可以求出基音周期，从而找出语音信号的基音频率随时间变化的曲线，即基音轨迹，该曲线可以用来描述语音信号中基音频率的变化。具体原理如图 6.7 所示。

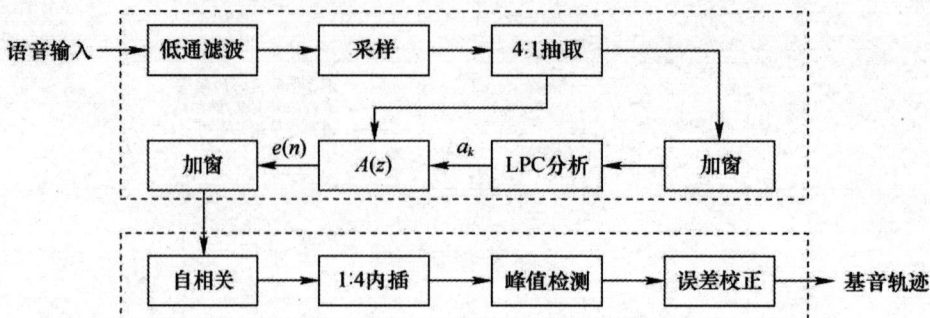

图 6.7 用简化逆滤波法检测基音周期

① 语音信号经过一个截止频率为 1kHz 的模拟低通滤波器，目的是滤去较高的共振峰频率成分（高频成分对于基音周期的检测并不重要，低频对基音频率更有意义，因此通过滤去高频成分，可以减少不必要的信息和噪声），然后以 8kHz 采样率进行采样，并从每 4 个采样中抽取出一个采样来进行降采样，这相当于把 8kHz 采样率进行 4 分频，最终等效于 2kHz 的采样率，在减少计算量的同时保留了重要信息。

② 对采样信号加窗后用自相关法进行 LPC 分析，选用较低的阶数，得到 LPC 系数 a_k。

③ 根据 LPC 系数构造逆滤波器 $A(z)$，并让语音采样抽取后的信号通过该滤波器，输出便是预测误差信号 $e(n)$，也可看作将语音信号的共振峰和谐波成分滤除后得到的残差信号。

④ 对加窗后的预测误差信号进行自相关分析，得到每一帧的基音周期。自相关函数中的峰值反映了信号在不同延迟下的相似性，基音周期 T_0 对应于自相关函数的第一个非零峰值位置。自相关函数通过计算不同延迟下信号的相关性，增强了信号中的周期性成分，而平滑了频谱中的高频成分，进一步减小了共振峰的影响，同时减小了基音峰的动态范围。

⑤ 进行 1：4 内插，恢复原来语音信号的采样率；最后进行峰值检测和去除"野点"的误差校正，得到语音信号的基音轨迹。

程序 6.6 为对一段浊音进行 LPC 分析并绘制语音信号的预测误差图的 MATLAB 程序，结果如图 6.8 所示。

【程序 6.6】 LPC_en.m

```
clear all; clc; close all;
%打开语音文件
fid=fopen('啊.txt','rt');
[x,count]=fscanf(fid,'%f',[1,inf]);
x=x/max(abs(x));                    %幅度归一化
fclose(fid);
fs=8000;
%进行预测
L=320;                             %帧长
y=x(95:95+L);                      %取一帧数据
p=14;                              %LPC 的阶数
ar=lpc(y,p);                       %线性预测变换
est_x=filter([0 -ar(2:end)],1,y);  %用 LPC 求预测估算值
err=y-est_x;                       %求出预测误差
fprintf('LPC:\n');
```

(a) 语音信号

(b) 预测误差

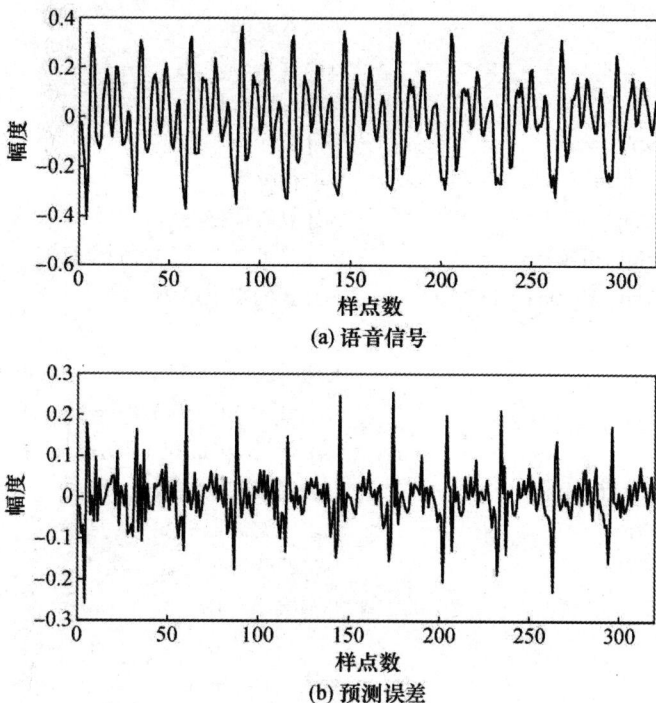

图 6.8 语音信号与预测误差

```
fprintf('%5.4f      %5.4f      %5.4f      %5.4f      %5.4f      %5.4f      %5.4f\n',ar);
fprintf('\n');
%作图
pos = get(gcf,'Position');
set(gcf,'Position',[pos(1), pos(2)-200,pos(3),pos(4)+150]);
subplot 211; plot(y,'k'); xlim([0 L]);
title('语音信号 s(n)'); ylabel('幅度');xlabel('样点数')
subplot 212; plot(err,'k'); xlim([0 L]);
title('预测误差 e(n)'); ylabel('幅度'); xlabel('样点数')
```

由运行结果可以看出，预测误差 $e(n)$ 与语音信号 $s(n)$ 具有相同的周期性，且 $e(n)$ 的峰值更加明显，介于峰值之间的部分被削弱，这样有利于求出其基音周期。因此，在利用自相关函数求基音周期时，采用预测误差比语音信号的结果更明显。

程序 6.7 为用简化逆滤波法检测基音周期并绘制语音信号基音轨迹的 MATLAB 程序，结果如图 6.9 所示。

【程序 6.7】LPC_SIFT.m

```
%主程序
clc; close all; clear all;
%数据导入和参数设置
fid=fopen('北京.txt','rt');
[x,count]=fscanf(fid,'%f',[1,inf]);
%参数设置
wlen=320; inc=80;                    %分帧的帧长和帧移
overlap=wlen-inc;                    %帧之间的重叠部分
T1=0.05;                             %设置基音端点检测的参数
```

```
fs=8000;                                      %读入 mp3 文件
x=x-mean(x);                                  %消去直流分量
x=x/max(abs(x));                              %幅度归一化
y=enframe(x,wlen,inc)';                       %分帧
fn=size(y,2);                                 %取得帧数
time=(0:length(x)-1)/fs;                      %计算时间坐标
frameTime = frame2time(fn, wlen, inc, fs);    %计算各帧对应的时间坐标
[voiceseg,vosl,SF,Ef]=pitch_vad1(y,fn,T1);   %基音的端点检测
%低通滤波
Rp=1; Rs=50; fs2=fs/2;                        %通带波纹 1dB,阻带衰减 50dB
Wp=[60 500]/fs2;                             %通带为 60~500Hz
Ws=[20 1000]/fs2;                            %阻带为 20Hz 和 1000Hz
[n,Wn]=ellipord(Wp,Ws,Rp,Rs);               %选用椭圆滤波器
[b,a]=ellip(n,Rp,Rs,Wn);                     %求出滤波器系数
x1=filter(b,a,x);                            %带通滤波
x1=x1/max(abs(x1));                          %幅度归一化
% 4:1 抽取
x2=resample(x1,1,4);                         %按 4:1 降采样
%  微分加窗
lmin=fix(fs/500);                           %基音周期的最小值
lmax=fix(fs/60);                            %基音周期的最大值
period=zeros(1,fn);                         %基音周期初始化
wind=hanning(wlen/4);                       %窗函数
y2=enframe(x2,wind,inc/4)';                 %再一次分帧
p=4;                                        %LPC 阶数为 4
%算法下半部分
for i=1 : vosl                              %只对有话段进行数据处理
    ixb=voiceseg(i).begin;                 %取一段有话段
    ixe=voiceseg(i).end;                   %求取该有话段开始和结束位置及帧数
    ixd=ixe-ixb+1;
    for k=1 : ixd                          %对该有话段进行数据处理
        u=y2(:,k+ixb-1);                   %取一帧数据
        ar = lpc(u,p);                     %计算 LPC 系数
        z = filter([0 -ar(2:end)],1,u);   %一帧数据 LPC 逆滤波输出
        E = u - z;                         %预测误差
        ru1= xcorr(E, 'coeff');           %计算归一化自相关函数
        ru1 = ru1(wlen/4:end);            %取延迟量为正值的部分
        ru=resample(ru1,4,1);             %按 1:4 升采样
        [tmax,tloc]=max(ru(lmin:lmax));   %在 lmin~lmax 范围内寻找最大值
        period(k+ixb-1)=lmin+tloc-1;      %给出对应最大值的延迟量
    end
end
T1=pitfilterm1(period,voiceseg,vosl);     %基音周期平滑处理
%绘图
```

```
subplot 211, plot(time,x,'b'); title('语音信号')
axis([0 max(time) -1 1]); ylabel('幅度'); xlabel('时间/s');
subplot 212; hold on
line(frameTime,period,'color','b','linewidth',2);
xlim([0 max(time)]); title('基音轨迹');
ylim([0 150]); ylabel('样点数'); xlabel('时间/s');
plot(frameTime,T1,'r'); hold off
legend('初估算值','平滑后值'); box on
%子程序 1
function [f,t]=enframe(x,win,inc)
nx=length(x(:));
nwin=length(win);
if (nwin == 1)
    len = win;
else
    len = nwin;
end
if (nargin < 3)
    inc = len;
end
nf = fix((nx-len+inc)/inc);
f=zeros(nf,len);
indf= inc*(0:(nf-1)).';
inds = (1:len);
f(:) = x(indf(:,ones(1,len))+inds(ones(nf,1),:));
if (nwin > 1)
    w = win(:)';
    f = f .* w(ones(nf,1),:);
end
if nargout>1
    t=(1+len)/2+indf;
end


%子程序 2
function frameTime=frame2time(frameNum,framelen,inc,fs)
frameTime=(((1:frameNum)-1)*inc+framelen/2)/fs;


%子程序 3
function [voiceseg,vosl,SF,Ef]=pitch_vad1(y,fn,T1,miniL)
if nargin<4, miniL=10; end
if size(y,2)~=fn, y=y'; end                    %把 y 转换为每列数据表示一帧语音信号
wlen=size(y,1);                                %取得帧长
for i=1:fn
    Sp = abs(fft(y(:,i)));                      %FFT 取幅度
```

```
        Sp = Sp(1:wlen/2+1);                    %只取正频率部分
        Esum(i) = sum(Sp.*Sp);                  %计算能量值
        prob = Sp/(sum(Sp));                    %计算概率
        H(i) = -sum(prob.*log(prob+eps));       %求谱熵值
    end
    hindex=find(H<0.1);
    H(hindex)=max(H);
    Ef=sqrt(1 + abs(Esum./H));                  %计算能熵比
    Ef=Ef/max(Ef);                              %归一化
    zindex=find(Ef>=T1);                        %寻找 Ef 中大于 T1 的部分
    zseg=findSegment(zindex);                   %给出端点检测各段的信息
    zsl=length(zseg);                           %给出段数
    j=0;
    SF=zeros(1,fn);
    for k=1 : zsl                               %在大于 T1 中剔除小于 miniL 的部分
        if zseg(k).duration>=miniL
            j=j+1;
            in1=zseg(k).begin;
            in2=zseg(k).end;
            voiceseg(j).begin=in1;
            voiceseg(j).end=in2;
            voiceseg(j).duration=zseg(k).duration;
            SF(in1:in2)=1;                      %设置 SF
        end
    end
    vosl=length(voiceseg);                      %有话段的段数

    %子程序 4
    function y=pitfilterm1(x,vseg,vsl)
    y=zeros(size(x));                           %初始化
    for i=1 : vsl                               %有话段数据
        ixb=vseg(i).begin;                      %该段的开始位置
        ixe=vseg(i).end;                        %该段的结束位置
        u0=x(ixb:ixe);                          %取一段数据
        y0=medfilt1(u0,5);                      %5 点中值滤波
        v0=linsmoothm(y0,5);                    %线性平滑
        y(ixb:ixe)=v0;                          %赋值给 y
    end

    %子程序 5
    function [y] = linsmoothm(x,n)
    if nargin< 2
        n=3;
    end
```

```matlab
win=hanning(n);                              %用汉宁窗
win=win/sum(win);                            %归一化
x=x(:)';                                      %把 x 转换为行序列
len=length(x);
y= zeros(len,1);                             %初始化 y
%对 x 序列前后补 n 个数,以保证输出序列与 x 等长
if mod(n, 2) ==0
    l=n/2;
    x = [ones(1,1)* x(1) x ones(1,l)* x(len)]';
else
    l=(n-1)/2;
    x = [ones(1,1)* x(1) x ones(1,l+1)* x(len)]';
end
%线性平滑处理
for k=1:len
    y(k) = win'* x(k:k+ n-1);
end


%子程序 6
function soundSegment=findSegment(express)
if express(1)==0
    voicedIndex=find(express);                      %寻找 express 中为 1 的位置
else
    voicedIndex=express;
end


soundSegment = [];
k = 1;
soundSegment(k).begin = voicedIndex(1);             %设置第一组有话段的起始位置
for i=1:length(voicedIndex)-1,
    if voicedIndex(i+1)-voicedIndex(i)>1,           %本组有话段结束
        soundSegment(k).end = voicedIndex(i);       %设置本组有话段的结束位置
        soundSegment(k+1).begin = voicedIndex(i+1); %设置下一组有话段的起始位置
        k = k+1;
    end
end
soundSegment(k).end = voicedIndex(end);             %最后一组有话段的结束位置
%计算每组有话段的长度
for i=1 :k
    soundSegment(i).duration=soundSegment(i).end-soundSegment(i).begin+1;
end
```

基音周期是对平滑后图形的平缓部分进行取值。对基音周期进行平滑处理,是通过去除帧与帧之间基音周期的跳跃点实现的,从而保证了语音信号基音轨迹的正确性,显著提高了基音周期的准确度。

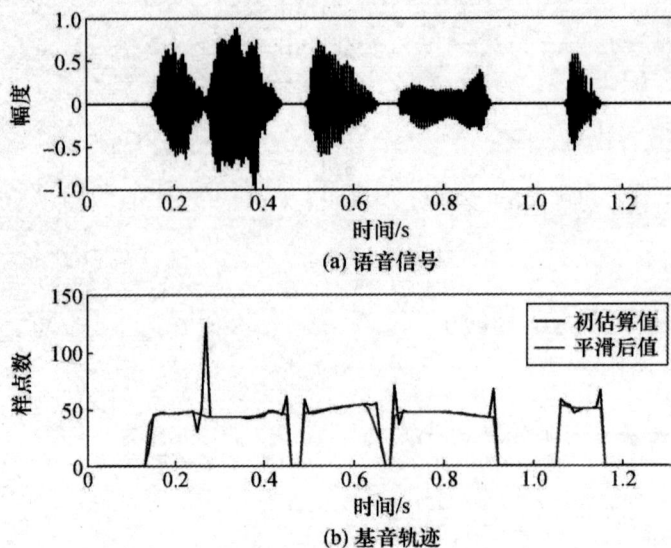

图 6.9　语音信号与基音轨迹

习　题　6

6.1　什么叫线性预测器？简述 LPC 分析的原理，并给出求解 LPC 系数的详细实现过程。

6.2　给出线性预测合成滤波器的表示式，并说明 LPC 误差滤波器及 LPC 合成滤波器的关系。

6.3　什么叫线谱对？说明线谱对的特点。

6.4　什么叫倒谱？说明 LPC 系数转换为 LPCC 系数的实现过程。

6.5　自己录制一段.wav 格式的语音，编程求解所录制语音的 LPC 系数。

6.6　编程求解上题所求出的 LPC 系数对应的线谱对，并根据求得的线谱对重构得到 LPC 系数。

6.7　设 l 阶 LPC 误差滤波器定义为

$$A^l(z) = 1 - \sum_{i=1}^{l} a_i^l z^{-i}$$

其中

$$a_l = k_l$$
$$a_i^l = a_i^{(l-1)} - k_l a_{l-i}^{(l-1)}, \quad 1 \leqslant i \leqslant l-1$$

将 a_i^l 代入 $A(z)$ 表示式，试证明下式成立

$$A^l(z) = A^{l-1}(z) - k_l z^{-l} A^{l-1}(z^{-1})$$

6.8　设有差分方程 $h(n)$ 的表示式为

$$h(n) = \sum_{i=1}^{p} a_i h(n-i) + G\delta(n)$$

其中，$h(n)$ 的自相关函数定义为

$$R(m) = \sum_{n=0}^{\infty} h(n)h(n+m)$$

（1）证明 $R(m)$ 是偶对称的，即 $R(m) = R(-m)$。

（2）将差分方程代入 $R(-m)$ 的表示式，证明

$$R(m) = \sum_{k=1}^{p} a_k R(|m-k|), \quad m=1,2,\cdots,p$$

6.9　有一种以 LPC 为基础的语音基音检测方法，利用 LPC 误差信号 $e(n)$ 的自相关函数，其中 $e(n)$ 表示式为

$$e(n) = s(n) - \sum_{i=1}^{p} a_i \hat{s}(n-i)$$

若设 $a_0 = -1$，则有

$$e(n) = -\sum_{i=0}^{p} a_i \hat{s}(n-i)$$

其中，$\hat{s}(n) = s(n)w(n)$，它在 $0 \leq n \leq N-1$ 范围内不为零，其他各处均为零。证明：$e(n)$ 的自相关函数 $R_e(n)$ 可以写为

$$R_e(n) = -\sum_{l=-\infty}^{+\infty} R_a(l) R_l(n-l)$$

其中，$R_a(l)$ 为 LPC 系数的自相关函数，$R_l(l)$ 为 $\hat{s}(n)$ 的自相关函数。

6.10　设 LPC 预测器的阶次 $p=2$，自相关向量 $R=[r(0), r(1), r(2)]$。

（1）用 Levinson-Durbin 算法递推求解预测系数 a_1，a_2。

（2）采用 Toeplitz 矩阵通过求解矩阵方程验证求解结果。其中 Toeplitz 矩阵方程为

$$\begin{bmatrix} r(0) & r(1) \\ r(1) & r(0) \end{bmatrix} \begin{bmatrix} a_1 \\ a_2 \end{bmatrix} = \begin{bmatrix} r(1) \\ r(2) \end{bmatrix}$$

6.11　设一个加窗语音信号为 $x(n)$，其中 $0 \leq n \leq N-1$（其余部分全为 0）。用自相关法对该语音信号进行分析，其中语音信号的自相关序列分别为

$$r(k) = \sum_{n=0}^{N-1-k} x(n)x(n+k), \quad 0 \leq k \leq p$$

求得的线性预测系数为 $a' = [a_0, a_1, \cdots, a_p]$。定义预测误差能量为

$$E_p = \sum_{n=0}^{N-1-p} e^2(n) = \left[-\sum_{i=0}^{p} a_i x(n-i) \right]^2$$

且 E_p 可进一步表示为：$E_p = a' R_x a$，其中 R_x 为一个 $(p+1)*(p+1)$ 阶的矩阵，试给出 R_x 的表示式。

6.12　设 LPC 合成滤波器为

$$H(z) = \frac{G}{1 - \sum_{i=1}^{p} a_i z^{-i}}$$

试说明如何用 FFT 变换求解 $H(e^{j\omega})$。

6.13　设 LPC 误差滤波器为 $A(z) = \sum_{i=0}^{p} a_i z^{-i}$，其中 $a_0 = 1$，求解 LPC 系数的依据是当预测误差能量最小，用自相关法求解时，预测系数 a_i 应满足

$$\sum_{i=1}^{p} r(|i-k|) a_k = -r(i), \quad 1 \leq i \leq p$$

且语音谱失真的测试可通过下式递归最小化的关系反映出来，即

$$E_p = |R_p| / |R_{p-1}|$$

当 $p=1$ 和 2 时，根据自相关法求解预测误差能量 E_p，证明 $E_p = |R_p| / |R_{p-1}|$。

6.14　简述基于 LPC 的基音检测原理。

第7章 矢量量化

随着计算机及数字通信技术的高速发展，人类之间交流的信息日益丰富，包括语音、文本、图像、视频等。这些信息变换成数字信号后，必须通过一定的系统进行传输或加工处理。数字通信系统以其抗干扰能力强，保密性好，便于传输、存储、交换和处理等优点得到广泛应用，但数字信号的数据量通常很大，给存储器的存储容量、通信信道的带宽及计算机的处理速度带来压力，因此必须对其量化压缩。量化可以分为两大类：一类是标量量化，另一类是矢量量化（VQ）。标量量化是把采样后的信号值逐个进行量化，而矢量量化是先将 $k(k \geq 2)$ 个采样值形成 k 维空间中的一个矢量，然后将此矢量进行量化，并设法使其失真或量化噪声最小。矢量量化可以极大降低编码速率，优于标量量化。各种数据都可以用矢量表示，直接对矢量进行量化，可以方便地对数据进行压缩。矢量量化属于不可逆压缩方法，能够有效地利用矢量中各分量间相互关联的性质（线性依赖性、非线性依赖性、概率密度函数的形状及矢量维数等）以消除冗余度，具备编码速率低、解码简单、失真较小的优点。矢量量化不仅广泛应用于图像和语音压缩编码等传统领域，而且在移动通信、语音识别、文献检索及数据库检索等领域得到越来越广泛的应用。

矢量量化的理论基础是香农的率-失真理论。率-失真理论是对给定的失真 D，可以计算率-失真函数 $R(D)$，$R(D)$ 定义为：在给定的失真 D 条件下，所能够达到的最小编码速率（用每维计算）；或者反过来，可以计算率-失真函数的逆函数 $D(R)$，称 $D(R)$ 为失真-率函数，其定义为：在给定的编码速率（以 bit/s 计算）条件下所能够达到的最小失真。$D(R)$ 或 $R(D)$ 所给出的编码速率极限，不仅适用于矢量量化，而且适用于所有信源编码方法。$D(R)$ 是在维数 $k \to \infty$ 时 $D_k(R)$ 的极限，即

$$D(R) = \lim_{k \to \infty} D_k(R)$$

率-失真理论指出，利用矢量量化，编码性能有可能任意接近率-失真函数，其方法是增加维数 k。率-失真理论在实际应用中有重要的指导意义：率-失真函数常常作为一个理论下界与实际编码速率相比较，分析系统还有多大的改进余地。如果某系统的最高性能都不能满足系统或用户的要求，人们就不必浪费精力用给定的参数来设计出一个实际系统，因为永远设计不出满足要求的系统，除非降低系统的某项性能指标。相反，如果一个实际系统的性能已经接近于理论上界，则不应再投入更多的资金和时间来追求微不足道的改善。如果某系统的性能优于理论上界，则必须怀疑该系统的准确性。总之，率-失真理论指出了矢量量化的优越性。但是，率-失真理论是一个存在性定理而非构造性定理，因为它没有指出如何构造矢量量化器。

1956 年 Steinhaus 第一次系统地阐述了最佳矢量量化问题。1957 年在 Lloyd 的"PCM 中的最小平方量化"一文中给出了如何划分量化区间和如何求量化值问题的结论。与此同时，Max 也得出了同样的结果。虽然他们谈论的都是标量量化问题，但他们的算法对后来的矢量量化的发展有着深刻的影响。1978 年，Buzo 第一个提出实际的矢量量化器。他提出的量化系统分为两步：第一步将语音做线性预测分析，求出预测系数；第二步对这些系数做矢量量化，于是得到压缩数码的语音编码器。1980 年，Linde、Buzo 和 Gray 将 Lloyd-Max 算法推广，发表

了第一个矢量量化器的设计算法，通常称为 LBG 算法，这使矢量量化的研究向前推进了一大步。

矢量量化的效果是很明显的，1980 年 Wong 和 Juang 等人在原来编码速率为 2.4kbit/s 的线性预测声码器上，仅将滤波系数由标量量化改为矢量量化，就可使编码速率降低到 800bit/s，而声音质量基本未下降。1983 年 Makhoul 等人研制了一种分段式声码器。由于该声码器采用了矢量量化，所以可以用 150bit/s 的速率来传送可懂的语音。近几十年来，人们在已经提出的各种矢量量化方法和系统的基础上，再与其他编码技术相结合，得到了更好的矢量量化方法，用硬件实现矢量量化方法的系统也日益增多。

7.1 矢量量化基本原理

7.1.1 矢量量化的定义

矢量量化是先把信号序列的每 K 个连续样点分成一组，形成 K 维欧氏空间中的一个矢量，然后对此矢量进行量化。

如图 7.1 中的输入信号序列 $\{x_n\}$，每 4 个样点构成一个矢量（取 $K=4$），共得到 $n/4$ 个四维矢量 $X_1, X_2, X_3, \cdots, X_{n/4}$。矢量量化就是先集体量化 X_1，然后量化 X_2，依次向下量化，下面以 $K=2$ 为例进行说明。

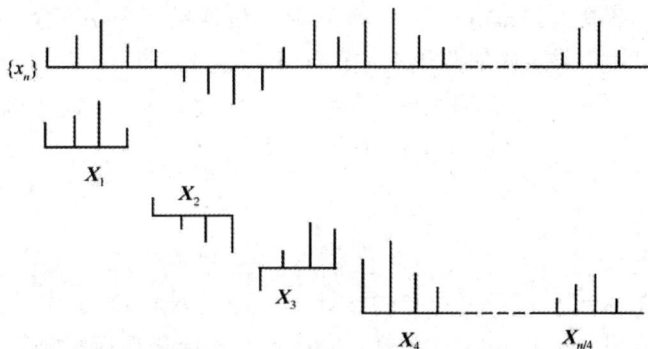

图 7.1　四维矢量形成示意图

当 $K=2$ 时，所得到的是一些二维矢量。所有可能的二维矢量就形成了一个平面。如果记二维矢量为 (a_1, a_2)，所有可能的 (a_1, a_2) 就是一个二维欧氏空间。如图 7.2（a）所示，矢量量化就是先把这个平面划分成 N 块（相当于标量量化中的量化区间）$S_1, S_2, \cdots, S_N$，然后从每一块中找一个代表值 Y_i（$i=1, 2, \cdots, N$）（相当于标量量化中的量化值），这就构成了一个有 N 个区间的二维矢量量化器。图 7.2（b）所示的是一个 7 区间的二维矢量量化器，即 $K=2$，$N=7$，共有 $Y_1, Y_2, \cdots, Y_7$ 这 7 个代表值，通常把这些代表值 Y_i 称为量化矢量。

若要对落在二维矢量空间里的一个模拟矢量 $X=(a_1, a_2)$ 进行量化，首先要选一个合适的失真测度，再利用最小失真原则，分别计算用量化矢量 $Y_i(i=1, 2, \cdots, 7)$ 替代 X 所带来的失真。其中最小失真值所对应的那个量化矢量 $Y_i(i=1, 2, \cdots, 7)$ 中某一个，就是模拟矢量 X 的重构矢量（或称恢复矢量）。通常把所有 N 个量化矢量（重构矢量或恢复矢量）构成的集合 $\{Y_i\}$ 称为码书（codebook）或码本。码书中的矢量称为码字（codeword）或码矢（codevector）。例如，图 7.2（b）所示的矢量量化器的码书 $\mathcal{Y}=\{Y_1, Y_2, \cdots, Y_7\}$，其中每个量化矢量 $Y_1, Y_2, \cdots, Y_7$ 称为码字或码矢。不同的划分或不同的量化矢量选取就可以构成不同的矢量量化器。

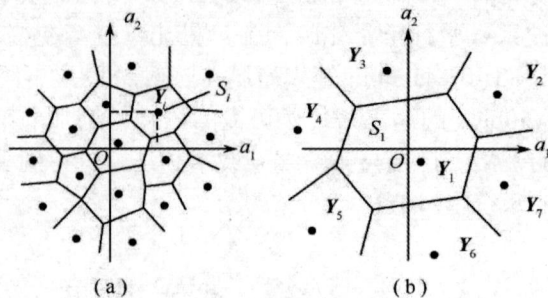

图 7.2　矢量量化示意图

根据上面对矢量量化的描述，可以把矢量量化定义为

$$Y \in \mathcal{Y}_N = \{Y_1, Y_2, \cdots, Y_N | Y_i \in R^K\}$$

矢量量化是把一个 K 维模拟矢量 $X \in \mathcal{X} \subset R^K$ 映射为另一个 K 维量化矢量，其数学表达式为

$$Y = Q(X) \tag{7.1}$$

式中，X 为输入矢量；$\mathcal{X}$ 为信源空间；R^K 为 K 维欧氏空间；Y 为量化矢量（码字或码矢）；$\mathcal{Y}_N$ 为输出空间（码书）；$Q(\cdot)$ 为量化符号；N 为码书的大小（码字的数目）。

矢量量化系统通常可以分解为两个映射的乘积

$$Q = \alpha \beta \tag{7.2}$$

式中，α 是编码器，它将输入矢量 $X \in \mathcal{X} \subset R^K$ 映射为信道符号集 $I_N = \{i_1, i_2, \cdots, i_N\}$ 中的一个元 i_j；β 是译码器，它将信道符号 i_j 映射为码书中的一个码字 Y_i。即

$$A(X) = i_j, \quad X \in \mathcal{X}, \ i_j \in I_N \tag{7.3}$$

$$B(i_j) = Y_i, \quad i_j \in I_N, \ Y_i \in \mathcal{Y}_N \tag{7.4}$$

7.1.2　失真测度

设计矢量量化器的关键是编码器 $\alpha(X)$ 的设计，而译码器 $\beta(i)$ 的工作过程仅是一个简单的查表过程。设计编码器需引入失真测度的概念，失真测度的选择直接影响矢量量化器的性能。

失真测度是以什么方法来反映用码字 Y_i 代替输入矢量 X 时所付出的代价。这种代价的统计平均值（平均失真）描述了矢量量化器的工作特性，即

$$D = E[d(X, Q(X))] \tag{7.5}$$

式中，$E[\cdot]$ 表示求数学期望。

常用的失真测度有如下几种。

（1）平方失真测度

$$d(X, Y) = \|X - Y\|^2 = \sum (X_i - Y_i)^2 \tag{7.6}$$

这是最常用的失真测度，因为它易于处理和计算，并且在主观评价上有意义，即小的失真值对应好的主观评价质量。

（2）绝对误差失真测度

$$d(X, Y) = \|X - Y\| = \sum_{i=1}^{k} |X_i - Y_i| \tag{7.7}$$

此失真测度的主要优点是计算简单，硬件容易实现。

（3）加权平方失真测度

$$d(X, Y) = (X-Y)^{\mathrm{T}}W(X-Y)$$ （7.8）

式中，T 为矩阵转置符号；W 为正定加权矩阵。

在矢量量化器的设计中，失真测度的选择是很重要的。一般来说，要使所选用的失真测度有实际意义，要求它具有以下几个特点：

① 必须在主观评价上有意义，即小的失真对应好的主观质量评价；
② 必须在数学上易于处理，能导致实际的系统设计；
③ 必须可计算并保证平均失真 $D = E[d(X, Q(X))]$ 存在；
④ 采用的失真测度，应使系统容易用硬件实现。

7.1.3 矢量量化器

有了失真测度，就可以根据矢量量化的定义来具体设计矢量量化器了。通常用最小失真的方法——最近邻准则（NNR）来设计，也就是要满足

$$\alpha(X) = i \Leftrightarrow d(X, Y_i) \leqslant d(X, Y_j), \quad \forall j \in I_N$$ （7.9）

式中，$I_N = \{1, 2, \cdots, i, \cdots, N\}$；$N$ 为码书的大小；符号 $\Leftrightarrow$ 表示当且仅当（充分必要条件）。

这样就可以得到一个如图 7.3 所示的矢量量化器实现框图。其工作过程是：在编码端，输入矢量 X 与码书（Ⅰ）中的每一个或部分码字进行比较，分别计算出它们的失真。搜索到失真最小的码字 Y_i 的序号 i（或此码字所在码书中的地址）并将 i 的编码信号通过信道传输到译码端；在译码端，先把信道传来的编码信号译成序号 i，再根据序号 i（或码字 Y_i 所在地址），从码书（Ⅱ）中查出相应的码字 Y_i。由于码书（Ⅰ）与码书（Ⅱ）是完全一样的，此时失真 $D(X, Y_i)$ 最小，所以 Y_i 就是输入矢量 X 的重构矢量（恢复矢量）。很明显，由于在信道中传输的并不是矢量 Y_i 本身，而是其序号 i 的编码信号，所以传输速率还可以进一步降低。

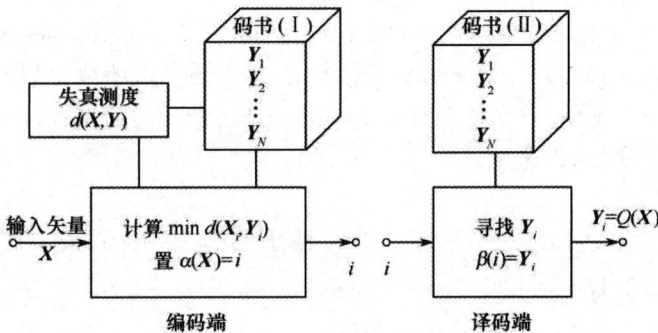

图 7.3　矢量量化器实现框图

矢量量化是一种高效的数据压缩技术，和其他数据压缩技术一样，它除了有失真，还有一个传输速率问题，即每个样值（每维）平均编码所需的比特数。

矢量量化器的速率定义为

$$r = \frac{B}{K} = \frac{1}{K}\log_2 N \quad (\text{bit / 样点或每维})$$ （7.10）

式中，$B = \log_2 N$ 表示每个码字的编码比特数；N 为码书的大小（码字数目）；K 为维数。

由式（7.10）可见，矢量量化器的速率 r 与码书大小 N 的对数 $\log_2 N$ 成正比，与维数 K 成

反比。这说明 N 越大，速率越高；而维数 K 越大，速率越低。

信道的传输速率 R_T 与矢量量化器速率 r 的关系为

$$R_T = f_s r \tag{7.11}$$

式中，f_s 为采样速率。

7.2 最佳矢量量化器

在标量量化中，Lloyd-Max 算法给出了设计最佳标量量化器（失真最小）的两个必要条件：一是在预先划分好量化区间 $\Delta x_\alpha (\alpha=1, 2, \cdots, n)$ 情况下，集合 $\{\hat{x}_\alpha\}$ 中每个量化值必须是相应量化区间的质量中心；二是当量化值 $\hat{x}_\alpha$ $(\alpha=1, 2, \cdots, n)$ 给定时，量化区间的端点值 $x_\alpha (\alpha=1, 2, \cdots, n-1)$ 必须是量化值 $\hat{x}_\alpha (\alpha=1, 2, \cdots, n)$ 中两个邻近点的中点值。同样，在设计最佳矢量量化器时，重要的问题是如何划分量化区间和确定量化矢量。Gray 等人把标量量化中设计最佳量化器的两个条件推广到设计最佳矢量量化器中。分别在两个给定条件下，寻找最佳划分与最佳码书，使平均失真最小，即：一是在给定条件下，寻找信源空间的最佳划分，使平均失真最小；二是在给定划分条件下，寻找最佳码书，使平均失真最小。下面分别讨论。

1. 最佳划分

由于码书已给定，因此可以用最近邻准则（NNR）得到最佳划分。图 7.4 为 $K=2$ 的最佳划分示意图。

信源空间 $\mathcal{X}$ 中的任一点矢量 X，$X \in S_j$（图 7.4 中所示的是 $K=2$ 的平面），如果任意输入矢量 X 和码字 Y_j 的失真小于它和其他码字 $Y_i \in \mathcal{Y}_N$ 的失真，即

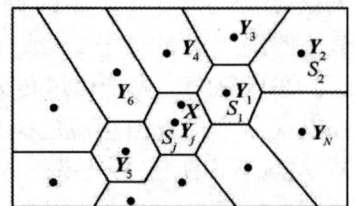

图 7.4 $K=2$ 的最佳划分示意图

$$S_j = \{X | X \in \mathcal{X} \text{ 且 } d(X, Y_j) \leqslant d(X, Y_i)\}, \quad i \neq j, i \in I_N \tag{7.12}$$

则 S_j 为最佳划分。如果 X 落在边界上，可以在不增加失真的前提下，将 X 置于任何邻近区间中。由于给定码书 $\mathcal{Y}_N = \{Y_1, Y_2, \cdots, Y_j, \cdots, Y_N\}$ 共有 N 个码字，所以可以把信源空间划分成 N 个区间 $S_j (j=1, 2, \cdots, N)$。通常把这种划分称为 Voronoi 划分，对应的子集 $S_j (j=1, 2, \cdots, N)$ 称为 Voronoi 胞腔（cell），下面简称胞腔。

2. 最佳码书

给定了划分 S_i（并不是最佳划分）后，为了使码书的平均失真最小，码字 Y_i 必须为相应划分 $S_i (i=1, 2, \cdots, N)$ 的形心，即

$$Y_i = \min_{Y \in R^K}^{-1} E[d(X, Y) | X \in S_i] \tag{7.13}$$

式中，$\min^{-1}$ 表示选取的 Y 是平均失真 $E[d(X, Y) | X \in S_i]$ 为最小的 Y。

对于一般的失真测度和信源分布，很难找到形心的计算方法。但对一些简单的分布和好的失真测度，是容易找到形心的计算方法的。例如，对于由训练序列定义的样点分布和常用的平方失真测度，形心就可由下式给出

$$Y_i = \frac{1}{|S_i|} \sum_{X \in S_i} X \tag{7.14}$$

式中，$|S_i|$ 表示集合 $\{S_i\}$ 中元素的个数（$\{S_i\}$ 集合中有 $|S_i|$ 个 X）。

有了上述的最佳划分和最佳码书两个条件，就可以得到矢量量化器的设计算法了。

7.3 矢量量化器的设计算法及 MATLAB 实现

7.3.1 LBG 算法

设计矢量量化器的主要任务是设计码书 $\mathcal{Y}_N$。对于给定码书大小 N 的情况下，由上节所述可以推导出一个矢量量化器的设计算法。LBG 算法既可用于已知信源分布特性的场合，也可用于未知信源分布特性，但要知道它的一列输出值（称为训练序列）的场合。由于对实际信源（如语音等）很难准确地得到多维概率分布，因而通常多用训练序列来设计矢量量化器。下面分别给出这两种情况下的迭代算法。

1. 已知信源分布特性的设计算法

已知信源分布特性的算法流程如图 7.5 所示，具体步骤如下：

① 给定初始码书 $\mathcal{Y}_N^{(0)}$，即给定码书大小 N 和码字 $\{Y_1^{(0)}, Y_2^{(0)}, \cdots, Y_N^{(0)}\}$，并置 $n=0$，设起始平均失真 $D^{(-1)} \to \infty$，以及给定计算停止门限 $\varepsilon(0 < \varepsilon < 1)$。

② 用码书 $\mathcal{Y}_N^{(n)}$ 根据最佳划分原则构成 N 个胞腔 $S_N^{(n)}$ ($j=1, 2, \cdots, N$)。

③ 计算平均失真与相对失真。

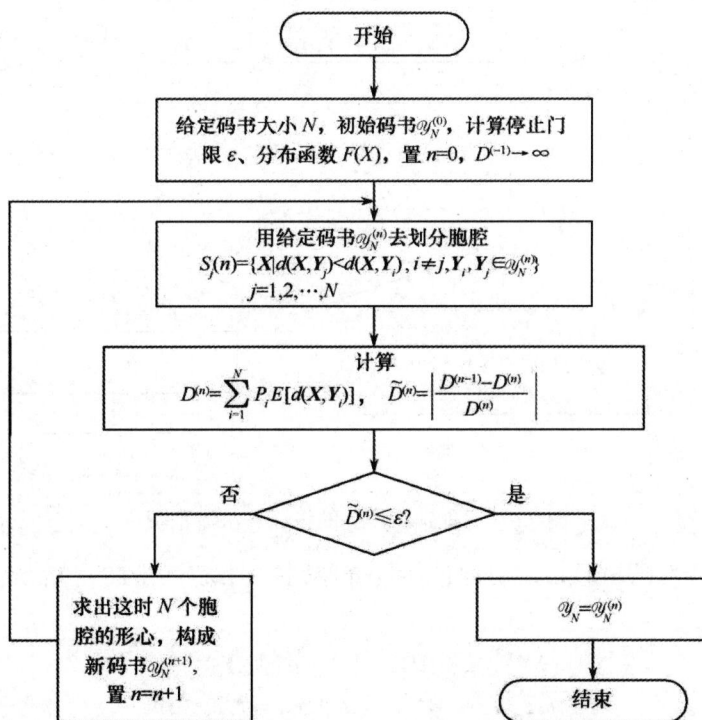

图 7.5 已知信源分布特性的算法流程图

平均失真为

$$D^{(n)} = E[d(X, Y)] = \sum_{i=1}^{N} P_i E[d(X, Y_i) \mid X \in S_i^{(n)}] \qquad (7.15)$$

相对失真为

$$\tilde{D}^{(n)} = \left| \frac{D^{(n-1)} - D^{(n)}}{D^{(n)}} \right| \qquad (7.16)$$

若 $\tilde{D}^{(n)} \leqslant \varepsilon$，则计算停止，此时的码书 $\mathscr{Y}_N^{(n)}$ 就是设计好的码书 $\mathscr{Y}_N = \mathscr{Y}_N^{(n)}$，否则进行第④步。

④ 利用式（7.14）计算这时划分的各胞腔的形心，由这 N 个新形心 $\{Y_1^{(n+1)}, Y_2^{(n+1)}, \cdots, Y_N^{(n+1)}\}$ 构成新的码书 $\mathscr{Y}_N^{(n+1)}$，并置 $n=n+1$，返回第②步再进行计算，直到 $\tilde{D}^{(n+L)} \leqslant \varepsilon$，得到所要求设计的码书 $\mathscr{Y}_N = \mathscr{Y}_N^{(n+L)}$ 为止。

2. 已知训练序列的设计算法

已知训练序列的设计算法的流程如图 7.6 所示，具体步骤如下：

① 给定初始码书 $\mathscr{Y}_N^{(0)}$，即给定码书大小 N 和码字 $\{Y_1^{(0)}, Y_2^{(0)}, \cdots, Y_N^{(0)}\}$，并置 $n=0$，设起始平均失真 $D^{(-1)} \to \infty$，给定计算停止门限 $\varepsilon (0 < \varepsilon < 1)$。

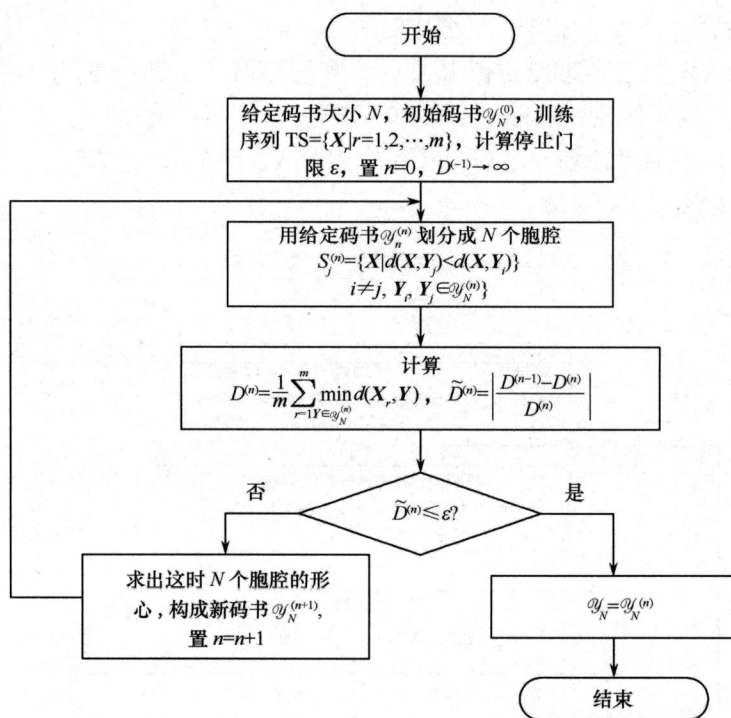

图 7.6 已知训练序列的设计算法流程图

② 用码书 $\mathscr{Y}_N^{(n)}$ 为已知形心，根据最佳划分原则把训练序列 $TS = \{X_1, X_2, \cdots, X_m\}$ 划分为 N 个胞腔，即

$$S_j^{(n)} = \{X \mid d(X, Y_j) < d(X, Y_i)\}$$
$$i \neq j, Y_i, Y_j \in \mathscr{Y}_N^{(n)}, X \in TS, j = 1, 2, \cdots, N \qquad (7.17)$$

③ 计算平均失真与相对失真

平均失真为

$$D^{(n)} = \frac{1}{m} \sum_{r=1}^{m} \min_{Y \in \mathscr{Y}_N^{(n)}} d(X_r, Y) \qquad (7.18)$$

式中，$X_r \in TS$；$r = 1, 2, \cdots, m$。

相对失真为

$$\tilde{D}^{(n)} = \left| \frac{D^{(n-1)} - D^{(n)}}{D^{(n)}} \right| \qquad (7.19)$$

若 $\tilde{D}^{(n)} \leqslant \varepsilon$，则停止计算，当前的码书 $\mathscr{Y}_N^{(n)}$ 就是设计好的码书 $\mathscr{Y}_N = \mathscr{Y}_N^{(n)}$，否则进行第④步。

④ 利用式（7.14）计算这时划分的各胞腔的形心，由这 N 个新形心 $\{Y_1^{(n+1)}, Y_2^{(n+1)}, \cdots, Y_N^{(n+1)}\}$ 构成新的码书 $\mathscr{Y}_N^{(n+1)}$，并置 $n=n+1$，返回第②步再进行计算，直到 $\tilde{D}^{(n+L)} \leqslant \varepsilon$，得到所要求的码书 $\mathscr{Y}_N = \mathscr{Y}_N^{(n+L)}$ 为止。

从理论上讲，当训练序列充分长时，以上两种算法有某种等效性。Gray、Kieffer 和 Linde 在 1980 年证明，当信源是矢量平稳且遍历时，若训练序列长度 $m \to \infty$，以上两种算法是等价的。1985 年，Subin 和 Gray 又把这个结果进一步推广到一大类信源的场合。除证明了极限情况下的结论外，他们还证明了对一个固定的迭代次数，已知训练序列的设计算法设计的矢量量化器逼近于已知信源分布特性的设计算法设计的矢量量化器。

7.3.2 初始码书的选取与空胞腔的处理

1. 初始码书的选取

从前面讨论的两种 LBG 算法中可见，初始码书如何选取，对最佳码书设计是很有影响的。下面介绍两种初始码书选取方法。

（1）随机法

这种方法是从训练序列中随机选取 N 个矢量作为初始码字，构成初始码书 $\mathscr{Y}_N^{(0)} = \{Y_1^{(0)}, Y_2^{(0)}, \cdots, Y_N^{(0)}\}$ 的。它的优点是：①不用初始化计算，从而可大大减少计算时间；②由于初始码字选自训练序列中，因而无空胞腔问题。它的缺点是：①可能会选到一些非典型的矢量作为码字，因而该胞腔中只有很少矢量，甚至只有一个初始码字，而且每次迭代又都保留了这些非典型矢量或非典型矢量的形心；②会造成在某些空间把胞腔分得过细，而在有些空间分得太大。这两个缺点都会导致码书中有限个码字得不到充分利用，设计的矢量量化器的性能就可能较差。

（2）分裂法

这种方法是 1980 年由 Linde、Buzo 和 Gray 提出的，具体步骤如下：

① 计算所有训练序列 TS 的形心，将此形心作为第一个码字 $Y_1^{(0)}$。

② 用一个合适的参数 A，乘以码字 $Y_1^{(0)}$，形成第二个码字 $Y_2^{(0)}$。

③ 以码字 $Y_1^{(0)}$、$Y_2^{(0)}$ 为简单的初始码书，即

$$\mathscr{Y}_2^{(0)} = \{Y_1^{(0)}、Y_2^{(0)}\}$$

用前面所述的 LBG 算法，去设计仅含 2 个码字的码书 $\mathscr{Y}_2^{(n)} = \{Y_1^{(n)}、Y_2^{(n)}\}$。

④ 将码书 $\mathscr{Y}_2^{(n)}$ 中的 2 个码字 $Y_1^{(n)}$、$Y_2^{(n)}$ 分别乘以合适的参数 B，得到 4 个码字 $Y_1^{(n)}$、$Y_2^{(n)}$、$BY_1^{(n)}$、$BY_2^{(n)}$。

⑤ 以这 4 个码字为基础，按步骤③去构成含 4 个码字的码书，再乘以合适的参数以扩大码字的数目。如此反复，经 $\log_2 N$ 次设计，就得到所要求的有 N 个码字的初始码书 $\mathscr{Y}_N^{(0)}$。

在此方法中，参数的选择对初始码书的设计性能有一定影响。参数可选为一个固定常数，

也可以选为码字的增益。用分裂法形成的初始码书，其性能较好。当然，以此初始码书设计的矢量量化器的性能也较好，但计算工作量大。

2．空胞腔和非典型矢量的处理

在 LBG 算法中，遇到的另一个问题是空胞腔和随机法中的非典型矢量如何处理。下面分别说明。

（1）去细胞分裂法

首先把某空胞腔中的形心，即码字 Y_z 去掉，然后将最大的胞腔 S_M 分裂为 2 个小胞腔。分裂方法如下：

① 用一个合适的参数 A 去乘以原形心 Y_M，得到 2 个码字，$Y_{M1}=Y_M$，$Y_{M2}=AY_M$。

② 以 2 个码字 Y_{M1}，Y_{M2} 来划分这个大胞腔，构成 2 个小胞腔 S_{M1}，S_{M2}。它们分别为

$$S_{M1}=\{X|d(X, Y_{M1})\leqslant d(X, Y_{M2}), \; X\in S_M\} \qquad (7.20)$$

$$S_{M2}=\{X|d(X, Y_{M2})\leqslant d(X, Y_{M1}), \; X\in S_M\} \qquad (7.21)$$

有时为了更精确起见，可以再计算 S_{M1}、S_{M2} 胞腔的形心，用类似于 LBG 算法构成含 2 个码字的码书的办法来进行分裂。此方法的优点是由于用 2 个小胞腔替代了 1 个大胞腔，其量化失真减小了，矢量量化器的总失真也减小了，因此性能得到改善。

（2）非典型矢量的处理

在随机法中，存在一些非典型矢量，用它们去形成胞腔时，胞腔中往往只有少数几个矢量，甚至只有它们自己本身一个矢量。其实在其他的设计算法中，也有只含很少几个矢量的胞腔，此时一般采用下面的办法来处理：

① 重新选择随机初始码字，直到没有非典型矢量为止；

② 把这种胞腔中少数矢量分别归并到邻近的各个胞腔中，再用分裂法把其中一个最大的胞腔分裂为 2 个小胞腔。

7.3.3 已知训练序列的 LBG 算法的 MATLAB 实现

假设有一段语音信号命名为 lbg_7.txt，其采样率为 16kHz，用其作为训练序列，使用程序 7.1 实现 LBG 算法来产生码书。初始码书从训练序列中每隔 5 个样本选取一组。程序中的参数意义：codebook_size 表示码书大小；codebook_dimen 表示码书维数；训练样本个数为 signal_num，训练样本从输入数据文件中选取。循环结束条件可以是达到循环次数，也可以是相对失真达到指定条件。

程序 7.1 为已知训练序列的 LBG 算法的 MATLAB 程序。

【程序 7.1】 TrainCodebook.m

```
clear all
codebook_size=6;                           %码书大小
codebook_dimen=7;                          %码书维数
signal_num=100;                            %参加训练样本的个数
circle_num=20;                             %码书训练循环次数,可选项,如果根据相对失真
                                           %作为结束条件,就不使用该变量
fid=fopen('lbg_7.txt','rt');               %读入数据文件 lbg_7.txt
input=fscanf(fid,'%f');                     %把输入数据文件中的数据赋给 input
fclose(fid);
num=size(input/codebook_dimen);            %读输入数据大小
```

```
x=input(1000:1000+signal_num*codebook_dimen);
%取出输入数据文件中 1000~1500 共(500/codebook_dimen=100=signal_num)组数据,
%作为训练样本
s=zeros(codebook_size,codebook_dimen);              %初始化初始码书
train_signal=zeros(signal_num,codebook_dimen);
final_codebook=zeros(codebook_size,codebook_dimen); %初始化最终码书
y_center=zeros(codebook_size,codebook_dimen);       %初始化新码书的形心
r=1;
for i=1:signal_num
    for j=1:codebook_dimen
        train_signal(i,j)=x(r);
    r=r+1;
    end
end
%选择初始码书
for i=1:codebook_size
    for j=1:codebook_dimen
        s(i,j)=train_signal(i*5,j);                %每隔 5 个样本取一个样本,存入 s 数组作为初始码书
    end
end
number=zeros(signal_num,1);
D=50000;                                            %起始平均失真
j2=0;
xiangdui__distort_value=50000;
for j1=1:circle_num;                               %让程序循环运行 circle_num 次结束
  while(xiangdui__distort_value>0.0000001)         %当相对失真小于 0.000001 时结束程序
    j2=j2+1;                                        %如果以相对失真为循环结束条件,j2 可记录下循环次数
    %求与训练样本距离最近的码书,则距离最近的码书索引就是训练样本所属的码书号
    for j=1:signal_num                             % signal_num:训练样本的个数
        for k=1:codebook_size
            A=0;
            for m=1:codebook_dimen
                A=A+(train_signal(j,m)-s(k,m))^2;   %计算训练样本与当前码书形心的距离
            end
            d(k)=A;
        end
        [dn,I]=min(d);                             %找出训练样本与所有当前码书距离最小值及对应的码书索引
        number(j)=I;
    end %求与训练样本距离最近的码书,则距离最近的码书索引就是训练样本所属的码书号结束
    N1=zeros(codebook_size,1);                     %N1:每个码书包含的样本个数
    %------求码书形心过程------
    for t=1:codebook_size
        y=zeros(codebook_dimen,1);
        N=0;
        for j=1:signal_num
```

```
            if t==number(j);
                for m=1:codebook_dimen
                    y(m)=y(m)+train_signal(j,m);
                end
                N=N+1;                          %计算属于每个码书的样本个数
            end
        end
        N1(t,1)=N;                              %属于每个码书的样本个数
        if N1(t,1)>0
            for m=1:codebook_dimen
            y_center(t,m)=y(m)/N1(t,1);         %求每个码书的形心
            final_codebook(t,m)=y_center(t,m);  %把训练出来的形心赋给 final_codebook
            end
        end
    end    %------求码书形心结束------
    %------求平均失真------
    ave_distort(j2)=0;
    for n=1:signal_num
        for m=1:codebook_dimen
            ave_distort(j2)=ave_distort(j2)+(train_signal(n,m)- final_codebook(number(n),m))^2;
            %求所有训练样本和其所属码书形心的距离
        end
    end
    ave_distort(j2)=ave_distort(j2)/signal_num;  %计算第 j1 次循环的平均失真
    %------求平均失真结束------

    Xiangdui_distort(j2)=abs((D-ave_distort(j2))/D);   %求相对失真
    D=ave_distort(j2);
    xiangdui_distort_value=xiangdui_distort(j2);
    end
    j1=circle_num;            %当相对失真小于 0.000001 时,直接置循环次数 j1 为 circle_num,以结束循环
end
%把训练好的码书写到文本文件
fid=fopen('训练好的码书.txt','w');
    for t=1:codebook_size
        for m=1:codebook_dimen
            fprintf(fid,'%6.2f,',final_codebook(t,m));
        end
        fprintf(fid,'\n');
    end
fclose(fid);
```

7.3.4 树形搜索矢量量化器

矢量量化是一种高效的数据压缩方法，但其复杂度随矢量维数呈指数级增长。复杂度通常

包含两个方面：一是运算量，二是存储量。前面介绍的基本矢量量化系统是全搜索矢量量化器，实际应用中，人们致力于研究降低复杂度的矢量量化系统，这种研究大致朝两个方向进行：一是寻找好的快速算法；二是使码书结构化，以减小搜索量和存储量。人们已提出多种方法，这里只介绍一种典型的方法：树形搜索矢量量化器。这种方法的优点是可以减少运算量，缺点是存储量有所增加且性能也有所下降。树虽有二叉树和多叉树之分，但它们的原理是相同的，这里以二叉树为例进行说明。

1. 树形搜索原理

树形图是一个连通的且无环路的有向图，图 7.7 所示为二叉树结构图。由图可见，以树根第一层为起点，第二层有 2 个节点(Y_0，Y_1)；第三层有 4 个节点(Y_{00}，Y_{01}，Y_{10}，Y_{11})；第四层（此树的最后一层）有 8 个节点（树叶）。

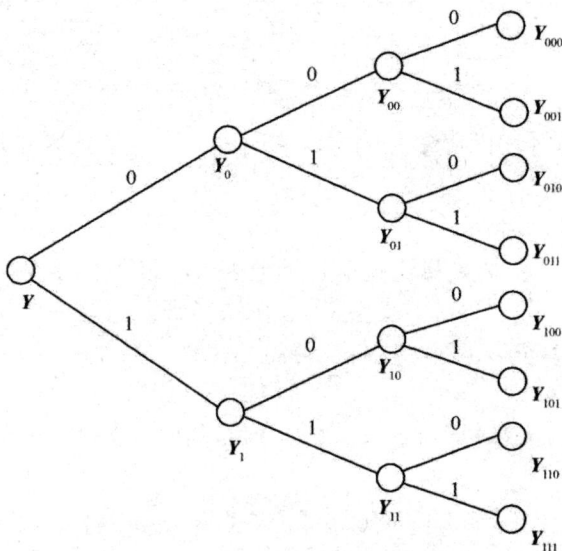

图 7.7　二叉树结构图（$M=8$）

在进行矢量量化编码时，做逐层搜索，一直搜索到最后一层，编码时的走步控制原则为：

$$控制逻辑值 = \begin{cases} 0, & 当上子树的节点失真最小时 \\ 1, & 当下子树的节点失真最小时 \end{cases}$$

具体量化步骤如下。

第 1 步：分别计算输入矢量 X 与 Y_0、Y_1 的失真 $d(X, Y_0)$ 和 $d(X, Y_1)$，并且比较它们的大小。若 $d(X, Y_0) > d(X, Y_1)$，则走下支路（下子树），到了节点 Y_1 处，送出 1 码至信道；若 $d(X, Y_0) < d(X, Y_1)$，则走上支路（上子树），到了节点 Y_0 处，就送出 0 码至信道。

第 2 步：若上一步走的是下支路，那么在节点 Y_1 处，再计算输入矢量 X 与节点 Y_{10}、Y_{11} 的失真 $d(X, Y_{10})$ 和 $d(X, Y_{11})$，并且比较它们的大小。若 $d(X, Y_{10}) < d(X, Y_{11})$，则走上支路，到 Y_{10} 处送出 0 码至信道；反之，就走下支路，到了 Y_{11} 处，送出 1 码至信道。

第 3 步：若刚才走的是上支路，那么在节点 Y_{10} 处分别计算失真 $d(X, Y_{100})$ 和 $d(X, Y_{101})$，并且比较它们的大小。若 $d(X, Y_{100}) > d(X, Y_{101})$，则走下支路，到了 Y_{101} 处送出 1 码到信道。Y_{101} 便是输入矢量 X 的量化矢量，在信道中传输的符号是 101。反之则走上支路，到了 Y_{100} 处，送出 0 码到信道。Y_{100} 便是 X 的量化矢量，在信道中传输的符号是 100。

设二叉树码书大小 $M=2^k$，k 为正整数，在形成二叉树码书时，分裂 k 次后即可得 $M=2^k$ 个码字。图 7.7 给出的是 $M=8=2^3$ 的分裂过程，每次分裂形成码书的一层，共有 $k=3$ 层。

2. 树形结构的设计

树形搜索矢量量化器的编码器由树形码书和相应的搜索算法构成。这种矢量量化器的特点是译码器的码书和编码器的码书不同。译码器采用数组型码书，因为它不必用树形搜索方法去寻找相应输入矢量 X 的码字，只要根据传输来的符号到数组码书中去直读即可。图 7.8 是它的原理框图。

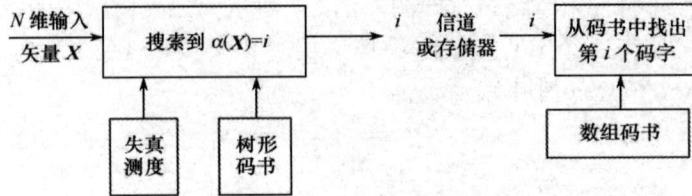

图 7.8　树形搜索矢量量化器的原理框图

设计树形结构（找出各层的码字）的方法有两种：一种是从树叶开始设计；另一种是从树根开始设计。

（1）从树叶开始设计的办法

如图 7.7 所示的 4 层二叉树矢量量化器，维数为 K，第四层有 $N=8$ 个码字（树叶数）。

第 1 步：假定第四层的 8 个码字已由 LBG 算法得到，将这些码字按码字距离最近配对的原则（因为是二叉树），得到：$\{Y_{000}, Y_{001}\}$，$\{Y_{010}, Y_{011}\}$，$\{Y_{100}, Y_{101}\}$，$\{Y_{110}, Y_{111}\}$，并把它们放在相应的树叶位置上。

第 2 步：求出这些码字对的中心，如 $\{Y_{000}, Y_{001}\}$ 的中心为 Y_{00}，共得到 4 个中心：Y_{00}，Y_{01}，Y_{10}，Y_{11}，并把它们放在第三层上。

第 3 步：将第三层上的码字仍按最近距离原则配对，得到 $\{Y_{00}, Y_{01}\}$，$\{Y_{10}, Y_{11}\}$。再求出码字对中心 Y_0 与 Y_1，并将它们放在第二层上。

这种树形码书总的尺寸为 $N_0=8+4+2=14$，即共有 14 个码字，而译码端的码字大小就是树叶数 $N=8$。

（2）从树根开始设计的方法

同样以图 7.7 所示的 4 层二叉树矢量量化器为例，具体设计步骤如下。

第 1 步：求出整个训练序列的形心，作为初始码书。用一个合适的参数 A 去乘初始码书，得到另一个码字。而后以这两个值为初始码字，将训练序列按一定失真测度划分为两个胞腔，再计算出两个胞腔的形心 Y_0 与 Y_1。用这种分裂法得到的 Y_0, Y_1 便是第二层的两个码字。

第 2 步：再用上述分裂法，得到第三层的 4 个码字 Y_{00}; Y_{01}, Y_{10}, Y_{11}。这样继续下去，一直计算到树叶为止。

从上面的叙述不难看出，树形搜索的过程是逐步求近似值的过程，中间的码字只起指引路线的作用。

3. 树形搜索矢量量化器的复杂度

树形搜索矢量量化器的特点是以适当提高空间复杂度来降低时间复杂度。在搜索时间上，二叉树的搜索速度最快，全搜索最慢。在存储量上，二叉树多于全搜索。由于树形搜索并不是从整个码书中寻找最小失真的码字，因此它的矢量量化器并不是最佳的，也就是说，树形搜索矢量量化器的性能比全搜索矢量量化器的性能差。可以计算出，完成二叉树搜索所需的失真

计算次数为 $2k$，失真大小比较次数为 k；全搜索时失真计算次数 2^k，失真大小比较次数为（2^k-1）。当 k 较大时，二者的差异是很大的。实际应用树形搜索矢量量化器时，可以适当选择各层的树叉数，在搜索速度、存储量及质量三者之间得到折中。

习 题 7

7.1　给出矢量量化器的编码速率，说明编码速率与哪些因素有关。

7.2　在 LBG 算法中，对空胞腔是如何处理的？

7.3　在随机法中，如何处理非典型矢量？

7.4　一个一维信源序列{1, 2, 3, 4, 6, 10, 12, 13, 16, 20}，给定初始码书{1, 4, 6, 10}，用 LBG 算法设计一维矢量量化器。

7.5　输入信号矢量 X=[1, 3, 5, 7, 10]，重构矢量 Y=[1, 5, 3.5, 7, 8.5]。

（1）求它们之间的平方失真测度。

（2）求绝对误差失真测度。

7.6　用 Cooledit 录制一段"我到北京去"的声音作为信源序列，设计一个 16 维、N=256 的矢量量化器。

（1）随机选取初始码书。

（2）根据分裂法选取初始码书。

7.7　把上题中的矢量量化器设计成 N=256 的树形矢量量化器。

（1）从树根设计。

（2）从树叶设计。

第8章 语音编码原理及应用

语音编码是语音信号处理的一个分支，主要用于通信领域，语音信号的数字化传输一直是通信发展的主要方向之一。语音的数字通信与模拟通信相比，无疑具有更好的效率和性能，这主要体现在：具有更好的语音质量；具有更强的抗干扰性，并易于进行加密；可节省带宽，能够更有效地利用网络资源；更易于存储和处理。最简单的数字化方法是直接对语音信号进行模数转换，只要满足一定的采样率和量化要求，就能够得到高质量的数字语音。但这时语音的数据量仍旧非常大，因此在进行传输和存储之前，往往要对其进行压缩处理，以减少其传输码率或存储量，即进行压缩编码。传输码率也称为码率或编码速率，表示每秒传输语音信号所需的比特数。语音编码的目的就是要在保证语音音质和可懂度的条件下，采用尽可能少的比特数来表示语音（特指通信传输系统中代表口语发声的 300~3400Hz 的信号）。本章以前面学习过的语音信号处理技术和方法为基础，介绍语音编码的基本原理及其应用。

8.1 语音编码的分类及特性

语音编码按编码方式大致可以分为 3 类：波形编码、参数编码和混合编码。波形编码是将时域或变换域信号直接变换为数字信号，力求使重建语音波形保持原始语音信号的波形。参数编码又称声码器编码，它是将信源信号在频域或其他变换域提取特征参数，然后对这些特征参数进行编码和传输，在译码端再将接收到的数字信号译成特征参数，根据这些特征参数重建语音信号。混合编码将波形编码和参数编码结合起来，克服了波形编码和参数编码的缺点，吸收了它们的长处，能够在较低速率上得到高质量的合成语音。

8.1.1 波形编码

波形编码是降低量化每个语音样点的比特数，同时保持相对好的语音质量，在波形编码中要求重建语音信号 $\hat{s}(n)$ 的各个样本值尽可能地接近原始语音信号 $s(n)$ 的样本值，如果令 $e(n)=s(n)-\hat{s}(n)$ 表示量化误差或重构误差，那么波形编码的目的是在给定的编码速率下，使误差序列 $e(n)$ 的能量最小。传统的波形编码方法有脉冲编码调制（PCM）、自适应增量调制（ADM）和自适应差分脉冲编码调制（ADPCM）等。针对语音信号幅度分布不均匀的特点，PCM 中用 μ-律或 A-律对采样信号进行不均匀量化，需要用 64kbit/s 实现；ADM 中对信号增量进行自适应量化，需要用 32~16kbit/s 实现；ADPCM 利用波形样点之间的短时相关性进行短时预测，对预测值与原始语音的差值（预测残差）进行编码，用 32kbit/s 可以再现高质量语音。波形编码具有语音质量好、适应能力强、算法简单、易于实现、抗噪性能强等优点。其缺点是所需的编码速率高，一般为 16~64kbit/s。

8.1.2 参数编码

参数编码是以语音信号产生的数字模型为基础，对数字语音信号进行分析，提出一组特征参数（主要是指表征声门振动的激励参数和表征声道特性的声道参数），这些参数携带有语音信号的主要信息，对它们编码只需要较少的比特数，在解码后可以由这些参数重新合成语音信号。编码速率的降低主要取决于分析和提取什么样的特征参数及合成器的类型。这种编码方法力图使重建语音信号具有尽可能高的可懂度，但重建语音信号与原始语音信号之间没有一一对应关系，因而合成语音的音质好坏需要借助于主观评定，而缺少客观的评定标准。共振峰声码器、线性预测声码器、余弦声码器都属于参数编码器。参数编码的优点是可实现低速率语音编码，其编码速率可低至 2.4kbit/s 以下；缺点是语音质量差，自然度较低。这类编码器对讲话环境噪声较敏感，需要安静环境才能给出较高的可懂度。

8.1.3 混合编码

波形编码虽然能够得到很好的语音质量，但它的编码速率很高，而参数编码虽然能获得很低的编码速率，但其合成语音质量不高。混合编码在保留参数编码技术优点的基础上，引入波形编码去优化激励源信号，克服了原有波形和参数编码的弱点，而吸取了它们各自的长处，在 4~16kbit/s 的编码速率上能够合成高质量语音。多脉冲激励线性预测编码（MPE-LPC）、码激励线性预测编码（CELP）等都属于这类混合编码。混合编码器以复杂的算法和很大的运算量为代价，在中低速率语音编码上获得了高质量语音。

8.2 语音编码性能的评价指标

语音编码的根本目标就是在尽可能低的编码速率条件下，重建得到尽可能高的语音合成质量，同时还应尽量减小编解码延时和算法复杂度，因此编码速率、编码语音质量评价、编解码延时及算法复杂度这 4 个因素自然就成了评价一个语音编码算法性能的基本指标，这 4 个因素之间有着密切的联系，在具体评价一种语音编码算法的优劣时，需要根据具体的实际情况，综合考虑这 4 个因素进行性能评价。

8.2.1 编码速率

编码速率直接反映了语音编码对语音信息的压缩程度。编码速率可以用"比特/秒"（bit/s）来度量，它代表编码的总速率，一般用 I 表示；也可以用"比特/样点"（bit/p）来度量，它代表平均每个语音样点编码时所用的比特数，用 R 表示。两者之间可以用公式 $I=R \cdot f_s$ 互相转换，其中 f_s 为采样率。显然，平均每样点比特数 R 越高，语音波形或参数量化则越精细，语音质量也就越容易提高，相应地对传输带宽或存储容量的要求也就越高。

降低编码速率往往是语音编码的首要目标，它直接关系到传输资源的有效利用和网络容量的提高。根据编码速率和输入语音的关系可将编码器分成两类：固定速率编码器和可变速率编码器。

现在大部分编码标准都是固定速率编码，其范围为 0.8~64kbit/s。其中，保密电话的编码速率最低，为 0.8~4.8kbit/s，其原因是它的传输带宽限定在 4.8kbit/s 以下。数字蜂窝移动电话和卫星电话编码器的编码速率为 3.3~13kbit/s，它使数字蜂窝系统的容量可以达到模拟蜂窝系统的 3~5 倍。需要注意的是，蜂窝系统中常伴有信道编码，使总的编码速率达到 20~30kbit/s。普通电话网的编码速率为 16~64kbit/s。其中有一类特别的编码器称为宽带编码器，其编码速率为 48/56/64kbit/s，用于传送 50Hz~7kHz 的高质量音频信号，如电视会议系统。在固定速率的编码器中，有些编码器采用一些特殊的技术，以提高信道利用率，例如，语音插空技术利用语音之间的自然停顿传送另一路语音或数据。

可变速率编码是近年来出现的新技术。根据统计，两方通话大约只有 40% 的时间是真正有声音的，因此一个自然的想法是采用通、断状态编码。通状态对应有声期，采用固定编码速率；断状态对应无声期，传送极低编码速率信息（如背景噪声特征等），甚至不传送任何信息。更复杂的多状态编码还可以根据网络负荷、剩余存储容量等外部因素调节其编码速率。可变速率编码主要包括两种算法：一是语音激活检测（VAD），主要用于确定输入信号是语音还是背景噪声，其难点在于正确识别出语音段的开始点，确保语音的可懂度；二是舒适噪声的生成（CNG），主要用于接收端重建背景噪声，其设计必须保证发送端和接收端的同步。

8.2.2 编码语音质量评价

编码语音质量评价可以说是语音编码性能的最根本指标，评价语音质量的方法归纳起来可以分为两类：主观评价方法和客观评价方法。具体内容参考本书第 14 章。

8.2.3 编解码延时

编解码延时一般用单次编解码所需的时间来表示，在实时语音通信系统中，语音编解码延时同线路传输延时的作用一样，对系统的通信质量有很大影响。过长的语音延时会使通信双方产生交谈困难，而且会产生明显的回声而干扰人的正常思维。因此，在实时语音通信系统中，必须对语音编解码算法的编解码延时提出一定的要求。对于公用电话网，编解码延时通常要求不超过 5~10ms，而对于蜂窝移动通信系统，允许最大延时不超过 100ms。延时影响通话质量的另一个原因是回声。当延时较小时，回声同话机侧音及房间交混回响声相混，因而感觉不到。但当往返总延时约 100ms 时，发话者就能从手机中听到自己的回声，从而影响通话质量。

8.2.4 算法复杂度

算法复杂度主要影响到语音编解码器的硬件实现，它决定了硬件实现的复杂程度、体积、功耗及成本等。对一些复杂的语音编码算法，一般编码算法的复杂程度与语音质量有密切关系。在同样编码速率的情况下，复杂一些的算法将会获得更好一些的语音质量。算法的复杂程度与硬件实时实现也有密切关系。它对数字信号处理芯片的运算能力及存储器容量都有一定的要求。运算能力可用处理每秒钟信号样本所需的数字信号处理器（DSP）指令条数来衡量其计算复杂度，用单位"百万次操作/秒"（MOPS）或"百万条指令/秒"（MIPS）等来对算法复杂度进行描述。存储器容量通常用千字节（KB）的数量来衡量。算法越复杂，则运算量越大，需要一片或多片 DSP 芯片以及较大容量的存储器方可实现。

8.3 语音信号波形编码

8.3.1 脉冲编码调制（PCM）

1. 均匀量化 PCM

脉冲编码调制是最简单的波形编码方法，它把语音信号样本幅值量化到 $N=2^B$ 个码字中的一个，这样每个样本需用 B 比特来表示。假定信号带宽是 WHz，根据采样定理，总的比特率将是 $2WB$bit/s。均匀量化 PCM 和普通的 A/D 变换是完全相同的，它没有利用语音信号的任何性质，也没有进行压缩。在这种编码方法中，输入信号 $x(n)$ 幅值的范围被分成 N 个相同宽度的区间，所有落入同一区间的样本都被编码成相同的二进制码字。语音是非平稳随机信号，电话语音电平变化超过 40dB。对小信号电平输入，信号对量化噪声的功率比（简称信噪比）应保证为 20~30dB，最大信噪比应为 60~70dB。只要 N 足够大，我们可以合理地假定，量化误差 $e(n)$ 在各个宽度为 Δ 的区间里是均匀分布的，信噪比可近似地写成

$$\text{SNR} = \sigma_x^2 / \sigma_e^2 = \sigma_x^2 / (\Delta^2 / 12) \tag{8.1}$$

或用分贝表示时，有

$$\text{SNR(dB)}=6.02B+4.77-20\log(X_{\max}/\sigma_x) \tag{8.2}$$

式中，σ_x^2 和 σ_e^2 是输入信号和量化噪声的方差或平均能量，$X_{\max}$ 是输入信号的峰值，B 是量化比特数。进一步假定，输入量化器的信号值范围限制在 $-4\sigma_x \sim +4\sigma_x$，即 $X_{\max}=4\sigma_x$，那么有

$$\text{SNR(dB)}=6.02B-7.2 \tag{8.3}$$

这表明量化器每增加 1bit，信噪比增加 6dB。量化比特数 B 的选择要考虑到输入信号已有的信噪比。当要求 SNR=60dB 时，B 至少应取 11bit。此时，对于带宽为 4kHz 的电话语音信号，若采样率为 8kHz，则 PCM 要求的比特率为 88kbit/s。这样的比特率是比较高的。

均匀量化 PCM 在下列两个假设条件下效果是很好的：①输入信号幅值变化范围是已知的；②信号幅值在已知的范围内是均匀分布的。然而，语音信号是一个非平稳的过程，最强的语音和最弱的语音之间相差 30dB 以上，并且不同的人在不同场合讲话响、轻相差甚远。因此均匀量化 PCM 要求的两个条件对语音信号来讲实际上都不可能满足。如果我们设计的量化器动态范围太小，那么当输入语音信号幅值超过这个范围时，会出现过载噪声或者饱和噪声；反之，设计的量化器动态范围很大，那么量化间隔相应增加，量化噪声就大，有时甚至淹没一些微弱的语音。此外，从式（8.2）还可以看到，信噪比和输入信号的方差有关，若输入信号方差只有量化器设计范围的一半，则信噪比下降 6dB。显然，一个清音段的方差也许比浊音段的方差低 30dB，那么短时信噪比在清音段期间要比浊音段期间低得多，因此为了在均匀量化 PCM 时保持听觉上满意的效果，不得不使用较多的量化比特数，而这又是不现实的，所以，必须研究更高效的编码方案。

2. 对数 PCM

改进 PCM 编码器性能的一个方法是采用非均匀量化，即让量化间隔大小不相等。对小的输入信号值量化间隔较小，对大的输入信号值量化间隔较大。这样，可以对任何输入信号电平保持近似相同的信噪比。采用非均匀量化后，显然只要用较小的量化比特数，在满足小信号有

一定信噪比的同时，又有足够的动态范围使大信号时不会出现过载问题。如果我们能够测定语音信号幅度的概率密度函数，那么对于某个给定的量化比特数，非均匀量化器完全可以设计得使量化噪声达到最小。然而实际的概率密度函数和设计的概率密度函数往往不容易匹配，这时量化器的性能会急剧降低。

我们希望量化器的性能既不敏感于输入信号的方差，又不敏感于输入信号的概率密度函数，常用的 μ-律或 A-律量化器就是具有这种特性的非均匀量化器。下面对 μ-律量化器做一介绍。非均匀量化可以等效于把信号幅度非线性地压缩后再进行线性量化，从前面的分析不难看到，对数压缩是比较理想的。这一点可以简单地证明如下：假如均匀量化前，先用对数做幅度压缩，译码后用指数函数进行扩张，即

$$y(n)=\ln|x(n)| \tag{8.4}$$

其反变换

$$x(n)=\exp[y(n)]\text{sgn}[x(n)] \tag{8.5}$$

式中，sgn[·]是符号函数。那么量化后有

$$\hat{y}(n) = Q[\ln|x(n)|] = \ln|x(n)| + e(n) \tag{8.6}$$

假设 $e(n)$ 与 $\ln|x(n)|$ 不相关，量化后对数幅度的反变换为

$$\hat{x}(n) = \text{sgn}[x(n)]\exp[\hat{y}(n)] = |x(n)|\text{sgn}[x(n)]\exp[e(n)] = x(n)\exp[e(n)] \tag{8.7}$$

当 $e(n)$ 很小时，上面公式近似为

$$\hat{x}(n) = x(n)[1+e(n)] = x(n)+x(n)e(n) = x(n)+f(n) \tag{8.8}$$

式中，$f(n)=x(n)e(n)$。由于 $x(n)$ 与 $e(n)$ 是统计独立的，因此有

$$\sigma_f^2 = \sigma_x^2\sigma_e^2, \quad \text{SNR} = \sigma_x^2/\sigma_f^2 = 1/\sigma_e^2 \tag{8.9}$$

这就证明了信噪比和信号方差无关，它仅取决于量化间隔。式（8.4）那样的量化器实际上是不能实现的，那里最大值与最小值的比假设成无限大（$\ln(0)=-\infty$），需要无限个量化单元。在实用中是将对数压缩特性作某种近似，μ-律压缩就是最常用的一种。μ-律压缩特性可表示为

$$y(n) = F_\mu[x(n)] = X_{\max} \frac{\ln[1+\mu|x(n)|/X_{\max}]}{\ln(1+\mu)}\text{sgn}[x(n)] \tag{8.10}$$

式中，$X_{\max}$ 是信号 $x(n)$ 的最大幅度，μ 是参变量，用来控制压缩程度，$\mu=0$ 表示没有压缩，μ 值越大，压缩越厉害，故称之为 μ-律压缩。

图 8.1 给出了 μ-律压缩的输入输出特性曲线，根据这个特性曲线可知，当输入小幅度时，量化间隔小，输入大幅度时量化间隔大。

在 μ-律量化情况下，可推导出其信噪比公式为

$$\text{SNR(dB)} = 6.02B + 4.77 - 20\log[\ln(1+\mu)] - 10\log[1+(X_{\max}/\mu\sigma_x)^2 + \sqrt{2}(X_{\max}/\mu\sigma_x)] \tag{8.11}$$

将此结果与式（8.2）比较可见，SNR 与 $X_{\max}/\sigma_x$ 的依赖关系要松得多，当 μ 增大时，SNR 对 $X_{\max}/\sigma_x$ 的变化越来越不敏感。

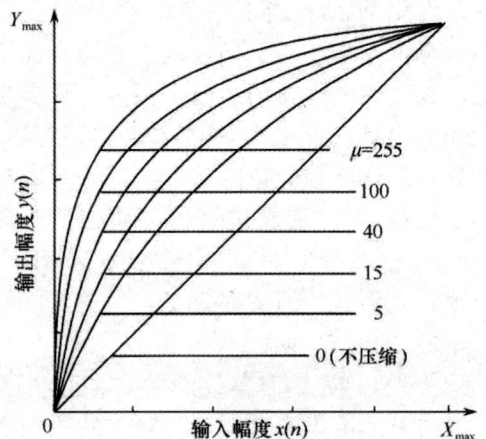

图 8.1 μ-律特性的输入输出结果

与μ-律量化具有相同效果的还有A-律量化，A-律压缩特性可表示为

$$F_A[x(n)] = \begin{cases} \dfrac{A\,|x(n)|\,/X_{\max}}{1+\ln A}\,\mathrm{sgn}[x(n)], & 0 \leqslant |x(n)|\,/X_{\max} \leqslant 1/A \\[3mm] \dfrac{1+\ln(A\,|x(n)|\,/X_{\max})}{1+\ln A}\,\mathrm{sgn}[x(n)], & 1/A < |x(n)|\,/X_{\max} \leqslant 1 \end{cases} \tag{8.12}$$

和μ-律比较，A-律压缩的动态范围略小些，在小信号时质量较μ-律要差些。A-律最小量化间隔是$2/4096$，而μ-律是$2/8159$，事实上这二者的差别是不易觉察到的。无论是A-律还是μ-律，其特性在$x(n)$小时都是线性的，在$x(n)$大时则呈现对数压缩特性。

采用A-律或μ-律量化的脉冲编码调制统称为对数PCM，是目前最为成熟的一种语音压缩编码方法。8bit的对数PCM（64kbit/s）于1972年被ITU-T制定为G.711标准，已普遍应用于数字电话系统中。不同国家和地区采用的体制不同，北美和日本的PCM标准采用$\mu=255$的μ-律PCM，欧洲的PCM标准则采用$A=87.56$的A-律PCM，我国也采用A-律。

3. 自适应量化PCM

自适应量化PCM是指量化器的特性自适应于输入信号的幅度的变化，即一个自适应量化器的量化间隔应自适应地改变，并与输入信号的幅度方差保持相匹配，或者等效地在一个固定的量化器前，加一个自适应的增益控制，使进入量化器的输入信号方差保持为固定的常数。采用自适应量化器的PCM就称为自适应脉冲编码调制（APCM）。

图8.2是两种APCM方法的框图，这两种方法中，都需要随时估计输入信号的时变幅度，以修正量化间隔$\Delta(n)$或增益$G(n)$的值。图中上标"'"表示接收端得到的参量，如果传输信道没有引入误码，那么有$c'(n)=c(n)$，$\Delta'(n)=\Delta(n)$，$G'(n)=G(n)$等。关于自适应的速度，如果是每个样本或者几个样本进行自适应调整，称为"瞬时自适应"；如果是较长时间才进行自适应调整的，例如浊音与清音的幅度往往相差很大，但在浊音期间或清音期间幅度方差基本保持不变，那么这时的自适应可称为"音节自适应"。根据$\Delta(n)$和$G(n)$的估计方法不同，自适应又可分为"前馈自适应"和"反馈自适应"两种。

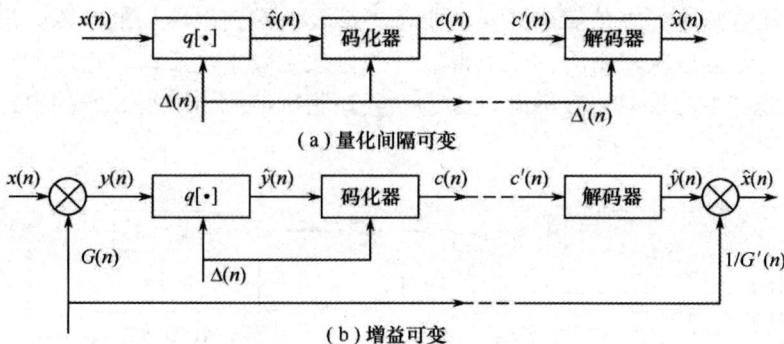

（a）量化间隔可变

（b）增益可变

图8.2　APCM框图

（1）前馈自适应

所谓前馈自适应是指信号$x(n)$的能量或方差是由输入信号$x(n)$本身估算出来的，一般是先估算出$x(n)$的方差$\sigma^2(n)$后，令两种APCM系统输出为

$$\Delta(n)=\Delta_0\sigma(n), \qquad G(n)=G_0/\sigma(n) \tag{8.13}$$

即$\Delta(n)$正比于$\sigma(n)$，$G(n)$反比于$\sigma(n)$，它们除在发送端使用外，还作为边信息，随同语音样本码

值一起传送到接收端。通常认为，方差$\sigma^2(n)$正比于语音信号的短时能量，而我们知道，短时能量可定义为$x(n)$经低通滤波器$h(n)$后的输出，因此有

$$\sigma^2(n) = \sum_{m=-\infty}^{+\infty} x^2(m)h(n-m) \qquad (8.14)$$

式中，$h(n)$为低通滤波器的单位冲激响应，可由采用的窗函数求出。例如，设窗函数为

$$h(n) = \begin{cases} \alpha^{n-1}, & n \geqslant 1 \\ 0, & \text{其他} \end{cases} \qquad (8.15)$$

则

$$\sigma^2(n) = \sum_{m=-\infty}^{+\infty} x^2(m)\alpha^{n-m-1} \qquad (8.16)$$

显然，$\sigma(n)$也满足差分方程

$$\sigma^2(n) = \alpha\sigma^2(n-1) + x^2(n-1) \qquad (8.17)$$

为保证稳定性，要求$0<\alpha<1$，参数α的取值影响$\sigma(n)$的变化速度，例如，取$\alpha=0.9$时，系统自适应的速度要比$\alpha=0.99$时快得多，它们可分别对应于瞬时自适应和音节自适应。但是值得注意的是，$\sigma(n)$的变化快慢是由低通滤波器带宽所决定的，它又决定了$\Delta(n)$和$G(n)$所需的采样率。研究$\Delta(n)$或$G(n)$的最低采样率是重要的，因为$\Delta(n)$或$G(n)$必须作为边信息传送，它们将影响整个编码系统的编码速率。如果$\Delta(n)$按帧估算（一般10~30ms为一帧），则边信息所需的比特率就很低。此外，为了在40dB信号动态范围内保持一个相对稳定的SNR，那么要求$\Delta(n)$或$G(n)$的变化范围，即$\Delta_{max}/\Delta_{min}$或$G_{max}/G_{min}$值应达到100。

（2）反馈自适应

两种反馈APCM系统框图如图8.3所示，其特点是输入信号的方差是由量化器输出或等效地由样本码序列估算出来的，如同前馈APCM系统一样，量化间隔$\Delta(n)$和增益$G(n)$也按式（8.13）变化。这个方案的优点是：$\Delta(n)$或$G(n)$无须保存或传送，因为编码端可以如同解码端那样直接从样本码序列中估算出$\sigma^2(n)$。由于不涉及编码速率增加的问题，反馈自适应中的$\Delta(n)$或$G(n)$总是逐点自适应修正的，以求得较好的自适应效果。反馈自适应的缺点是：对样本码序列中由于传输产生的误差比较敏感，因为误码还将影响到$\Delta(n)$或$G(n)$的自适应，并且这一影响会不断地传播下去。

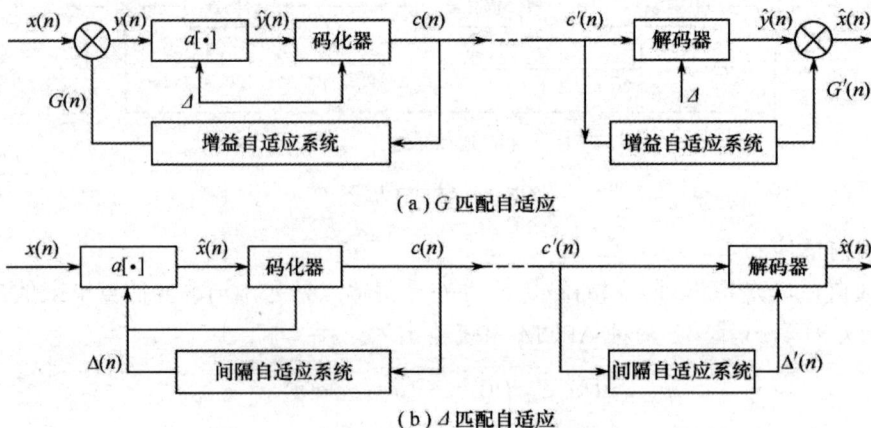

（a）G匹配自适应

（b）Δ匹配自适应

图8.3　两种反馈APCM系统框图

一般来讲，前馈自适应和反馈自适应相比，信噪比略高一些；但是前馈自适应需要延迟一段时间去计算短时方差，而反馈自适应则是瞬时完成的。总之，自适应量化能给出超过 μ-律或 A-律量化的信噪比，适当选定 $\Delta_{max}/\Delta_{min}$，也可使自适应动态范围与后者相当，选择较小的 Δ_{min}，还可使无语言活动时量化噪声很低，因此自适应量化是一种很有效的编码方法。

8.3.2 自适应预测编码（APC）

1. 基本的自适应预测编码系统

我们在讨论语音信号的线性预测分析原理时，假定一个语音样本 $s(n)$ 可以近似地被它过去的 p 个样本的线性组合所预测，预测样本值为

$$\tilde{s}(n) = \sum_{i=1}^{p} a_i s(n-i) \tag{8.18}$$

式中，$a_i(1 \leqslant i \leqslant p)$ 称为预测系数，p 是预测阶数，令 $e(n)$ 表示实际值与预测值之间的误差，即

$$e(n) = s(n) - \tilde{s}(n) = s(n) - \sum_{i=1}^{p} a_i s(n-i) \tag{8.19}$$

$e(n)$ 即预测误差，也称为预测残差。对式（8.19）两边取 z 变换，有

$$E(z) = \left(1 - \sum_{i=1}^{p} a_i z^{-i}\right) S(z) = A(z)S(z) \tag{8.20}$$

式中

$$A(z) = 1 - \sum_{i=1}^{p} a_i z^{-i} \tag{8.21}$$

因此，$e(n)$ 可以让语音信号 $s(n)$ 通过一个全零点的滤波器 $A(z)$ 而得到。可以设想，如果式（8.18）的预测效果很好，那么预测残差 $e(n)$ 的幅度变化范围和平均能量必定比原来的语音信号 $s(n)$ 小；如果对残差序列 $e(n)$ 做量化和编码，在同样信噪比条件下，所需的量化比特数就可以减少，从而达到压缩编码的目的。基于这一原理的方法称为预测编码，当预测系数是自适应地随语音信号变化时，又称自适应预测编码。

自适应预测编码系统是如何提高信噪比的呢？我们用图 8.4 来说明。

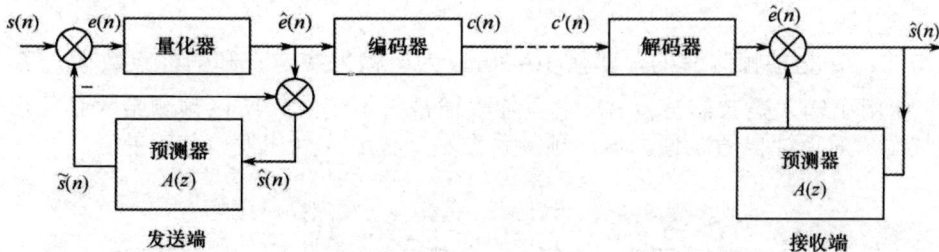

图 8.4 基本的自适应预测编码系统

从图 8.4 可以看到，不考虑传输信道的误码，系统解码后输出为

$$\hat{s}(n) = \hat{e}(n) + \tilde{s}(n) = [e(n) + q(n)] + \tilde{s}(n) \tag{8.22}$$
$$= [s(n) - \tilde{s}(n) + q(n)] + \tilde{s}(n) = s(n) + q(n)$$

式中，$q(n)$是残差信号$e(n)$的量化误差，即

$$q(n) = \hat{e}(n) - e(n) \tag{8.23}$$

注意：重构的信号$\hat{s}(n)$在发送端和接收端都可以得到。根据信噪比的定义有

$$\mathrm{SNR} = \frac{E[s^2(n)]}{E[q^2(n)]} = \frac{E[s^2(n)]E[e^2(n)]}{E[e^2(n)]E[q^2(n)]} = G_p \cdot \mathrm{SNR}_q$$

其中，$E[s^2(n)]$、$E[e^2(n)]$和$E[q^2(n)]$分别是信号、残差和量化噪声的平均能量。不难看出，$\mathrm{SNR}_q = E[e^2(n)]/E[q^2(n)]$是量化器的信噪比，$G_p = E[s^2(n)]/E[e^2(n)]$是自适应预测增益。图8.5给出了线性预测和自适应预测两种情况下预测增益和预测阶数p的关系。

由图8.5可见，阶数$p>4$时，线性预测有10dB的增益，自适应预测有约14dB的增益。从以上分析可知，自适应预测编码有下列3个特性。

① 对同样比特数的量化器，APC的信噪比总大于非预测编码，即$G_p = E[s^2(n)]/E[e^2(n)]$总大于1。

② 增益G_p是随时间变化的，因为它事实上是信号频谱的函数，频谱的动态范围越大，信号样本之间的相关性就越强，预测增益就越高。因此我们又把这种预测器称为基于频谱包络的预测器。图8.5中14dB增益表示了整个说话期间的最大值。

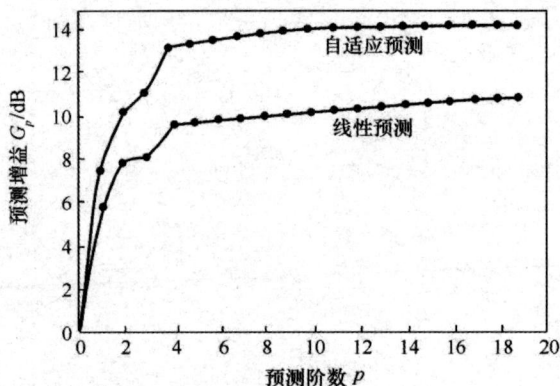

图8.5 预测增益与预测阶数的关系

③ 量化噪声近似于白噪声，所以输出噪声的频谱是平坦的。

2．前馈与反馈自适应预测

与自适应量化器一样，自适应预测器也可分成前馈自适应预测器和反馈自适应预测器。前馈自适应预测器计算预测系数是通过使误差

$$E = \sum_{n=0}^{N-1} e^2(n) = \sum_{n=0}^{N-1} \left[s(n) - \sum_{i=1}^{p} a_i s(n-i) \right]^2 \tag{8.24}$$

最小来求得的。a_i是按帧时变的，即按10~30ms为一帧来决定求和的样点数N与系数。因为式（8.24）使用了输入语音信号$s(n)$，它在接收端是得不到的，所以预测系数必须作为边信息传输到接收端。对反馈自适应预测器，预测系数是从$\hat{s}(n)$序列出发，使误差

$$\hat{E} = \sum_{n=0}^{N-1} \hat{e}^2(n) = \sum_{n=0}^{N-1} \left[\hat{s}(n) - \sum_{i=1}^{p} a_i \hat{s}(n-i) \right]^2 \tag{8.25}$$

最小来求得的。从图8.4看到，$\hat{s}(n)$在发送端与接收端都可以得到，因此除了传送$\hat{e}(n)$，无须任何附加的边信息传给接收端。

为清楚起见，我们将前馈和反馈自适应预测方法做一简单的比较。

① 前馈自适应预测的效果一般讲略优于反馈自适应预测，但前馈自适应预测的问题是必须传送预测系数到接收端。为了保证精确传送，就需对它们进行适当的量化和编码，并和 $\hat{e}(n)$ 有效地组合起来，达到高效率地传输，这将使发送端变得比较复杂。而反馈自适应预测则没有这个问题。

② $\hat{e}(n)$ 传输误码对反馈自适应预测的影响较大。在前馈自适应预测编码器中，$\hat{e}(n)$ 的误码不影响预测系数。当然，预测系数的传输本身也会出现误码；但它只局限于影响本帧的结果，而且一般说来，在编码预测系数时都采取了有效措施，即使发生了误码也不至于造成系统的不稳定。反馈自适应预测求得的预测系数，不能保证它们形成的合成滤波器一定是稳定的，同时要考虑算法的收敛性、有限字长的影响等，这都使反馈自适应预测比较复杂。

8.3.3　G.721 标准及算法实现

1．差分脉冲编码调制（DPCM）

差分脉冲编码调制（DPCM）是 APC 的一种特殊情况，它的预测器具有如下简单的形式

$$A(z)=1-a_1z^{-1} \tag{8.26}$$

式中，a_1 是一个固定的常数，可以根据信号频谱的长期平均估算最优 $A(z)$ 而得到。在 DPCM 中，被量化和编码的是 $e(n)=x(n)-a_1x(n-1)$，即传送的是相邻样本的差值。因为 a_1 是固定的，显然它不可能对所有讲话者及所有语音内容都是最佳的。采用高阶固定预测，改善效果并不明显；比较好的方法是采用高阶自适应预测。采用自适应量化及高阶自适应预测的 DPCM，又称为 ADPCM，它本质上也是自适应预测编码。

2．增量调制（DM）

增量调制基本上是一种 DPCM，它与一般 DPCM 的主要区别有两点：一是 DM 中波形的采样率大大高于由采样定理确定的奈奎斯特采样率；二是差值信号使用 2 个电平，即用 1bit 的量化器。由于采样率提高使得相邻样本之间的相关性变大，差值信号能量减小，从而允许只用 2 个电平去粗量化，实际上，DM 中传送的仅是差值信号的极性，即表征这个采样值比上一个采样值是增加了还是减少了；在接收端根据传输的极性符号，在前一个采样值上增加或减小一个增量即可。因此，DM 的比特率就等于波形的采样率，图 8.6 给出了 DM 的编码情况。图 8.6 是一段原始语音信号（虚线）和根据 DM 编码序列所恢复的阶梯信号的波形，各阶梯信号的高度等于编码器中的量化电平Δ。在均匀量化时，Δ的大小与信号电平无关，始终保持恒定，因而 $x(n)$ 的量化值 $\hat{x}(n)$ 的增加和减小都将是线性的。这样，在译码器中，所恢复的阶梯波的上升或下降有可能跟不上信号的变化，因而产生滞后，这就造成了失真，称为"斜率过载"失真，如图 8.6 的 AB 段。斜率过载期间的码字将是一连串的 0 或一连串的 1。为了避免这种失真，要求阶梯波的上升和下降的斜率大于或等于语音信号的最大变化斜率，即

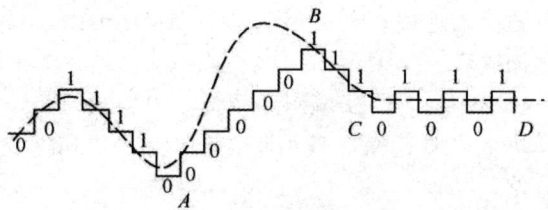

图 8.6　DM 的编码情况

$$\frac{\Delta}{T} \geqslant \max\left|\frac{\mathrm{d}x_\mathrm{a}(t)}{\mathrm{d}t}\right| \tag{8.27}$$

式中，$x_\mathrm{a}(t)$ 是原始模拟语音信号，T 是采样时间间隔。

当语音信号不发生变化或变化很缓慢时，预测误差信号将等于零或具有很小的绝对值。这种情况下预测误差信号被量化为 Δ 和 $-\Delta$ 的概率是相等的，因此，经量化后成为幅度为 2Δ 的等幅振荡，编码为 0 和 1 交替出现的序列。在译码器中所得到的将是峰峰值等于 2Δ 的等幅脉冲序列。这便形成一种噪声，称为"颗粒噪声"，如图 8.6 的 CD 段所示。

从式（8.27）可以看出，为减小斜率过载失真，要求选取较大的 Δ；而为减小颗粒噪声，却应将 Δ 取得小些。这是相互矛盾的。因此，通常需要对这个两方面的要求折中考虑。

一般情况下，人的听觉器官不易察觉斜率过载失真，而颗粒噪声在整个音频范围内都会产生影响，对音质影响严重。因此，常常将 Δ 取得尽可能小（但应与语音信号电平相匹配）。与此同时，也要兼顾到斜率过载失真不能太严重。在 Δ 选定后，如果斜率过载失真太严重，以至于无法接受，这时可以用加大采样率的办法来降低斜率过载失真（因为从式（8.27）可看出，T 的减小可以减小斜率过载失真）。然而，应注意不要因此让比特率增加得过多。

3．自适应增量调制（ADM）

ADM 的基本思想是：使增量 Δ 自适应语音信号的平均斜率变化，当信号波形的平均斜率变大时，Δ 自动增大，反之则减小，从而缓解 DM 中由于 Δ 固定引起的矛盾。ADM 一般采用反馈自适应方式，即增量 Δ 由量化后的代码来控制，例如

$$\Delta(n) = M\Delta(n-1) \tag{8.28}$$

其中，$\Delta(n)$ 满足 $\Delta_{\min} \leqslant \Delta(n) \leqslant \Delta_{\max}$，$\Delta_{\max}$、$\Delta_{\min}$ 是预先确定的增量的上、下限；乘数 M 是当前码字 $c(n)$ 和前一个码字 $c(n-1)$ 的函数，一般选择

$$\begin{cases} c(n) = c(n-1) = c(n-2), & \text{则}\, M > 1 \\ c(n) \neq c(n-1), & \text{则}\, M < 1 \end{cases} \tag{8.29}$$

另一种 ADM 是所谓的连续可变斜率增量调制（CVSD），它的自适应规则是

$$\begin{cases} \Delta(n) = \beta\Delta(n-1) + D_2, & c(n) = c(n-1) = c(n-2) \\ \Delta(n) = \beta\Delta(n-1) + D_1, & \text{其他} \end{cases} \tag{8.30}$$

这里，$0 < \beta < 1$，$D_2 \gg D_1 > 0$；$\Delta(n)$ 递推公式中的最小值和最大值是固定的。与前面一样，其基本原理是：按照码序中表示斜率过载的情况增大增量，假定连续 3 个码字全是"1"或者全是"0"，则增量 $\Delta(n)$ 增加一个量，不出现这种码序时，$\Delta(n)$ 一直减小到 $\Delta_{\min}$（因为 $\beta < 1$）。参数 β 控制自适应的速度，若 β 接近于 1，则 $\Delta(n)$ 的增加和衰减速率减慢；但若 β 比 1 小很多，则自适应速度加快。

CVSD 编码器在编码速率低于 2.4kbit/s 时，产生的语音质量优于 APC 编码器，主要是颗粒噪声低，听起来比较清晰；但是在 16kbit/s 的编码速率时，CVSD 的语音质量要比 APC 编码器差。

4．自适应差分脉冲编码调制（ADPCM）

在许多应用中，特别是长途传输系统，64kbit/s 的 G.711 标准占用的频带太宽，通信成本太大。ITU-T 从 1981 年起经过 3 年的讨论与研究，于 1984 年提出了 G.721 32kbit/s ADPCM 编码标准，并于 1986 年做了进一步修正。

ADPCM 将脉冲编码调制、差值调制和自适应技术三者结合起来，进一步利用语音信号样点间的相关性，并针对语音信号的非平稳特点，使用了自适应预测和自适应量化，在 32kbit/s 速率上能够给出网络等级语音质量，从而符合进入公用网的要求。图 8.7 是 G.721 编码器的原理框图，其中虚线部分是解码器。从图中可以看出，编码器中嵌入一个解码器，使得编码器的自适应修正完全取决于信号的反馈值。这个反馈值与解码器的输出是一致的，所以后续的差值采样就补偿了量化误差，从而避免了量化误差的积累。

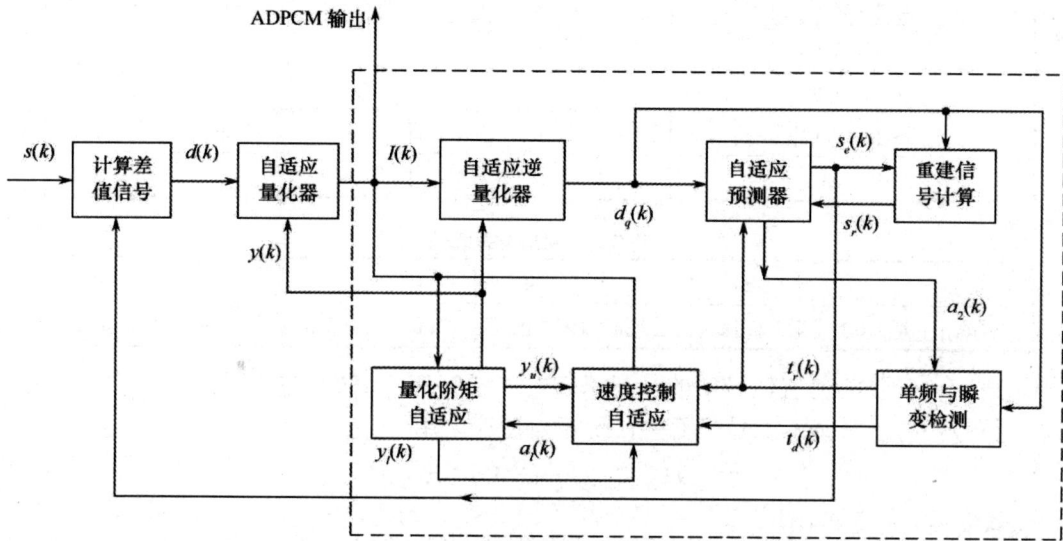

图 8.7　G.721 编码器的原理框图

下面详细介绍 G.721 编码器各部分的算法。

① 求采样值 $s(k)$ 与其估值 $s_e(k)$ 之差

$$d(k)=s(k)-s_e(k) \tag{8.31}$$

② 自适应量化 $d(k)$ 并编码输出 $I(k)$

$$I(k)=\log_2|d(k)|-y(k) \tag{8.32}$$

其中，$I(k)$ 还含有一位符号。表 8.1 给出 $I(k)$ 的编码值。$y(k)$ 是量化阶矩自适应因子，它由调整短时能量变化较快的语音信号的 $y_u(k)$ 和调整慢变信号的 $y_l(k)$ 两部分，经速度控制因子 $a_l(k)$ 加权平均而成，即

$$y(k)=a_l(k)\cdot y_u(k-1)+[1-a_l(k)]y_l(k-1),\quad 0\leqslant a_l\leqslant 1 \tag{8.33}$$

对快变信号，$a_l(k)$ 趋于 1；而对慢变信号，$a_l(k)$ 趋于 0。

③ 阶矩自适应因子。$y_u(k)$ 称快速非锁定标度因子，它的取值范围为 $1.06\leqslant y_u(k)\leqslant 10$，对应的线性域为 $\Delta_{min}=2^{1.06}=2.085$，$\Delta_{max}=2^{10}=1024$，有

$$y_u(k)=(1-2^{-5})y(k)+2^{-5}w[I(k)] \tag{8.34}$$

$w[I(k)]$ 的取值如表 8.2 所示。

表 8.1　G.721 编码器量化表

归一化输入 $\log_2|d(k)|-y(k)$	输出 $I(k)$	归一化量化输出 $\log_2|d_q(k)|-y(k)$
$[3.12,\ +\infty]$	7	3.32
$[2.72,\ 3.12]$	6	2.91
$[2.34,\ 2.72]$	5	2.52
$[1.91,\ 2.34]$	4	2.13
$[1.38,\ 1.91]$	3	1.66
$[0.62,\ 1.38]$	2	1.05
$[-0.98,\ 0.62]$	1	0.031
$[-\infty,\ -0.98]$	0	$-\infty$

表 8.2　$w[I(k)]$ 的取值

$|I(k)|$	7	6	5	4	3	2	1	0
$w[I(k)]$	70.13	22.19	12.38	7.00	4.00	2.56	1.13	-0.75

为了适应语音预测差值信号中的基音引起的能量突变，$w[I(k)]$ 的高端取值都很大。对于带内数据，信号短时能量基本上是平稳的，阶矩自适应采用

$$y_l(k)=(1-2^{-6})y_l(k-1)+2^{-6}y_u(k) \tag{8.35}$$

式中，$y_l(k)$ 称为锁定标度因子。

④　速度控制。$a_l(k)$ 是速度控制因子，它是通过 $I(k)$ 的长时平均幅度 $d_{ml}(k)$ 与短时平均幅度 $d_{ms}(k)$ 的差求出的。它反映了预测余量信号的变化率。

长时：$\qquad\qquad\qquad d_{ml}(k)=(1-2^{-7})d_{ml}(k-1)+2^{-7}F[I(k)] \tag{8.36}$

短时：$\qquad\qquad\qquad d_{ms}(k)=(1-2^{-5})d_{ms}(k-1)+2^{-5}F[I(k)] \tag{8.37}$

$F[I(k)]$ 的取值如表 8.3 所示。

表 8.3　$F[I(k)]$ 的取值

$|I(k)|$	7	6	5	4	3	2	1	0
$F[I(k)]$	7	3	1	1	1	0	0	0

当预测余量信号短时能量平稳时，$I(k)$ 的统计特性随时间变化很小，$d_{ml}(k)$ 与 $d_{ms}(k)$ 相差不大；而当预测余量信号短时能量起伏较大时，它们出现差值。利用这一特性先计算中间参数 $a_p(k)$：

$$a_p(k)=\begin{cases}(1-2^{-4})a_p(k-1)+2^{-3}, & \text{当} |d_{ms}(k)-d_{ml}(k)| \geqslant 2^{-3}d_{ml}(k) \text{时或当} y(k)<3 \text{时} \\ (1-2^{-4})a_p(k-1), & \text{其他}\end{cases} \tag{8.38}$$

显然，当 $I(k)$ 幅度变化较大时，$a_p(k)\to 2$，而差别较小时 $a_p(k)\to 0$。条件 $y(k)<3$ 表明输入信号很小，处于清音段或噪声段，这时也有 $a_p(k)\to 2$，以使量化器处于快速自适应状态来等待输入信号的突然变化。速度控制因子 $a_l(k)$ 通过对 $a_p(k)$ 限幅得到，即

$$a_l(k)=\begin{cases}1, & \text{当} a_p(k-1) \geqslant 1 \text{时} \\ a_p(k-1), & \text{当} a_p(k-1)<1 \text{时}\end{cases} \tag{8.39}$$

· 152 ·

这样，量化器从快速自适应向慢速自适应转变有一个延迟。对于带内调幅数据，这种延迟效应可以防止自适应速度过早变慢，从而避免脉冲沿产生太大的畸变。

⑤ 自适应逆量化器输出：

$$d_q(k)=2^{y(k)+I(k)} \tag{8.40}$$

⑥ 自适应预测器。预测器采用 6 阶零点、2 阶极点的模型。预测信号为

$$s_e(k) = \sum_{i=1}^{2} a_i(k-1)s_r(k-i)+s_{ez}(k) \tag{8.41}$$

$$s_{ez}(k) = \sum_{j=1}^{6} b_i(k-1)d_q(k-j)$$

重建信号为

$$s_r(k)=s_e(k)+d_q(k) \tag{8.42}$$

极点、零点预测系数分别是 a_i 和 b_j，其调整方式为

$$b_j(k)=(1-2^{-8})b_j(k-1)+2^{-7}\mathrm{sgn}[d_q(k)]\cdot\mathrm{sgn}[d_q(k-j)] \tag{8.43}$$

此式隐含差 $|b_j(k)|\leqslant2$，为保证算法稳定，二阶极点预测系数的限制如下

$$|a_2(k)|\leqslant0.75; \quad |a_1(k)|\leqslant1-a_2(k)-2^{-4}$$

它们的调整方式为

$$a_1(k)=(1-2^{-8})a_1(k-1)+3\times2^{-8}\mathrm{sgn}[p(k)]\cdot\mathrm{sgn}[p(k-1)] \tag{8.44}$$

$$a_2(k)=(1-2^{-7})a_2(k-1)+2^{-7}\mathrm{sgn}[p(k)]\cdot\{\mathrm{sgn}[p(k-2)]-f[a_1(k-1)]\cdot\mathrm{sgn}[p(k-1)]\} \tag{8.45}$$

式中

$$p(k)=d_q(k)+s_{ez}(k) \tag{8.46}$$

$$f(a_1) = \begin{cases} 4a_1, & |a_1|\leqslant\dfrac{1}{2} \\ 2\,\mathrm{sgn}[a_1], & |a_1|>\dfrac{1}{2} \end{cases} \tag{8.47}$$

⑦ 单频和瞬变调整：当 ADPCM 编码器遇到频移键控信号（FSK）或其他窄带瞬变信号时，需要将系统从慢速自适应状态强制性地调整到快速自适应状态。为此，引入单频信号判定条件 $t_d(k)$ 和窄带信号瞬变判据 $t_r(k)$，即

$$t_d(k) = \begin{cases} 1, & a_2(k)<-0.71875 \\ 0, & 其他 \end{cases} \tag{8.48}$$

$$t_r(k) = \begin{cases} 1, & t_d(k)=1\text{且}|d_q(k)|>24.2^{y_l(k)} \\ 0, & 其他 \end{cases} \tag{8.49}$$

当 $t_d(k)=1$ 时，认为出现了单频信号或窄带信号瞬变，这时强制将量化器处于快速自适应状态。当 $t_r(k)=1$ 时，还需将 $a_i(k)$ 和 $b_j(k)$ 同时置零。采用这些措施后，G.721 ADPCM 可以传递 4.8kbit/s 的 FSK 信号。同时 $a_p(k)$ 的判定也由下式决定

$$a_p(k) = \begin{cases} (1-2^{-4})a_p(k-1)+2^{-3}, & \text{若} |d_{ms}(k)-d_{ml}(k)| \geqslant 2^{-3}d_{ml}(k) \text{ 或} y(k)<3 \text{ 或} t_d(k)=1 \\ 1, & t_r(k)=1 \\ (1-2^{-4})a_p(k-1), & \text{其他} \end{cases} \quad (8.50)$$

当 ADPCM 与 PCM 之间发生换码级联时，需要在 ADPCM 内部进行 PCM 级联同步调整。方法是在解码端将重建信号 $s_r(k)$ 重新编码成 ADPCM 码 $I_{dx}(k)$ 并与输入的 $I(k)$ 比较，根据差值调整重建信号 $s_r(k)$ 的电平级别。经过同步调整过程，ADPCM 可以有效地防止同步级联误差累积。

5. G.721 ADPCM 标准的 MATLAB 实现

为了便于理解 G.721 ADPCM 标准的 MATLAB 程序，特对各函数功能介绍如下：

G721.m，主函数，用于赋初值、输入信号及调用语音编解码函数；

adpcm.m，语音编解码函数；

Sek_com.m，自适应预测函数；

Dk_com.m，采样值与其估值的差值计算函数；

yu_result.m，快速非锁定标度因子计算函数；

y1_result.m，锁定标度因子计算函数；

Tdk_com.m，单频信号判定函数；

Trk_com.m，窄带信号瞬变判定函数；

Alk_com.m，自适应速度控制与自适应预测函数；

Yk_com.m，量化阶矩自适应因子计算函数；

Ik_com.m，自适应量化并编码输出函数；

Dqk_com.m，自适应逆量化器输出函数；

Srk_com.m，重建信号输出函数；

f_com.m，自适应预测中 f 函数值计算函数；

sgn_com.m，算法中用到的符号函数；

wi_result.m，量化器标度因子自适应 wi 的选取函数；

fi_result.m，速度控制中 F[I(k)] 计算函数。

【程序 8.1】G721.m

```matlab
clc
clear
coe=[1,0,1,0,0,0,0,0,0,0,0];                %初始化系数
coe1=[0,0,0] ;
coe2=[0,0,0,0,0,0,0,0,0,0,0];
coe3=[0];
Dqk=zeros(1,7);
fid=fopen('zhongguo.txt','rt');            %读文件,文件格式为.txt
a=fscanf(fid,'%e\n');
fclose(fid);
%fid=('ling11.wav');wavwrite(44100,fid);    %转换回.wav 格式音频文件
fid=fopen('zhongguo.721.txt','wt');
for   i=1:size(a,1)
    Slk=a(i);                              %输入信号
```

```
            [coe,coe1,coe2,coe3,Dqk]=adpcm(Slk,coe,coe1,coe2,coe3,Dqk);
                                        %调用语音编解码函数
        fprintf(fid,'%f\n',coe2(5));
end
fclose(fid)
%----------------------------------波形显示----------------------------------
fid=fopen('zhongguo.txt','rt');
a=fscanf(fid,'%e\n');
fid=fopen('zhongguo.721.txt','rt');
b=fscanf(fid,'%e\n');
subplot(211),plot(a);
title('输入语音波形');
subplot(212),plot(b);
title('解码输出波形');
```

语音编解码函数 adpcm.m:

```
function [coe,coe1,coe2,coe3,Dqk]=adpcm(Slk,coe,coe1,coe2,coe3,Dqk)    %语音编解码函数
Yk_pre=coe2(1);                                                          %初值传递
Sek_pre=coe2(2);
Ik_pre=coe2(3);
Ylk_pre_pre=coe2(4);
Srk_pre=coe2(5);
Srk_pre_pre=coe2(6);
a2=coe2(7);
Tdk_pre =coe2(8);
Trk_pre =coe2(9);
Num=coe2(10);


        coe2(10)=coe2(10)+1;
        [Sek,coe]=Sek_com(Srk_pre,Srk_pre_pre,Dqk,coe);                 %自适应预测

        Dk=Dk_com(Slk, Sek);                                            %采样值与其估值的差值计算

        Yuk_pre=yu_result(Yk_pre, wi_result(abs(Ik_pre)));              %快速非锁定标度因子计算
            if Yuk_pre<1.06
             Yuk_pre=1.06;
        elseif    Yuk_pre>10.00
             Yuk_pre=10.00;
        end

        Ylk_pre=yl_result(Ylk_pre_pre, Yuk_pre);                        %锁定标度因子计算
        Trk_pre=Trk_com(a2, Dqk(6), Ylk_pre);                           %窄带信号瞬变判定
        Tdk_pre=Tdk_com(a2);                                            %单频信号判定
        [Alk,coe1]= Alk_com(Ik_pre, Yk_pre ,coe1,Tdk_pre,Trk_pre);
        %自适应速度控制与自适应预测
```

```
        if   Alk<0.0
            Alk=0.0;
        elseif   Alk>1.0
            Alk=1.0;
        end

        [Yk,coe3]=Yk_com(Ik_pre,Alk,Yk_pre,coe3);              %量化阶矩自适应因子计算

            Ik=Ik_com(Dk, Yk);                                  %自适应量化并编码输出

        Yk_pre=Yk;
        Srk_pre_pre=Srk_pre;
        Sek_pre=Sek;
        Ylk_pre_pre=Ylk_pre;
        Ik_pre=Ik;

        coe2(1)= Yk;
        coe2(6)= Srk_pre;
        coe2(2)= Sek;
        coe2(4)= Ylk_pre;
        coe2(3)= Ik;

        Dqk(1)=Dqk(2);
        Dqk(2)=Dqk(3);
        Dqk(3)=Dqk(4);
        Dqk(4)=Dqk(5);
        Dqk(5)=Dqk(6);
        Dqk(6)=Dqk(7);

        Dqk(7)=Dqk_com(Ik_pre,Yk_pre);                          %自适应逆量化器输出
        Srk_pre=Srk_com(Dqk(7), Sek_pre);                        %重建信号输出
        coe2(5)=Srk_pre;
```

自适应预测函数 Sek_com.m：

```
function [g,f]=Sek_com(Srk_pre,Srk_pre_pre,Dqk,coe)
%自适应预测函数
    a1_pre=coe(1);
    a2_pre=coe(2);
    b1_pre=coe(3);
    b2_pre=coe(4);
    b3_pre=coe(5);
    b4_pre=coe(6);
    b5_pre=coe(7);
    b6_pre=coe(8);
    Sezk_pre=coe(9);
    p_pre2 =coe(10);
```

```
    p_pre3=coe(11);
%6 阶零点预测系数
    b1=( 1 － 2^(－8))*b1_pre+2^(－7)*sgn_com( Dqk(7))*sgn_com( Dqk(6));
    b2=( 1 － 2^(－8))*b2_pre+2^(－7)*sgn_com( Dqk(7))*sgn_com( Dqk(5));
    b3=( 1 － 2^(－8))*b3_pre+2^(－7)*sgn_com( Dqk(7))*sgn_com( Dqk(4));
    b4=( 1 － 2^(－8))*b4_pre+2^(－7)*sgn_com( Dqk(7))*sgn_com( Dqk(3));
    b5=( 1 － 2^(－8))*b5_pre+2^(－7)*sgn_com( Dqk(7))*sgn_com( Dqk(2));
    b6=( 1 － 2^(－8))*b6_pre+2^(－7)*sgn_com( Dqk(7))*sgn_com( Dqk(1));

%2 阶极点预测系数
    Sezk=b1*Dqk(7)+b2*Dqk(6)+b3*Dqk(5)+b4*Dqk(4)+b5*Dqk(3)+b6*Dqk(2);
    p_pre1=Dqk(7)+Sezk_pre;
    if abs(p_pre1)<=0.000001
        a1=(1 － 2^(－8))*a1_pre;
        a2=(1 － 2^(－7))*a2_pre;
    else
        a1=(1 －2^(－8))*a1_pre+(3*2^(－8))*sgn_com(p_pre1)*sgn_com(p_pre2 );
        a2=(1 －2^(－7))*a2_pre+2^(－7)*(sgn_com(p_pre1)*sgn_com(p_pre3) －f_com(a1_pre)*sgn_com ( p_pre1 )*
            sgn_com ( p_pre2 ));
    end
%自适应预测和重建信号计算
    coe(1)= a1;
    coe(2)= a2;
    coe(3)= b1;
    coe(4)= b2;
    coe(5)= b3;
    coe(6)= b4;
    coe(7)= b5;
    coe(8)= b6;
    coe(9)= Sezk;
    coe(10)=p_pre1;
    coe(11)=p_pre2;
    g=(a1*Srk_pre+a2*Srk_pre_pre+Sezk);
    f=coe;
```

采样值与其估值的差值计算函数 Dk_com.m:

```
function d=Dk_com(Slk,Sek)                          %采样值与其估值的差值计算函数
Dk=Slk－Sek;
d=Dk;
```

快速非锁定标度因子计算函数 yu_result.m:

```
function yu=yu_result( y_now, wi_now)              %快速非锁定标度因子计算函数
yu=(1 －2^(－5))*y_now+2^(－5)*wi_now ;
yu=yu;
```

锁定标度因子计算函数 y1_ result.m:

```
function yl=yl_result( yl_pre, yu_now)            %锁定标度因子计算函数
yl=(1 － 2 ^(－6 ))*yl_pre+2 ^(－6)*yu_now;
```

```
yl=yl;
```

单频信号判定函数 Tdk_com.m：

```
function Tdk=Tdk_com(A2k)                          %单频信号判定函数
    if (A2k<-0.71875)Tdk=1;
    else Tdk=0;
    end
    Tdk=Tdk;
```

窄带信号瞬变判定函数 Trk_com.m：

```
function Trk=Trk_com(A2k, Dqk, Ylk)                %窄带信号瞬变判定函数
    if ((A2k<-0.71875 )& ( fabs(Dqk)> pow(24.2,Ylk)))    Trk=1;
    else        Trk=0;
    end
    Trk=Trk;
```

自适应速度控制与自适应预测函数 Alk_com.m：

```
function [h,coe1]=Alk_com(Ik_pre,Yk_pre,coe1,Tdk_pre,Trk_pre)
    Dmsk_p2=coe1(1);
    Dmlk_p2=coe1(2);
    Apk_pre2=coe1(3);
    Dmsk_p1=( 1 - 2^(-5))*Dmsk_p2+2^(-5)*fi_result(abs(Ik_pre));    %Ik 短时平均幅度
Dmlk_p1=( 1 - 2^(-7))*Dmlk_p2+2^(-7)*fi_result(abs(Ik_pre));        %Ik 长时平均幅度
coe1(1)= Dmsk_p1;
coe1(2)=Dmlk_p1;

    if ((abs( Dmsk_p1 - Dmlk_p1 )>=2^(-3)*Dmlk_p1 )| (Yk_pre<3 )| (Tdk_pre==1))
        Apk_pre1=( 1 - 2^(-4))*Apk_pre2+2^(-3);
     elseif   (Trk_pre == 1)    Apk_pre1=1;
            else Apk_pre1=(1 - 2^(-4))*Apk_pre2;
    end
    coe1(3)= Apk_pre1;
    if   Apk_pre1>=1
        Alk=1;
    else   Alk=Apk_pre1;
    end
    h=Alk;
```

量化阶矩自适应因子计算函数 Yk_com.m：

```
function [Yk,coe3]=Yk_com(Ik_pre,Alk,Yk_pre,coe3)        %量化阶矩自适应因子计算
Yl_pre_pre=coe3;
Yu_pre=(1 - 2^(-5))*Yk_pre+2^(-5)*wi_result(abs(Ik_pre));   %快速非锁定标度因子计算
Yl_pre=yl_result(Yl_pre_pre,Yu_pre);                       %锁定标度因子计算
coe3=Yl_pre;
Yk=Alk*Yu_pre+(1 - Alk)*Yl_pre;
```

自适应量化并编码输出函数 Ik_com.m：

```
function f=Ik_com( Dk, Yk)                          %编码输出函数
    if   Dk>0  Dsk=0;
else      Dsk=1;
```

```
      end
      if Dk==0    Dk=Dk+0.0001;
      end

      Dlk=log( abs(Dk))/log(2);
      Dlnk=Dlk－Yk;                                    %归一化输入
      x=Dlnk;
      a=10;
      if   Dlnk<-0.98     Ik=0 ;                        %编码输出 Ik
      end
      if -0.98 <= Dlnk & Dlnk <   0.62      Ik=1;
      end
      if 0.62 <= Dlnk & Dlnk <   1.38        Ik=2;
      end
      if 1.38 <= Dlnk & Dlnk <   1.91        Ik=3;
      end
      if 1.91 <= Dlnk & Dlnk <   2.34        Ik=4;
      end
      if   2.34 <= Dlnk & Dlnk <   2.72      Ik=5;
      end
      if   2.72 <= Dlnk &Dlnk <   3.12       Ik=6;
      end
      if   Dlnk >= 3.12        Ik=7;
      end
      if Dsk == 1       Ik=-Ik;
      end
      f= Ik;
```

自适应逆量化器输出函数 Dqk_com.m：

```
      function f=Dqk_com(Ik,Yk)                        %自适应逆量化器输出函数
      if   Ik>=0    Dqsk=0;
              i=Ik;
      else
              Dqsk=1;
              i=-Ik;
      end
      switch   i
      case 7
              Dqlnk=3.32;
      case 6
              Dqlnk=2.91;
      case 5
              Dqlnk=2.52;
      case 4
              Dqlnk=2.13;
      case 3
```

```
                Dqlnk=1.66;
    case 2
                Dqlnk=1.05;
    case 1
                Dqlnk=0.031;
    case 0
                Dqlnk=-1000;
        end
%归一化量化输出
    Dqlk=Dqlnk+Yk;
    Dqk=2^Dqlk;
    if Dqsk==1
        Dqk=-Dqk;
    end
f=Dqk;
```

重建信号输出函数 Srk_com.m：

```
function Srk=Srk_com(Dqk,Sek)                    %重建信号输出函数
Srk=Dqk+Sek;
```

自适应预测中 f 函数值计算函数 f_com.m：

```
function b=f_com(a)                              %f 函数值计算
if abs(a)<=0.5
        b=4*a;
else b=2*sgn_com(a);
    end
```

算法中用到的符号函数 sgn_com.m：

```
function b=sgn_com(a)                            %符号函数
if a>=0.000001       b=1;
else     b=-1;
end
```

量化器标度因子自适应 wi 的选取函数 wi_result.m：

```
function J=wi_result(in)
switch in
case 0
   wi=-0.75;
case 1
   wi=1.13;
case 2
   wi=2.56;
case 3
   wi=4.00;
case 4
   wi=7.00;
case 5
   wi=12.38;
case 6
```

```
  wi=22.19;
case 7
  wi=70.13;
end
J=wi;
```

速度控制中 F[I(k)]计算函数 fi_ result.m：

```
function w=fi_result(in)                              %F[I(k)]计算函数
switch in

case 0
    fi=0;
case 1
    fi=0;
case 2
    fi=0;
case 3
    fi=1;
case 4
    fi=1;
case 5
    fi=1;
case 6
    fi=3;
case 7
    fi=7;
end
w=fi;
```

8.4 语音信号参数编码

基于参数编码理论的编码器由于其编码速率比较低，通常称为声码器。最早的声码器是通道声码器，它是基于短时傅里叶变换的语音分析合成系统，由于其性能较差，现在已很少使用。

根据语音信号的共振峰模型提出了共振峰声码器，该声码器通过对语音信号整体进行分析，提取共振峰的位置、幅度、带宽等参数，构成浊音和清音两个声道滤波器。浊音滤波器采用全极点滤波器，由多个二阶滤波器级联而成；清音滤波器一般采用一个极点和一个零点的数字滤波器。这些滤波器的参数都是时变的。与通道声码器相比，共振峰声码器合成出的语音质量更好，编码速率更低。

在声码器中最具有代表性的是线性预测编码（LPC）声码器及其改进型。

8.4.1 LPC 声码器原理

LPC 声码器是应用最成功的低速率语音编码器。它基于全极点声道模型的假定，采用线性预测分析合成原理，对模型参数和激励参数进行编码传输。LPC 声码器遵循二元激励的假设，即浊音段采用间隔为基音周期的脉冲序列作为激励，清音段采用白噪声序列作为激励。因此，声码器只需对 LPC 参数、基音周期、增益和清/浊音信息进行编码。LPC 声码器可以得到很低的编码速率（2.4kbit/s 以下），其工作原理如图 8.8 所示。

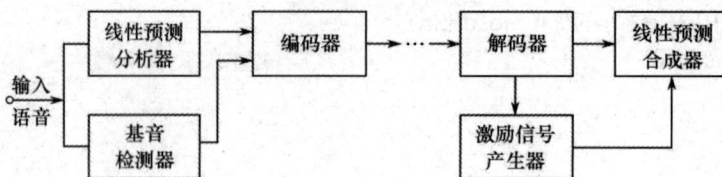

图 8.8　LPC 声码器的工作原理图

虽然 LPC 声码器与 ADPCM 编码器一样，都是基于线性预测分析来实现对语音信号的编码压缩，但是它们之间有着本质的区别，LPC 声码器不考虑重建信号波形是否与原来信号的波形相同，而努力使重建信号具有尽可能高的可懂度和清晰度，所以不必量化和传输预测残差，只需传输 LPC 参数、重构激励信号的基音周期和清/浊音信息。

在 LPC 声码器中，必须传输的参数是 p 个预测系数、基音周期、清/浊音信息和增益。直接对预测系数量化后再传输是不合适的，因为它的频谱灵敏度极不均匀，有些系数很小的变化，就可能会引起频谱发生很大的变化。而且线性预测系数的内插特性也很差，内插得到的新参数，不一定能够构成稳定的合成滤波器。为此，可将预测系数变换成其他更适合于编码和传输的参数形式，可参见第 6 章的内容。

8.4.2　LPC-10 声码器

LPC 声码器在通信领域，尤其是军事通信领域得到了广泛的应用。1976 年美国确定用 LPC 声码器标准 LPC-10 作为 2.4kbit/s 速率上的推荐编码方式。利用这个标准可以合成清晰、可懂的语音，但是抗噪声能力和自然度比较差。自 1986 年以来，美国第三代保密电话装置采用了速率为 2.4kbit/s 的 LPC-10e（LPC-10 的增强型）作为语音处理标准。下面介绍 LPC-10 声码器的工作原理和一些改进措施。

1. 编码器

（1）编码器基本原理

如图 8.9 所示为 LPC-10 的编码器框图。原始语音经过 100~3600Hz 的锐截止的低通滤波器后，输入 A/D 转换器，以 8kHz 采样率、12bit 量化得到数字语音，然后每 180 个样点（22.5ms）为一帧，以帧为处理单元。编码器分两个支路同时进行，其中一个支路用于提取基音周期 T 和清/浊音 U/V 判决信息；另一支路用于提取声道滤波器反射系数 RC 和增益 RMS。提取基音周期的支路把 A/D 转换后输出的数字语音缓存，经过低通滤波、二阶逆滤波后，再用平均幅度差函数 AMDF 计算基音周期，经过平滑、校正得到该帧的基音周期。与此同时，对低通滤波器后输出的数字语音进行清/浊音检测。提取声道参数支路需先进行预加重处理。预加重的目的是加强语音谱中的高频共振峰，使语音短时频谱及 LPC 分析中的残差频谱变得更为平坦，从而提高了谱参数估值的精确性。预加重滤波器的传递函数为

$$H_{p\omega}(z)=1-0.9375z^{-1} \tag{8.51}$$

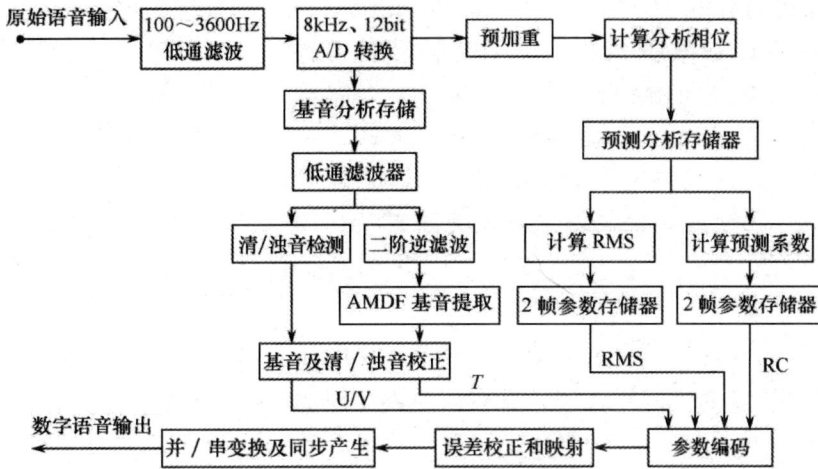

图 8.9　LPC-10 的编码器框图

（2）计算声道滤波器参数

采用 10 阶 LPC 分析滤波器，利用协方差法对 LPC 分析滤波器 $A(z)=1-\sum\limits_{i=1}^{10}a_iz^{-i}$ 计算预测系数 $a_1,a_2,\cdots,a_{10}$，并将其转换成反射系数 RC，或者部分相关系数 PARCOR 来代替预测系数进行量化编码。理论上，RC 和 PARCOR 互为相反数，系统稳定条件是其绝对值小于 1，这在量化时是容易保证的。LPC 分析采用半基音（即浊音帧的分析帧长取为 130 个样本以内的基音周期整数倍值）同步算法来计算 RC 和 RMS。这样，每个基音周期都可以单独用一组系数处理。在接收端恢复语音时也如此处理。清音帧是取长度为 22.5ms 的整帧中点为中心的 130 个样本形成分析帧来计算 RC 和 RMS。

（3）增益 RMS 的计算

用如下公式计算 RMS

$$RMS = \sqrt{\frac{1}{N}\sum_{i=1}^{N}x^2(i)} \tag{8.52}$$

式中，$x(i)$ 是经过预加重的数字语音；N 是分析帧的长度。

（4）基音周期提取和清/浊音检测

输入数字语音经 3dB 截止频率为 800Hz 的 4 阶巴特沃斯（Butterworth）低通滤波器滤波，滤波后的信号再经过二阶逆滤波（逆滤波器的系数为前面 LPC 分析得到的预测系数 a_1，$a_2,\cdots,a_{10}$）。把采样率降低至原来的 1/4，再计算延时为 20~156 个样点的平均幅度差函数 AMDF，由 AMDF 的最小值确定基音周期。计算 AMDF 的公式为

$$AMDF(k) = \sum_{m=1}^{130}|x(m)-x(m+k)| \tag{8.53}$$

式中，k=20, 21, 22, $\cdots$, 40, 42, 44, $\cdots$, 80, 84, 88, $\cdots$, 156，这相当于在 50~400Hz 范围内计算 60 个 AMDF 值。清/浊音判决是利用模式匹配技术，基于低带能量、AMDF 函数最大值与最小值之比、过零率作出的。最后对基音周期、清/浊音判决结果用动态规划算法，在 3 帧范围内进行平滑和错误校正，从而给出当前帧的基音周期 T、清/浊音判决参数 U/V。每帧清/浊音判决结果用两位码表示 4 种状态，这 4 种状态为：00，稳定的清音；01，清音向浊音转换；10，浊音向清音转换；11，稳定的浊音。

（5）参数编码与解码

在 LPC-10 的传输数据流中，将 10 个反射系数（$k_1, k_2, \cdots, k_{10}$）、增益（RMS）、基音周期 T、误差校正、同步信号 Sync 编码成每帧 54bit。由于传输速率为 44.4 帧/秒，因此，编码速率为 2.4kbit/s。同步信号采用相邻帧 1、0 码交替的模式。表 8.4 是浊音帧和清音帧的比特数分配。

2. 解码器

LPC-10 的解码器框图如图 8.10 所示。接收到的数字语音信号经串/并变换及同步后，利用查表法对数码流进行检错、纠错。纠错译码后的数据经参数解码得到基音周期、清/浊音标志、增益及反射系数的数值，解码结果延时一帧输出。输出数据在过去的一帧、当前帧和将来的一帧共 3 帧内进行平滑。由于每帧语音只传输一组参数，但一帧之内可能有不止一个基音周期，因此要对接收数值进行由帧块到基音块的转换和插值。

表 8.4 LPC-10 的比特数分配/bit

参数	清音	浊音
T	7	7
RMS	5	5
Sync	1	1
k_1	5	5
k_2	5	5
k_3	5	5
k_4	5	5
k_5	4	
k_6	4	
k_7	4	
k_8	4	
k_9	3	
k_{10}	2	
误差校正	0	20
总计	54	53

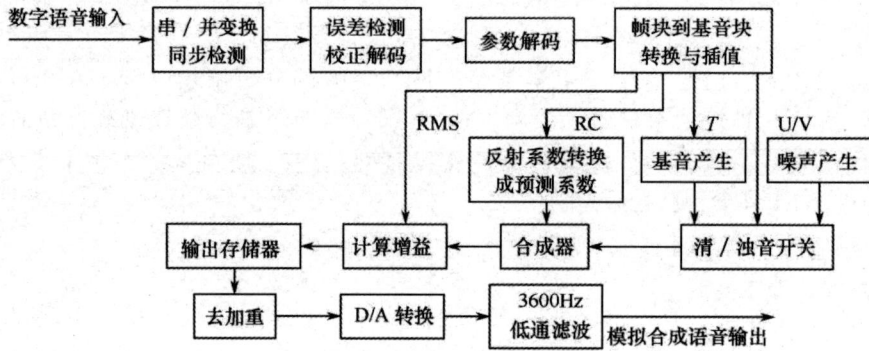

图 8.10 LPC-10 的解码器框图

（1）参数插值原则

对数面积比参数值每帧插值两次；RMS 参数值在对数域进行基音同步插值；基音周期参数值用基音同步的线性插值；在浊音向清音过渡时对数面积比不插值。每个基音周期更新一次预测系数、增益、基音周期、清/浊音标志等参数，这个过程在帧块到基音块的转换和插值中完成。

（2）激励源

根据基音周期和清/浊音标志决定要采用的激励信号源。清音帧用随机数作为激励源；浊音帧用周期性冲激序列通过一个全通滤波器来生成激励源，这个措施改善了合成语音的尖峰性质。语音合成滤波器输入激励的幅度保持恒定不变，输出幅度受 RMS 参数加权。下面给出一组有 41 个样点的浊音激励信号：

$e(n)$={0, 0, 0, 0, 0, 0, 0, 0, 5, −8, 13, −24, 43, −83, 147, −252, 359, −364, 92, 336,

−306, −336, 92, 364, 359, 252, 147, 81, 43, 24, 13, 8, 5, 0, 0, 0, 0, 0, 0, 0, 0}

若当前的基音周期不等于 41 个样点，则将此激励源截短或者填零，使之与基音周期等长。

（3）语音合成

用 Levinson 递推算法将反射系数 $k_1, k_2, \cdots, k_p$ 变换成预测系数 $a_1, a_2, \cdots, a_p$。接收端合成

器应用直接型递归滤波器 $H(z)=1/\left(1-\sum_{i=1}^{p}a_iz^{-i}\right)$ 合成语音。对其输出进行幅度校正、去加重，并变换为模拟信号，最后经 3600Hz 的低通滤波器后输出模拟合成语音。

3. LPC-10 编解码器的缺点及改进

LPC-10 虽然有编码速率低的优点，但是合成语音听起来很不自然，即使提高编码速率也无济于事。这主要是因为清/浊音判决和浊音信号的基音检测很难做到十分可靠。有些摩擦音本身就清/浊难分，在辅音与元音的过渡段或者有背景噪声的情况下，检测结果就更容易发生错误。这种错误对合成语音的清晰度影响特别严重。此外，采用简单的二元激励形式，也不符合实际情况，因而造成自然度的下降。在增强型 LPC-10e 中采用了如下一些措施来改善语音的质量。

（1）改善激励源

① 采用混合激励代替简单的二元激励。此时，浊音的激励源是由经过低通滤波的周期脉冲序列与经过高通滤波的白噪声相加而成的，周期脉冲与白噪声的混合比例随输入语音的浊化程度变化。清音的激励源是白噪声加上位置随机的一个正脉冲跟随一个负脉冲的脉冲对形成的爆破脉冲。对于爆破音，脉冲对的幅度增大，与语音的突变成正比。采用混合激励可以使原来二元激励合成引起的金属声、重击声、音调噪声等得到改善。

② 采用激励脉冲加抖动的方式。将基音相关性不是很强或残差信号中有大的峰值的语音帧判定为抖动的浊音帧。除采用脉冲加噪声的混合激励外，激励信号中的周期脉冲的相位要做随机抖动，即对每个基音周期的长度乘以一个 0.75~1.25 均匀分布的随机数，这样可以改善语音的自然度。

③ 采用单脉冲与码本相结合的激励模式。取多脉冲激励线性预测编码与码本激励线性预测编码各自的长处，对不同的语音段采用不同的激励模式。具有周期性的语音段用以基音周期重复的单脉冲作为激励源，非周期性语音段用从码本中选择的随机序列作为激励源。

（2）改进基音提取方法

计算线性预测残差信号或者语音信号的自相关函数，并利用动态规划的平滑算法来更准确地提取基音周期。将一帧的线性预测残差信号低通滤波后，求出所有可能的基音延时点上的归一化自相关系数，选出其中 L 个最大值，再用相邻 3 帧的每帧 L 个最大值，采用动态规划算法求得最佳基音值。

（3）选择量化参数

选择线谱对（LSP）参数作为声道滤波器的量化参数。

8.5 语音信号混合编码

混合编码用到的主要技术就是合成分析技术和感觉加权滤波器，目标是改进激励模型，合成高质量语音。

8.5.1 合成分析技术和感觉加权滤波器

近几十年来，人们在 LPC 的基础上，对 16kbit/s 以下的高质量语音编码技术进行了广泛深入的研究和实践。在此速率下，能用于残差信号编码的比特数是较少的。若对残差信号进行直接量化并且使残差信号与它的量化值之间的误差达到最小，并不能保证原始语音与重建语音之间的误差最小，而只有采用合成分析法来计算残差信号的编码量化值才能使得重建语音与原始语音的误差最小。换句话说，合成分析法主要就是对激励的改进，它不是寻找与残差信号相匹配的激励，而是寻找给定合成滤波器的最优激励，使其通过合成滤波器时产生的合成语音最接近于原始语音。由于合成滤波器具有递归结构，因此激励信号的每个样点将影响合成语音的许多样点。也就是说，最佳量化模型的选择不是立即决定的，而是要延迟至少几个样点才被决定。因为这种决定依赖于原始语音和合成语音的残差信号，分析过程包含合成过程，所以称为"合成分析预测编码"。

感觉加权滤波器的依据是利用人耳听觉的掩蔽效应（见 2.2.2 节），在语音频谱中能量较高频段即共振峰处的噪声相对于能量较低频段的噪声而言不易被感知。因此在度量原始语音与合成语音之间的误差时可以计入这一因素，在语音能量较高频段，允许二者的误差大一些，反之则小一些。为此引入一频域感觉加权滤波器 $W(f)$ 来计算二者的误差，即

$$e = \int_0^{f_s} |S(f) - \hat{S}(f)|^2 W(f) \mathrm{d}f \tag{8.54}$$

其中，f_s 是采样率；$S(f)$、$\hat{S}(f)$ 分别是原始语音与合成语音的傅里叶变换。不难证明，只要使积分项在整个域内保持常数值，就可以使 e 达到最小值。这样只要在能量最大的的语音频段内使 $W(f)$ 较小，而能量较小的频段内使 $W(f)$ 较大，就能提高前者的误差能量而降低后者的误差能量，为此选取感觉加权滤波器的 z 域表达式 $W(z)$ 为

$$W(z) = \frac{A(z)}{A(z/\gamma)} = \frac{1 - \sum_{i=1}^{p} a_i z^{-i}}{1 - \sum_{i=1}^{p} a_i \gamma^i z^{-i}} \tag{8.55}$$

感觉加权滤波器的特性由预测系数 $\{a_i\}$ 和 γ 来确定。γ 取值为 0~1，由它控制共振峰区域误差的增加。当 $\gamma=1$ 时，$W(z)=1$，此时没有进行感觉加权；当 $\gamma=0$ 时，有

$$W(z) = 1 - \sum_{i=1}^{p} a_i z^{-i} \tag{8.56}$$

它等于语音的 p 阶全极点模型谱的倒数，由此得到的噪声频谱能量分布与语音频谱能量分布是一致的。图 8.11 中示出了一段原始语音信号谱，经感觉加权后所得的误差信号谱及感觉加权滤波器的频率响应。由图不难看出，感觉加权滤波器的作用就是使实际误差信号的谱不再平坦，而是具有与语音信号谱相似的包络形状。这就使得误差度量的优化过程与感觉上的共振峰对误差的掩蔽效应相吻合，产生较好的主观听觉效果。实际听音的结果表明：在 8kHz 采样率下，γ 取值为 0.8 左右较为适宜。加权过程既不会引起比特率的增加，也不会增加合成过程的复杂度，它仅使编码器的复杂性有所增加。

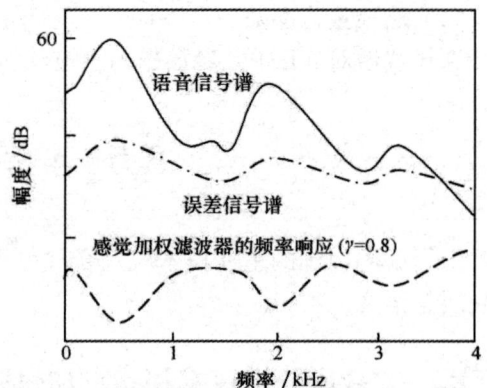

图 8.11　频率响应

8.5.2 激励模型的演变

过于简单的二元激励模型是制约 LPC 声码器声音质量的主要因素。针对此问题，1982 年 Bishnu S.Atal 和 Joel R.Remde 首先提出多脉冲激励线性预测编码（MPE-LPC）算法，在该算法中，每 20ms 语音帧里，传送 16~20 个激励脉冲的位置和幅度信息，能够在 9.6~16kbit/s 速率上，获得相当于 6 位 PCM 编码的质量。1985 年由 Ed.F.Deprettere 和 Perter Kroon 首先提出规则脉冲激励线性预测编码（RPE-LPC）算法，1986 年 K.Hellwig 等人在此基础上改进算法，加入长时预测（LTP），并使速率降为 13kbit/s，形成长时预测规则脉冲激励线性预测编码（LTP-RPE-LPC）算法。它的特点是算法简单，语音质量达到了通信等级。1985 年 Manfred R.Schroeder 和 Bishnu S.Atal 首次提出了用矢量量化码本作为激励源的线性预测编码技术（CELP）。CELP 以高质量的合成语音及优良的抗噪声和多次转接性能，在 4.8~16kbit/s 速率上得到广泛的应用。1988 年美国政府采用由美国国防部与 AT&T 贝尔实验室共同研制的 4.8kbit/s CELP 声码器（FED-STD-1016）作为语音编码器标准。1989 年 8kbit/s 速率的北美数字移动通信全速率编解码器标准采用了修改的 CELP 技术——矢量和激励线性预测编码 VSELP。1991 年 ITU-T 通过了用短延时码激励线性预测编码（LD-CELP）作为 16kbit/s 语音编码器的 G.728 标准。1996 年 ITU-T 通过了共轭结构代数码激励线性预测编码器（CS-ACELP）作为 8kbit/s 语音编码器的 G.729 标准。

8.5.3 G.728 标准简介

图 8.12 和图 8.13 分别是 G.728 标准中编码器和解码器的原理框图。编码器的工作原理是：首先将速率为 64kbit/s 的 A-律或 μ-律 PCM 输入信号转换成均匀量化的 PCM 信号，接着由 5 个连续的语音样点 $s_u(5n)$, $s_u(5n+1)$, $\cdots$, $s_u(5n+4)$ 组成一个五维语音矢量 $s(n)=[s_u(5n), s_u(5n+1), \cdots, s_u(5n+4)]$。激励码书中共有 1024 个五维语音矢量。对于每个输入矢量，编码器利用合成分析方法从码书中搜索出最佳码矢，然后将 10bit 的码矢标号通过信道传送给解码器。每 4 个相邻的输入矢量（共 20 个样点）构成一个自适应周期，或者称为帧，每帧更新一次 LPC 系数。因为在 LD-CELP 算法中采用的是后向自适应预测技术，当前的激励增益和合成滤波器的输出是分别对先前量化过的增益和语音信息进行 LPC 分析而得出的，所以向解码器传送的信息只是激励矢量的地址标号，这就使得编码器只有 5 个样点的缓冲延时，对 8kHz 的采样率就是 0.625ms 的延时。把处理延时和传输延时包括在内，总的一路编解码延时不超过 2ms。

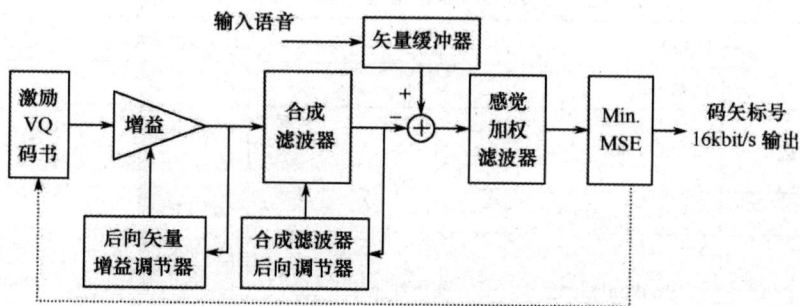

图 8.12　G.728 标准中编码器的原理框图

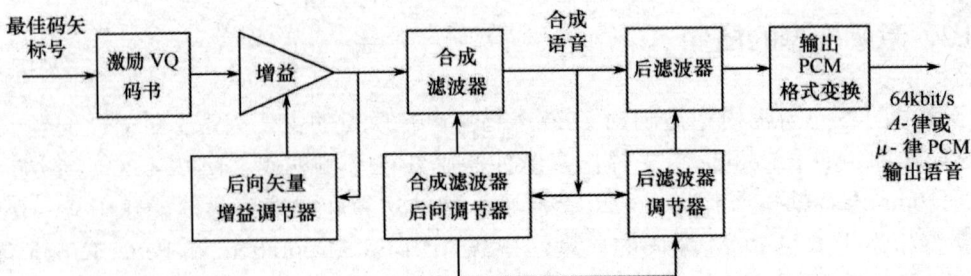

图 8.13　G.728 标准中解码器的原理框图

解码操作也是逐个矢量进行的。根据接收到的码矢标号，从激励码书中找到对应的激励矢量，经过增益调整后，得到激励信号，将激励信号输入合成滤波器，就得到合成语音信号。再将合成语音信号进行自适应后滤波处理，以增强语音的主观感觉质量。

8.6　语音信号宽带变速率编码

传统的数字语音通信标准都基于 300~3400Hz 的电话带宽，这种窄带语音仅可以保证语音的可理解性，但在语音的自然度及一些特殊音处理方面还不尽人意。如视频会议、高保真存储、交互式多媒体服务等，都要求更大的信号带宽来保持语音的自然度、听觉舒适性及说话者在特定环境下的现场感。50~7000Hz 的语音带宽通常被称为宽带语音频带，包括了人类发声的绝大部分能量范围。同窄带语音相比，宽带语音信号的 50~300Hz 低频部分增加了语音的自然度、现场感和听觉舒适性，3400~7000Hz 的高频部分可以更好地区分摩擦音，从而增强了语音的可理解性。因此，宽带语音不仅提高了语音的可理解性和自然度，而且还增加了透明传输的感觉，使说话方的个人特征体现得更充分。

传统的定速率语音编码从总体上来讲，较高速率的编码算法对语音质量较易保证，但占用网络资源较大；较低速率的编码算法占用网络资源小，但对语音质量较难保证。语音激活检测（VAD）技术的出现和发展，使对有无语音进行判决成为可能，从而可以对背景噪声和激活的语音部分以不同的速率进行编码，降低了平均速率，这也就是变速率语音编码。变速率语音编码可以根据需要动态调整编码速率，在合成语音质量和系统容量之间取得折中，最大限度地发挥系统的效能，而且非常适合分组交换网络。

国际标准组织多年来一直在努力定义宽带语音编码标准。宽带语音编码标准 G.722、G.722.1 及 G.722.2（AMR-WB）的详细对比如表 8.5 所示。

表 8.5　宽带语音编码标准对比

标准	G.722	G.722.1	G.722.2（AMR-WB）
公布时间	1988 年	1999 年	2002 年
编码速率/(kbit/s)	64，56，48	32，24	23.85，23.05，19.85，18.25，15.85，14.25，12.65，8.85，6.60
编码算法	Sub-Band ADPCM	Transform Coder	ACELP
性能	在 64kbit/s 接近于透明编码	一些条件下语音质量差，音乐性能较好	12.65kbit/s 以上语音质量高 15.85kbit/s 与 G.722 56kbit/s 相当 23.85kbit/s 与 G.722 64kbit/s 相当 音乐性能较差

VAD/DTX/CNG	无	无	有
RAM	1KB	2KB	5.3KB
应用	ISDN，视频会议	ISDN，视频会议，VoIP	ISDN，视频会议，VoIP，GSM，WCDMA

语音编码还有很多方法，这里不一一叙述，有兴趣的读者可参考相关文献。

习　题　8

8.1　在 LPC-10 编码器中的基音提取环节，试设计一种切比雪夫滤波器取代现有的 4 阶巴特沃斯低通滤波器，并比较二者对基音提取效果的影响。

8.2　讨论 G.728 标准中增益码书和波形码书设计的算法思想及原理。

8.3　以 LPC-10 的编码方式为例，分析编码质量、编码速率及算法复杂度之间的相互影响关系。

8.4　某平稳语音信号 $x(n)$，均值为零且方差为 σ_x^2，$\phi(1)$ 为该信号的自相关函数。若对其进行一阶线性预测

$$\tilde{x}(n) = ax(n-1)$$

试证明：预测误差 $d(n) = x(n) - \tilde{x}(n)$ 的方差为

$$\sigma_d^2 = \sigma_x^2\left[1 + \alpha^2 - \frac{2\alpha\phi(1)}{\sigma_x^2}\right]$$

8.5　一个模拟音频信号的电平峰值范围为 16~64mV，且在该范围内的信噪比为 58dB，有用信号带宽不低于 10kHz。

（1）对该信号进行模数或数模转换时，需要多少二进制位？

（2）在模数转换之前和数模转换后，应该分别选用何种类型的模拟滤波器？

8.6　在 PCM-ADPCM 系统中，对采样信号 $x(n)=x_a(nT)$ 经 PCM 编码后，输出信号为

$$y(n) = x(n) + e_1(n)$$

$y(n)$ 再经 ADPCM 量化后的信号为

$$\hat{y}(n) = y(n) + e_2(n)$$

其中，$e_1(n)$、$e_2(n)$ 分别为 PCM、ADPCM 的量化误差，并假设二者不相关，试证明：PCM-ADPCM 系统的总信噪比为

$$\text{SNR} = \frac{\sigma_x^2}{\sigma_{e_1}^2 + \sigma_{e_2}^2}$$

第9章　语音识别原理及应用

9.1　语音识别系统概述

语音识别以语音信号为研究对象，它是语音信号处理的一个重要研究方向，是模式识别的一个分支，涉及生理学、心理学、语言学、计算机科学及信号处理等诸多领域，其最终目的是实现人与机器进行自然语言通信，用语言操纵计算机。

语音识别系统根据对说话人说话方式的要求，可以分为孤立字（词）语音识别系统、连接字语音识别系统及连续语音识别系统。进一步根据对说话人的依赖程度，可分为特定人和非特定人语音识别系统；根据词汇量的大小，可分为小词汇量、中等词汇量、大词汇量及无限词汇量语音识别系统。

不同的语音识别系统，尽管设计和实现的细节不同，但所采用的基本技术是相似的。一个典型的语音识别系统如图9.1所示，主要包括预处理、特征提取和训练识别网络。

输入　→　预处理　→　特征提取　→　训练识别网络　→　输出

图 9.1　典型的语音识别系统

9.1.1　语音信号预处理

在信号处理系统中，对原始信号进行预处理是必要的，这样可以保证系统获得一个比较理想的处理对象。在语音识别系统中，语音信号的预处理主要包括抗混叠滤波、预加重及端点检测等。

1. 抗混叠滤波与预加重

研究表明，语音信号的频谱分量主要集中在 300~3400Hz 的范围内。因此需用一个防混叠的带通滤波器将此范围内的语音信号的频谱分量取出，然后对语音信号进行采样，得到离散的时域语音信号。根据采样定理，如果模拟信号的频谱带宽是有限的（例如，不包含高于 f_m 的频率成分），那么用等于或高于 $2f_m$ 的采样率进行采样，则所得到的信号能够完全唯一代表原模拟信号，或者说能够由采样信号恢复出原始信号。在实际应用中，大多数情况选用 8kHz 的采样率。尽管如此，还必须顾及到语音信号本身包含 4kHz 以上频率成分这样一个事实。即使有的语音信号的频谱分量主要集中在低频段，但由于宽带随机噪声叠加的结果，使得在采样之前，语音信号总包含 4kHz 以上的频率成分。因此，为了防止混叠失真和噪声干扰，必须在采样前用一个锐截止模拟低通滤波器对语音信号进行滤波。该滤波器称为反混叠滤波器或去伪滤波器。

语音从嘴唇辐射会有 6dB/oct 的衰减，因此在对语音信号进行处理之前，希望能按6dB/oct 的比例对信号加以提升（或加重），以使得输出信号的电平相近似。当用数字电路来实现 6dB/oct 预加重时，可采用以下差分方程所定义的数字滤波器

$$y(n)=x(n)-ax(n-1) \qquad (9.1)$$

式中，系数 a 常在 0.9~1 之间选取。

2．端点检测

语音信号起止点的判别是任何一个语音识别系统必不可少的组成部分。因为只有准确地找出语音段的起始点和终止点，才有可能使采集到的数据是真正要分析的语音信号，这样不但减少了数据量、运算量和处理时间，同时有利于系统识别率的改善。常用的端点检测方法有下面两种。

（1）短时平均幅度

端点检测中需要计算信号的短时能量，由于短时能量的计算涉及平方运算，而平方运算势必扩大了振幅不等的任何相邻采样值之间的幅度差别，这就给窗的宽度选择带来了困难，因为必须用较宽的窗才能对采样间的平方幅度起伏有较好的平滑效果，然而又可能导致短时能量反映不出语音能量的时变特点。而用短时平均幅度来表示语音能量，在一定程度上可以克服这个弊端。

（2）短时平均过零率

当离散信号的相邻两个采样值具有不同的符号时，便出现过零现象，单位时间内过零的次数称为过零率。如果离散时间信号的包络是窄带信号，那么过零率可以比较准确地反映该信号的频率。在宽带信号情况下，短时平均过零率只能粗略反映信号的频谱特性。

本书第 3 章介绍了使用两级判决法的端点检测技术，读者可参考学习。

9.1.2 语音识别特征提取

语音识别的一个重要步骤是特征提取，有时也称为前端处理，与之相关的内容则是特征间的距离度量。所谓特征提取，即对不同的语音寻找其内在特征，由此来判别出未知语音，所以每个语音识别系统都必须进行特征提取。特征的选择对识别效果至关重要，选择的标准体现在异音字之间的距离应尽可能大，而同音字之间的距离应尽可能小。若以前者距离与后者距离之比为优化准则确定目标量，则应使该量最大。同时，还要考虑特征参数的计算量，应在保持高识别率的情况下，尽可能减少特征维数，以减小存储要求和利于实时实现。

孤立字（词）语音识别系统的特征提取一般需要解决两个问题：一是从语音信号中提取（或测量）有代表性的合适的特征参数（即选取有用的信号表示）；二是进行适当的数据压缩。而对于非特定人语音识别系统来讲，则希望特征参数尽可能多地反映语义信息，尽量减少说话人的个人信息（对特定人语音识别系统来讲，则相反）。从信息论角度讲，这也是信息压缩的过程。

语音信号的特征主要有时域和频域两种。时域特征如短时平均能量、短时平均过零率、共振峰、基音周期等；频域特征有线性预测（LPC）系数、LPC 倒谱（LPCC）系数、线谱对（LSP）系数、短时频谱、Mel 频率倒谱系数（MFCC）等。现在还有结合时间和频率的特征，即时频谱，充分利用了语音信号的时序信息。所有这些特征都只包含了语音信号的部分信息。为了充分表征语音信号，人们尝试综合各种特征，并取得了一定的效果。但由于目前语音识别分类器的限制和数学模型描述的局限性，人们尚未充分利用已有的部分信息，于是特征的变换与取舍、特征时序信息的使用等成了重要的研究课题。有关特征研究的另一个重要方面是特征的抗噪声性能，由于语音识别的最终目标是在现实世界中使用，背景噪声的干扰成为不可忽视的因素，因此必须研究一种方法，使得特征的提取尽可能不受噪声的影响。下面介绍几种特征提取方法。

1. LPC 系数

线性预测分析从人的发声机理入手，通过对声道的短管级联模型的研究，认为系统的传递函数符合全极点数字滤波器的形式，从而某一时刻的信号可以用前若干时刻的信号的线性组合来估计。通过使实际语音的采样值和线性预测采样值之间达到最小均方误差（MSE），即可得到 LPC 系数。

根据语音产生的模型，语音信号 $S(z)$ 是一个线性非移变因果稳定系统 $V(z)$ 受到信号 $E(z)$ 激励产生的输出。在时域中，语音信号 $s(n)$ 是该系统的单位采样响应 $v(n)$ 和激励信号 $e(n)$ 的卷积。语音产生的声道模型在大多数情况下是一个可用式（9.2）阐述的全极点模型。

$$H(z) = \frac{1}{1 - \sum_{k=1}^{p} a_k z^{-k}} \qquad (9.2)$$

根据最小均方误差对该模型参数 a_k 进行估计，求得的 $\hat{a}_p$ 即 LPC 系数（p 为预测器阶数）。对 LPC 系数的计算方法有自相关法（Levinson-Durbin）、协方差法等。计算上的快速有效保证了这一特征的广泛使用。

2. LPC 倒谱（LPCC）系数

LPCC 系数是信号的 z 变换的对数模函数的 z 逆变换，一般先求信号的傅里叶变换，取模的对数，再求傅里叶逆变换得到。既然线性预测也是一种参数谱估计方法，而且其系统函数的频率响应 $H(e^{j\omega})$ 反映了声道的频率响应和被分析信号的谱包络，因此用 $\log|H(e^{j\omega})|$ 做傅里叶逆变换求出的 LPCC 系数，应是一种描述信号的良好参数。其主要优点是比较彻底地去掉了语音产生过程中的激励信息，反映了声道响应，而且往往只需要几个 LPCC 系数就能够很好地描述语音的共振峰特性。

3. Mel 频率倒谱（MFCC）系数

Mel 频率倒谱系数是先将信号频谱的频率轴转变为 Mel 刻度，再变换到倒谱域得到倒谱系数。其计算过程如下：

① 将信号进行短时傅里叶变换得到其频谱。

② 求频谱幅度的平方，即能量谱，并用一组三角形滤波器在频域对能量进行带通滤波。这组带通滤波器的中心频率是按 Mel 频率刻度均匀排列的（间隔 150Mel，带宽 300Mel），每个三角形滤波器的中心频率的两个端点的频率分别等于相邻的两个滤波器的中心频率，即每两个相邻的滤波器的过渡带互相搭接，且频率响应之和为 1。滤波器的个数通常与临界带数相近，设滤波器数为 M，滤波后得到的输出为 $X(k)$，$k=1, 2, \cdots, M$。

③ 对滤波器的输出取对数，然后做 $2M$ 点傅里叶逆变换即可得到 MFCC 系数。由于对称性，此变换可简化为

$$C_n = \sum_{k=1}^{M} \log X(k) \cos[\pi(k-0.5)]n/M, \quad n = 1, 2, \cdots, L \qquad (9.3)$$

其中，MFCC 系数的个数 L 通常取 12~16。

9.1.3 语音训练识别网络

常用的语音训练识别方法有 4 种：基于声道模型和语音知识的方法、模式匹配的方法、统计模型方法及机器学习方法。基于声道模型和语音知识的方法起步较早，在语音识别技术提出

的开始，就有了这方面的研究，但由于其模型及语音知识过于复杂，目前没有达到实用阶段。后 3 种方法是目前常用的方法，它们都已达到了实用阶段。模式匹配常用的技术有矢量量化（VQ）和动态时间规整（DTW）；统计模型方法常见的是隐马尔可夫模型（HMM）；语音识别常用的机器学习方法包括基于经验非线性的人工神经网络（ANN）、基于统计学习理论的 VC（Vapnik Chervonenks）维理论和结构风险最小化原则的支持向量机（SVM）等。

1. 模式匹配法

模式匹配法用于语音识别主要有 4 个步骤：特征提取、模式训练、模式分类、判决。图 9.2 是模式匹配法的原理框图。

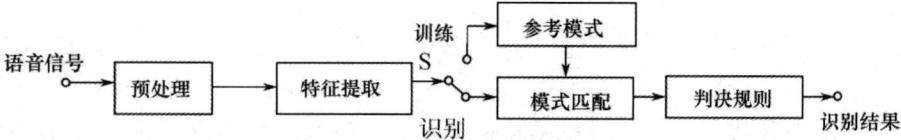

图 9.2 模式匹配法的原理框图

图 9.2 中，语音经过话筒变成电信号（即图中语音信号）后加在识别系统输入端。经过预处理后，语音信号的特征被提取出来，首先在此基础上建立所需的模式，这个建立模式的过程称为训练过程。接下来将新提取的特征与模式匹配的过程称为识别过程。即根据语音识别的整体模型，将输入的语音信号的特征与已经存在的语音模式（参考模式）进行比较，根据一定的搜索和匹配策略（判决规则），找出一系列最优的与输入的语音相匹配的模式。然后，根据此模式号的定义，通过查表就可以给出计算机的识别结果。

由于在训练或识别过程中，即使同一个人发同一个音，不仅其持续时间长度会随机地改变，而且各音素的相对时长也是随机变化的。因此在匹配时，如果只对特征参数序列进行线性时间规整，其中的音素就有可能对不准。20 世纪 60 年代日本学者板仓（Itakura）提出了动态时间规整（DTW）算法。该算法的思想就是把未知量均匀地伸长或缩短，直到它与参考模式的长度一致时为止。在时间规整过程中，未知单词的时间轴要不均匀地扭曲或弯折，以便使其特征与模型特征对正。

DTW 是较早的一种模式匹配和模型训练技术，它应用动态规划方法成功解决了语音信号特征参数序列比较时时长不等的难题，在孤立字（词）语音识别中获得了良好性能。但因其不适合连续语音大词汇量语音识别系统，目前已被 HMM 模型和 ANN 替代。

2. 隐马尔可夫（HMM）模型

HMM 模型是对语音信号的时间序列结构建立统计模型，将之看作一个数学上的双重随机过程：一个是用具有有限状态数的马尔可夫链来模拟语音信号统计特性变化的隐含的随机过程；另一个是与马尔可夫链的每个状态相关联的观测序列的随机过程。前者通过后者表现出来，但前者的具体参数是不可测的。人的说话过程实际上就是一个双重随机过程，语音信号本身是一个可观测的时变序列，是由大脑根据语法知识和言语需要（不可观测的状态）发出的音素的参数流。可见，HMM 合理地模仿了这一过程，很好地描述了语音信号的整体非平稳性和局部平稳性，是较为理想的一种语音模型。

与模式匹配法相比，HMM 是一种迥然不同的概念。在模式匹配法中，"参考模式"是由事先存储起来的"模式"本身充当的，而 HMM 则把这一"参考模式"用一个数字模型来表示（马尔可夫链），然后待识别的语音与这一数学模型相比较，这就从概念上较模式匹配法深化了一步。图 9.3 给出了一个基于 HMM 的孤立字（词）语音识别原理框图。

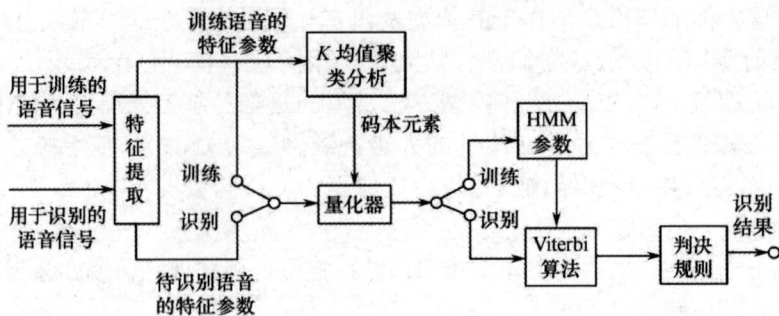

图 9.3　基于 HMM 的孤立字（词）语音识别原理框图

采用 HMM 进行语音识别，实质上是一种概率运算。根据训练集数据计算得出模型参数后，测试集数据只需分别计算各模型的条件概率（Viterbi 算法），取此概率最大者即识别结果。由于识别过程中各状态间的转移概率和每个状态下的输出都是随机的，故 HMM 更能适应语音发生的各种微妙的变化，使用起来比模式匹配法灵活得多。除训练时需运算量较大外，识别时的运算量仅有模式匹配法的几分之一。

3．机器学习

（1）人工神经网络

人工神经网络（ANN）在语音识别中的应用是当前研究的热点。ANN 本质上是一个自适应非线性动力学系统，它模拟了人类神经元活动的原理，具有自适应性、并行性、鲁棒性、容错性和学习特性。目前用于语音识别的 ANN 有多层感知机、Kohonen 自组织神经网络和预测神经网络等。

ANN 是采用物理上可实现的系统来模拟人脑神经细胞的结构和功能的系统。它由很多简单的处理单元有机地连接起来进行并行的工作。ANN 中大量神经元并行分布运算的原理、高效的学习算法及对人类的认知系统的模仿能力等都使它极适宜于解决类似于语音识别这类课题。图 9.4 给出了基于 ANN 的语音识别的原理框图。

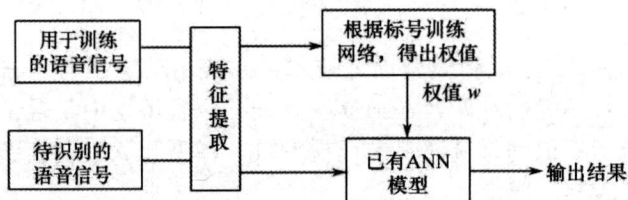

图 9.4　基于 ANN 的语音识别原理框图

ANN 的一项非常重要的功能是通过学习实现对输入向量的分类。这就是说，每输入一个向量，ANN 输出一个该向量所属类别的标号。在传统的语音识别方法中，通过特征参数的提取及模式匹配完成识别。由于语音信号的高度多变性，输入模式要与参考模式完全匹配几乎是不可能的。ANN 的语音识别方法与传统方法的差异在于，提取了语音的特征参数后，不像传统方法那样进行输入模式与参考模式的比较匹配及统计参数，而是靠网络中大量的连接权值对输入模式进行非线性运算，产生最大兴奋的输入点就代表了输入模式对应的分类。网络的连接权值在使用中根据识别结果的正确与否不断进行自适应修正。

（2）支持向量机

近年来发展起来的支持向量机技术是建立在统计学习理论的 VC 维理论和结构风险最小化原则基础上的机器学习方法。统计学习理论不仅考虑了对渐近性能的要求，而且追求在有限的信息条件下获得最优的结果。VC 维理论为衡量预测模型的复杂度提出了有效的理论框架。与 ANN 相比，支持向量机具有更坚实的数学理论基础，可以有效地克服 ANN 所固有的过学习和欠学习的问题，另外支持向量机有很强的非线性分类能力，它通过引入核函数，将输入空间样本的非线性划分问题转化为高维特征空间的线性划分问题，有效地解决了有限样本条件下的高维数据模型构建问题，并具有泛化能力强、收敛到全局最优、维数不敏感等优点。同时，支持向量机也是对 HMM 的有效补充。从原理上来分析，HMM 受极大似然准则的限制，类别区分能力较弱，其结果反映了同类样本的相似度，而支持向量机的输出结果则体现了异类样本间的差异，具有很强的分类能力。因此，支持向量机能较好地解决小样本、非线性、高维数和局部极小点等实际问题，它比 HMM、ANN 等具有更好的泛化能力和分类精确性，更适合用于语音识别。

9.2 支持向量机在语音识别中的应用

9.2.1 支持向量机分类原理

支持向量机（SVM）是 20 世纪 90 年代中期发展起来的机器学习技术，与神经网络技术不同，SVM 以统计学习理论为基础，而统计学习理论是一种专门研究小样本情况下机器学习规律的理论，它为机器学习问题建立了一个很好的理论框架。SVM 方法的提出，摆脱了长期以来形成的从生物仿生学的角度构建学习机器的束缚，在解决小样本机器学习问题中表现出许多特有的优势，成为克服"维数灾难"和"过学习"等困难的有力手段。

1．最优分类面

SVM 的分类原理是从线性可分问题下的最优分类面发展而来的，其基本思想可用如图 9.5 所示的两类线性可分问题说明。图中实心点和空心点分别表示两类训练样本，H 为没有错误地把两类样本分开的分类线，用线性函数 $g(x)=w \cdot x+b$ 表示。事实上，能将两类点正确分开的直线很多（如 H_3），此时的分类问题就是要寻找一条合适的直线划分整个二维平面，即确定法向量 w 和截距 b。不改变法向量 w，平行地向右上方和左下方推移直线 H 直到碰到某类训练点，这样就得到了两条极端的直线 H_1、H_2，它们是过两类样本中离分类线 H 最近的点的直

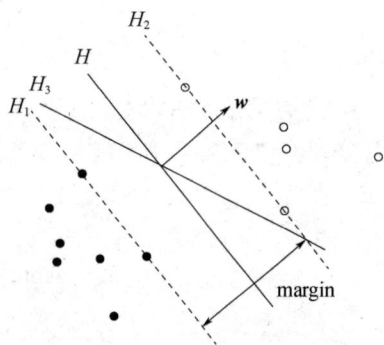

图 9.5 二维线性可分问题

线，H_1、H_2 之间的距离为两类的分类间隔（margin）。可以想象，应选取使 margin 达到最大的那个法向量。进一步，对于选定的法向量 w，会有两条极端的直线，选取 b 使得要找的直线为两条极端直线"中间"的那条线，称为最优分类线。

将上述直线方程规范化，即调整 w 和 b，使得两条极端的直线 H_1、H_2 分别表示为

$$w \cdot x_i+b=1 \text{ 和 } w \cdot x_i+b=-1 \tag{9.4}$$

而中间的最优分类线 H 为

$$w \cdot x+b=0 \tag{9.5}$$

由此可知，最优分类线不仅要能把两类样本无错误地分开，而且要使两类的分类间隔最

大。按照结构风险最小化准则，前者是保证经验风险最小，后者实际上就是使推广性的界中的置信范围最小，从而使真实风险最小。显然，最优分类线由离它最近的直线 H_1、H_2 上的少数样本（称为支持向量）决定，只有支持向量对最终求得的最优分类线有影响，而与其他样本无关。推广到高维空间，最优分类线就成为最优分类面。

2. 线性可分问题

用一条直线把训练集正确地分开，没有错分点的这类问题称为线性可分问题。

考虑一个线性可分的两类分类问题，设线性可分的 l 个训练样本集 $\{(x_i, y_i), i=1, 2,\cdots, l\}$，输入样本空间 x_i 的维数为 d，$y_i \in \{1, -1\}$ 标明它所对应的样本 x_i 属于两类中的哪一类。由这一组样本可以确定一个分类超平面 $\boldsymbol{w}\cdot\boldsymbol{x}+b=0$，使得离它最近的每类点与它的距离达到最大值，对于两类所有样本都满足条件

$$y_i(\boldsymbol{w}\cdot x_i + b)\geqslant 1, \quad i=1, 2,\cdots, l \tag{9.6}$$

此时相应的分类间隔为

$$d(\boldsymbol{w},b) = \min_{\{x_i|y_i=1\}} \frac{\boldsymbol{w}\cdot x_i + b}{\|\boldsymbol{w}\|} - \max_{\{x_i|y_i=-1\}} \frac{\boldsymbol{w}\cdot x_i + b}{\|\boldsymbol{w}\|}$$
$$= \frac{1}{\|\boldsymbol{w}\|} - \frac{-1}{\|\boldsymbol{w}\|} = \frac{2}{\|\boldsymbol{w}\|} \tag{9.7}$$

使分类间隔最大就是使 $2/\|\boldsymbol{w}\|$ 最大或使 $\|\boldsymbol{w}\|/2$ 最小，满足式（9.6）且使 $2/\|\boldsymbol{w}\|$ 最大的分类面即最优分类面。使分类间隔最大体现了对推广能力的控制，这是 SVM 的核心思想之一。

综上可知，最优超平面的求解可变为求解下列对变量 $\boldsymbol{w}$ 和 b 的最优化问题，或称原始问题

$$\left.\begin{aligned} &\min_{w,b} \frac{1}{2}\|\boldsymbol{w}\|^2 \\ &s.t. \quad y_i(\boldsymbol{w}\cdot x_i + b) \geqslant 1, \quad i=1,2,\cdots,l \end{aligned}\right\} \tag{9.8}$$

这就是原始的 SVM。对于式（9.8），SVM 方法不直接求解，而是通过求解该问题的对偶问题来得到它的解。利用 Lagrange（拉格朗日）乘子法可以把上述最优化问题转化为其对偶问题（二次优化或二次规划问题）

$$\left.\begin{aligned} &\min_{\boldsymbol{\alpha}} \frac{1}{2}\sum_{i=1}^{l}\sum_{j=1}^{l} \alpha_i \alpha_j y_i y_j (x_i \cdot x_j) - \sum_{i=1}^{l} \alpha_i \\ &s.t. \quad \sum_{i=1}^{l} \alpha_i y_i = 0 \\ &\qquad \alpha_i \geqslant 1, \quad i=1,2,\cdots,l \end{aligned}\right\} \tag{9.9}$$

α_i 为上述问题的解，它是与第 i 个样本对应的 Lagrange 乘子，$\alpha_i>0$ 对应的样本 x_i 就是支持向量。从图 9.5 可以看出，由于只有少部分样本是支持向量，其 Lagrange 乘子 $\alpha_i>0$，而剩余的样本满足 $\alpha_i=0$。我们称解 α_i 的这种性质为"稀疏性"，这个特性是 SVM 的重要特征之一，也就是说，只需少量样本（支持向量）就可构成最优分类器，这样大大压缩了有用样本数据。

对上述问题求解后，得到最优解 $\boldsymbol{\alpha}^* = (\alpha_1^*, \alpha_2^*,\cdots, \alpha_l^*)^{\mathrm{T}}$，计算 $\boldsymbol{w}^* = \sum_{i=1}^{l} \alpha_i^* y_i x_i$，选择 $\boldsymbol{\alpha}^*$ 的一个

正分量 α_j^*，并据此计算出 $b^* = y_j - \sum_{i=1}^{l} y_i \alpha_i^* (x_i \cdot x_j), \forall j \in \{j \mid \alpha_j^* > 0\}$，构造分划超平面 $(w^* \cdot x) + b^* = 0$，进而得到相应的决策函数为

$$f(x) = \mathrm{sgn}[g(x)] = \mathrm{sgn}[(w^* \cdot x) + b^*]$$
$$= \mathrm{sgn}\left[\sum_{i=1}^{l} \alpha_i^* y_i (x_i \cdot x) + b^*\right] \tag{9.10}$$

其中，x 为每一个待识别样本。式（9.10）中求和只对支持向量进行，因此，SVM 的最终决策函数只由少数的支持向量所确定，识别时的计算复杂性取决于支持向量的数目，而不是样本空间的维数，这在某种意义上避免了"维数灾难"。

统计学习理论指出，在 d 维空间中，设所有样本分布在一个半径为 R 的超球范围内，则满足条件 $\|w\|^2 \leqslant A$ 的规范化超平面构成的分类面 $f(x, w, b) = \mathrm{sgn}[(w \cdot x) + b]$ 的支持向量维满足下面的界

$$h = \min([R^2 A], d) + 1 \tag{9.11}$$

因此使 $\|w\|^2$ 最小就是使支持向量维的上界最小，从而实现 SVM 中对函数复杂性的选择。

3．近似线性可分问题

近似线性可分问题是指训练样本不能用直线完全正确地划分而只能大体上把训练集分开，如图 9.6 所示。

这类问题如果仍然用直线去划分，必然会出现错分点。因此，放宽要求，希望错分的程度尽可能小，也就是不要求所有训练点满足约束条件 $y_i(w \cdot x_i + b) \geqslant 1$。为此对第 i 个训练点 (x_i, y_i) 引入非负松弛变量 ξ_i，约束条件放松为 $y_i(w \cdot x_i + b) + \xi_i \geqslant 1$。显然，$\sum_{i=1}^{l} \xi_i$ 描述训练集被错分的程度。这样就有了两个目标：

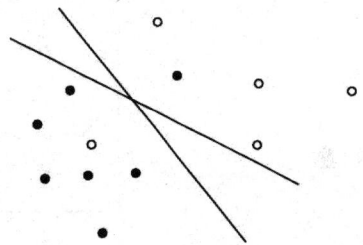

图 9.6　近似线性可分问题

仍希望分类间隔 $2/\|w\|$ 尽可能大，同时希望错分程度 $\sum_{i=1}^{l} \xi_i$ 尽可能小。把这两个目标综合起来，并引入一个大于 0 的惩罚因子 C 作为两个目标的权值，就得到下面的软间隔 SVM（C-SVM）原始问题

$$\left. \begin{aligned} &\min_{w,b,\xi} \frac{1}{2}\|w\|^2 + C\sum_{i=1}^{l} \xi_i \\ &s.t. \quad y_i(w \cdot x_i + b) \geqslant 1 - \xi_i \\ &\qquad \xi_i \geqslant 0, \quad i = 1, 2, \cdots, l \end{aligned} \right\} \tag{9.12}$$

可以看出，惩罚因子 C 越大，表示对错误分类的惩罚越大。式（9.12）中第一项是最大化分类间隔，第二项则是最小化训练误差。C 起着调节这两个目标的作用。选取大的 C 值，意味着更强调最小化训练误差，C 值本身没有确切的意义，但它的选取是 SVM 方法的一个难点。同前所述，式（9.12）的对偶问题为

$$\left. \begin{aligned} &\min_{\alpha} \frac{1}{2}\sum_{i=1}^{l}\sum_{j=1}^{l} \alpha_i \alpha_j y_i y_j (x_i \cdot x_j) - \sum_{i=1}^{l} \alpha_i \\ &s.t. \quad \sum_{i=1}^{l} \alpha_i y_i = 0 \\ &\qquad 0 \leqslant \alpha_i \leqslant C, \quad i = 1, 2, \cdots, l \end{aligned} \right\} \tag{9.13}$$

对上述问题求解后得到最优解 $\boldsymbol{\alpha}^* = (\alpha_1^*, \alpha_2^*, \cdots, \alpha_l^*)^{\mathrm{T}}$，计算 $\boldsymbol{w}^* = \sum_{i=1}^{l} \alpha_1^* y_i x_i$，选择 $\boldsymbol{\alpha}^*$ 的一个分量 $0 < \alpha_j^* < C$，并据此计算出 $b^* = y_i - \sum_{i=1}^{l} y_i \alpha_i^* (x_i \cdot x_j), \forall j \in \{j \mid \alpha_j^* > 0\}$，构造分划超平面 $(\boldsymbol{w}^* \cdot \boldsymbol{x}) + b^* = 0$，进而得到相应的决策函数为

$$f(x) = \mathrm{sgn}[g(x)] = \mathrm{sgn}[(\boldsymbol{w}^* \cdot \boldsymbol{x}) + b^*]$$
$$= \mathrm{sgn}\left[\sum_{i=1}^{l} \alpha_i^* y_i (x_i \cdot \boldsymbol{x}) + b^*\right] \tag{9.14}$$

4. 线性不可分问题

对于图 9.7（a）所示的输入空间，显然用直线划分会产生很大的误差，这类线性不可分问题可以通过引入一个非线性变换 $\phi: R^d \mapsto H$，将原输入空间中的样本 x_i 映射为某个高维特征空间 H 中的 $\phi(x_i)$，然后在这个新空间中求最优线性分类面，如图 9.7（b）所示，从而将原输入空间中的线性不可分问题转化为高维特征空间中的线性可分问题。图 9.7 为非线性变换示意图。

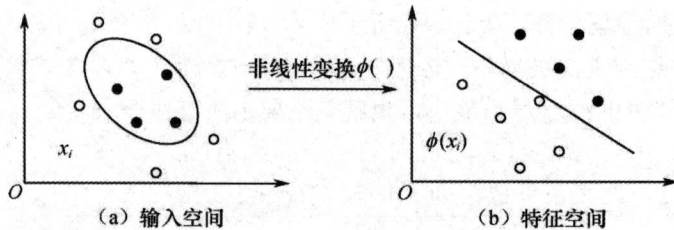

图 9.7　非线性变换示意图

一般来说，这种非线性变换 $\phi(\ )$ 的形式非常复杂，很难实现。但是注意到在线性可分问题中，不论是优化的目标函数还是分类函数，都只涉及点积运算，即 $x_i \cdot x_j$ 的形式，那么在高维特征空间中进行线性划分时，也必然只涉及 $\phi(x_i) \cdot \phi(x_j)$ 的形式。所以，如果存在一个核函数 K，满足 $K(x_i, x_j) = \phi(x_i) \cdot \phi(x_j)$，那么就能用原输入空间中的函数来实现高维特征空间中的点积，从而就不必知道非线性变换 $\phi(\ )$ 的具体形式了。

非线性情况下的分类超平面为

$$\boldsymbol{w} \cdot \phi(x_i) + b = 0 \tag{9.15}$$

此时 C-SVM 的原始问题为

$$\left.\begin{aligned} &\min_{\boldsymbol{w}, b, \xi} \frac{1}{2}\|\boldsymbol{w}\|^2 + C\sum_{i=1}^{l} \xi_i \\ &s.t. \quad y_i[\boldsymbol{w} \cdot \phi(x_i) + b] \geqslant 1 - \xi_i \\ &\qquad \xi_i \geqslant 0, \quad i = 1, 2, \cdots, l \end{aligned}\right\} \tag{9.16}$$

引入核函数 $K(x_i, x_j)$ 后，得到对偶最优化问题

$$\left.\begin{aligned} &\min_{\boldsymbol{\alpha}} \frac{1}{2}\sum_{i=1}^{l}\sum_{j=1}^{l} \alpha_i \alpha_j y_i y_j K(x_i \cdot x_j) - \sum_{i=1}^{l} \alpha_i \\ &s.t. \quad \sum_{i=1}^{l} \alpha_i y_i = 0 \\ &\qquad 0 \leqslant \alpha_i \leqslant C, \quad i = 1, 2, \cdots, l \end{aligned}\right\} \tag{9.17}$$

相应的决策函数变为

$$f(x) = \text{sgn}\left[\sum_{i=1}^{l} \alpha_i^* y_i K(x_i, x) + b^*\right] \tag{9.18}$$

其中，$b^* = y_j - \sum_{i=1}^{l} y_i \alpha_i^* K(x_i, x_j), \forall j \in \{j \mid 0 < \alpha_j^* < C\}$。

SVM 的非线性分类问题是用核函数来代替 $\phi(\ )$ 的内积运算，并不需要显式地知道特征空间 H 和 $\phi(\ )$ 的具体形式，只要知道核函数就可以确定一个支持向量机。

5. C-SVM 方法

SVM 方法的基本思想是通过非线性映射 $\phi(\ )$ 将输入向量 x 映射到一个高维特征空间，在这个高维特征空间中求取最优线性分类面，而这种非线性映射是通过定义适当的内积函数实现的，即用原空间的函数实现新空间的内积。

C-SVM 方法引入了核函数 $K(x_i, x)$ 和惩罚因子 C，具体方法如下：

① 已知 l 个训练样本集 $T=\{(x_1, y_1), \cdots, (x_l, y_l)\} \in (X \times Y)^l$，其中 $x_i \in X = R^n$（n 维欧氏空间），$y_i \in Y = \{-1, 1\}$，$i = 1, \cdots, l$，输入样本空间 x_i 的维数为 d。

② 选取适当的核函数 $K(x_i, x)$ 和合适的惩罚因子 C，构造并求解最优化问题

$$\left. \begin{aligned} &\min_{\boldsymbol{\alpha}} \frac{1}{2}\sum_{i=1}^{l}\sum_{j=1}^{l}\alpha_i\alpha_j y_i y_j K(x_i \cdot x_j) - \sum_{i=1}^{l}\alpha_i \\ &s.t. \quad \sum_{i=1}^{l}\alpha_i y_i = 0 \\ &\qquad 0 \leqslant \alpha_i \leqslant C, \quad i = 1, 2, \cdots, l \end{aligned} \right\} \tag{9.19}$$

求得最优解 $\boldsymbol{\alpha}^* = (\alpha_1^*, \alpha_2^*, \cdots, \alpha_l^*)^T$。

③ 选取 $\boldsymbol{\alpha}^*$ 中的一个分量 α_j^*，满足 $0 < \alpha_j^* < C$，据此算出

$$b^* = y_i - \sum_{i=1}^{l} y_i \alpha_i^* K(x_i, x_j) \tag{9.20}$$

④ 构造决策函数

$$f(x) = \text{sgn}\left[\sum_{i=1}^{l} \alpha_i^* y_i K(x_i, x) + b^*\right] \tag{9.21}$$

图 9.8 为支持向量机分类器的结构图，其中 $x = \{x^1, x^2, \cdots, x^d\}$ 是 d 维输入向量，$w_i = \alpha_i y_i (i=1, 2, \cdots, l)$ 为权值。SVM 求得的分类函数形式上类似于一个神经网络，其输出是若干中间层节点的线性组合，而每个中间层节点对应于输入样本与一个支持向量的内积。

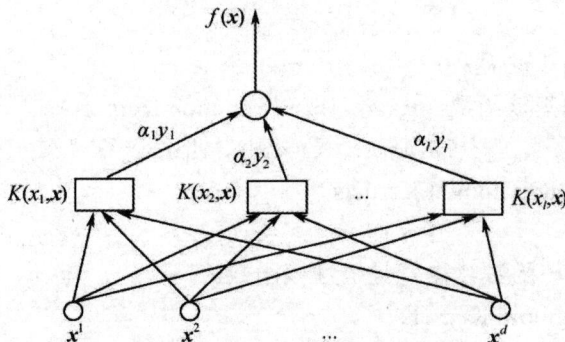

图 9.8　支持向量机分类器的结构图

9.2.2 支持向量机的模型参数选择问题

SVM 的显著特点是通过引入核函数技术把低维空间的输入数据通过非线性变换映射到高维特征空间，从而在低维空间的非线性问题可以在高维空间用线性方法来解决，并且不用知道非线性变换及其对应特征空间的形式。SVM 由核函数和训练集完全刻画。SVM 分类性能的好坏，核函数的选择及核参数的取值起着非常关键的作用。

不同的核函数所表现出的特点各不相同，由此所构成的 SVM 的性能也完全不同，因此寻找一个适合给定问题的核函数是 SVM 方法的关键，但有关核函数选择的理论依据非常少。对核函数的研究主要集中在核函数理论和核函数构造、核函数参数的选择及特定对象特性（生物序列、文本、图像）的核函数构造和使用等方面，虽然得到了一些结论，但远非指导性依据。

1．核函数概念

设输入空间 X 是 R^n 中的一个子集，称定义在 $X \times X$ 上的函数 $K(x, x')$ 是核函数，如果存在从 X 到某个 Hilbert 空间 H 的映射 $\phi: X \rightarrow H$，$x \mapsto \phi(x)$，使得 $K(x, x') = \phi(x) \cdot \phi(x')$，其中 $\cdot$ 表示 H 中的内积。

Mercer 给出了一个函数为核函数的充分必要条件，核函数是满足如下 Mercer 条件的任何对称函数。

Mercer 条件：对于任意的对称函数 $K(x, x')$，能以系数 $\alpha_k > 0$ 展开成

$$K(x, x') = \sum_{k=1}^{\infty} a_k \phi_k(x) \phi_k(x') \tag{9.22}$$

（即 $K(x, x')$ 是某个特征空间的一个内积），其充分必要条件是，对于任意的 $\phi(x) \neq 0$，且 $\int \phi^2(x) \mathrm{d}x < \infty$，有

$$\iint K(x, x') \phi(x) \phi(x') \mathrm{d}x \mathrm{d}x' \geqslant 0 \tag{9.23}$$

可以看出核函数应满足两个条件：一是对称性，即 $K(x, x') = K(x', x)$；二是 Cauchy-Schwarts 不等式，即 $K^2(x, x') \leqslant K(x, x)K(x', x')$。对称正定的函数在统计上称为协方差，所以核函数从本质上来讲是协方差。从式（9.22）可以看出，核函数实际上是一个凸锥。

统计学习理论指出，根据泛函分析中 Hilbert-Schmidt 理论，只要一种运算满足 Mercer 条件，它就对应某一变换空间中的内积。

满足 Mercer 条件的函数可被用作 SVM 的核函数。核函数的引入使 SVM 得以实用化，因为它避免了显式高维空间中向量内积而造成的大量运算。

2．常用的核函数

目前常用的核函数有下列几种。

（1）Gaussian 或径向基核函数（Radial Basis Function Kernels）

$$K_{\mathrm{RBF}}(x_i, x) = \exp(-\gamma \|x_i - x\|^2) \tag{9.24}$$

（2）多项式核函数（Polynomial Kernels）

$$K_{\mathrm{Ploy}}(x_i, x) = [\gamma(x_i \cdot x) + c]^q \tag{9.25}$$

q 取 1 时，为一阶多项式核函数，也就是线性核函数。

（3）S 形核函数（Sigmoid Kernels）

$$K_s(x_i, x) = \tanh[\gamma(x_i \cdot x) + c] \tag{9.26}$$

在式（9.24）至式（9.26）中，核参数γ、q 和 c 均为常数。

选择不同的核函数，就意味着选取了不同的映射，通过选择适当的核函数，可使算法达到更好的效果；核参数也是影响 SVM 性能的关键因素，选择一组合理的参数，也可以提高 SVM 的性能。因此，SVM 学习性能的好坏与核函数及其参数选择有着直接的关系。

3. 模型选择

SVM 的模型选择是指选择适当的核函数类型、核函数的参数和惩罚因子，从而使所得到的 SVM 在对未知样本进行测试时表现出更好的分类性能。

在选用核函数时，尽管满足 Mercer 条件的函数在理论上都可以作为核函数来使用，而不同的核函数构成的 SVM 的分类性能却不同。即使已经选择了某一类型的核函数，其相应的参数也存在如何选择的问题。然而，到目前为止，参数选择只能根据经验、大量的反复实验进行对比等方法来进行。

在核函数确定的情况下，核函数的参数和惩罚因子 C 的选择也是 SVM 取得满意分类效果的关键。

核参数决定了输入空间到高维特征空间的非线性映射的本质，主要影响样本数据在高维特征空间中分布的复杂程度。例如，Gaussian 核函数中核参数γ的改变实质上是改变了非线性变换函数，从而改变了样本在数据子空间中分布的复杂程度（维数）。所以，对于给定γ值的 Gaussian 核函数，就对应于一个具有确定维数的数据子空间，也就限定了在该数据子空间中所能构造的最优分类面的复杂程度。

当γ较大时，$K(x_i, x_j) \to 0$，此时每个点只有它附近的点才对它起作用，这会导致过学习问题，即分类器能把训练样本正确分开，但对未知样本不具有任何推广能力。当γ较小时，$K(x_i, x_j) \to 1$，此时几乎每个点都对其他点起作用，所有的点看起来差不多，这会导致欠学习问题，分类器会将样本划分为样本数较大的一类。

惩罚因子 C 的作用是在确定的特征空间中调节 SVM 的置信范围和经验风险的比例。由式（9.19）可知，它对 Lagrange 乘子加以限制，较大的 C 使训练错误率较小，而较小的 C 会导致没有边界向量，测试精度较低。

综上所述，要获得推广能力良好的 SVM 分类器，首先要选择合适的核参数，将数据映射到合适的高维特征空间，然后针对确定的特征空间寻找合适的惩罚因子 C，使得 SVM 的经验风险和置信范围达到最佳的比例。

事实上，当用 SVM 解决一个实际问题时，多数情况下，需要尝试用多个核函数，然后根据测试结果决定采用哪一个核函数。因为目前的研究还没有能深入到足以指导我们如何去选取核函数，更谈不上根据具体的问题构造一个核函数。但是利用核函数性质选取核函数及其参数，这个工作还是有一定成效的。

9.2.3 支持向量机用于语音识别的 MATLAB 实现

实现一个基于 SVM 的语音识别系统，首先要将原始语音信号进行预加重、加窗和分帧等处理。预加重通过一个传递函数为 $H(z)=1-\alpha z^{-1}(0.9<\alpha<1.0)$ 的滤波器进行滤波；加窗和分帧选用汉明（Hamming）窗。经过预处理后，提取语音信号的特征参数，作为 SVM 分类器的输入的语音数据。实验所用的语音特征是 MFCC 参数。

SVM 本身是一个两类问题的判别方法，对于中等词汇量的非特定人语音的识别，需要将 N 个词汇分开，这是一个多类分类问题，因此涉及多类问题到二类问题的转换。下面采用一对一分类法来进行 SVM 多类分类，即在 k 个不同类别训练集中找出所有不同类别的两两组合，构建 $P=k(k-1)/2$ 个子分类器，将测试数据分别对 P 个子分类器进行测试，在 P 个决策函数结果中得票数最多的类别为测试数据的类别。

实验中所采用的语音样本均为孤立词，语音信号采样率为 11.025kHz。实验使用了 9 个人在不同 SNR（15dB、20dB、25dB、30dB、无噪声）下的发音作为训练数据库，噪声为人为添加的高斯白噪声。语音样本数据的词汇量分别为 10 词、20 词、30 词、40 词和 50 词，每人每个词发音 3 次。因此，整个数据集在不同 SNR 下分别有 10 个、20 个、30 个、40 个、50 个类别。测试样本由另外 7 人在相应 SNR 和词汇量下，对每个词发音 3 次得到。实验是在 LIBSVM 工具箱上完成的。

1. LIBSVM 工具箱简介

LIBSVM 工具箱是台湾大学林智仁（C.J Lin）等人开发设计的一个简单、易于使用和快速有效的 SVM 模式识别与回归的软件包，可以解决分类问题（包括 C-SVC、n-SVC）、回归问题（包括 e-SVR、n-SVR）及分布估计问题（one-class-SVM）等。它不仅提供了编译好的可在 Windows 系统运行的可执行文件，还提供了源代码，方便改进、修改及在其他操作系统上应用。该软件包还有一个特点，就是对 SVM 所涉及的参数调节相对比较少，提供了很多默认参数，利用这些默认参数就可以解决很多问题，并且提供交互检验的功能。下面详细介绍 LIBSVM 软件包中主要函数的数据格式及注意事项。

（1）SVM 使用的数据格式

该软件包使用的训练数据和预测数据文件格式如下：

<label><index1>:<value1><index2>:<value2> ...

其中，<label>是训练样本集的目标值，对于分类问题，它是标识某类的整数（支持多个类）；对于回归问题，它是任意实数。<index>是从 1 开始的整数，可以是不连续的；<value>为实数，也就是我们常说的自变量。检验数据文件中的 label 只用于计算准确度或误差，如果它是未知的，只需用一个数填写这一栏，也可以空着不填。

（2）SVM 训练函数 svmtrain

函数 svmtrain 用于创建一个 SVM 模型，其调用格式为：

model = svmtrain(train_label, train_data, 'libsvm_options');

其中，train_label 为训练集样本对应的类别标签；train_data 为训练集样本的输入数据；libsvm_options 为 SVM 模型的参数及其取值（具体的参数、意义及取值可参考 LIBSVM 软件包的参数说明文档，此处不再赘述）；model 为训练好的 SVM 模型。

（3）SVM 预测函数 svmpredict

函数 svmpredict 用于利用已创建的 SVM 模型进行仿真预测，其调用格式为：

[predict_label, accuracy] = svmpredict(test_label, test_data, model);

其中，test_label 为测试集样本对应的类别标签；test_data 为测试集样本的输入数据；model 为利用函数 svmtrain 训练好的 SVM 模型；predict_label 为预测得到的测试集样本的类别标签；accuracy 为测试集的分类正确率。

需要说明的是，若测试集样本的类别标签 test_label 未知，可随机填写，此时 accuracy 就没有具体意义，只需关注 predict_label 即可。

2. SVM 用于语音识别的 MATLAB 实现

在 Windows 系统上，利用 MATLAB 语言实现基于 SVM 模型对语音进行识别并对该模型性能进行评价的大体步骤如下：

（1）产生训练集/测试集

按照 LIBSVM 软件包对输入数据格式的要求，转换特征提取后训练集样本和测试集样本的输入语音特征矢量序列和类别标签，以满足函数 svmtrain 和函数 svmpredict 调用格式的要求。

（2）训练 SVM 模型

利用函数 svmtrain 可以方便地训练一个 SVM 模型，但由于核函数类型和参数的选择对模型泛化能力有较大的影响，因此，需要确定核函数的类型及选取较好的参数值。一般情况选用径向基核函数，且利用交叉验证方法寻优产生最佳模型参数。

（3）仿真测试

当训练好 SVM 模型后，输入测试集样本和函数 svmpredict 就可得到对应的预测类别标签和分类正确率。此时输出的分类正确率即该模型的语音识别率。

（4）语音识别性能评价

根据函数 svmpredict 得到的分类正确率，对建立的模型进行评价。若语音识别率不理想，应从以下 3 个方面进行调整：训练集的选择、核函数的选择和模型参数的取值。

在此，我们使用的是 libsvm-3.1-[FarutoUltimate3.1Mcode]加强工具箱。它在原 LIBSVM 工具箱的 MATLAB 环境里增加了一些 SVM 的辅助函数，使用起来更加方便。

程序 9.1 是采用 MFCC 参数提取训练集样本或测试集样本语音特征参数的 MATLAB 程序。值得注意的是，在实现该程序仿真时需要先将 voicebox 语音处理工具箱添加到 MATLAB 中。

【程序 9.1】MFCC-SVM.m

```matlab
clear
clc
data = readall_txt('C:\Users\Administrator\Desktop\train15db10ci');    %读取原始语音文件输入路径
bank=melbankm(24, 256, 11025, 0, 0.5, 'm');                %Mel 滤波器的阶数为 24，信号采样率
                                                           %为 11025Hz，帧长为 256 点
%归一化 Mel 滤波器组系数
bank=full(bank);
bank=bank/max(bank(:));

%设定 DCT 系数
for k=1:12
    n=0:23;
    dctcoef(k, :)=cos((2*n+1)*k*pi/(2*24));
end
%归一化倒谱提升窗口
w = 1 + 6 * sin(pi * [1:12] ./ 12);
w = w/max(w);
for i=1:270;
    str= ['C:\Users\Administrator\Desktop\train15db10ci\', num2str(i), '.txt' ];       %数据输出路径
    fid = fopen(str, 'wt');
    x= data{i};
    %预加重滤波器
    xx=double(x);
```

```
xx1=filter([1 −0.98], 1, xx);
%语音信号分帧
xx2=enframe(xx1, 256, 128);
%计算每帧的 MFCC 参数
for i=1:size(xx2, 1)                      %size(xx2, 1)返回 xx2 的维数
    y = xx2(i, :);
    s = y' .* hamming(256);               %加窗
    t = abs(fft(s));                      %对信号 s 进行 FFT 计算
    t = t.^2;                             %计算能量

%对 FFT 参数进行 Mel 滤波取对数再计算倒谱
    c1=dctcoef *log(bank * t(1:129));     %dctcoef 为 DCT 系数, bank 为归一化 Mel 滤波器组系数
    c2 = c1.*w';                          %w 为归一化倒谱提升窗口
    m(i, :)=c2;                           %MFCC 参数
end
    fprintf(fid, '%f\n', m');
    fclose(fid);
    m=[];
end
```

其中，readall_txt( )为文件读取函数，其 MATLAB 程序如下：

```
% readall_txt.m
function data = readall_txt(path)
%读取同一 path 下所有 txt 文件中的数据并赋给 data
% txt 文件中含有一个数据项
%输出 cell 格式以免各 txt 中数据长度不同
A = dir(fullfile(path, '*.txt'));            %列出该文件夹下.txt 格式的文件
A = struct2cell(A);                          %将结构数组转换为单元数组
num = size(A);                               %输出数组 A 的行数和列数
for k =0:num(2)−1
    x(k+1)= A(5*k+1);                        %找出 name 序列
end
for k = 1:num(2)
    newpath = strcat(path, '\', x(k));
    data{k} = load(char(newpath));
end
```

针对不同语音库的特点，为了进一步提高语音的识别率，根据实际情况有时还需对已提取的语音特征参数进行诸如时间归一化、标签化等处理。程序 9.2 是用 SVM 模型进行语音识别的 MATLAB 程序。

【程序 9.2】SVM.m

```
clear;
clc;
load('smtrain15.mat');                       %smtrain15.mat 为训练语音特征文件
load('smtest15.mat');                        %smtest15.mat 为测试语音特征文件
train_data=smtrain15(:, : );                 %将 smtrain15 数据赋值给训练集样本 train_data
train_label=smtrain15(:, 1);                 %产生训练集样本标签
```

```
test_data=smtest15(:, : );          %将 smtrain15 数据赋值给测试集样本 test_data
test_label=smtest15(:, 1);          %产生测试集样本标签
model=svmtrain(train_label, train_data, '-c100-g 0.01');
                                    %训练 SVM 模型, c 为惩罚因子, g 为核参数
[predict_label, accuracy]=svmpredict(train_label, train_data, model);
                                    %训练集样本的分类正确率
[predict_label, accuracy]=svmpredict(test_label, test_data, model);
                                    %测试集样本的分类正确率
```

程序运行结果如下:

accuracy = 100% (1600/1600)(classification)

accuracy = 76.5417% (1837/2400)(classification)

上述程序运行后, 所得分类正确率 100%和 76.5417%分别为训练集样本和测试集样本的语音识别率。

习　题　9

9.1 语音识别系统主要包括预处理、特征提取和训练识别网络等部分, 简述各组成部分的作用。

9.2 语音特征提取方法有哪些? 每种方法的鲁棒性如何?

9.3 按照 9.2.3 节所描述的方法, 用 MATLAB 提取 Mel 频率倒谱系数; 选择合适的核函数和核参数, 实现基于 SVM 的简单孤立字(词)的语音识别系统。

9.4 已知 l 个训练样本集 $T=\{(x_1, y_1),\ \cdots,\ (x_l, y_l)\}\in(X\times Y)^l$, 其中 $x_i\in X=R^n$ (n 维欧氏空间), $y_i\in Y=\{-1, 1\}$, $i=1, 2, \cdots, l$, 输入样本空间 x_i 的维数为 d; 若 C-SVM 引入核函数 $K(x_i, x)$ 和惩罚因子 C, 其最优化问题为

$$\min_{\alpha} \frac{1}{2}\sum_{i=1}^{l}\sum_{j=1}^{l}\alpha_i\alpha_j y_i y_j K(x_i\cdot x_j)-\sum_{i=1}^{l}\alpha_i$$
$$s.t. \quad \sum_{i=1}^{l}\alpha_i y_i = 0$$
$$0\leqslant\alpha_i\leqslant C, \quad i=1,2,\cdots,l$$

针对语音识别系统, 基于 Gaussian 核函数 $K_{RBF}(x_i, x)=\exp(-\gamma\|x_i-x\|^2)$ 的 SVM 最优化问题转化为怎样的凸优化问题? 其核参数 γ 和惩罚因子 C 如何选择?

第10章　神经网络原理及应用

10.1　人工神经网络

10.1.1　神经元

生物神经元是生物神经组织的基本单元，是神经系统结构与功能的单位。据估计，人类大脑大约包含$1.4×10^{11}$个神经元，每个神经元与大约$10^3 \sim 10^5$个其他神经元相连接，构成一个极为庞大而复杂的网络，即生物神经网络。如图10.1给出了一个典型生物神经元的简化示意图。

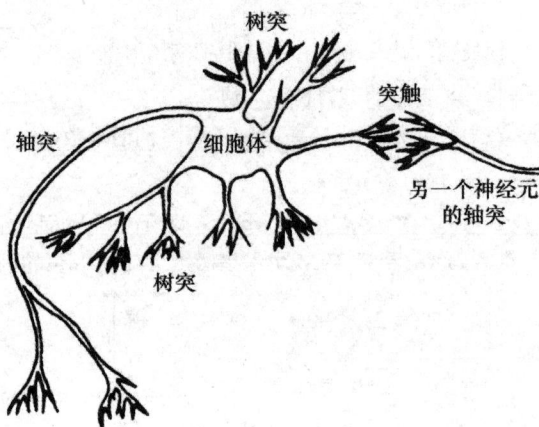

图 10.1　生物神经元的简化示意图

对于单个神经元，它的作用过程是将其他神经元发来的信号叠加，然后进行预设的非线性处理，最后得到输出。一个人工神经元可以表示多种输入输出关系，但无法表示所有可能的关系，因此需要将多个神经元组合成网络。神经网络由多个神经元组成，这些神经元以复杂的拓扑关系互相传递信号，从而实现非常复杂的输入输出关系。

如图 10.2 所示，假设人工神经元内有 m 个输入（$x_0, x_1, \cdots, x_{m-1}$），每个输入 $x_i (0 \leq i < m)$ 都是一个实数，那么人工神经网络的输出 y 可以由 $m+1$ 个权值（$w_0, w_1, w_2, \cdots, w_{m-1}, w_m$）和一个非线性函数 f 确定，即

$$y = f(w_0 x_0 + w_1 x_1 + \cdots + w_{m-1} x_{m-1} + w_m) \tag{10.1}$$

图 10.3 展示了由两个人工神经元组成的神经网络，规定非线性函数 f 取值为输入值和 0 中的最大值（$f(\cdot) = \max(\cdot, 0)$），其中第二个神经元有 3 个输入，前两个输入 x_0 和 x_1 直接取自第一个神经元的输入 x_0 和 x_1，第 3 个输入 x_2 是第一个神经元的输出。最终从结果可以得到，第一个神经元的输入和输出符合与运算的真值表，因此其实现了与运算；而两个权值不同的神经元组

成的神经网络的输入和输出符合或运算的真值表，因此其实现了或运算。故多个神经元可以实现单个神经元不能完成的运算。

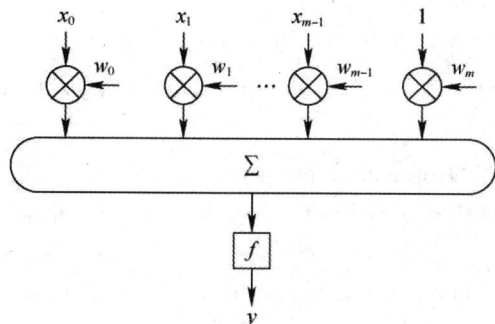

图 10.2　一个人工神经元的基本结构

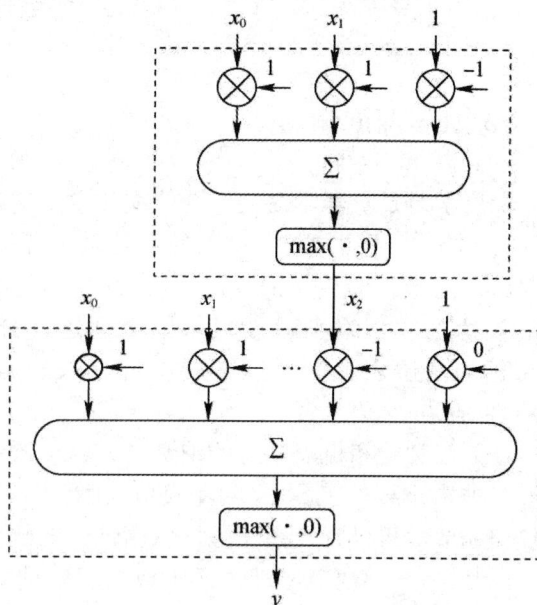

图 10.3　两个人工神经元组成的神经网络

由于使用非线性函数 $f(\cdot)=\max(\cdot, 0)$ 的神经元组成的网络可以模拟任意分段函数，只要分段点足够多，就能用分段函数近似任意输出函数。所以只要神经网络中神经元的个数足够多，神经元之间的连接关系足够复杂，就可以精确地模拟任意的输入输出关系。

10.1.2　神经网络的分类

根据神经网络各层次之间连接方式的不同，神经网络可以分为以下几类。

① 前馈神经网络：网络中各个神经元接收前一级的输入，并将其输出到下一级，网络中没有反馈，可以用一个有向无环路图表示。这种网络实现信号从输入空间到输出空间的变换，它的信息处理能力来自简单非线性函数的多次复合，网络结构简单，易于实现。卷积神经网络（Convolutional Neural Network，CNN）就是一种前馈神经网络。

② 反馈神经网络：网络内神经元间有反馈，可以用一个无向的完备图表示。这种神经网络的信息处理是状态的变换，可以用动力学系统理论处理，系统的稳定性与联想记忆功能有密切关系。Hopfield 网络、玻耳兹曼机均属于反馈神经网络。

③ 循环神经网络：循环神经网络（Recurrent Neural Network，RNN）是一种节点定向连接成环的神经网络，它的内部状态可以展示动态时序行为。与其他神经网络不同的是，RNN 可以对序列数据进行建模，如文本、语音、视频等。RNN 的每个节点都有一个内部状态，可以接收上一个节点的输出作为输入，并将自己的输出传递给下一个节点。这种内部状态的传递使得 RNN 可以记忆之前的信息，并将其应用于当前的输入。RNN 在自然语言处理、语音识别、机器翻译等领域有着广泛的应用。

④ 递归神经网络：递归神经网络（Recursive Neural Network，RNN）是一种利用递归结构进行计算的神经网络。与前馈神经网络不同，递归神经网络能够处理具备递归结构的输入数据。递归神经网络的关键思想是通过递归地组合子结构来计算整体结构的表示。

10.2 深度神经网络

10.2.1 深度学习

深度学习是机器学习的一个分支，主要通过从数据中学习表示来实现。它强调从连续的层（layer）中进行学习，这些层对应于越来越有意义的表示。在深度学习中，"深度"指的是模型中包含的层数，即模型的深度（depth），而不是更深层次的理解。因此，深度学习一般是指通过训练多层网络来对一组未知数据进行分类或回归，其基本思想是构建多层网络以实现目标的多层表示，通过高层次特征来表达数据的抽象语义信息，从而获得更好的特征鲁棒性。

在人工智能和机器学习的浪潮中，深度神经网络（Deep Neural Network，DNN）已经成为了一种非常重要的工具。DNN 模仿人脑神经网络的结构和工作原理，通过层级化的特征学习和权值调节，可以为复杂任务提供高性能的解决方案。

DNN 是一种由多层神经元组成的复杂神经网络。每个神经元负责接收输入、进行处理，并产生输出。DNN 的关键特点在于它包含多个隐藏层，这些隐藏层位于输入层和输出层之间，如图 10.4 所示。

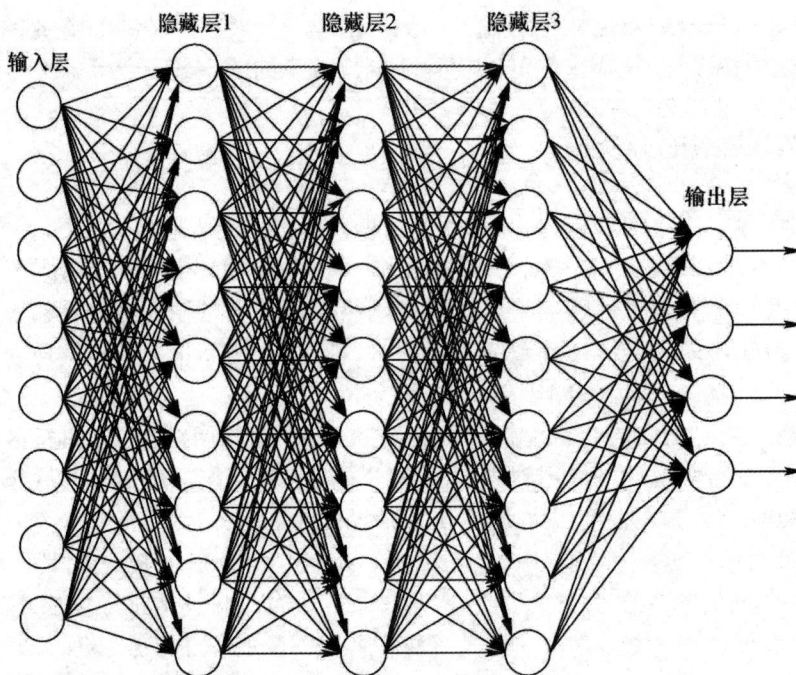

图 10.4　DNN 示意图

输入层：这是 DNN 的第一层，负责接收输入数据。在图像识别任务中，输入层通常接收由像素值组成的数组。

隐藏层：这些层是 DNN 的核心，每一层都包含若干神经元。这些神经元对从前一层接收到的数据进行处理，并将结果传递到下一层。隐藏层的数量和每层的神经元数量可以根据特定问题的复杂性来设定。

输出层：DNN 的最后一层，输出层的神经元数量取决于特定任务的需求（例如，在分类问题中，输出层的神经元数量通常对应于类别的数量）。

10.2.2 卷积神经网络

传统的卷积神经网络（CNN）是一种基于卷积计算的前馈神经网络，是目前经典的深度神经网络之一。CNN 在不改变输入和输入映射关系的情况下，具有强大的学习能力，因而通常用于进一步提取和表征特征，从而更好地完成深度学习任务。CNN 的基本结构如图 10.5 所示。

CNN 的主要结构分为输入层、隐藏层和输出层。输入层主要负责接收张量形式的多维特征数据。输出层的作用是将全连接层的输出转换为具体的分类或回归结果。隐藏层是 CNN 的核心部分，以下是隐藏层的具体组成。

① 卷积层：卷积层作为 CNN 的核心层，负责接收上层的数据并进行特征提取。主要是通过卷积计算对特征数据进行抽取操作，并不改变输入和输出的映射关系。卷积层中包含指定的卷积核参数，如卷积核大小和卷积核滑动步长，并且每个卷积核元素都有对应的权值和偏差。

② BN 层：批标准化（Batch Normalization，BN）层通过标准化每批次数据，使其均值接近 0，方差接近 1，稳定网络的训练，并引入可学习的缩放参数和偏移参数，以保留网络的表达能力。具体来说，BN 层可以有效减轻内部协变量偏移（Internal Covariate Shift），这有助于避免梯度消失和梯度爆炸。此外，批标准化加速了训练过程，增强了网络的稳定性和性能，最终提高了训练效率和泛化能力。

```
输入层
  ↓
┌─────────────┐
│  卷积层     │
│   ↓         │
│  BN层       │
│   ↓         │  卷积块×N
│  激活函数   │
│   ↓         │
│  池化层     │
│   ↓         │
│  Dropout层  │
│   ↓         │
│  全连接层   │
└─────────────┘
  ↓
输出层
```

图 10.5 CNN 的基本结构

③ 激活函数：激活函数是神经网络中的关键组件，它引入非线性，使神经网络能够学习和表示复杂的模式和特征。常见的激活函数包括 Sigmoid、Tanh 和 ReLU。在激活函数之前使用 BN 层，可以标准化输入数据，提高网络稳定性。在激活函数之后使用 BN 层，有助于平滑激活输出，避免梯度消失和梯度爆炸。

④ 池化层：在卷积层提取特征后，池化层进一步筛选数据并选择特征。池化层通过池化函数，用单个点的值代替相邻区域的特征统计量，以减少卷积计算量。常见的池化方法有最大池化、平均池化和全局平均池化。

⑤ Dropout 层：它随机使部分神经元在训练过程中失活，以抑制过拟合并提升网络稳定性。BN 层和 Dropout 层均作为正则化手段，可防止过拟合现象。

⑥ 全连接层：全连接层通常位于卷积层和池化层之后，以整合前两层中的局部信息，或作为 CNN 隐藏层的最后一层，通过激活函数生成最终输出。

CNN 的内部结构可以根据具体的任务灵活调整层间关系和修改参数设置，体现了 CNN 良好的结构和灵活性，进而构建更深的网络模型，优化计算量，完成复杂的分析任务。

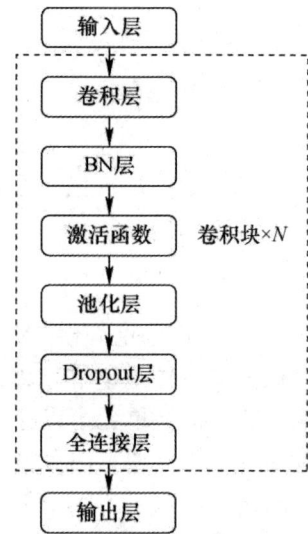

10.2.3　长短时记忆（LSTM）网络

长短时记忆（Long Short-Term Memory，LSTM）网络是对标准循环神经网络（RNN）的改进，旨在解决标准 RNN 在处理长时间依赖关系时的梯度消失和梯度爆炸问题。RNN 由于内部循环结构和共享参数，适合处理时间序列数据，但在长序列中表现不佳，因此人们提出了 LSTM 网络来解决 RNN 存在的问题。LSTM 网络的基本结构如图 10.6 所示。

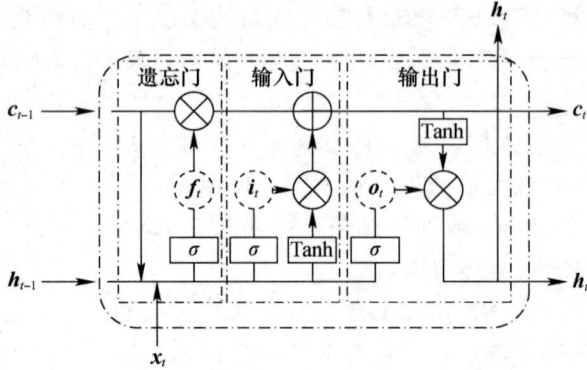

图 10.6　LSTM 网络的基本结构

由图 10.6 可见，LSTM 网络在 RNN 的基础上对循环层进行了改造，使用输入门、遗忘门、输出门来控制记忆过程，通过 h_{t-1} 计算 h_t。LSTM 网络的基本单元由记忆单元和门控单元构成，其中记忆单元可以存储和更新状态信息，门控单元用于控制信息的流动和遗忘。门控单元包括输入门、遗忘门和输出门 3 种，其中输入门用于控制输入的信息流，遗忘门用于控制旧状态的遗忘，输出门则用于控制输出的信息流。

记忆单元在第 t 个时间点维持一个记忆值，循环层神经单元的状态输出为

$$h_t = o_t \cdot \mathrm{Tanh}(c_t) \tag{10.2}$$

其中，o_t 为输出门的值，是一个向量，其计算表达式为

$$o_t = \sigma(W_{xo} x_t + W_{ho} h_{t-1} + W_{co} c_t + b_o) \tag{10.3}$$

其中，$\sigma(\cdot)$ 表示 Sigmoid 函数，即 $\sigma(x) = \dfrac{1}{1 + \mathrm{e}^{-x}}$。输出门控制着记忆单元中存储的记忆值有多大比例可以被输出。由于 Sigmoid 函数的值域是 (0, 1)，这样所有分量的取值范围都在 0 和 1 之间，它们分别与另外一个向量的分量相乘，可以控制另外一个向量的输出比例。其中，W_{xo}、W_{ho}、W_{co} 用于控制与输出门相关的连接权值，b_o 为偏置项，这些参数通过训练得到。记忆值是循环层神经元记住的前一个时间点的状态值，随着时间进行加权更新，其计算表达式为

$$c_t = f_t \cdot c_{t-1} + i_t \cdot \mathrm{Tanh}(W_{xc} x_t + W_{hc} h_{t-1} + b_c) \tag{10.4}$$

其中，f_t 是遗忘门的值，c_{t-1} 是记忆单元在前一个时间点的值，f_t 决定了记忆单元在前一个时间点的值有多少会被传到当前时间点。式（10.4）表明，记忆单元的当前值 c_t 是前一个时间点值 c_{t-1} 与当前时间点输入门的值 i_t 的加权和。f_t 的计算表达式为

$$f_t = \sigma(W_{xf}\boldsymbol{x}_t + W_{hf}\boldsymbol{h}_{t-1} + W_{cf}\boldsymbol{c}_{t-1} + \boldsymbol{b}_f) \tag{10.5}$$

这里也使用了 Sigmoid 函数，其中，W_{xf}、W_{hf}、W_{cf} 用于控制与遗忘门相关的连接权值，$\boldsymbol{b}_f$ 为偏置项。$\boldsymbol{i}_t$ 是输入门的值，控制着当前时间点的输入有多少可以进入记忆单元，其计算表达式为

$$\boldsymbol{i}_t = \sigma(W_{xi}\boldsymbol{x}_t + W_{hi}\boldsymbol{h}_{t-1} + W_{ci}\boldsymbol{c}_{t-1} + \boldsymbol{b}_i) \tag{10.6}$$

其中，W_{xi}、W_{hi}、W_{ci} 用于控制与输入门相关的连接权值，$\boldsymbol{b}_i$ 为偏置项。

LSTM 网络最终的输出由输入门 $\boldsymbol{i}_t$、遗忘门 $\boldsymbol{f}_t$、输出门 $\boldsymbol{o}_t$ 和记忆单元状态 $\boldsymbol{c}_t$ 共同决定。利用 LSTM 网络在时域上的建模能力，可以学习提取时间序列的长时域上下文特征，为深度神经网络模型的建立发挥作用。

10.3　神经网络在语音信号处理中的应用

10.3.1　RBF 网络在语音识别中的应用及 MATLAB 实现

1. RBF 网络在语音识别中的应用

径向基函数（Radial Basis Function，RBF）网络是一种前馈神经网络，常用于模式识别、函数逼近和分类等任务。其网络结构由三层组成：输入层、隐藏层和输出层。输入层直接接收输入数据，隐藏层则使用径向基函数作为激活函数，通常选择高斯函数。每个隐藏层节点计算输入向量与该节点中心的欧氏（欧几里得）距离，并通过径向基函数转换为响应值，表征输入与该中心的相似度。输出层则将隐藏层的响应值通过线性加权求和，生成最终的输出。

本节主要描述基于 RBF 网络的语音识别实验过程及 RBF 网络的识别性能。图 10.7 为语音识别流程框图，图中的实线表示语音识别的训练过程，虚线为语音识别的测试过程，即识别过程。

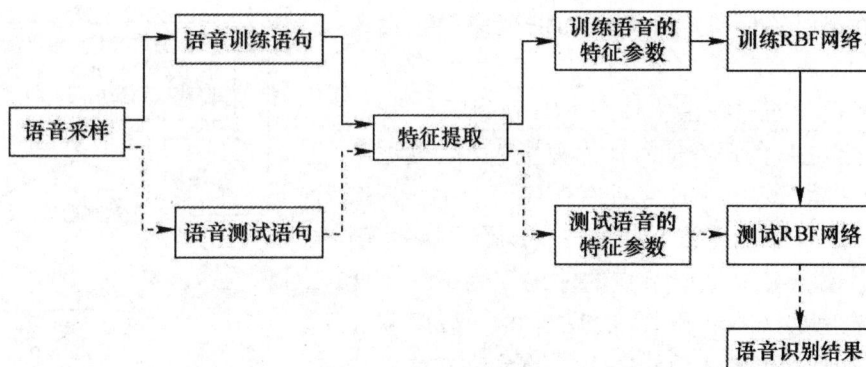

图 10.7　语音识别流程框图

（1）实验数据

在实验中，直接把由采样系统得到的语音数据文件作为处理对象，且实验所采用的语音样本均为孤立词。

（2）网络结构

实验中输入向量由语音的特征参数构成，作为 RBF 网络的输入端。网络输入层节点数应与输入矢量的维数一致，在本节的实验仿真中，特征维数统一为 1024。

网络的隐藏层节点数的选取没有统一的标准。隐藏层节点数太少，网络的分类效果不好；节点数太多，会增加训练的复杂性。当训练样本词汇量不大时，可用训练词汇数作为隐藏层节点数，即网络中隐藏层节点数根据识别词汇量变化。例如对 10 个词汇的实验，网络结构中隐藏层节点定为 10 个。

为隐藏层设置一个偏置项，其值固定为 1，此偏置因子需要和各个输出节点连接起来，参与权值训练。输入层到隐藏层之间为全连接，权值固定为 1。

（3）网络训练

在基于 RBF 网络的语音识别系统上进行仿真实验，测试 RBF 网络的性能。

进入 RBF 网络输入端的每个单词的语音特征参数的维数为 1024，即设定输入层节点数为 1024，接下来训练语音特征调整网络的中心、半径和连接权值，采用梯度下降法进行训练，根据单词分类号不断修改网络权值，直到满足预先设置的误差精度。实验中设置网络学习步长均为 0.001，最大学习次数为 1000。

（4）网络识别

RBF 网络模型确定后，将测试集的单词输入网络分别进行识别测试。每输入一个单词的 1024 维特征矢量，经过隐藏层、输出层的计算后就可以得到该单词的分类号，将这个分类号与输入特征矢量自带的分类号比较，相等则识别正确，反之识别错误。最后，识别正确的个数与所有待识别单词数之比即最终的识别率。

2．RBF 网络的 MATLAB 实现

RBF 网络模型的设计包括结构设计和参数设计。结构设计主要解决如何确定网络隐藏层节点数的问题。参数设计一般需考虑 3 种参数：各径向基函数的中心和半径，以及输出层的权值矩阵 W。RBF 网络模型训练流程图如图 10.8 所示。

RBF 网络模型的训练由主程序 RBF.m 实现，将经过一系列预处理之后的语音信号作为模型输入，通过函数 calCenter() 从输入数据中计算具有代表性的中心，作为初始的类，接着通过函数 RBF_Train() 训练网络，函数 gaussian() 计算出各隐藏层节点的输出，为下一步计算隐藏层到输出层的权值矩阵 W 做准备，最后函数 trainWeights() 得到模型的权值矩阵 W，直到完成所有迭代，程序停止。

程序 10.1 为 RBF 网络语音识别训练的 MATLAB 程序。

【程序 10.1】RBF.m

%训练主程序,通过调用 calCenter()、RBF_Train()实现计算中心 center、半径 sigma、权值矩阵 W
close all;

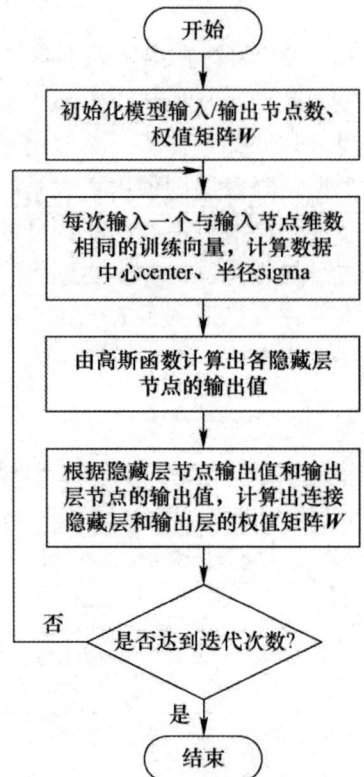

图 10.8　RBF 网络模型训练流程图

```
clear;
clc;

filename=textread('C:\Users\k\Documents\MATLAB \train9ren\train.txt','%s');    %读取数据
TrainNum=length(filename);                          %训练数据个数
WordNum=10;                                         %单词数
Dimension=1024;                                     %特征参数个数
SequNum=27;                                         %归一化参数
for i=1: TrainNum
File=filename{i,1};
FileName=strcat('C:\Users\k\Documents\MATLAB \train9ren\',File);
fid=fopen(FileName,'r');
feat=fscanf(fid,'%f');
feature(i,:)=feat;
fclose(fid); end
[center,sigmaValue]= calCenter(TrainNum,feature,WordNum,Dimension,SequNum);       %计算中心、半径
W=RBF_Train(TrainNum,feature,Dimension,WordNum,center,sigmaValue,SequNum);       %训练 RBF 网络
TestNum=210;                                        %测试数据个数
Hidden=10;                                          %隐藏层节点数
effectiveH=11;
rate=RBF_Testlx(WordNum,Dimension,Hidden,effectiveH,center,sigmaValue,W,TestNum);   %测试 RBF 网络
```
calCenter()函数为计算中心 center、半径 sigma 的函数，其 MATLAB 程序如下：
```
% calCenter.m
%计算 RBF 网络的中心 center、半径 sigma
function [center,sigmaValue] = calCenter( TrainNum,inputPattern,Hidden,Dimension,SequNum )
%patternSum  语音特征数据
%SequNum  归一化参数
%sigma  半径
%将语音特征数据存放在 patternSum()
for i = 1 : Hidden                                  %对每个隐藏层节点迭代
patternSum = zeros(1024,1);                         %初始化存放语音特征的变量
for j = ((i−1)*SequNum+1) : (i−1)*SequNum+SequNum   %对 SequNum 整数倍迭代
for k = 1 : Dimension                               %对维数迭代
patternSum(k,1) = patternSum(k,1) + inputPattern(j,k);   %语音特征数据
end
end
for k = 1 : Dimension                               %对维数迭代
center(i,k) = patternSum(k,1)/SequNum;              %计算中心
end
sigmaTemp=0.0;        %初始化半径中间值
for nn = ((i−1)*SequNum+1) : (i−1)*SequNum+SequNum
for k = 1 : Dimension                               %对维数迭代
sigmaTemp = sigmaTemp + (inputPattern(nn,k)−center(i,k))*(inputPattern(nn,k)-center(i,k));
```

```
        end
    end
    sigmaValue(i) = sigmaTemp/SequNum;                    %计算半径
    if(sigmaValue(i)==0)                                   %保证 sigmaValue 不为零
        sigmaValue(i) = 1;
    end
end
```

RBF_Train()函数用于训练 RBF 网络，其 MATLAB 程序如下：

```
%RBF_Train.m
%RBF 训练过程
%计算权值矩阵 W
Function [W]=RBF_Train(TrainNum, inputPattern, Dimension, WordNum, center, sigmaValue, SequNum,
centerOutput)
%TrainNum  训练次数
%Dimension  特征维数
%Hidden     隐藏层节点数
%WordNum   识别单词数
%SequNum   归一化参数
Hidden=WordNum;
%开始训练 RBF 网络
for i = 1 : TrainNum                %对训练数据个数迭代
    for j = 1 : Dimension           %对维数迭代
        input(j) = inputPattern(i,j);
    end
    for k = 1 : WordNum             %对单词数迭代
        centerOutput(i, k) = gaussian(input, k, Dimension, center, sigmaValue); %径向基函数选用高斯函数
    end
    for j = 1 : Hidden              %对每个隐藏层节点迭代
        output(i,j) =0;
    end
    T=floor((i+SequNum−1)/SequNum);
    output(i,T) = 1;
end
W= trainWeights(Hidden, WordNum, TrainNum, centerOutput, output);    %计算权值矩阵 W
disp('Training done.')
end
```

其中 gaussian()函数为径向基函数，其 MATLAB 程序如下：

```
% gaussian.m
%高斯函数
function[tmp] = gaussian(input, c, Dimension, center, sigmaValue)
%input 为函数输入,tmp 为函数输出
tmp=0;
for i = 1 : Dimension
```

```
tmp = tmp+(input(i)−center(c,i))*(input(i)−center(c,i));
end
tmp = (−tmp/(2*sigmaValue(c)));
tmp = exp(tmp);
end
```

trainWeights()函数为计算权值矩阵的函数，其 MATLAB 程序如下：

```
%trainWeights.m
%计算权值矩阵 W,隐藏层节点输出 V,输出层节点输出 Y
function [W]= trainWeights( Hidden,WordNum,TrainNum,centerOutput,output )
effectiveH = Hidden+1;
for n = 1 : WordNum                %对单词数迭代
Y = zeros(TrainNum,1);            %存放 p 个模式下输出层各个节点的输出值
V = zeros(TrainNum,effectiveH); %存放 p 个模式各个隐藏层节点的输出值
%存放权值
if(TrainNum ~= effectiveH)
VT = zeros(effectiveH,TrainNum);
end
for i = 1 : TrainNum               %对训练数据个数迭代
for j = 1 : Hidden                 %对每个隐藏层节点迭代
V(i,j) = centerOutput(i,j);        %为 V 中第(i,j)个元素赋值,求 V
VT(j,i) = V(i,j);
end
V(i,j+1) = 1;
VT(j+1,i) = 1;
Y(i,1) = output(i,n);             %求 Y
end
VTV = VT * V;
VTVinv = inv(VTV);                %求逆矩阵 VTVinv
VTY = VT * Y;
W(n,:) = VTVinv * VTY;            %计算权值矩阵 W
end
end
```

RBF 网络模型的测试由主程序 RBF_Test.m 实现，读取训练好的中心 center、半径 sigma、权值矩阵 W，输入测试集对网络进行测试，将测试结果与原始数据标签进行对比，判断测试结果的正确性，直到识别完成所有数据并输出识别率，程序停止。

程序 10.2 为 RBF 网络语音识别测试的 MATLAB 程序。

【程序 10.2】RBF_Test.m

```
function [rate] = RBF_Test(WordNum,Dimension,Hidden,effectiveH,center,sigmaValue,W,TestNum)
%max  识别结果
%seq  数据标签
%correct  识别正确个数
%error  识别错误个数
%开始测试 RBF 网络
```

```matlab
%输入训练好的中心 center、半径 sigma、权值矩阵 W
rate = 0;
correct = 0;
error = 0;
for j = 1 : WordNum
for k = 1 : effectiveH
weight(j,k) = W(j,k);              %读取权值矩阵 W
end
end
%读取测试数据
FilenameSeq=textread('C:\Users\k\Documents\MATLAB \test7ren\test.txt','%s');
Len=length(FilenameSeq);
for i = 1 :2: Len
File=FilenameSeq{i,1};
FileName=strcat('C:\Users\k\Documents\MATLAB \test7ren\',File);
fid1=fopen(FileName,'r');
test_feat=fscanf(fid1,'%f');
fclose(fid1);
seq=str2num(FilenameSeq{i+1,1});          %读取数据标签
%对测试数据进行识别测试
for j = 1 : Hidden
TestCenterOutput(j) = gaussian(test_feat,j,Dimension,center,sigmaValue); %计算隐藏层的输出
end
for k = 1 : WordNum
Testoutput(k)=0.0;
for m = 1 : Hidden
Testoutput(k) =Testoutput(k) + weight(k,m)*TestCenterOutput(m);          %计算加权和
end
Testoutput(k) =Testoutput(k) + weight(k,Hidden+1);
Testy(k) = Sigmoid(Testoutput(k)); %计算输出层的输出
end
max=0;
for l = 1 : (WordNum−1)
if(Testy(l+1) > Testy(max+1))      %选出最大的输出作为识别结果
max = l;
end
end
if(max == seq)                %判断识别结果是否正确
correct = correct + 1;
else
error = error + 1;
end
end
rate = correct*100/(correct+error);   %计算识别率
```

```
fprintf('correct rate: %f%',rate);      %输出识别率
end
```

其中 Sigmoid()函数为计算输出层输出的函数，其 MATLAB 程序如下：

```
% Sigmoid.m
%Sigmoid 函数计算公式
function [y] = Sigmoid(x)
y = 2.0/(1.0+exp(−x))−1.0;
end
```

10.3.2　SOFM 网络在语音编码中的应用及 MATLAB 实现

1．SOFM 网络在语音编码中的应用

自组织特征映射（Self-Organizing Feature Map，SOFM）网络是一种无监督学习的神经网络，其主要功能是将高维数据映射到低维（通常为二维）空间，同时保持数据的拓扑结构。SOFM 网络由输入层和输出层（特征映射层）组成，其中输出层的神经元通常排列成二维网格。

在训练过程中，网络会根据输入数据的特征自组织调整，使得相似的输入映射到输出层中相邻或接近的神经元上。每次输入数据后，网络会选择一个与输入最接近的神经元作为"获胜节点"，并对它及其邻域的神经元进行权值更新，使其更加接近输入数据。随着训练的进行，邻域逐渐缩小，最终形成自组织的特征映射。SOFM 网络常用于数据可视化、聚类分析等任务，能够有效识别数据的潜在模式。

SOFM 网络和矢量量化器两者之间有着非常相似的地方，因此可以运用 SOFM 网络设计矢量量化器。其原因如下：SOFM 网络由许多神经元构成，它们排列成一个一维或者二维的阵列，通过学习后，阵列中的每个神经元对矢量空间的某个小空间中的矢量最为敏感，当输入此小空间内的矢量时，该神经元的输出达到最大可能输出值，而其他神经元的输出为最低可能值，即对于每一分量都具有连续变化值的高维输入矢量，两者的输出都可以用一个离散的标点来表示，对于前者，这是最小误差或距离质心的标点，对于后者，则是最大输出神经元在阵列中所处位置的标号。此外，两者都对输入矢量所包含的信息进行了压缩，而且能够反映输入矢量在空间中的概率分布密度。所以利用 SOFM 网络是可以进行矢量量化的。

在矢量量化中，码书设计是核心问题，LBG 算法作为矢量量化的基本算法具有经典意义，但该算法存在两个缺点：一是对初始码书很敏感，初始码书的设计是 LBG 算法的关键；二是 LBG 算法是一种批处理算法，每次迭代需要处理所有的训练数据，缺乏一定的灵活性和自适应性，同时训练时间长，并存在无效码矢。而运用 SOFM 网络来设计矢量量化器，减少了码书中的离群矢量，同时加强了中心矢量在码书中的权值，这不仅能够尽量减少码书的冗余，而且能大幅度提高压缩性能，即能有效克服 LBG 算法的上述缺点。利用 SOFM 网络设计码书时，SOFM 网络输出层的节点是一个二维阵列，它们中的每个神经元是输出样本的代表，每个输入样本通过权值和输出层的每个节点相连。SOFM 网络的输入节点个数和码书维数相同，输出节点个数等于码书大小。每个输入节点通过可变权值与输出节点相连，训练结束后，所有的权值就构成码书。

2．SOFM 网络的 MATLAB 实现

按照前面介绍的SOFM网络的训练算法，该网络不需要预先定义的输出（即教师信号），只需足够的输入矢量进入网络，输入层与输出层之间的连接会自动形成聚类中心。SOFM网络

模型训练流程图如图10.9所示。

SOFM网络模型的训练通过主程序SOFM_RunTrn.m实现。首先，将经过预处理的语音信号作为输入，并初始化权值矩阵W。接下来，通过函数SOFM_FindWinner()和函数SOFM_EucNorm()计算输入信号与输出信号之间的欧氏距离，从而确定最佳匹配的输出，即获胜节点。然后，使用函数SOFM_Train()调整获胜节点及其相邻节点的权值，其他神经元的权值保持不变。同时，函数SOFM_AdaptParms()用于更新邻域半径和学习率。该过程持续进行，直至达到预定的迭代次数，从而停止训练。程序10.3为SOFM网络模型训练的MATLAB程序。

【程序 10.3】SOFM_RunTrn.m

```
function
[R,eta,Winner]=SOFM_RunTrn(MAXEPOCHS,np,LoadInLayer)
%SOFM网络的训练过程
%epoch 当前迭代次数
%np 每一批训练样本个数
YoutSize_x = 8;        %输出层x轴值
YoutSize_y = 16;       %输出层y轴值
eta=0.5;               %初始学习率
R=3;                   %初始邻域半径
while epoch<=MAXEPOCHS              %逐次迭代
for i = 1 : np
Yin(i) = LoadInLayer(i);           %输入训练矢量存放在Yin()中
%找到获胜节点
[WinnerTemp_x,WinnerTemp_y]= SOFM_FindWinner(Yin(i),YoutSize_x,YoutSize_y);
W = SOFM_Train(WinnerTemp_x,WinnerTemp_y,R,eta);          %更新权值
end
epoch = epoch+1;
[R,eta] = SOFM_AdaptParms(epoch,R);        %更新学习率和邻域半径
end
```

SOFM_FindWinner()函数为寻找获胜节点的函数，其MATLAB程序如下：

```
% SOFM_FindWinner.m
%从所有输出单元中找到与输入样本误差最小的单元,即获胜节点
function [Winner_x,Winner_y] = SOFM_FindWinner(Yin,Youtsize_x,Youtsize_y)
%Yin 输入向量
%YoutSize_x = X;    输出层横向长度
%YoutSize_y = Y;    输出层纵向长度
best = 1.0e99;
Winner_x = -1;
Winner_y = -1;
for ix = 1 : Youtsize_x
for iy = 1 : Youtsize_y
d = SOFM_EucNorm(Yin,ix,iy);    %计算输出数据与输入数据之间的误差
if (d<best)                     %找到误差最小的输出单元即获胜节点
```

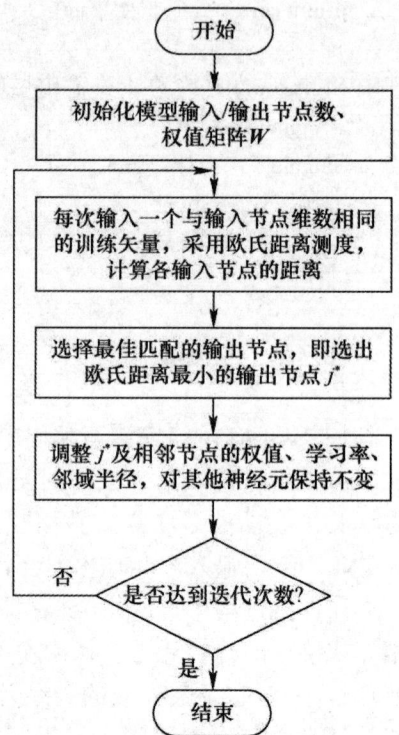

图10.9 SOFM网络模型训练流程图

开始

初始化模型输入/输出节点数、权值矩阵W

每次输入一个与输入节点维数相同的训练矢量，采用欧氏距离测度，计算各输入节点的距离

选择最佳匹配的输出节点，即选出欧氏距离最小的输出节点r

调整r及相邻节点的权值、学习率、邻域半径，对其他神经元保持不变

是否达到迭代次数？ 否

是

结束

```
best = d;
Winner_x = ix;                          %记录获胜节点的横坐标
Winner_y = iy;                          %记录获胜节点的纵坐标
end
end
end
```

其中SOFM_EucNorm()函数为计算欧氏距离的函数，其MATLAB程序如下：

```
%SOFM_EucNorm.m
%计算输入数据与输出数据的误差
function [dist] = SOFM_EucNorm(Yin,ix,iy)
dist = 0;
for i = 1 : Yinsize
dist = dist + (W(ix,iy,k) - Yin(i))*(W(ix,iy,k) - Yin(i));    %欧氏距离
dist= sqrt(dist);
end
end
```

SOFM_Train()函数为更新权值矩阵W的函数，其MATLAB程序如下：

```
% SOFM_Train.m
%更新获胜节点与相邻节点的权值矩阵W
function [W] = SOFM_Train(Winner_x,Winner_y,t,R)
YinSize=5;                              %输入层维数
for ix = Winner_x-R : Winner_x+R        %R为邻域半径
if ((ix>=0)&&(ix<YoutSize_x))
for iy = Winner_y-R : Winner_y+R
if ((iy>=0)&&(iy<YoutSize_y))
for k = 1 : YinSize
W(ix,iy,k) = SOFM_SetParms(YoutSize_x,YoutSize_y) + eta * (Yin(k) - W(ix,iy,k));          %eta为学习率
end
end
end
end
end
```

SOFM_AdaptParms()函数为更新邻域半径和学习率的函数，其MATLAB程序如下：

```
% SOFM_AdaptParms.m
%更新邻域半径和学习率,在不同的阶段按照不同的形式更新
function [R ,eta] = SOFM_AdaptParms(t,R)
if (R>0)
if (t<500)                      %当迭代次数小于500时为排序阶段
R=4*exp(-1.0/200*t);            %邻域半径按指数形式更新
else                            %当迭代次数大于或等于500时为收敛阶段
R=ceil(1-1.0/2000*t);           %邻域半径按线性形式更新
disp(['New neighborhood Radius=' num2str(R)])
end
end
if (t<500)                      %当迭代次数小于500时为排序阶段
eta=0.5*exp(-1.0/120*t);        %学习率按指数形式更新
```

```
else                            %当迭代次数大于或等于500时为收敛阶段
eta=0.1*(1-1.0/2000*t);         %学习率按线性形式更新
end
if (eta<ETAMIN)
eta = ETAMIN;                   %若学习率小于最小值,则等于最小值
end
end
```

10.3.3　深度神经网络在语音识别中的应用

DNN 的语音信号处理方法与传统的语音信号处理方法是不同的。传统的语音信号处理系统只是一种符号化系统，是对语音信号进行符号（序列）串行处理。而 DNN 是一种由多个神经元层组成的机器学习模型。每个神经元层接收上一层的输出作为输入，并通过一系列非线性变换和权值调节来计算输出。通过反向传播算法进行训练，即通过计算预测输出与真实输出之间的误差，并使用梯度下降法更新网络中的权值和偏置值，直到网络达到预定的性能水平。这些特点使得语音信号得到更高维的特征表示，使 DNN 更好地应用于语音信号处理。

1. 基于 CNN 的语音识别

基于卷积神经网络（CNN）的语音识别流程图如图 10.10 所示，它展示了从原始语音信号到识别结果的完整流程和核心步骤。

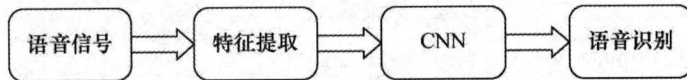

图 10.10　基于 CNN 的语音识别流程图

语音信号输入语音识别系统后，首先对语音信号进行提取特征，接着将提取后的特征输入CNN 中进行深度特征的提取，最终得到语音识别结果。

特征提取过程是将原始语音信号转换为网络模型可处理的特征。原始数据往往具有高维度和冗余性，如果直接将原始数据输入网络，可能会导致维度灾难和过拟合等问题。而通过特征提取，可以降低数据的维度，减小冗余性，并突出数据中最具有区分性和信息量的特征，从而提高机器学习算法的鲁棒性和准确率。

CNN 是一种前馈神经网络，通过层次化结构逐步提取语音特征。CNN 通常包括输入层、卷积层、BN 层、激活函数层、池化层、Dropout 层、全连接层和输出层。输入层接收语音数据，卷积层使用卷积核提取局部特征，BN 层加速训练并稳定性能，激活函数层引入非线性因素使模型能学习复杂特征，池化层通过下采样减少数据维度并保留重要信息，Dropout 层在训练时随机忽略部分神经元以防止过拟合，全连接层将特征展平并处理生成输出结果，输出层通常使用 Softmax 函数生成最终结果。通过重复多个卷积块构建深层网络，CNN 能够高效地实现语音识别任务。基于 CNN 的语音识别算法流程图如图 10.11 所示。

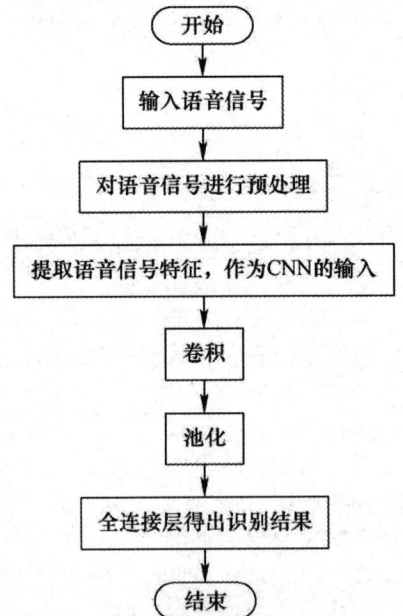

图 10.11　基于 CNN 的语音识别算法流程图

在语音识别这一环节中，主要采用各种机器学习算法或深度神经网络构建不同的模型进行训练和分类。

2. 基于 LSTM 网络的语音识别

基于 LSTM 网络的语音识别流程图如图 10.12 所示，它展示了从原始语音信号到识别结果的完整流程和核心步骤。

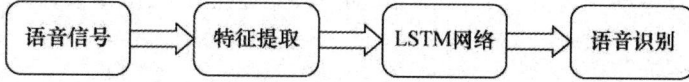

图 10.12　基于 LSTM 网络的语音识别流程图

流程的起点是输入的语音信号，这些信号包含了待识别的语音数据。特征提取是指从语音信号中提取出有意义的特征，这些特征包括频域、时域或其他相关的音频特征，能够反映出语音信号的信息。特征提取后的数据被输入 LSTM 网络中，LSTM 网络是一种特殊的循环神经网络（RNN），特别适用于处理和分析时序数据，如语音信号，它可以捕捉到语音信号中随时间变化的模式，从而更有效地识别语音。在经过 LSTM 网络处理后，通过全连接层输出语音识别结果。在语音识别时，LSTM 网络能够提取语音数据中的关键特征，尤其是那些与识别相关的长期依赖信息，从而提高语音识别的准确率。

基于 LSTM 网络的语音识别算法流程图如图 10.13 所示。首先，对输入的语音数据进行预处理，并把数据分成 3 部分：训练集、验证集和测试集。然后将训练集和验证集数据输入构造的 LSTM 网络中，利用训练集对模型进行训练，验证集监测模型在训练过程中的泛化能力，测试集判断模型对于未知数据的预测性能，由此寻找合适的超参数直到测试集预测误差达到最小，从而实现基于 LSTM 网络的语音识别算法的最佳性能和最高准确率。

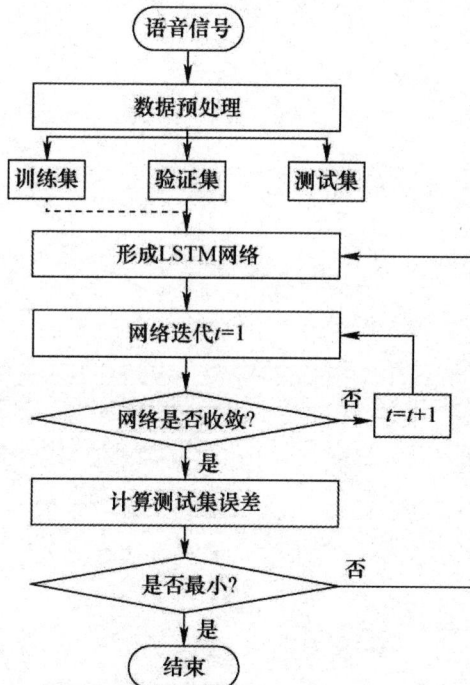

图 10.13　基于 LSTM 网络的语音识别算法流程图

通过以上各个步骤和核心组成部分的协同工作，LSTM 网络在语音识别中表现出色，能够有效地识别语音信息。

习 题 10

10.1 生物神经元与人工神经元的结构相似性是什么？

10.2 如图 10.14 所示为带有权值的神经元，请写出 3 个神经元的输出函数表达式（令神经元的函数均为激活的）。

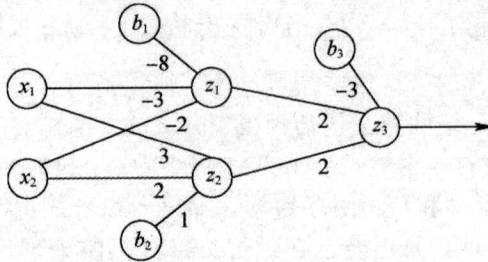

图 10.14 习题 10.2 图

10.3 简述深度神经网络中"深度"的含义。

10.4 与传统机器学习方法相比，深度学习的优势是什么？

第 11 章　语音合成原理及应用

语音合成是人机语音通信的一个重要组成部分，语音合成技术旨在赋予机器说话的能力，即根据任意文本，自动生成人类可懂的语言，使得机器可以像人那样自然流畅地说话，提高人机交互的性能。不同于英语，汉语的发音规则复杂，且汉字与其发音的关联度较低，当前主流的语音合成方法应用于汉语时，合成语音存在较严重的韵律问题，自然度较差，如不恰当的停顿、多音字发音错误等。因此，针对汉语语音合成仍需要我们进行深入研究，从而找到适合汉语发音规则的语音合成方法。本章重点叙述语音合成的原理及方法，并对近年来提出的基于深度学习的端到端语音合成方法进行介绍。

11.1　语音合成系统概述

从物理上来说，语音是一种由人类发音器官发出的、携带着言语信息的声波，在现实生活中，语音是人类传递交流信息的重要载体。让机器像人一样说话，可以模拟人的言语过程。设想人的发音过程，首先人脑中形成发音的神经命令，然后以脉冲形式向发音器官发出指令，使舌、唇、声带、肺等器官协调工作发出声音。在语音合成中，首先在机器中形成一个要说的内容，其可以通过字符代码表示；然后按照复杂的语言规则，将表示信息的字符代码转换成由基本发音单元组成的序列，同时检查内容的上下文，包括声调、重音、必要的停顿等韵律特性及陈述、命令、疑问等语气，并给出相应的符号代码表示；得到的代码序列相当于一种"言语码"，将其按照发音规则生成一组随时间变化的序列，去控制语音合成器发出声音，这就是一个完整的语音合成过程。

实际上，人在发音之前，大脑要进行一系列的高级神经认知活动，即先有一个说话的意向，然后围绕该意向生成一系列相关的概念，最后将这些相关的概念组织成语句输出——发音。按照上述人类言语过程，语音合成可分为 3 个阶段，如图 11.1 所示，分别为：①按规则从意向到语音的合成（Intention-To-Speech，ITS）；②按规则从概念到语音的合成（Concept-To-Speech，CTS）；③按规则从文本到语音的合成（Text-To-Speech，TTS）。由于本章仅针对发音系统及语音信号处理来描述语音合成，对通过解码大脑意向或概念实现语音合成不做深入介绍，因此接下来将重点介绍从文本到语音的合成系统，即文语转换（TTS）系统。

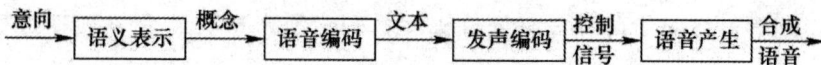

意向 → 语义表示 → 概念 → 语音编码 → 文本 → 发声编码 → 控制信号 → 语音产生 → 合成语音

图 11.1　语音合成的各个阶段

为了使语音合成系统输出的语音清晰、自然、流畅，如果仅仅将每个单字的发音机械地拼接起来，这样合成的语音缺乏自然度。语音的自然度取决于其发音声调的变化，而在连续语流中一个字的发音不仅与该字本身发音有关，还要受到其相邻字发音的影响，所以在文语转换系统中，必须事先将文本进行分析，根据上下文的关系来确定每个字发音的声调该如何变化，然后用这些声调变化参数去控制语音的合成。

一个典型的语音合成系统由文本分析、韵律控制和语音合成三个核心模块组成。文本分析模块将待合成文本划分成短语、音节、音素等细小成分，并标记每个语音单元重读、停顿位置以及与上下文的内在联系等信息，从而使计算机能够识别文字。韵律控制模块是根据不同说话人所特有的声调、停顿、语气等韵律特征，对语音信号中所对应的基频、时长、强度等韵律特征参数进行调整修改。语音合成模块利用合成器从语音数据库中选择出最佳基元来合成语音，如图 11.2 所示。

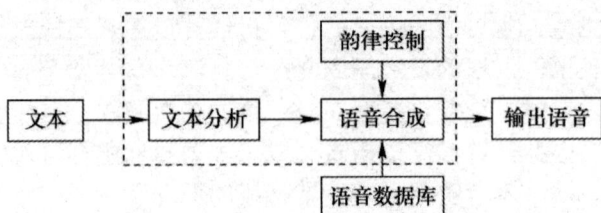

图 11.2　语音合成系统的基本组成

11.1.1　文本分析

文本分析属于语音合成的前端，主要作用是对输入文本进行处理，使计算机能够识别文字，并根据上下文关系对文本进行理解，从而获取发什么音、怎么发音等语言学特征，并将其告诉计算机，另外还要让计算机知道文本中哪些是词，哪些是短语、句子，发音时应该停顿的位置和时长等。文本分析的工作过程包括：

1．文本正则化

在这个过程中，将原始的非标准文本字符（如数字、缩写、符号、网址等）根据设置好的规则转换为口语词，判断是什么语种，如中文、英文等，以消除非标准词在读音上的歧义，并处理可能的拼写错误。如表 11.1 所示为中文和英文文本的非标准词处理举例。

表 11.1　中文和英文文本的非标准词处理举例

项目	中文		英文	
数字	10086	→ 一千零八十六	10000 trees	→ ten thousand trees
时间	23:20	→ 二十三点二十分	1h2m	→ one hour two minutes
分数、百分比	3/4	→ 四分之三	3/4	→ three fourths
单位	￥10	→ 十元	$10	→ ten dollars
符号	√	→ 对号	r	→ gamma

2．词分割

该任务是对文本中的词或短语的边界进行分析，并根据对应的语法规则，把整段文字切分成句子、词组、词等，这对于确保后续词性标注、韵律预测和字素-音素转换过程的准确性至关重要。

3．词性标注

该任务主要是对待合成的文本进行词性标注，以便语音合成系统能够根据词性的不同进行合成语音的调整。常见的词性包括名词、动词、形容词、副词等，这些标注可以帮助语音合成系统更准确地理解文本的含义，从而更自然地合成语音。通过词性标注，语音合成系统可以根据不同词性的特点来调整语音的语调、语速、重音等，使合成语音更加自然流畅。

4．注音

注音是指将文本转换成音标或拼音的过程。注音通常包括国际音标、拼音等表示方式，通过对文本进行注音，语音合成系统可以更好地理解每个词的发音方式，从而合成更加准确的语音。例如，在中文语音合成中，基本上是以拼音对文字进行标注的，所以需要把文字转化为相应的拼音，并判断读音和声调，如"南京市长江大桥"为"nan2jing1shi4　　chang2jiang1 da4qiao2"，而不是"nan2jing1　shi4zhang3　jiang1da4qiao2"，其合成后的语音波形如图 11.3 所示。

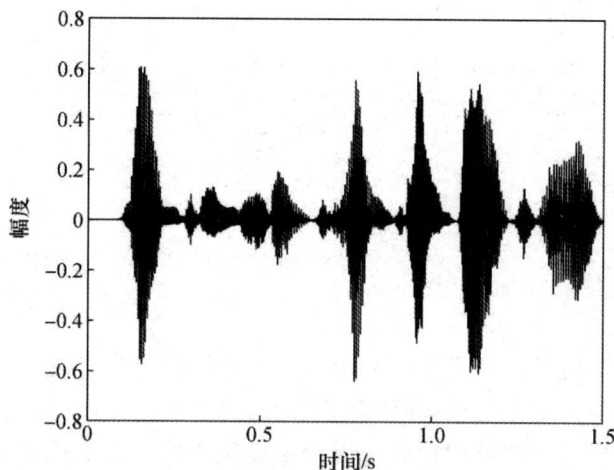

图 11.3　"南京市长江大桥"合成语音波形

5．韵律预测

人类在语言表达时，总附带着语气和情感，合成语音为了模仿真实的人声，需要对文本进行韵律预测。韵律的概念相对抽象，涵盖了句调、重读、焦点和韵律边界等要素。语音的节奏、重音、语调等韵律信息对应着音节时长、响度和音高的变化，在人类言语交际中发挥着重要的感知作用。韵律预测是指根据文本的语言特征和语音规律，在语音合成过程中预测需要进行重读、停顿等的位置和时机。预测这些韵律等级有助于语音合成系统更准确地模拟人类语音的韵律特征，从而使合成语音更加自然流畅。韵律预测依赖于标记系统来标记每种韵律。不同的语言拥有不同的韵律标注系统和工具。在中文韵律预测中，通常涉及三层韵律等级树的预测，包括韵律词（Prosodic Word，PW）、韵律短语（Prosodic Phrase，PPH）和语调短语（Intonational Phrase，IPH），如"中国人寿上半年营业收入为两千五百二十五点三八亿元"，如图 11.4 所示，这些等级在语音合成过程中会影响重读和停顿时间等方面的表现，其合成语音波形如图 11.5 所示。

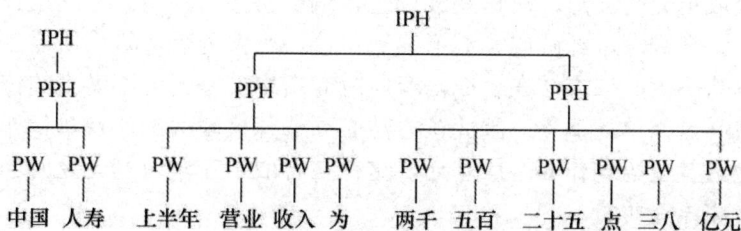

图 11.4　三层韵律等级树结构

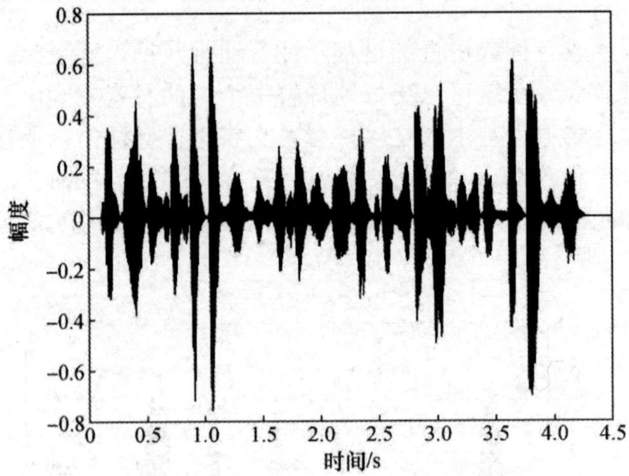

图 11.5　三层韵律等级语音的合成语音波形

11.1.2　韵律控制

每个人说话都有韵律特征，有不同的声调、语气、停顿方式，发音长短也各不相同，这些都属于韵律特征。而韵律参数则包括影响这些特征的声学参数，如基频、音长、音强等。语音合成系统中用于语音合成的具体韵律参数，需要通过韵律控制模块进行调节，以改善合成语音的自然度。

11.1.3　语音合成方法

从技术方式上讲，文语转换系统的语音合成方法可分为波形合成法、参数合成法和规则合成法。

1. 波形合成法

波形合成法一般有两种形式。一种是波形编码合成，它类似于语音编码中的波形编解码方法。该方法直接把要合成语音的发声波形进行存储或者进行波形编码压缩后存储，重放时再解码组合输出。这种语音合成器只是语音存储和重放的器件。其中最简单的就是直接进行 A/D 变换和 D/A 变换，或称为 PCM 波形合成法。因为所需的存储量太大，用这种方法合成语音，词汇量不可能很大，通常只能合成有限词汇的语音段，目前许多专门用途的语音合成器都采用这种方式，如自动报时、报站和报警等。

另一种是波形编辑合成，它把波形编辑技术用于语音合成，通过选取语音数据库（音库）中来自自然语言合成单元的波形，对这些波形进行编辑拼接后输出。它采用语音编码技术，存储适当的语音基元，合成时，经解码、波形编辑拼接、平滑处理等输出所需的短语、语句或段落。与规则合成方法不同，该方法在合成语音段时对所用的基元并不做大的修改，最多只是对相对强度和时长做一点简单的调整。因此该方法必须选择比较大的语音单位作为合成基元，如选择词、词组、短语甚至语句作为合成基元，这样在合成语音段时基元之间的相互影响很小，容易达到很高的合成语音质量。

2. 参数合成法

参数合成法也称为分析合成法，是一种比较复杂的方法。为了节约存储容量，必须先对语音信号进行分析，提取出语音的参数，以压缩存储量，然后由人工控制这些参数的合成。参数合成法一般有发声器官参数合成法和声道模型参数合成法。

发声器官参数合成法直接模拟人的发声过程。它定义了唇、舌、声带的相关参数，如唇开口度、舌高度、舌位置、声带张力等，由发声参数估计声道截面积函数，进而计算声波。由于人的发音生理过程的复杂性和理论计算与物理模拟的差别，合成语音的质量不理想。

声道模型参数合成法是基于声道截面积函数或声道谐振特性合成语音的。早期语音合成系统的声学模型，大多通过模拟人的声道特性来产生，后来又产生了基于 LPC、LSP 等声学参数的合成系统。这些方法用来建立声学模型的过程为：首先录制声音，这些声音涵盖了人发音过程中所有可能出现的读音，提取出这些声音的声学参数，并整合成一个完整的音库。在发音过程中，首先根据需要发的音，从音库中选择合适的声学参数，然后根据韵律模型中得到的韵律参数，通过合成算法产生语音。参数合成方法的优点是其音库一般较小，并且整个系统能适应的韵律特征范围较宽，这类合成器比特率低，音质适中；缺点是参数合成技术的算法复杂，参数多，并且在压缩比较大时，信息丢失也大，合成的语音总是不够自然、清晰。为了改善音质，近几年发展了混合编码技术，主要是为了改善激励信号的质量，虽然比特率有所增大，但音质得到了提高。

3. 规则合成法

规则合成法是一种高级的合成方法，通过语音学规则产生语音。合成的词汇表不是事先确定的，系统中存储的是最小的语音单位的声学参数，以及由音素组成音节、由音节组成词、由词组成句子和控制音调、轻重音等韵律的各种规则。给出待合成的字母或文字后，系统利用规则自动地将它们转换成连续的语音。这种方法可以合成无限词汇的语句。这种方法中，用于波形拼接和韵律控制的较有代表性的算法是 20 世纪 80 年代末，由 F. Char Pentier 等人提出的基音同步叠加（PSOLA）算法，它既能保持所发音的主要音段特征，又能在拼接时灵活调整其基频、时长和强度等韵律特征。PSOLA 算法使语音合成技术向实用化迈进了一大步。国内的文语转换系统主要采用基于 PSOLA 算法的语音合成技术。汉语音节的独立性较强，音节的音段特征比较稳定，但汉语音节的音高、音长和音强等韵律特征在连续语流中变化复杂，而这些韵律特征又是影响汉语合成语音自然度的主要因素。因此，汉语很适合采用 PSOLA 算法来合成。

综上所述，语音合成系统一般由两部分组成，分别称为前端和后端，前端主要负责在语言层、语法层、语义层对输入文本进行文本分析，后端主要是从信号处理角度，在语音层面上进行韵律和声学特征建模，然后进行声学预测或者在音库中进行单元挑选，最终经过合成器或波形拼接等方法合成语音，上述介绍了语音合成系统前端的文本分析方法，后续将重点介绍语音合成系统后端常用的方法。

11.2　传统语音合成

纵观语音合成发展历程，传统语音合成可分为 4 类：①物理机理语音合成；②源-滤波器语音合成；③基于波形拼接技术的语音合成；④基于隐马尔可夫模型（HMM）的统计参数语音合成。

早期的语音合成主要对人类发声的物理机理进行分析建模，并使用一些装置，如机械式语音合成器使用风箱模拟人的肺部运动，产生激励空气流，采用振动弹簧片和皮革模拟声道系统，通过手动协调各部分运动，能够合成出 5 个长元音，但机械式语音合成器难以实用化。随着贝尔实验室提出电子式语音合成器，其不再模拟具体的生理器官，通过脉冲发射器和噪声发射器来分别产生模拟浊音和清音的激励系统，通过操作人员手动控制多个带通滤波器来模拟声道系统，在激励信号的激励下，经谐振腔（声道）可合成辐射声波。在此基础上，为了更好地刻画声道系统，共振峰合成和线性预测分析（LPC）合成被提出，它们是源-滤波器语音合成系统最常用的两种方法，其实现原理基本类似，只是所用声道模型不同而已。

随着计算机技术的发展，基于波形拼接的语音合成被提出，其基本原理是首先构建一个音库，在合成阶段，通过对合成文本的分析，按照一定的准则，从音库中挑选出与待合成语音相似的声学单元，对这些声学单元进行少量调整，拼接得到合成的语音。早期的波形拼接系统受音库大小、挑选算法、拼接调整的限制，合成语音质量较低。1990 年，基音同步叠加（PSOLA）算法被提出，解决了声学单元拼接处的局部不连续问题。

随着统计建模理论的完善以及对语音信号理解的深入，基于统计参数的语音合成方法被提出，其基本原理是使用统计模型，对语音的参数化表征进行建模。在合成阶段，给定待合成文本，使用统计模型预测出对应的声学参数，经过声码器合成语音波形。基于 HMM 的统计参数语音合成是发展最为完善的一种。基于 HMM 的统计参数语音合成系统能够同时对语音的基频、频谱和时长进行建模，生成连续流畅且可懂度高的语音，在只有少量语音数据的情况下，该方法仍然可以合成出高质量的语音。近年来，基于神经网络和深度学习的建模方法在机器学习领域的各个任务中均取得了显著进展，基于神经网络的统计参数语音合成应用也被进一步研究，它在声学模型、声学表征、后滤波、波形建模等方面均显著提升了统计参数语音合成的效果。

11.2.1　共振峰合成

共振峰合成是一种比较成熟的参数合成方法，其理论基础是语音生成的数学模型。在该模型中，语音生成过程是在激励信号的激励下，经过谐振腔（声道），由口或鼻腔辐射声波。因此，声道参数、声道谐振特性一直是研究的重点。共振峰合成模型是把声道视为一个谐振腔，利用腔体的谐振特性，如共振峰频率及带宽，以此为参数构成一个共振峰滤波器。因为音色各异的语音有不同的共振峰模式，以每个共振峰频率及带宽为参数，可以构成一个共振峰滤波器。将多个这种滤波器组合起来模拟声道的传输特性，对激励声源发出的信号进行调制，经过辐射即可得到合成语音。这便是共振峰语音合成器的构成原理。实际上，共振峰滤波器的个数和组合形式是固定的，只是共振峰滤波器的参数随着每一帧输入的语音参数而改变，以此表征音色各异的语音的不同共振峰模式。基于共振峰合成的理论有以下 3 种实用模型。

1. 级联型共振峰模型

对于一般元音，其共振峰特性可以用一个全极点模型来描述。每对极点表示一个共振峰，而每对共轭极点可以用一个二阶滤波器实现，因此用多个二阶滤波器级联就可以实现整个模型。在该模型中，声道被认为是一组串联的二阶滤波器，共振峰滤波器首尾相接，其传递函数为各个共振峰滤波器传递函数相乘的结果。

如图 11.6 所示为有 5 个极点的级联型共振峰模型，其传递函数为

$$V(z) = \frac{G}{1 - \sum\limits_{k=1}^{10} a_k z^{-k}} \tag{11.1}$$

即
$$V(z) = G \cdot \prod_{i=1}^{5} V_i(z) = G \cdot \prod_{i=1}^{5} \frac{1}{1 - b_i z^{-1} - c_i z^{-2}} \qquad (11.2)$$

式中，G 为增益。

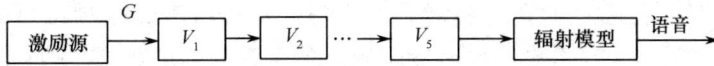

图 11.6　级联型共振峰模型

2．并联型共振峰模型

对于鼻化元音等非一般元音以及大部分辅音，上述级联型共振峰模型不能很好地加以描述和模拟，因此，产生了并联型共振峰模型。在并联型共振峰模型中，输入信号先分别进行幅度调节，再加到每一个共振峰滤波器上，然后将各路输出叠加起来。其传递函数为

$$V(z) = \frac{\sum_{r=0}^{R} b_r z^{-r}}{1 - \sum_{k=1}^{p} a_l z^{-k}} \qquad (11.3)$$

式（11.3）可分解成部分分式之和，即

$$V(z) = \sum_{l=1}^{M} \frac{A_l}{1 - B_l z^{-1} - C_l z^{-2}} \qquad (11.4)$$

其中，A_l 为各路的增益。图 11.7 是一个 $M=5$ 的并联型共振峰模型。

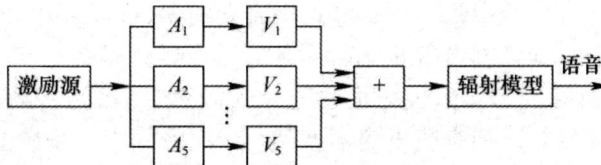

图 11.7　并联型共振峰模型

3．混合型共振峰模型

比较以上两种模型，对于大多数的元音，级联型共振峰模型合乎语音产生的声学理论，并且无须为每个滤波器分设幅度调节；而对于大多数清擦音和塞音，并联型共振峰模型则比较合适，但是其幅度调节很复杂。于是考虑将两者结合在一起，提出了混合型共振峰模型，如图 11.8 所示。

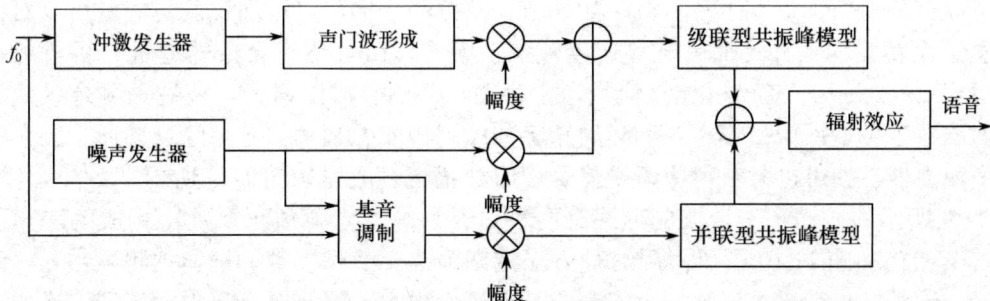

图 11.8　混合型共振峰模型

对于共振峰合成器的激励，简单地将其分为浊音和清音两种类型是有缺陷的，因为对浊辅音，尤其是其中的浊擦音，声带振动产生的脉冲波和湍流同时存在，这时噪声的幅度要被声带振动周期性地调制。因此，为了得到高质量的合成语音，激励源应具备多种选择，以适应不同的发音情况。图 11.8 中激励源有 3 种类型：合成浊音语音时用周期冲激序列；合成清音语音时用伪随机噪声；合成浊擦音语音时用周期冲激调制的噪声。激励源对合成语音的自然度有明显的影响。发浊音时，最简单的是三角波脉冲，但这种模型不够精确，对于高质量的语音合成，激励源的脉冲形状是十分重要的，可以采用其他更为精确的形式。合成清音时的激励源一般使用白噪声，实际实现时用伪随机数发生器来产生。

共振峰模型是对声道的一种比较准确的模拟，因而可以合成出自然度相对较高的语音。另外，由于共振峰参数有着明确的物理意义，可以直接对应于声道参数，因此，可以比较容易地利用共振峰描述自然语流中的各种现象，总结出声学规则，最终用于共振峰合成系统。但是，共振峰合成技术也有明显的弱点。首先由于它是建立在对声道的模拟上，因此，声道模型的不精确势必会影响其合成质量。另外，实际工作中，共振峰模型虽然描述了语音中最基本、最主要部分，但并不能表征影响语音自然度的其他许多细微的语音成分，从而影响了合成语音的自然度。其次，共振峰合成器控制十分复杂，对于一个好的合成器来说，其控制参数往往达到几十个，实现起来十分困难。

一般的共振峰合成器中，声源和声道间是互相独立的，没有考虑它们之间的相互作用。然而，研究表明，在实际语音产生的过程中，声源的振动对声道里传播的声波有不可忽略的作用。因此提高合成音质的一个重要途径，还必须采用更符合语音产生机理的语音生成模型。高级共振峰合成器可合成出高质量的语音，几乎和自然语音没有差别，因此，长期以来，共振峰合成器也一直处于主流地位。但关键是如何得到合成所需的控制参数，如共振峰频率、带宽、幅度等。而且，求取的参数还必须逐帧进行修正，才能使合成语音与自然语音达到最佳匹配。在以音素为基元的共振峰合成器中，可以存储每个音素的参数，然后根据连续发音时音素之间的影响，从这些参数内插得到控制参数轨迹。尽管共振峰参数理论上可以计算，但实验表明，这样产生的合成语音在自然度和可懂度方面均不令人满意。理想的方法是从自然语音样本出发，通过调整共振峰合成参数，使合成出的语音和自然语音样本在频谱的共振峰特性上达到最佳匹配，即误差最小，此时的参数作为控制参数，这就是合成分析法。

11.2.2　线性预测分析合成

线性预测分析合成方法是目前比较简单和实用的一种语音合成方法，其以低数据率、低复杂度、低成本受到特别的重视。20 世纪 60 年代后期发展起来的线性预测编码（LPC）语音分析方法可以有效地估计基本语音参数，如基音、共振峰、谱、声道面积函数等，可以对语音的基本模型给出精确的估计，而且计算速度较快。因此，LPC 语音合成器通过分析自然语音样本，计算出 LPC 系数，就可以建立信号产生模型，从而合成出语音。线性预测合成模型是一种"源滤波器"模型，由白噪声序列和周期脉冲序列构成的激励信号，经过选通、放大并通过数字时变滤波器，就可以再获得原语音信号。LPC 语音合成器如图 11.9 所示。

图 11.9 所示的线性预测合成的形式有两种：一种是直接用预测系数 a_i 构成的递归型合成滤波器，其结构如图 11.10 所示，用这种方法定期地改变激励参数 $u(n)$ 和预测系数 a_i，就能合成出语音。这种结构简单且直观，为了合成一个语音样本，需要进行 p 次乘法和 p 次加法。它的语音样本为

$$s(n) = \sum_{i=1}^{p} a_i s(n-i) + Gu(n) \qquad (11.5)$$

其中，a_i 为预测系数，G 为增益，$u(n)$ 为激励，$s(n)$ 为合成样本，p 为预测器阶数。

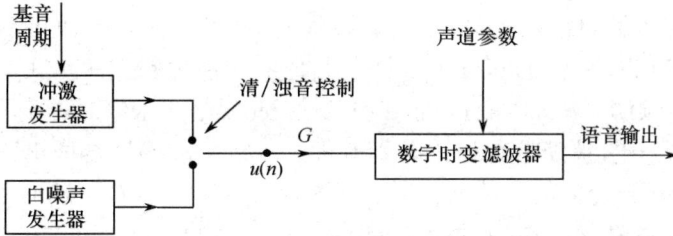

图 11.9　LPC 语音合成器

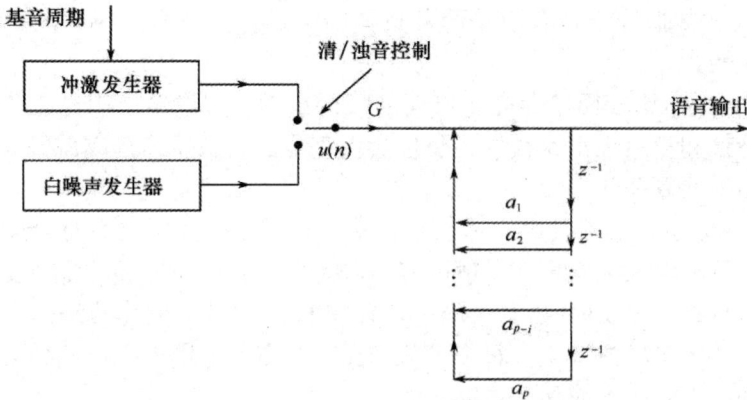

图 11.10　直接用预测系数 a_i 构成的递归型合成滤波器

　　直接形式的预测系数滤波器结构的优点是简单、易于实现，所以曾经被广泛采用。其缺点是合成语音样本需要很高的计算精度。这是因为这种递归结构对系数的变化非常敏感，其系数微小变化就可以导致滤波器极点位置的很大变化，甚至出现不稳定现象。所以，由于预测系数 a_i 的量化所造成的精度下降，使得合成的信号不稳定，容易产生振荡的情况。而且预测器阶数 p 变化时，预测系数 a_i 的变化也很大，很难处理，这是直接形式的线性预测法的缺点。

　　另一种合成的形式是采用反射系数 k_i 构成的格型合成滤波器。它的合成语音样本为

$$s(n) = Gu(n) + \sum_{i=1}^{p} k_i b_{i-1}(n-1) \qquad (11.6)$$

其中，G 为增益，$u(n)$ 为激励，k_i 为反射系数，$b_i(n)$ 为后向预测误差，p 为预测器阶数。

　　由式（11.6）可以看出，只要知道反射系数、激励位置（即基音周期）和增益，就可以由后向预测误差序列迭代计算出合成语音。合成一个语音样本需要（$2p-1$）次乘法和（$2p-1$）次加法。用反射系数 k_i 的格型合成滤波器结构，虽然运算量大于直接结构形式，却具有一系列优点：参数 k_i 具有 $|k_i|<1$ 的性质，因而滤波器是稳定的；同时与直接结构形式相比，它对有限字长引起的量化效应灵敏度较低。此外，基音同步合成需要对控制参数进行线性内插，以得到每个基音周期起始处的值。然而，预测系数本身却不能直接内插，但可以证明，对于部分相关系数进行内插，如果原来的参数是稳定的，则结果必定稳定。无论选用哪一种结构形式，LPC合成中所有的控制参数都必须随时间不断修正。

　　在实际进行语音合成时，除构成合成滤波器外，还必须有激励信号作为音源。在合成浊音

的情况下，要有一定基音周期的脉冲序列作为音源；在合成清音的情况下，将白噪声作为音源。同时，还需要进行清/浊音判别并确定音源强度。

标准 LPC 方法存在一些不足，对于共振峰的音节，如鼻音和鼻化元音，很难被模拟，对于短的爆破音，由于时域长度可能比用于分析的帧长更短，模拟质量不好。因此，用标准 LPC 方法合成语音的质量通常很差。但是，在对基本模型做出一些改进后，合成质量可以被提高。为此，在标准 LPC 方法的基础上发展了其他的线性预测方法，如由误差信号作为激励信号的残差激励线性预测（Residual Excited Linear Prediction，RELP）等，这些方法中的激励信号与标准 LPC 方法中的激励信号相比有所改进，可以更准确地合成出语音信号。近些年，在利用 LPC 方法进行语音合成的基础上，又引进了多脉冲激励 LPC（Multi Pulse Excited LPC，MPE-LPC）技术、矢量量化（VQ）技术、码激励线性预测（Code Excited Linear Prediction，CELP）技术，这些技术进一步提高了 LPC 方法的应用效果和领域。

LPC 语音合成和共振峰语音合成是两种典型的语音合成技术，因此，有必要对两种技术做一个归纳性的比较。

① LPC 语音合成有比较简单和完全自动的分析步骤，合成器结构也比较简单，采用格型滤波器时，量化特性和稳定性都比较好，硬件实现容易；而共振峰合成需要进行较多的参数调整，合成器结构相对要复杂些。

② 共振峰合成原理和实际发声原理联系紧密，它的模型控制参数对合成语音谱特性的影响比较直观。基于我们对人类发声的了解，容易确定语音合成所需要的参数变化轨迹以及在语音段边界处的参数内插。在 LPC 语音合成中，控制 LPC 系数的变化轨迹是十分有限的，因为合成语音谱特性由系数多项式决定，每个系数都在一个宽的范围内，以相当复杂的方式影响着合成语音的谱特性，很难找出简便的调整方法。

③ 共振峰语音合成比较灵活，允许简单地变换以模仿不同人的发音，通过共振峰频率的移动，容易改变语音中和讲话人特征有关的部分；而 LPC 语音合成则比较困难，只有将 LPC 的反射系数转变成极点的位置，才有可能做类似的修正。

④ 由于 LPC 方法对谱包络的谷点的估计要比峰点差得多，因此共振峰带宽的估计一般是不合适的；而共振峰合成方法中，共振峰的带宽还可以从离散傅里叶变换谱来估计，尽管也有一定的困难，但相对来说，带宽的估计要正确一些。

⑤ 标准 LPC 的全极点模型，对具有零点谱特性的发音，特别是鼻音，效果比较差；共振峰合成方法则可以采用反谐振器来直接模拟鼻音中最重要的频谱零点，使合成语音音质得以提高。

从总体上说，选择 LPC 语音合成还是共振峰合成，基于两个因素的折中：LPC 合成具有简单、可自动进行系数分析的优点；而比较复杂的共振峰合成可望产生较高质量的合成语音。

11.2.3　基音同步叠加

基音同步叠加（PSOLA）算法是一种波形编辑技术，其核心思想是直接对存储在音库中的语音运用 PSOLA 算法进行拼接，从而整合成完整的语音。有别于传统概念中只是将不同的语音单元进行简单拼接，该系统首先要在大量音库中选择最合适的语音单元用于拼接，并且在选择语音单元的过程中往往采用多种复杂的技术，最后在拼接时使用 PSOLA 算法，根据上下文的要求，对其合成语音的韵律特征进行修改。此外，音库中的采样波形保留了一部分原发音人的语音特征，这样使合成语音的自然度和清晰度都得到了显著提高。

决定语音波形韵律的主要时域参数包括音长、音强、音高等。音长的调节对于稳定的波形段是比较简单的，只需以基音周期为单位加/减波形即可。但由于语音单元本身的复杂性，实际处理时采用特定的时长缩放法。音强对应于语音波形的幅度，音强改变只要加权波形数据即可，但对一些重音有变化的音节，其幅度包络也需要改变。音高的大小对应于波形的基音周期。对大多数通用语言，音高仅代表语气的不同和说话人的更替，但汉语的音高曲线构成声调，声调具有区分语义的作用，因此汉语的音高修改比较复杂。

由于韵律修改所针对的重点不同，目前 PSOLA 算法的实现有 3 种方式，分别为时域基音同步叠加（Time Domain-PSOLA，TD-PSOLA）、线性预测基音同步叠加（Linear Predictive Coding-PSOLA，LPC-PSOLA）和频域基音同步叠加（Frequency Domain-PSOLA，FD-PSOLA），其中，TD-PSOLA 算法的计算效率较高，被广泛应用，是一种经典算法，这里只介绍 TD-PSOLA 算法。

1．TD-PSOLA 算法原理

TD-PSOLA 算法源于利用短时傅里叶变换重构信号的叠加法。信号 $x(n)$ 的短时傅里叶变换为

$$X_n(e^{j\omega}) = \sum_{m=-\infty}^{\infty} x(m)w(n-m)e^{-j\omega m}, \quad n \in \mathbf{Z} \tag{11.7}$$

其中，$w(n)$ 是长度为 N 的窗序列。注意到 $X_n(e^{j\omega})$ 是变量 n 和 ω 的二维时频函数，对于 n 的每个取值都对应有一个连续的频谱函数，显然存在较大的信息冗余，所以可以在时域每隔若干个（如 R 个）样本取一个频谱函数就可以重构原始信号 $x(n)$。令

$$Y_r(e^{j\omega}) = X_n(e^{j\omega})|_{n=rR}, \quad r,n \in \mathbf{Z} \tag{11.8}$$

其傅里叶逆变换为

$$y_r(m) = \frac{1}{2\pi}\int_{-\infty}^{\infty} Y_r(e^{j\omega})e^{j\omega m}d\omega, \quad m \in \mathbf{Z} \tag{11.9}$$

然后将 $y_r(e^{j\omega})$ 叠加，便可得

$$y(m) = \sum_{r=-\infty}^{\infty} y_r(m) = \sum_{r=-\infty}^{\infty} x(m)w(rR-m) = x(m)\sum_{r=-\infty}^{\infty} w(rR-m), \quad m \in \mathbf{Z} \tag{11.10}$$

通常选 $w(n)$ 是对称的窗函数，所以有 $w(rR-n)=w(n-rR)$，可以证明，对于汉明窗来说，当 $R \leqslant N/4$ 时，无论 m 为何值，都有

$$\sum_{r=-\infty}^{\infty} w(rR-m) = \frac{W(e^{j0})}{R} \tag{11.11}$$

所以

$$y(n) = x(n) \cdot \frac{W(e^{j0})}{R} \tag{11.12}$$

其中，$W(e^{j\omega})$ 为 $w(n)$ 的傅里叶变换。式（11.12）说明，用叠加法重构的信号 $y(n)$ 与原始信号 $x(n)$ 只相差一个常数因子。

在这里讨论叠加法的目的不是完全重构原始信号，而是要对原始信号进行基频、时长、短时能量等韵律特征的修改，使信号的动态谱包络不发生大的改变。这涉及在合成信号时是采取

波形逼近还是谱包络逼近的原则问题。波形逼近实际上就是对信号进行重构，它所能提供的韵律调整余地较小；谱包络逼近虽然失掉了相位信息，但获得了较大的调整空间，且人耳对于声波的相位感知并不灵敏。这里采用原始信号谱与合成信号谱均方误差最小的叠加合成公式。定义两信号 $x(n)$ 和 $y(n)$ 之间的谱距离为

$$D[x(n),y(n)] = \sum_{t_g} \frac{1}{2\pi} \int_{-\pi}^{\pi} \left| X_{t_m}(\mathrm{e}^{\mathrm{j}\omega}) - Y_{t_g}(\mathrm{e}^{\mathrm{j}\omega}) \right|^2 \mathrm{d}\omega \tag{11.13}$$

其中，$X_{t_m}(\mathrm{e}^{\mathrm{j}\omega})$ 为 $n=t_m$ 处的加窗短时信号 $w_1(n-t_m)x(n)$ 的短时傅里叶变换，$Y_{t_g}(\mathrm{e}^{\mathrm{j}\omega})$ 为 $n=t_g$ 处的加窗短时信号 $w_2(n-t_g)y(n)$ 的短时傅里叶变换，$\{t_m\}$ 和 $\{t_g\}$ 分别为 $x(n)$ 和 $y(n)$ 的基音标注点，是一系列在信号时间轴上与基音同步的标注点，可以取每个基音周期中信号绝对值为最大值的位置。$w_1(n-t_m)x(n)$ 是与 t_m 同步的短时信号。为了得到合成信号，将 $w_1(n-t_m)x(n)$ 调整成与 t_g 同步的短时信号 $w_2(n-t_g)y(n)$ 时是按韵律规则进行的。根据移位定理和 Parseval 定理，式（11.13）可改写为

$$
\begin{aligned}
D[x(n),y(n)] &= \sum_{t_g} \sum_{n=-\infty}^{\infty} \{w_1[t_m-(n+t_m)]x(n+t_m) - w_2[t_g-(n+t_g)]y(n+t_g)\}^2 \\
&= \sum_{t_g} \sum_{n=-\infty}^{\infty} [w_1(n+t_g)x(n+t_g+t_m) - w_2(n+t_g)y(n)]^2
\end{aligned} \tag{11.14}
$$

要求合成信号 $y(n)$ 满足谱距离 $D[x(n),y(n)]$ 最小，可以令

$$\frac{\partial D[x(n),y(n)]}{\partial y(n)} = 0 \tag{11.15}$$

解得

$$y(n) = \frac{\displaystyle\sum_{t_g} w_1(n+t_g)w_2(n+t_g)x(n+t_g+t_m)}{\displaystyle\sum_{t_g} w_2^2(n+t_g)} \tag{11.16}$$

窗函数 $w_1(n)$ 和 $w_2(n)$ 可以是两种不同的窗函数，其长度也可以不相等。式（11.16）就是在谱均方误差最小意义下的 TD-PSOLA 合成公式。从此式可以看出，如果原始信号是与 $\{t_m\}$ 为基音同步的短时信号的叠加，合成后的信号就变成了式（11.16）所表示的与 $\{t_g\}$ 为基音同步的短时信号的叠加，而这时引入的谱失真量是最小的。

实际合成时，$w_1(n)$ 和 $w_2(n)$ 可以用完全相同的窗，分母可视为常数，而且可以加一个短时幅度因子 α_{t_g} 来调整短时能量，即

$$y(n) = \frac{\displaystyle\sum_{t_g} \alpha_{t_g} w_1(t_g-n)w_2(t_g-n)x(n-t_g+t_m)}{\displaystyle\sum_{t_g} w_2^2(t_g-n)} \tag{11.17}$$

当窗长取为对应目标基音周期的 2 倍时，可取 $\alpha_{t_g}=1$。

TD-PSOLA 算法具有良好的韵律调整能力，但也有不足之处，当基音频率修改过大时，有可能出现严重的谱包络失真，即共振峰特性产生不可接受的变异。

2．TD-PSOLA 算法实现步骤

概括来说，用 TD-PSOLA 算法实现语音合成主要有 3 个步骤，分别为基音同步分析、基音同步修改和基音同步合成。

（1）基音同步分析

同步标记是与合成单元浊音段的基音保持同步的一系列位置点，用它们来准确反映各基音周期的起始位置。同步分析的功能主要是对语音合成单元进行同步标记设置。在 TD-PSOLA 算法中，短时信号的截取和叠加、时间长度的选择，均是依据同步标记进行的。浊音信号有基音周期，而清音信号则属于白噪声，所以需要区别对待这两种类型。在对浊音信号进行基音标注的同时，为保证算法的一致性，一般令清音的基音周期为一常数。以语音合成单元的同步标记为中心，选择适当长度（一般取 2 倍的基音周期）的窗对合成单元做加窗处理，获得一组短时信号 $x_m(n)$ 为

$$x_m(n) = w_m(t_m - n)x(n) \tag{11.18}$$

其中，t_m 为基音标注点，$w_m(n)$ 一般取汉明窗，窗长大于原始信号的一个基音周期，因此窗间有重叠。窗长一般取为原始信号基音周期的 2～4 倍。

（2）基音同步修改

同步修改在合成规则的指导下调整同步标记，产生新的基音同步标记。具体来说，就是通过对合成单元同步标记的插入、删除来改变合成语音的时长；通过对合成单元标记间隔的增加、减小来改变合成语音的基频等。这些短时合成信号序列在修改时与一套新的合成信号基音标记同步。在 TD-PSOLA 算法中，短时合成信号是由相应的短时分析信号直接复制而来的。若分析信号为 $x[t_a(s),n]$，短时合成信号为 $x[t_s(s),n]$，则有

$$x[t_a(s),n] = x[t_s(s),n] \tag{11.19}$$

式中，$t_a(s)$ 为分析基音标记，$t_s(s)$ 为合成基音标记。

（3）基音同步合成

基音同步合成是利用短时合成信号进行叠加合成。如果合成信号仅仅在时长上有变化，则增加或减少相应的短时合成信号；如果是基频上有变化，则首先将短时合成信号变换成符合要求的短时合成信号再进行合成。

基音同步合成的方法有很多，这里使用前面给出的式（11.17）。利用式（11.17），可以对原始语音的基音同步标志 t_m 间的相对距离进行伸长和压缩，对合成语音的基音进行灵活的提升和降低，同样还通过对音节中的基音同步标志的插入和删除来实现对合成语音音长的改变，最终得到一个新的合成语音的基音同步标志 t_g，并且通过对式（11.17）中幅度因子 α_{t_g} 的变化来调整语流中不同部位的合成语音的输出能量。图 11.11 所示为 TD-PSOLA 算法改变语音基音和时长的示意图。

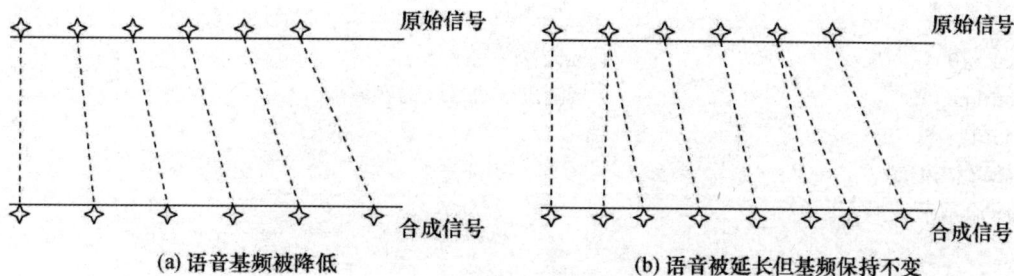

图 11.11 TD-PSOLA 算法改变语音基音和时长的示意图

3. TD-PSOLA 算法的 MATLAB 实现

在基于 TD-PSOLA 算法的语音合成实验中，首先将汉语音节录入音库，然后对这些音节进行人工基音标记，并对声母的清音部分按均匀间隔进行标记，这些标记构成了分析时刻序列，将其存入基音标记库。语音学处理模块对输入的文本进行语义分析，并根据汉语语句发音的词调规则和语调规则给出每个音节的韵律参数，基于这些韵律参数，对音库中的音节进行韵律修改、合成，最后将修改后的所有音节进行拼接，输出合成语句，程序 11.1 为 TD-PSOLA 算法的 MATLAB 程序，实验合成语音是"中国科学院"，采样率是 8kHz，单声道。

程序运行的流程如下：输入原始待合成语音波形，分析基音标记，给出基音修改系数 pscale，根据输入目标时长和原始音节时长给出时间尺度修改系数 tscale，令第一合成基音标记等于第一个分析基音标记，从第一个分析基音标记给出第一帧短时合成信号，根据基音轮廓和基音修改系数 pscale 递推出下一个合成虚拟时刻最接近的分析基音标记，给出这一帧短时合成信号，如是最后一帧，则叠加合成所有的短时合成信号，否则继续递推算出下一个合成基音标记，直至给出最后一帧短时合成信号。图 11.12 为基于 TD-PSOLA 算法的合成前后语音波形。

【程序 11.1】 TD_PSOLA.m

```matlab
clear all
fid=fopen('zgkxy.txt','rt');
x=fscanf(fid,'%f');                    %读入待合成语音文件 x
fclose(fid);
pscale=1.2;                            %基音修改系数
tscale=0.8;                            %时间尺度修改系数
fs=8000;                               %语音信号采样率
pm=find_pmarks(x,fs);                  %基音标记，参考[程序 5.2]
vuv=detect_vuv(x,fs,pm);               %语音/非语音标记
y = tdpsola(x,fs,pscale,tscale,pm,vuv); %对输入的语音段进行基音同步叠加合成
%以时间为横坐标，绘制合成前后的语音波形
subplot(2,1,1);
N = length(x);
time = (0:N-1)/fs;                     %计算时间坐标
plot(time,x);                          %画出合成前的语音波形
xlabel('时间/s');
ylabel('幅度');
title('合成前波形');
subplot(2,1,2);
N = length(y);
time = (0:N-1)/fs;                     %计算时间坐标
plot(time,y);                          %画出合成后的语音波形
xlabel('时间/s');
ylabel('幅度');
title('合成后波形');

%% detect_vuv.m
function [vuv]=detect_vuv(x,fs,pm)
```

```matlab
EN_TH = 0.25;                    %能量阈值
ZCR_TH = 0.75;                   %过零率阈值
x=x-mean(x);
for i = 1:length(pm)-1
    frm=x(pm(i):pm(i+1));
    frmlen=pm(i+1)-pm(i+1)+1;
    en(i,1)=log(energy(frm,frmlen));    %energy 短时能量函数，参考[程序 3.4]
    zcr(i,1)=zero(frm);                 %zero 短时平均过零率，参考[程序 3.6]
end
vuv=ones(length(en),1);
%基于能量的语音/非语音检测
[new_en] = sort(en);
enInd=round(EN_TH*length(en));
if (enInd<1)
    enInd=1;
end
ind=find(en<new_en(enInd));
vuv(ind)=0;
%基于过零率的语音/非语音检测
[new_zcr] = sort(zcr);
zcrInd=round(ZCR_TH*length(zcr));
if (zcrInd<1)
    zcrInd=1;
end
ind=find(zcr>new_zcr(zcrInd));
vuv(ind)=0;
end


%% tdpsola.m
function y = tdpsola(s,fs,pscale,tscale,pm,vuv)
%实现待合成语音 s 的基音同步叠加合成，输出合成信号 y
pm_ps=pm;
    if (pscale~=1)
        pshift=0;
        for i = 2:length(pm)
            T0=pm(i)-pm(i-1);
            if (vuv(i-1)>0)
                if (pscale>1)
                    pshift=pshift-round(T0*(pscale-1)/pscale);
                else
                    pshift=pshift+round(T0*(1/pscale-1));
                end
            end
            pm_ps(i)=pm(i)+pshift;
        end
```

```
    end
    %查找需要重复/删除的帧进行时间缩放，并将此信息存储在 useds 中
    new_tscale=tscale*pm(length(pm))/pm_ps(length(pm_ps));
    avg=sum(diff(pm_ps))/(length(pm_ps)-1);
    if (new_tscale>1)
        useds=zeros(1,length(pm_ps)-2);
        tot=new_tscale;
        for i = 1 : length(useds)
            while(tot>1)
                useds(i)=useds(i)+1;
                tot=tot-(pm_ps(i+1)-pm_ps(i))/avg;
            end
            tot=tot+new_tscale;
        end
    elseif (new_tscale<1)
        useds=ones(1,length(pm_ps)-2);
        tot=new_tscale;
        for i = 1 : length(useds)
            while(tot<1)
                useds(i)=useds(i)-1;
                tot=tot+(pm_ps(i+1)-pm_ps(i))/avg;
            end
            tot=tot-(1-new_tscale);
        end
    end
    %利用 pm_ps 和 useds 进行基音同步叠加合成
    start=1;
    count=1;
    for i=1:length(useds)
        if (useds(i)>0)
            final(count,:)=[start pm(i) pm(i+2) 0];
            count=count+1;
            start=start+pm_ps(i+1)-pm_ps(i)+1;
        end
        for j=2:useds(i)
            final(count,:)=[start pm(i) pm(i+2) mod(j,2)];
            count=count+1;
            start=start+pm_ps(i+1)-pm_ps(i)+1;
        end
    end
    numfrm=size(final,1);
    ylen=max(final(:,1)+(final(:,3)-final(:,2)+1));
    y=zeros(ylen,1);
    if (pscale>1)
```

```
        w=zeros(size(y));
    end
    for i = 1 : numfrm
        start=final(i,1);
        len=final(i,3)−final(i,2)+1;
        wgt=window('hamming',len);
        frm=s(final(i,2):final(i,3));
        if (final(i,4))
            frm=wrev(frm);
        end
        y(start:start+len−1)=y(start:start+len−1)+frm.*wgt;
        if (pscale>1)
            w(start:start+len−1)=w(start:start+len−1)+wgt;
        end
    end
    if (pscale>1)
        for i=1:ylen
            if w(i)==0
                w(i)=1;
            end
            y(i)=y(i)/w(i);
        end
    end
end
```

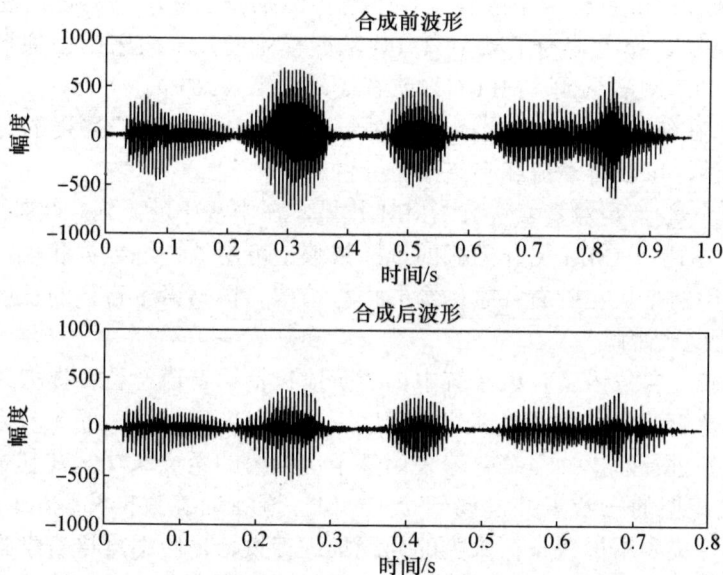

图 11.12　基于 TD-PSOLA 算法的合成前后语音波形

11.2.4　统计参数语音合成

统计参数语音合成（Statistical Parametric Speech Synthesis，SPSS）主要包括训练和合成两

个阶段。在训练阶段，首先从音库中提取声学特征参数和频谱参数，然后根据文本分析模块的语言特征以及提取的声学特征参数训练声学模型。在合成阶段，根据训练好的声学模型，给定待合成文本特征，进行声学特征预测，然后由声码器将预测的声学特征转换成语音波形。声学模型和声码器是统计参数语音合成系统的两个重要模块。

1. 基于 HMM 的统计参数语音合成

基于 HMM 的统计参数语音合成系统如图 11.13 所示。在训练过程中，语音信息经历了从原始语音→声学参数序列→统计模型集合的变化过程；与此相对应，在合成过程中，又经历了从统计模型集合→声学参数序列→合成语音的逆过程。

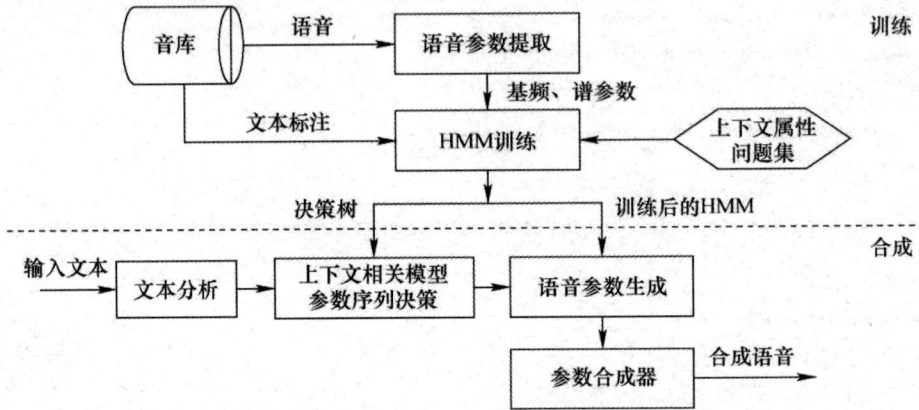

图 11.13　基于 HMM 的统计参数语音合成系统

在训练前，首先要对建模的参数进行配置，包括声学特征选择、建模单元选择、模型拓扑结构配置等。

① 声学特征选择：语音合成中的声学特征包括激励特征和频谱特征，激励特征一般是基频（F0）。在频谱特征选择上，为了减小 HMM 的建模难度，一般采用去除维间相关性的低维频谱表征，如 Mel 频率倒谱系数（MFCC）或者线谱频率（LSF）。

② 参数分布：在统计参数语音合成中，对于参数的分布，一般采用的是多维高斯分布。针对语音参数的特性，可以有多流和多高斯分布的情况。

③ 建模单元：一般都是对音素进行 HMM 建模，在中文中就是对声/韵母单元建模。

④ HMM 拓扑结构：HMM 拓扑结构的选择依赖于可用的训练数据和模型的应用范围，对一般的单元建模采用的是从左到右各态历经的拓扑结构。根据语音音素的长度，在语音合成中 HMM 通常采用 5 状态结构。

基于 HMM 的统计参数语音合成系统中训练阶段包括语音声学特征提取和 HMM 训练，由于 HMM 以音素为建模单元，为了提高建模精度，通常对上下文相关的三音素（当前音素、前一音素和后一音素）进行建模。系统普遍采用基于决策树的聚类算法，其基本思路是通过决策树聚类，使上下文相似的三音素共享同一个 HMM，避免训练数据稀疏的问题。在模型训练前，对上下文的属性集和用于决策树聚类的问题集进行设计，即根据语言学知识和语音学知识来选择一些对声学参数（谱参数、基频和时长）有一定影响的上下文属性来设计相应的问题集，用来对上下文相关模型聚类。在整个训练过程中，首先进行 HMM 方差下限估计，然后进行单音素 HMM 训练作为模型初始化参数，接着进行上下文相关的三音素 HMM 训练，最后进行基于决策树的 HMM 聚类。在合成阶段，首先对文本进行分析，使用文本分析程序将给定文本转换为包含语境描述信息的发音标注序列，用训练过程中聚类得到的决策树预测每个与发音的语境相关的上下文 HMM，然后拼接为一个语句的 HMM。接着，使用最大似然参数生成算法，生成频谱、时长和基频的连续声学参数序列。这个过程可以看作语音识别的一个逆过程，是求给定 HMM 的最大概率输出序列，最后用声码器作为参数合成器，合成输出语音。

2. 基于神经网络的统计参数语音合成

由于神经网络优秀的建模能力，基于神经网络，如深度神经网络（DNN）和递归神经网络（RNN）等的声学建模方法被应用于统计参数语音合成，并表现优于基于 HMM 的声学建模方法的效果。基于神经网络的统计参数语音合成系统如图 11.14 所示，图中输入特征为从文本中提取的特征，即用离散或连续的数值特征来描述文本，包括：二值的分类特征，如音素的 ID、音素的类别、上下文的音素类别、清/浊信息等；实数值特征，例如当前音节中音素的个数、当前音段中字的个数、当前帧在音素中的位置等。输出特征为声学参数，包括基频参数、频谱参数、清/浊音信息。由于基频的离散特性，在建模前通常需要对其进行插值，以得到连续的基频轨迹。神经网络模型可以是不同的结构，如 DNN、RNN 等。

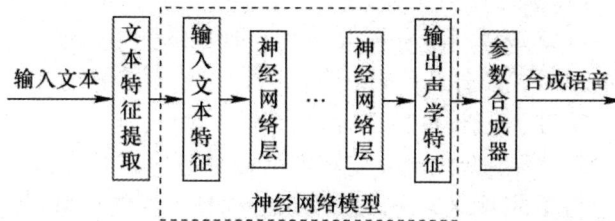

图 11.14　基于神经网络的统计参数语音合成系统

在训练阶段，基于 DNN 或 RNN 的统计参数语音合成系统通常采用最小均方误差（Minimum Mean Square Error，MMSE）训练准则，采用 BP 算法和梯度下降法更新模型参数，使预测的声学参数和自然声学参数尽可能接近。在合成阶段，首先对待合成文本提取文本特征，然后使用 DNN 或 RNN 预测对应的声学参数，最后经过声码器合成出语音波形。基于 DNN 和 RNN 的建模方法目前主要应用于语音声学参数，包括基频和频谱参数。时长信息仍需要通过其他系统得到。另外，DNN 和 RNN 的输入和输出特征需要在时间上对齐，通常使用 HMM 进行切分以得到对齐信息。

3. 声码器

声码器（Vocoder）的主要作用是根据估计的声学特征参数合成语音波形，其实现过程包括分析、操纵和合成。分析过程主要是从一段原始语音波形中提取声学特征，比如线性谱、MFCC；操纵过程是指对提取的原始声学特征进行压缩等降维处理，使其表征能力进一步提升；合成过程是指将此声学特征恢复至原始波形。在 SPSS 系统中常用的声码器包括 Griffin-Lim 声码器、STRAIGHT 声码器和 WORLD 声码器。

（1）Griffin-Lim 声码器

原始语音信号需要进行傅里叶变换，将时域信号转换到频域进行分析。语音信号进行傅里叶变换后的绝对值为幅度谱，而复数的实部与虚部之间形成的角度就是相位谱。经过傅里叶变换之后获得的幅度谱特征明显，可以清楚看到基频和对应的谐波频率。基频对应为声带的频率，而谐波频率则为声音经过声道、口腔、鼻腔等器官后产生的共振频率，且是基频的整数倍。

Griffin-Lim 声码器将幅度谱恢复为原始波形，但是与原始波形相比，幅度谱缺失了原始相位谱信息。语音信号被分割成帧，再进行傅里叶变换，帧与帧之间是有重叠的。Griffin-Lim 声码器利用两帧之间有重叠部分的这个约束重构信号。因此，使用 Griffin-Lim 声码器还原语音信号时应尽量保证两帧之间的重叠越多越好，一般帧移为每一帧长度的 25%左右，也就是帧之间重叠 75%为宜。

Griffin-Lim 声码器在已知幅度谱、未知相位谱的情况下重建语音，整体的迭代过程如下：

① 随机初始化一个相位谱；

② 用相位谱和已知的幅度谱经过短时傅里叶逆变换（ISTFT）合成新语音；

③ 对合成的语音做短时傅里叶变换，得到新的幅度谱和相位谱；

④ 丢弃新的幅度谱，用相位谱和已知的幅度谱合成语音；

⑤ 重复迭代，直至达到设定的迭代次数。

（2）STRAIGHT 声码器

STARIGHT 声码器通过自适应加权谱内插进行语音转换和表征。它将语音信号解析成相互独立的频谱参数（谱包络）和基频参数（激励部分），能够对语音信号的基频、时长、增益、语速等参数进行灵活的调整。STRAIGHT 声码器在分析阶段仅针对语音基音、平滑功率谱和非周期成分这 3 个声学参数进行特征提取，在合成阶段利用上述 3 个声学参数进行语音重构。STRAIGHT 声码器采用源-滤波器表征语音信号，可将语音信号看作激励信号通过时变线性滤波器的结果。STRAIGHT 声码器的特征提取过程如下：

① 平滑功率谱的提取，包括低频带补偿和清音帧处理等过程。STRAIGHT 声码器分析阶段的一个关键步骤是进行自适应频谱分析，获取无干扰且平滑的功率谱。自适应加权谱的提取关键在于对提取出来的功率谱进行一系列的平滑和补偿。

② 非周期成分提取。

③ 通过小波时频分析的方式，提取基频轨迹。首先通过对语音信号中的基频信息进行解析，计算出相应的瞬时基频值，最后在频域进行谐波解析，并在频率轴进行平滑处理，获得语音信号的各个基频参数。

（3）WORLD 声码器

WORLD 声码器通过获取 3 个声学特征合成原始语音，这 3 个声学特征分别是：基频、频谱包络（Spectrum Parameter，SP）和非周期信号参数（Aperiodic Parameter，AP）。基频决定浊音，对应激励部分的周期脉冲序列，如果将声学信号分为周期和非周期信号，基频部分包含语音的韵律信息和结构信息。对于一个由振动而发出的声音信号，这个信号可以看作若干组频率不同的正弦波叠加而成，其中频率最低的正弦波即基频，其他则为泛音。WORLD 声码器提取基频的流程为：首先，利用低通滤波器对原始信号进行滤波；之后，对滤波信号进行评估，由于滤波信号是正弦波，每个波段的长度应该恰好都是一个周期长度，因此通过计算这 4 个周期的标准差，可以评估此正弦波正确与否；最后选取标准差最小周期的倒数作为最终的基频。频谱包络（SP）决定音色，对应声道谐振部分时不变系统的冲激响应，可以看作通过此线性时不变系统之后，声码器会对激励与系统响应进行卷积。将不同频率的振幅最高点通过平滑的曲线连接起来，就是频谱包络，求解方法有多种，在求解 Mel 频率倒谱系数时，使用的是倒谱法。非周期信号参数（AP）决定清音，对应混合激励部分的非周期脉冲序列，一般的语音都是由周期和非周期信号组成的，因此除了上述的周期信号的声学参数，还需要非周期信号参数，才能够恢复出原始信号。

WORLD 声码器包含 3 个语音分析模块，包括 DIO 模块、CheapTrick 模块和 PLANTINUM 模块。WORLD 声码器可以提取原始波形中的基频、基频包络和非周期信号，这 3 种声学特征对应 3 种提取算法：DIO 算法输入波形提取基频，CheapTrick 算法输入基频、波形提取频谱包络，PLANTINUM 算法输入基频、频谱包络和波形提取非周期信号。最终，这 3 种声学特征通过最小相位谱与激励信号卷积后，输出恢复的原始波形。

11.3　基于深度学习的端到端语音合成

类似于传统的语音合成方法，深度学习语音合成系统也由文本分析前端、声学特征预测网络和声码器 3 部分组成。对于汉语合成系统，需要通过文本分析前端将文本中的数字、字母、特殊字符转换为标准的汉字形式，进而将输入文本中的汉字转换成由合适的基元表示的文本形式；或者在输入文本中添加韵律信息等。近年来，基于深度学习的语音合成系统甚至可以不需要文本分析前端，直接由英文这类基于拉丁字符的输入文本来预测声学特征，从字符或音素序列生成语音波形。文本分析前端得到的语言学特征，通过声学特征预测网络进行声学特征的映射学习，声码器再将声学特征转换成语音波形。下面重点叙述两种经典的基于深度学习的端到端语音合成模型。

11.3.1　基于 WaveNet 的语音合成

WaveNet 由 Deepmind 于 2016 年提出，是一种功能强大的序列生成模型。该模型通过使用真实语音训练得到的 DNN 模型直接建模波形来生成听起来相对逼真的人声。它是一个完全的概率自回归模型，即基于之前生成的所有样本来预测当前语音样本的概率分布。作为 WaveNet 的重要组成部分，膨胀、因果卷积可确保 WaveNet 在生成第 t 个采样点时只能使用 $0 \sim t-1$ 的采样点。

原始的 WaveNet 模型使用自回归连接一次合成一个样本的波形，每个新样本都以前一个样本为条件。假设波形的联合概率分布为 $X = \{x_1, x_2, \cdots, x_T\}$，可将其因式分解为

$$p(X) = \prod_{t=0}^{T} p(x_t \mid x_1, x_2, \cdots, x_{t-1}) \tag{11.20}$$

其中，x_t 表示 t 时刻对应的语音采样点，因此，WaveNet 模型的核心思路是对每个采样点的条件概率分布进行建模。

基于 WaveNet 的语音合成模型可以分为训练阶段和生成阶段。在训练阶段，输入序列是人类说话者记录的真实波形。在生成阶段，对网络进行采样以生成合成语音。为了生成指定说话人或指定文本的语音，通常引入全局和局部条件来控制合成内容。

WaveNet 模型主要由 k 层网络块、跳跃连接、激活函数和卷积层组成，如图 11.15 所示。

对于 WaveNet 模型中的因果卷积模块，因果卷积为时间维度上的一维卷积，t 时刻的输出仅依赖于 t 时刻和 $t-1$ 时刻的输入，如图 11.16 所示。

输入层为输入语音信号的采样点，通过叠加多个宽度为 2、步长为 1 的一维卷积来得到输出，通过叠加 4 层一维卷积可获得感受野为 5 个采样点的输出。在这种情况下，要想扩展感受野，则需要增加额外的一维卷积层，但同时会导致计算量的大幅增加。

空洞卷积建立在因果卷积的基础上，为减少计算量和扩展感受野，建立当前时刻与更远时刻之间的连接，WaveNet 模型采用膨胀卷积。膨胀因果卷积层如图 11.17 所示。

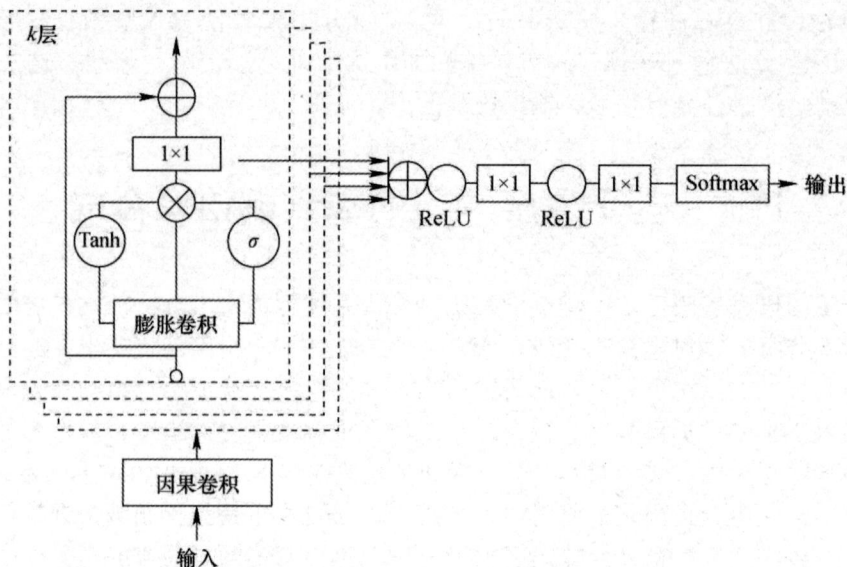

图 11.15 WaveNet 模型结构图

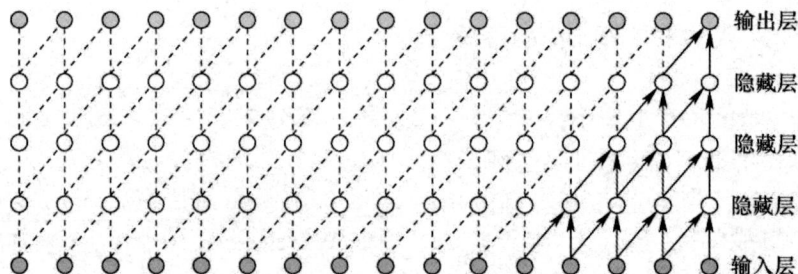

图 11.16 因果卷积模块

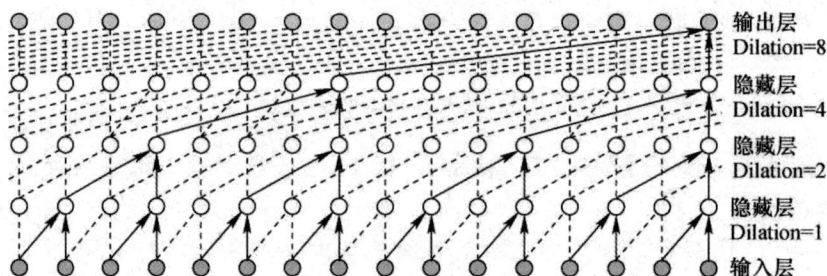

图 11.17 膨胀因果卷积层

图 11.17 中，Dilation 为需跳跃的时间间隔，在实际计算过程中可以每层都使用不同的跳跃时间间隔，从而使得感受野大幅增大，这对于前后时间依赖性强的语音信号非常有效。对比图 11.16 和图 11.17，膨胀因果卷积是在因果卷积的基础上将卷积每次移动的步长设置为 2，这样就可避免每次卷积中包含重叠的部分。另外，图 11.17 中的输入层通过膨胀因果卷积后，使用门控卷积进行门控操作，即

$$z = \mathrm{Tanh}(W_{f,k} * x) \odot \sigma(W_{g,k} * x) \tag{11.21}$$

其中，*表示卷积操作，$\odot$ 为对应位置相乘运算符，$\sigma(\cdot)$ 为 Sigmoid 函数，k 表示层索引，f 和 g 分别表示滤波器和门，W 为可学习的卷积滤波器，后续加入残差结构可以加快模型的收敛速

度，实现更深层次的模型训练，最后通过跳跃连接将 k 层网络块连接起来，从而加速网络训练，同时防止网络过深而导致的部分层的梯度消失。

虽然 WaveNet 模型可以产生高质量的音频，但它仍然存在以下问题：①由于每个采样点的预测总依赖之前的采样点，因此速度太慢；②它还依赖现有文本分析前端的语言特征，文本分析前端的错误会直接影响合成效果。

11.3.2　基于 FastSpeech 的语音合成

传统的端到端模型使用的都是自回归架构，所谓自回归架构指的是模型的输出依赖于过去的输入，因此，生成语音的速度较慢。此外，序列到序列（seq2seq）结构有可能会造成在合成长句语音时出现重复或者直接跳过的现象。除此以外，由于 Mel 谱图的序列较长且具有自回归性，因此，系统还会面临合成的语音失真且缺乏可控性的问题。针对上述问题，微软公司于 2019 年提出了 FastSpeech 模型，目的在于解决基于神经网络端到端的语音合成主流模型中存在的合成速度慢及鲁棒性差的问题。FastSpeech 模型的核心在于将文本或音素作为输入，采用非自回归的方式生成 Mel 谱图，极大地加速模型进程，保证输入文本和语音之间的对齐。图 11.18 为 FastSpeech 的框架。

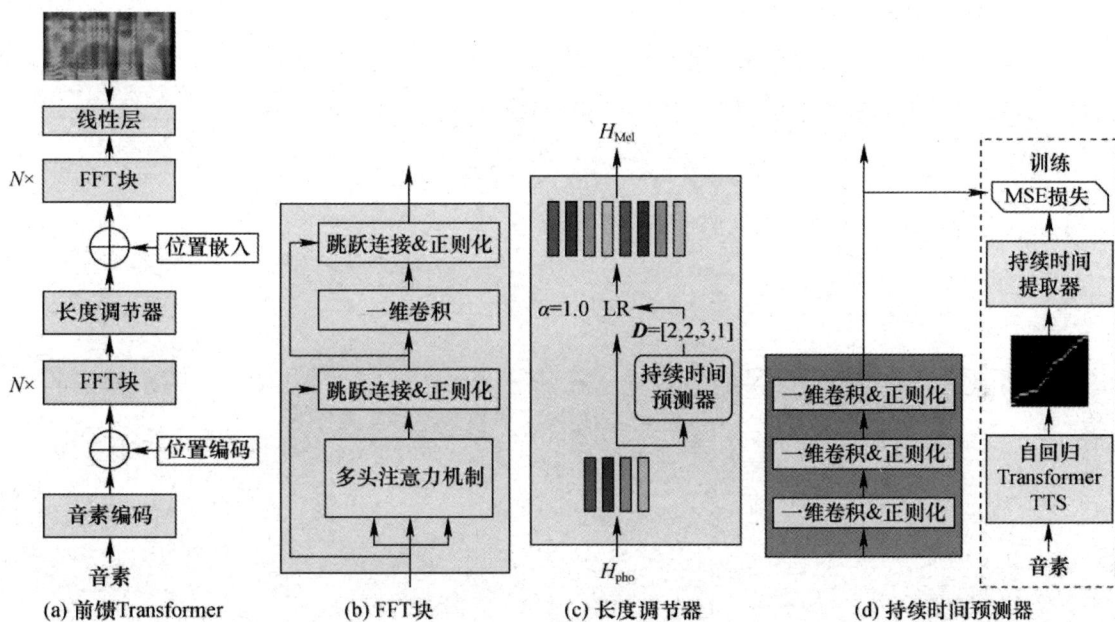

图 11.18　FastSpeech 模型的框架

FastSpeech 模型的输入为音素，输出为 Mel 谱图，主要采用基于 Transformer 的多头注意力机制和一维卷积结构，将其统称为 FFT 块。如图 11.18（a）所示，前馈 Transformer 堆叠多个 FFT 块用于音素到 Mel 谱图的转换，其中 N 个块位于音素侧，还有 N 个块位于 Mel 谱图侧。每个 FFT 块均包含一个自注意力机制网络和一维卷积网络，如图 11.18（b）所示。自注意力机制网络由多头注意力机制组成，以提取交叉位置信息。与 Transformer 中的两层密集网络不同，这里使用具有 ReLU 激活函数的 2 层一维卷积网络。

输入的音素经 FFT 块后输入长度调节器（Length Regulator）中，如图 11.18（c）所示，来调节输入文本的序列和 Mel 频谱帧长度不匹配的问题。一般而言，音素序列的长度要远小于频谱帧数，一个音素可能对应多个频谱帧，长度调节器的作用就是将音素序列根据对齐结果进行重复。基于音素持续时间 d，长度调节器将音素序列的隐藏状态扩展 d 倍，然后隐藏状态的总长度等于 Mel 谱图的长度。

持续时间预测器（Duration Predictor）如图 11.18（d）所示，用于预测每个音素的持续时间，为长度调节器提供重复信息。持续时间预测器由具有 ReLU 激活函数的 2 层一维卷积网络组成，每个网络都紧跟着归一化层、Dropout 层和一个额外的线性层，以输出预测的音素持续时间。此模块堆叠在音素侧 FFT 块的顶部，并与 FastSpeech 模型一起进行训练，以预测每个音素的 Mel 谱图的长度。

习　题　11

11.1　语音合成方法有哪些？各自的优缺点是什么？

11.2　比较 LPC 合成与共振峰合成的优缺点。

11.3　什么是 PSOLA 算法？其原理是什么？

11.4　如何提取语音信号的 3 个共振峰参数？有哪些方法？

11.5　对语音合成的激励函数有什么要求？

11.6　简述 WaveNet 语音合成模型的基本原理。

11.7　简述 FastSpeech 语音合成模型的原理。

第 12 章　语音情感识别原理及应用

情感是人类对特定情境或刺激产生的主观体验和反应，可以通过语音、行为、姿势等方式表现出来。情感语音就是其中的一种表现形式。语音情感识别是指通过分析和处理语音信号，让机器自动识别说话者的情感状态。现阶段，语音情感识别技术已经应用到了智能客服、心理监测、在线教育、残障人士医疗辅助、刑事侦查、交通运输等多个领域。利用语音情感识别技术可以为广大人民群众提供更加个性化、精准的服务。

本章首先介绍情感划分的基础知识；接着说明情感语音数据库的建立原则与方法，并列举几种常见的情感语音数据库；然后，从不同类别的语音情感特征角度，分别介绍传统的语音情感特征、基于人耳听觉的特征及非线性特征；最后，简要描述当前常用的语音情感识别模型。

12.1　情感的划分

语音情感识别的目的是将情感语音按照不同的情感类别进行分类，因此首先要了解情感的划分。但是目前，心理学家对情感类别的划分还没有形成一个统一的标准。本节将从离散和维度两个视角对情感划分模型进行详细的介绍，并简单说明一些其他情感划分模型。

12.1.1　离散情感划分

离散情感划分是指将情感分类为若干明确的、互不重叠的情感类别。每个类别代表一种特定的情感状态，如高兴、生气、悲伤、害怕。这类情感模型认为情感是离散的，复杂情绪是由基础的情感组合而成的。中国古代曾有记载，出于《礼记·礼运》的"七情"是指人通常具有的 7 种情感：喜、怒、哀、惧、爱、恶、欲。在国外也有许多专家对情感分类进行研究，最初 Ekman 等于 1971 年提出了 6 种基本情绪，分别是 Joy（愉悦）、Sadness（悲伤）、Anger（愤怒）、Fear（恐惧）、Disgust（厌恶）、Surprise（惊讶）。该情感模型结合了人的面部表情来研究人类情感，并在 1980 年又提出了派生的 9 种基本情绪，具体为 Joy（愉悦）、Sadness（悲伤）、Anger（愤怒）、Fear（恐惧）、Disgust（厌恶）、Surprise（惊讶）、Contempt（轻蔑）、Satisfaction（满足）、Shame（羞愧）。目前 Ekman 的基本情感理论是在自动情感识别研究中最受欢迎且普遍采用的方法。除此之外，还有以下情感类别的分类方法。

1. 三级分类方法

相较于前面将情感划分为基本情感和派生情感的方式，Fox 情感模型的创新在于使用标签法对情感进行分级，根据表现的主动和被动程度将情感划分为 3 个等级。在这个模型中，等级越低，情感分类越粗糙；等级越高，情感分类则越精细，如表 12.1 所示。

表 12.1　Fox 情感模型

第一级	
趋近的	退避的

第二级					
愉快	兴趣	愤怒	忧伤	厌恶	害怕
第三级					
骄傲	关心	敌意	痛苦	轻蔑	惊恐
极乐	责任感	嫉妒	巨痛	怨恨	焦虑

2．其他的离散情感分类方法

不同学者对情感类别的划分也不尽相同，见表 12.2。

表 12.2　不同学者的情感类别划分

作者	情感类别
Tomkins	愤怒、兴趣、蔑视、厌恶、痛苦、恐惧、喜悦、羞耻、惊喜
Gray	愤怒、恐怖、焦虑、开心
Frijda	渴望、高兴、喜爱、惊喜、惊奇、懊悔
Mowrer	疼痛、愉悦
Panksepp	期待、恐惧、愤怒、恐慌
McDougall	愤怒、厌恶、得意、恐惧、服从、温柔、惊奇
Plutchik	接受、愤怒、期待、厌恶、喜悦、恐惧、悲伤、惊讶
Arnold	生气、厌恶、勇敢、沮丧、渴望、绝望、恐惧、讨厌、希望、爱、悲伤
Oatley	愤怒、绝望、渴望、高兴、悲伤
Izard	愤怒、轻蔑、厌恶、痛苦、恐惧、内疚、兴趣、喜悦、羞耻、惊讶

总体来看，离散情感模型通过将情感分为若干明确的类别，提供了一种简洁且易于操作的情感分析方法。情感的划分不仅受研究背景和研究基础的影响，还与文化背景、社会条件等息息相关。尽管离散情感模型在实现和应用中具有明显优势，但它在表示情感之间的相对关系和变化以及混合情感方面存在局限性。

12.1.2　情感维度空间

除将情感划分为离散的类别外，还有一些研究者在连续的空间中对情感进行描述，这种描述方法认为人们产生的所有情感都可以包含在几个维度组成的空间模型中，简称为情感维度空间模型。情感维度空间模型是一种在连续的空间中对情感进行描述的方法，通过将情感映射到一个多维空间中，来捕捉情感的连续性和复杂性。这种模型认为，情感不是孤立的、离散的类别，而是可以在多个维度上持续变化的状态。这些维度共同构成了一个多维空间，每个情感状态可以在这个空间中找到一个位置。常见的情感维度空间模型有二维 VA（Valence Arousal，VA）情感空间模型和三维 PAD（Pleasure Arousal Dominance，PAD）情感空间模型。

1．二维 VA 情感空间模型

二维 VA 情感空间模型即 Thayer 模型，由心理学家 Thayer 提出，它是一种将生物心理学概念用于心理学分析的模型。它认为人类的情感状态与人的心理和生理的变化是密切相关的，并且个人的认知和偶然事件的发生在其情感的产生中起着至关重要的作用。该模型主要通过效价维（Valence）和激励维（Arousal）两个维度来描述情感状态，效价维度表示情感为积极或消极，激励维度表示情感为兴奋或平静。情感类别被划分在二维笛卡儿坐标系的 4 个象限中，其中横轴为效价维，纵轴为激励维，原点表示中性情感，如图 12.1 所示。

图 12.1　VA 情感模型

　　模型的每个象限都包含 3 种情感。第一象限包含高效价高激励的情感，有高兴、快乐、兴奋；第二象限包含低效价高激励的情感，有讨厌、生气、紧张；第三象限包含低效价低激励的情感，有悲伤、无聊、困倦；第四象限包含高效价低激励的情感，有平静、安宁、放松。由图可知，Thayer 模型离原点越近表示情感越不强烈，离原点越远表示情感越强烈。

2．三维 PAD 情感空间模型

　　三维 PAD 情感空间模型（PAD 模型）由 Mehrabian 和 Russell 于 1974 年作为一种心理学研究方法提出。该模型是在 Thayer 模型的基础上增加了控制维（Dominance），它表示个人意图对情况的控制程度，即是支配地位还是顺从地位。维度 Pleasure 指效价维，它评估情感状态是积极还是消极；维度 Arousal 指激励维，反映的是情感强弱的程度。

　　情感类别被描述在三维空间中，其中 P 轴为效价维，正负半轴分别表示令人愉悦和不愉悦；A 轴为激励维，正负半轴分别表示被唤醒和未被唤醒；D 轴为控制维，正负半轴分别表示主导和顺从，如图 12.2 所示。这种分类方法导致 PAD 情感空间出现 8 个区域（octant1~8）。例如，情绪 e 的 PAD 值（0.3，0.5，0.5）属于 octant1，因为它的 P、A、D 值都为正。

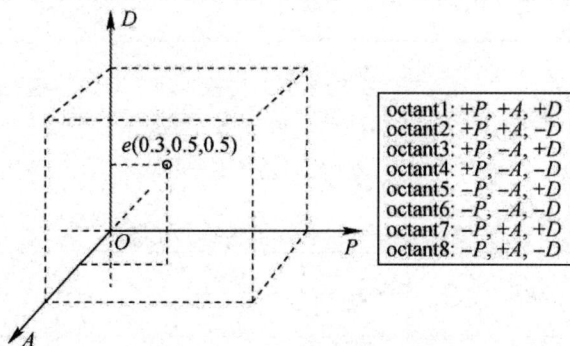

图 12.2　PAD 情感空间模型

　　研究发现，PAD 模型被证明可以有效地解释人类情感。举例来说，Mehrabian 利用其他研究者开发的 42 个情绪量表对 PAD 模型进行测试，结果显示，几乎所有这 42 个量表的变化和差异都可以通过 PAD 模型加以解释。这表明 PAD 模型可以理性地描述和测量人类的情感状态。而且，这 3 个维度不仅仅局限于主观情感体验，还与情感的生理唤醒和外在表现形成了紧密关联。过去的研究主要集中在效价维和激励维，但是这两个维度无法有效地区分某些情绪，比如愤怒和恐惧。相比之下，PAD 模型则能够有效地区分愤怒和恐惧。尽管这两种情感都属于高效价和低激励的情感，但它们在控制维度上却呈现出相反的特征：愤怒是高控制状态，而恐惧则是低控制状态。

PAD 情绪量表源于 PAD 模型，是由 Mehrabian 开发的一种用于测量情感的工具。最初包含 34 个项目，后来研究人员提出了简化版本，每个维度使用 4 个项目（共 12 个项目）进行描述。中文版 PAD 情绪量表是在对简化版本修改的基础上形成的，中文版采用九点语义差异量表形式。每个项目由一对不同的情感状态形容词组成，每对之间的空间分为 9 部分。每对形容词代表情感状态在其所属维度上相反，在其他两个维度上相似。例如，效价维的项目由"兴奋"和"愤怒"组成，在效价维上它们相反，在其他两个维度大致相同。

如表 12.3 所示，中文版 PAD 情绪量表的得分范围为-4~4，中间值为 0。最终目标情感的维度值是 4 个项目得分的平均值，计算公式见式（12.1）。基于 PAD 模型和中文版 PAD 情绪量表，对 5 种基本情感进行了评估，得到的部分情感 PAD 值列举在表 12.4 中。

表 12.3 中文版 PAD 情绪量表

项目符号	情感形容词（左端）	标注等级									情感形容词（右端）
		-4	-3	-2	-1	0	1	2	3	4	
V_1	愤怒的	……	|	|	|	|	|	|	|	……	感兴趣的
V_2	清醒的	……	|	|	|	|	|	|	|	……	困倦的
V_3	受控的	……	|	|	|	|	|	|	|	……	主控的
V_4	友好的	……	|	|	|	|	|	|	|	……	轻蔑的
V_5	平静的	……	|	|	|	|	|	|	|	……	兴奋的
V_6	主导的	……	|	|	|	|	|	|	|	……	顺从的
V_7	痛苦的	……	|	|	|	|	|	|	|	……	高兴的
V_8	感兴趣的	……	|	|	|	|	|	|	|	……	放松的
V_9	谦卑的	……	|	|	|	|	|	|	|	……	高傲的
V_{10}	兴奋的	……	|	|	|	|	|	|	|	……	激怒的
V_{11}	拘谨的	……	|	|	|	|	|	|	|	……	惊讶的
V_{12}	有影响力的	……	|	|	|	|	|	|	|	……	被影响的

$$\begin{cases} P = V_1 - V_4 + V_7 - V_{10} \\ A = -V_2 + V_5 - V_8 + V_{11} \\ D = V_3 - V_6 + V_9 - V_{12} \end{cases} \qquad （12.1）$$

表 12.4 5 种基本情感的 PAD 值

编号	情感	均值		
		P	A	D
1	高兴	2.77	1.21	1.42
2	无聊	-0.53	-1.25	-0.84
3	悲伤	-0.89	0.17	-0.7
4	愤怒	-1.98	1.10	0.6
5	惊奇	1.72	1.71	0.22

3．Plutchik 三维情感模型

除上述所介绍的情感空间模型外，离散情感也可以映射到空间模型中，其中最具代表性的为 Plutchik 三维情感模型。

Plutchik 提出了情感的 3 个重要属性：相似性、对立性和强度。根据这些属性，他将情感呈现在一个倒锥体上，如图 12.3 所示。倒锥体的顶部被分成 8 部分，代表着 8 种基本情感。它规定相似的情感距离越近，例如悲痛和恐惧，而不相似的情感距离越远，比如接受和憎恨处于对立面。倒锥体的高度代表着情感的强度，在这个模型中，从顶端到底端情感的强度逐渐减弱。举例来说，狂怒、恼怒和烦恼这 3 种情感的强度是逐渐减弱的，其中狂怒大于恼怒，恼怒大于烦恼。因此可以看出，这个三维情感模型准确地反映了情感之间相似性、对立性和强度这 3 个属性。

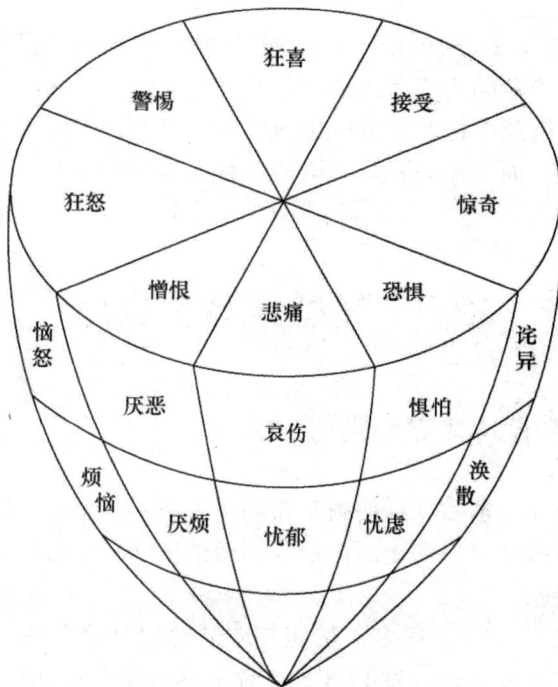

图 12.3　Plutchik 三维情感模型

近年来，多维情感空间模型纷纷涌现出来，如四维情感空间模型等。四维情感空间模型由 Fontaine 于 2007 年提出，在 PAD 模型基础上增加了不可预测维，它表示情感可能会受到个人的经历、内心状态和文化背景等多种因素的影响，而非简单的外部刺激。

12.1.3　其他情感模型

除了上述所提及的离散和空间情感模型，还有基于认知机制的情感模型、基于个性化的情感模型和 HMM 情感模型等。

1．基于认知机制的情感模型

基于认知机制的情感模型是一类强调认知过程在情感生成、评估和调节中的作用的情感模型，如情感动机评价（Emotion Motivation Adaptation，EMA）模型。EMA 模型旨在模拟情感如何通过认知评估和适应性反应来生成和变化。该模型首先对当前情境进行评估并合成相应的

情感，然后有选择地进行应对。应对可以分为以问题为焦点的应对和以情感为焦点的应对，前者着重于解决引起负面情感的问题，后者旨在减少负面情感。

另一个基于认知机制的情感模型是需求期望注意力（Need Expectation Attention，NEA）模型，其中需求是模型的基础，强调个体行为是有内在需求驱动的；认知是模型的中间层，强调个体对环境和自身的认知过程；情感是模型的顶层，强调个体的情感反映及其对行为的影响。

2．基于个性化的情感模型

基于个性化的情感模型是一种强调个体差异和个体特征在情感生成、体验和表达中的作用的情感模型。如 Chittaro 行为模型，它是 Chittaro 等人构造的一个基于有限状态机的行为模型，它主要通过个性选择来执行行为，体现出不同个体的差异行为。模型中每个状态表示个体的一种行为，个性信息影响个体下一时刻选择某行为的概率。

3．HMM 情感模型

HMM 是一种统计模型，广泛应用于时间序列数据的建模和分析中。Picard 教授强调情感状态具有马尔可夫性，即当前的情感状态只与前一时刻的情绪相关，与较久之前的情绪关联较小。因此，他认为人类的情感变化过程可以用 HMM 来建模。因为个体的情感状态是不能直接观察到的，被视为隐状态，而个体的表情、语调、行为等是可以观测的，可以用来推测个体当前的情感状态。

12.2　情感语音数据库

12.2.1　情感语音数据库建立原则与方法

情感语音数据库是包含一种或几种情感状态的语音资料的集合，其质量好坏直接影响最终识别的结果。因此，如何建立一个真实、自然、高质量的情感语音数据库，就成为语音情感识别研究领域的一个重要问题。

创建情感语音数据库的方式有很多，按照获取情感的方式来分，大致可分为模拟情感方式、诱导方式及真实情感采集方式。表 12.5 为 3 种情感采集方式特性对比。

表 12.5　3 种情感采集方式特性对比

特性	模拟情感方式	诱导方式	真实情感采集方式
数据主体要求	有表演经验	无要求	无要求
情绪可控性	容易	困难	容易
数据来源环境	实验室、电台、电视台	实验室	生活
材料覆盖类型	单词、短句、段落	短句、段落	短句、段落
自然度	弱	中	强
感情倾向程度	明显	较弱	可获得各种倾向
应用程度	多	较多	少
版权和隐私	易解决	易解决	困难

采集情感语音数据库时，需要遵守以下几个原则。

① 多样性。同一个情感类别应该包含多个不同的语句。

② 标准性。在建立情感语音数据库的过程中要统一标准。

③ 代表性。数据库中的语音要具有代表性，是日常生活中会出现的语句。

④ 有效性。尽量降低背景噪声，以保证素材质量的有效性。

⑤ 确保隐私和伦理问题。不引发伦理道德上的矛盾，不会给录音者造成心理影响。

一般情况下建立情感语音数据库分为以下 3 个步骤。

① 音频采集。招募录音者时要考虑多种因素，包括性别、年龄、语言、文化背景等；在录制过程中，应注意控制环境条件，如噪声水平和录音设备质量，以确保采集到高质量的语音数据；如果采用直接截取现有音频的方式，要确保原始音频中蕴含情感状态真实且丰富。

② 情感标注。采集完语音样本后，需要对每个语音样本进行情感标注。标注的方式可以是基于自我报告的方法，即录音者自行标注其所感受的情感状态，或者通过独立的评分员对录音样本进行情感分析和评分。

③ 评估和验证。首先要对录制的语音样本进行质量评估，包括检查录音的清晰度、噪声水平和录音设备的表现。低质量的录音可能会影响后续情感特征提取和分析的准确性。接着评估不同标注者之间的情感标注一致性。一致性高的标注结果更可信，有助于提高数据库的质量和可靠性。

12.2.2 常用情感语音数据库

1．柏林情感语音数据库

柏林情感语音数据库（Berlin Emotional Speech Database，EMO-DB），是由德国柏林技术大学为研究语音情感识别而录制的德语数据库。10 名（5 名男性，5 名女性）非专业的说话人作为语音数据库的录制者，录制结束后 20 名参与者进行辨听。535 句合格语句组成了最终的数据库，其中"焦虑"69 句、"厌恶"46 句、"高兴"71 句、"烦躁"81 句、"中立"79 句、"悲伤"62 句、"生气"127 句。

2．IEMOCAP 数据库

IEMOCAP 数据库是由美国南加州大学制作的多通道、多表演者音视频情感数据库，使用英语录制了大约 12 小时的音视频数据。这些数据包括即兴表演和基于脚本的表演，与真实生活较为接近。数据库中的音视频文件已经过手动划分，每句话都标记了离散情感和维度空间。离散情感标记包括生气、高兴、悲伤、中性、沮丧、激动、害怕、惊讶、厌恶以及其他 10 种情感。维度空间的标记则由至少两位标记者对效价维、激励维和控制维这个三维空间进行了标注。在对话录制中，两位表演者中有一位穿戴了 MOCAP 动作捕捉器，用于捕捉头部、面部关键点和手势的三维坐标数据信息，因此只有一位表演者的穿戴数据。

3．MSP-IMPROV 数据库

MSP-IMPROV 数据库是由得克萨斯大学达拉斯分校录制的多模态视听情感数据库。表演者是该学校 12 名戏剧专业的学生（6 名男生，6 名女生）。研究者为每个目标句定义假想的场景，这些场景根据情感状态分为 4 类：生气、高兴、悲伤和中性。这些场景经过精心设计，引发上述 4 种情感。两个演员即兴创作，引导他们说出具有固定词汇内容和表达不同情感的句子。

12.3 语音情感特征及识别模型的应用

提取情感关联度高的特征是提高语音情感识别系统性能的关键之一。如果提取的特征不能很好代表情感差异度，将导致之后的识别网络处理结果差强人意。情感语音特征大致上可分为传统语音情感特征、基于人耳听觉的特征、基于经验模态分解的特征和语音情感的非线性特征。

12.3.1 传统语音情感特征

常用的语音情感识别的声学特征主要包括韵律学特征、基于频谱和倒谱的特征，以及音质特征等。在语音情感识别中，一般会将这些特征与其全局统计的方式相结合，作为语音情感识别网络的输入。常用的统计参数主要有方差、均值和中值等。

1. 韵律学特征

韵律体现了语音信号强度和语调的变化，可以使语言结构更加自然，增强语音流动性。此外，韵律还可以被看作音节、单词、短语和句子相关的语音特征，表征了语音信号中的非言语特性。因此，韵律学特征也被称为"超音段特征"。韵律已经作为语音情感识别的特征并取得了显著结果，且常用的韵律学特征主要包括能量、语速、基频等。能量、基频等理论及程序在前面章节已有介绍，这里以短时平均能量为例，分析此特征在不同情感状态下的不同表现。

图 12.4 为同一句话不同情感的短时平均能量波形图。明显可以看出，"高兴""生气""中

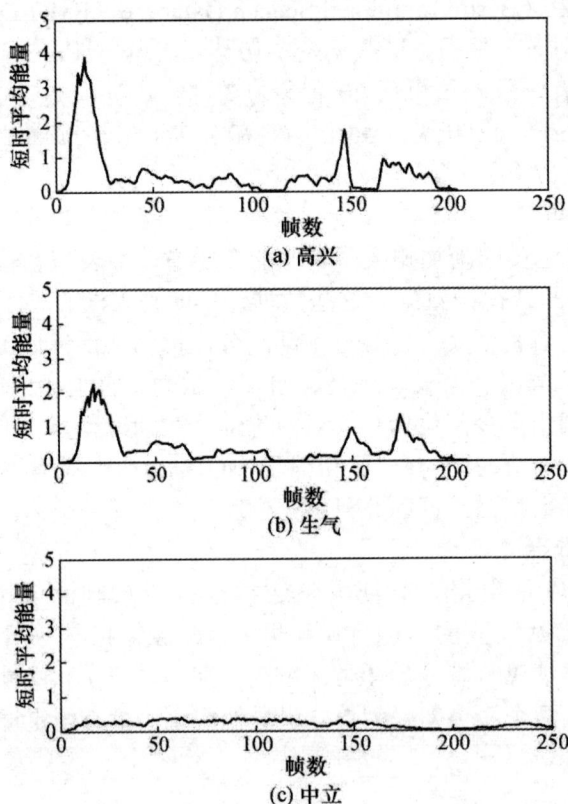

图 12.4 同一句话不同情感的短时平均能量波形图

立"情感状态的短时平均能量是有很大区别的，"高兴"与"生气"时能量高，"中立"时能量低。事实上，人在"高兴"与"生气"时，会不由自主地大声说话，在"中立"时，则没有这个特点。因此，可以用短时平均能量来区分不同情感。

2. 基于频谱和倒谱的特征

基于频谱的特征体现了语音信号频谱特性或能量特性，如语音的能量谱特征、对数频率功率系数（Log Frequency Power Coefficients，LFPC）等。常用于语音情感识别的倒谱特征有 Mel 频率倒谱系数（Mel-frequency Cepstrum Coefficients，MFCC）、线性预测倒谱系数（Linear Prediction Cepstrum Coefficients，LPCC）、线性预测系数（Linear Prediction Coefficients，LPC）、功率谱密度（Power Spectrum Density，PSD）等。下面给出信号 $x(t)$ 功率谱密度的定义，为

$$P_x(f) = \lim_{T \to \infty} \frac{|X_T(f)|^2}{T} \tag{12.2}$$

式中，$X_T(f)$ 为 $x(t)$ 的截短函数所对应的频谱函数。对于平稳随机过程 $\xi(t)$，其功率谱密度是所有样本功率谱密度的统计平均，为

$$P_\xi(f) = E[P_x(f)] = \lim_{T \to \infty} \frac{E|X_T(f)|^2}{T} \tag{12.3}$$

实际中，使用式（12.3）计算功率谱密度较复杂，一般使用维纳-辛钦定理来计算，即平稳随机过程的功率谱密度 $P_\xi(f)$ 与其自相关函数 $R(\tau)$ 是一对傅里叶变换的关系，即

$$\begin{cases} P_\xi(\omega) = \int_{-\infty}^{\infty} R(\tau) \mathrm{e}^{-\mathrm{j}\omega\tau} \mathrm{d}\tau \\ R(\tau) = \dfrac{1}{2\pi} \int_{-\infty}^{\infty} P_\xi(\omega) \mathrm{e}^{\mathrm{j}\omega\tau} \mathrm{d}\omega \end{cases} \tag{12.4}$$

$$\begin{cases} P_\xi(f) = \int_{-\infty}^{\infty} R(\tau) \mathrm{e}^{-\mathrm{j}2\pi f\tau} \mathrm{d}\tau \\ R(\tau) = \int_{-\infty}^{\infty} P_\xi(f) \mathrm{e}^{\mathrm{j}2\pi f\tau} \mathrm{d}f \end{cases} \tag{12.5}$$

维纳-辛钦定理是联系频域和时域两种分析方法的基本关系式。

程序 12.1 是计算功率谱密度的程序。

【程序 12.1】gonglvpumidu.m

```
clear all;
clc;
close all;
filedir = '';    %如果文件在当前目录，保持为空；否则提供完整路径
filename = '';    %文件名
fle = [filedir filename];    %组合路径和文件名
disp(['正在尝试读取文件：', fle]);    %打印路径，检查是否正确

%检查文件是否存在
if exist(fle, 'file') ~= 2
    error('文件不存在，请检查路径和文件名');
end
```

```matlab
%使用 audioread 读取音频文件
[wavin0, fs] = audioread(fle);

%使用 audioinfo 获取文件信息（包括位深信息）
info = audioinfo(fle);
nbits = info.BitsPerSample;
nwind = 240;
noverlap = 160;
inc = nwind - noverlap;          %设置帧长为 240，重叠为 160，帧移数为 80
w_nwind = hanning(200);          %长度为 200 的汉宁窗
w_noverlap = 195;
nfft = 200;                       %FFT 长度为 200

%对每帧用 pwelch 计算功率谱密度
[Pxx, freq] = pwelch_2(wavin0, nwind, noverlap, w_nwind, w_noverlap, nfft);
frameNum = size(Pxx, 2);          %获取帧数
frameTime = frame2time(frameNum, nfft, inc, fs);    %计算每帧对应的时间

%检查 Pxx 的最大值和最小值
disp(['Pxx 最大值: ', num2str(max(Pxx(:)))]);
disp(['Pxx 最小值: ', num2str(min(Pxx(:)))]);

%绘图
figure;
Pxx_dB = 10*log10(Pxx + eps);    %为避免 log(0)，给 Pxx 加上一个非常小的偏移量 eps
imagesc(frameTime, freq, Pxx_dB);   %显示 dB 值
axis xy;
ylabel('频率/Hz');
xlabel('时间/s');
title('功率谱密度函数/dB');

%使用更清晰的颜色图
colormap('jet');   %使用 jet 颜色图
colorbar;   %添加颜色条，便于观察功率谱密度值

%手动设置颜色图的范围，确保图像对比度清晰
caxis([-50 5]);   %根据最大值、最小值设置合适的范围，增强对比度

%提高图像分辨率输出
set(gcf, 'Position', [100, 100, 800, 600]);   %调整图像大小
set(gca, 'FontSize', 12);   %设置坐标轴字体大小
```

%保存为高分辨率图像

print(gcf, 'power_spectral_density.png', '–dpng', '–r300');　　%以 300dpi 分辨率保存图像

%用 pwelch 计算 Pxx 的函数

```
function [Pxx, f] = pwelch_2(x, nwind, noverlap, w_nwind, w_noverlap, nfft)
    x = x(:);
    inc = nwind – noverlap;
    X = enframe_custom(x, nwind, inc);    %使用自定义的 enframe 函数
    frameNum = size(X, 2);
    Pxx = [];
    for k = 1:frameNum
        [pxx_frame, f] = pwelch(X(:,k), w_nwind, w_noverlap, nfft);
        Pxx(:, k) = pxx_frame;
    end
end
```

%自定义的 enframe 函数

```
function frames = enframe_custom(x, winlen, inc)
    len = length(x);
    num_frames = floor((len – winlen) / inc) + 1;        %计算帧数
    frames = zeros(winlen, num_frames);                  %初始化帧矩阵
    for i = 1:num_frames
        start_idx = (i–1) * inc + 1;
        frames(:, i) = x(start_idx:start_idx+winlen–1);
    end
end
```

%计算帧时间的占位函数（根据实际需要定义）

```
function frameTime = frame2time(frameNum, nfft, inc, fs)
    frameTime = (0:frameNum–1) * inc / fs;
end
```

语句"我到北京去"在不同情感状态下程序的运行结果如图 12.5 所示。从图中可以看出，在不同情感状态下，相同语句的功率谱密度谱图明显不同，因此可以用功率谱密度作为区分不同情感状态的特征之一。

3. 音质特征

音质特征描述了声门激励信号的性质，包括发声者的语态、呼吸、喘息等，可以通过脉冲逆滤波补偿声道影响。此外，音质特征的表现因情感不同而有所差异。通过对音质特征的评价，可以获得说话人的生理、心理信息，从而区分情感状态。音质特征主要包括谐波噪声比（Harmonics to Noise Ratio，HNR）、抖动（Jitter）和闪光（Shimmer）。

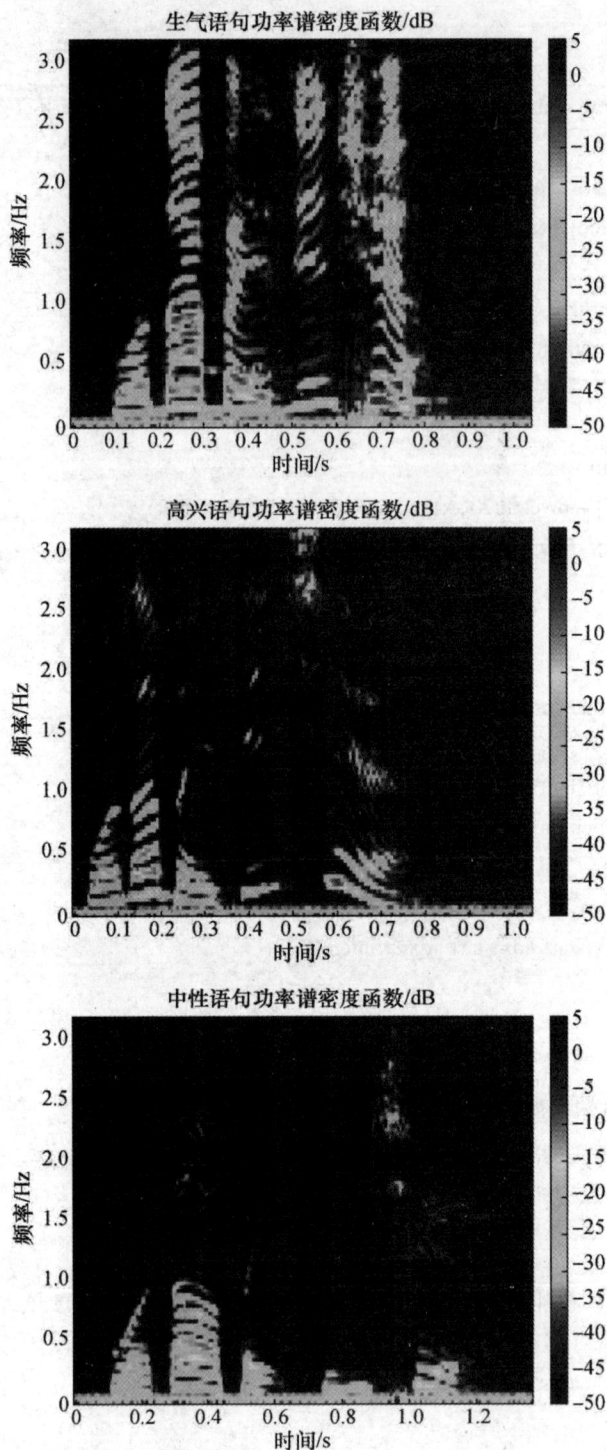

图 12.5 语句"我到北京去"在不同情感状态下的功率谱密度函数谱图

12.3.2　基于经验模态分解的特征

语音信号是一种频率随时间发生变化的非平稳信号。在传统的时频分析方法中，一般通过傅里叶变换来获取频率信息，此频率是一个与时间无关的量。利用傅里叶变换求语音信号频率很容易出现虚假信号和虚假频率等现象，不能反映非平稳信号的瞬时频率变化。对于非平稳信号，比较直观的分析方法是使用具有局域性的基本量和基本函数，如瞬时频率等。N.E.Huang 等对时频分析进行了深入的研究，并于 1998 年提出了一个新的概念——固有模态函数（Intrinsic mode Function，IMF），以及一种新的非平稳信号分解方法——经验模态分解（Empirical Mode Decomposition，EMD），从而赋予了瞬时频率合理的定义和有物理意义的求法。该方法在语音情感识别特征提取中得到了广泛的应用。

1. 瞬时频率

瞬时频率（Instantaneous Frequency，IF）被定义为相位的导数，为

$$f_i(t) = \frac{1}{2\pi} \frac{\mathrm{d}\varphi(t)}{\mathrm{d}t} \tag{12.6}$$

其中，下标 i 表示瞬时的意思；$\varphi(t)$ 表示瞬时相位。

对于一个实非平稳信号 $X(t)$ 来说，其希尔伯特变换可以写为

$$Y(t) = H[X(t)] = \frac{1}{\pi} P \int_{-\infty}^{\infty} \frac{X(\tau)}{t - \tau} \mathrm{d}\tau \tag{12.7}$$

式中，P 为柯西主值。信号 $X(t)$ 与 $Y(t)$ 组成一个复信号 $Z(t)$，可写为

$$Z(t) = X(t) + jH[X(t)] = X(t) + jY(t) \tag{12.8}$$

也可以写为其极坐标形式，为

$$Z(t) = a(t)\mathrm{e}^{j\varphi(t)} \tag{12.9}$$

复信号 $Z(t)$ 是一个解析函数，因此，将 $Z(t)$ 称为 $X(t)$ 的解析信号。$a(t)$ 是解析信号 $Z(t)$ 的振幅，$\varphi(t)$ 是信号相位。其中

$$a(t) = \sqrt{X^2(t) + Y^2(t)}, \quad \varphi(t) = \arctan\frac{Y(t)}{X(t)} \tag{12.10}$$

相位函数对时间的导数称为瞬时频率，其定义为

$$f_i(t) = \frac{1}{2\pi} \frac{\mathrm{d}}{\mathrm{d}t} \{\arg[Z(t)]\} \tag{12.11}$$

但这个定义也存在矛盾。解析信号的频谱在负频率下应为零，但根据此定义计算出的瞬时频率可能会出现负值。对于带宽有限的信号，其当前频率可能会在频带之外。因此，并非所有解析信号都能通过这个定义获得有意义的瞬时频率。

2. HHT 的提出及固有模态函数

基于上述问题，N.E.Huang 等对瞬时频率的概念进行了深入研究，提出了一种新的信号处理方法，称为 Hilbert-Huang 变换（Hilbert-Huang Transform，HHT）。在 HHT 中，N.E.Huang 等提出固有模态函数（IMF），指出只有满足一定条件的信号求得的瞬时频率才是有意义的。IMF 的定义如下：

① 在整个数据序列中，数据的极值点和过零点交替出现，且数目相等或最多相差一个；

② 在任意数据点上，由所有局部极大值点和所有局部极小值点确定的上、下包络线的均值为零。

满足以上两个条件的 IMF 可以得到有意义的瞬时频率。

第一个条件的含义是，在 IMF 中，通过信号分解得到的极小值必是小于零的值，极大值必是大于零的值，这类似于传统平稳高斯过程中窄带条件的定义。第二个条件是一个新加的条件，它用局部条件限制代替了传统分解信号中的全局条件限制，这对于在计算瞬时频率时消除不对称波形而引起的过多波动是至关重要的。事实上，理想的条件应该是要求数据上的所有局部均值均为零，但对于非平稳信号，局部均值的计算涉及局部时间尺度的确定，这个是很难确

定的。所以在 EMD 分解中，为了确保分解得到的每个 IMF 的局部对称性，使用了由数据的局部极大值和极小值确定的包络的均值来代替真正的均值。使用这种近似的计算避免了计算非平稳信号的局部时间尺度。虽然信号在计算过程中会产生虚假的频率分量，但是只要保证上、下包络的均值足够小，就可以认为它满足了 IMF 上的两个条件。

由于大多数信号都属于非单分量信号，因此现实中的信号并不满足 IMF 的条件。N.E.Huang 等为此提出了一种新的非平稳信号分解方法——经验模态分解方法。

3．经验模态分解

EMD 可将信号分解成有限个的 IMF，其思路是从信号的"时间尺度"特征来提取其固有振动模式。EMD 方法是利用极值点之间的时间长度作为振动模式的时间尺度特征。提取信号特征模式函数过程称为"筛选"。

假设原始信号序列为 $X(t)$，则具体的筛选步骤如下：

① 找出原始信号序列 $X(t)$ 所有的局部极大值点和极小值点。

② 利用三次样条函数将求出的所有极大值点和极小值点分别拟合出序列的上包络线 $u(t)$ 和下包络线 $v(t)$。

③ 求出上、下包络线的均值曲线 $m(t)$，为

$$m(t) = \frac{1}{2}[u(t) + v(t)] \tag{12.12}$$

④ 计算原始信号序列 $X(t)$ 与 $m(t)$ 的差值 $h_1(t)$，为

$$h_1(t) = X(t) - m(t) \tag{12.13}$$

若 $h_1(t)$ 满足 IMF 的两个条件，则 $h_1(t)$ 为分解得到的第一个 IMF。若 $h_1(t)$ 并不满足 IMF 的两个条件，需要重复以上的操作，直到 $h_{1k}(t)$ 满足 IMF 的定义要求为止，则确定出第一个 IMF $c_1(t)$，为

$$c_1(t) = h_{1k}(t) \tag{12.14}$$

循环次数 k 的确定问题：N.E.Huang 等给出了一个类似柯西收敛准则的停止函数，需要通过一个标准差函数来实现，为

$$SD = \sum_{t=0}^{T} \frac{\left| h_{1(k-1)}(t) - h_{1k}(t) \right|^2}{h_{1(k-1)}^2(t)} \tag{12.15}$$

式中，T 是指序列的长度。对于不同性质、不同长度的信号，SD 的取值一般是不同的。一般认为 SD 的值为 0.2~0.3 时，迭代停止。

⑤ 用原始信号序列 $X(t)$ 减去第一个 IMF $c_1(t)$ 得剩余信号 $r_1(t)$，即

$$r_1(t) = X(t) - c_1(t) \tag{12.16}$$

至此提取第一个 IMF 的过程全部完成。

⑥ 将剩余信号 $r_1(t)$ 重复上述步骤，直到最后的剩余分量 $r_n(t)$ 为一个常数或单调函数为止。原始信号序列即可由这些 IMF 分量与剩余分量 $r_n(t)$ 之和表示，即

$$X(t) = \sum_{i=1}^{n} c_i(t) + r_n(t) \tag{12.17}$$

EMD 方法将信号分解，得到一系列从高到低不同频率成分的 IMF 分量，这些频率成分是随着信号的变化而变化的。EMD 是根据语音信号本身的特点进行分解的，因此，EMD 方法可以充分体现情感语音信号的情感状态变化特点。

一个基波及其三次谐波之和的正弦信号，通过 EMD 方法分解，分离出基波和谐波。其 MATLAB 实现如程序 12.2。

【程序12.2】 EMD.m

```
clear all
fs=5000;                        %采样率
N=500;                          %样点数
n=1:N;
t1=(n-1)/fs;                    %设置时间
x1=sin(2*pi*50*t1);            %产生第一个正弦信号
x2=(1/3)*sin(2*pi*150*t1);     %产生第二个正弦信号
z= x1 + x2;                    %把两个信号叠加
imp=emd(z);                    %对叠加信号进行 EMD 方法分解
[m,n]=size(imp);
%绘制原始信号
figure;
subplot 311;
plot(t1, z, 'k'); title('原始信号'); ylabel('幅度'); hold on %画原始信号
subplot 312 ;
line(t1,x2,'color', 'k','linewidth',1);   hold on %第一个正弦信号
subplot 313;
line(t1,x1,'color', 'k','linewidth',1);   hold on %第二个正弦信号

for i=1:n
        subplot(n,1,i);
        plot(t1,imp(i,:),'k','linewidth', 1);ylabel('幅度') %分解后的信号
        title(['imf' num2str(i)]);
end
xlabel('时间/s')
```

程序运行结果如图 12.6 和图 12.7 所示。

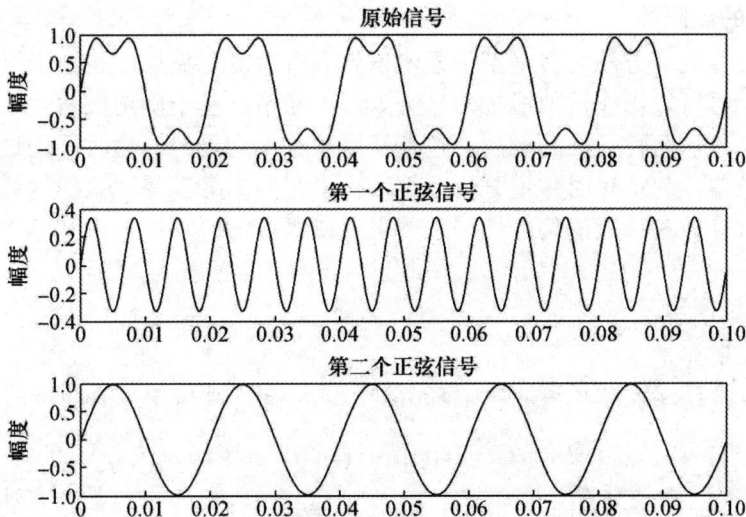

图 12.6　原始信号与两个正弦信号

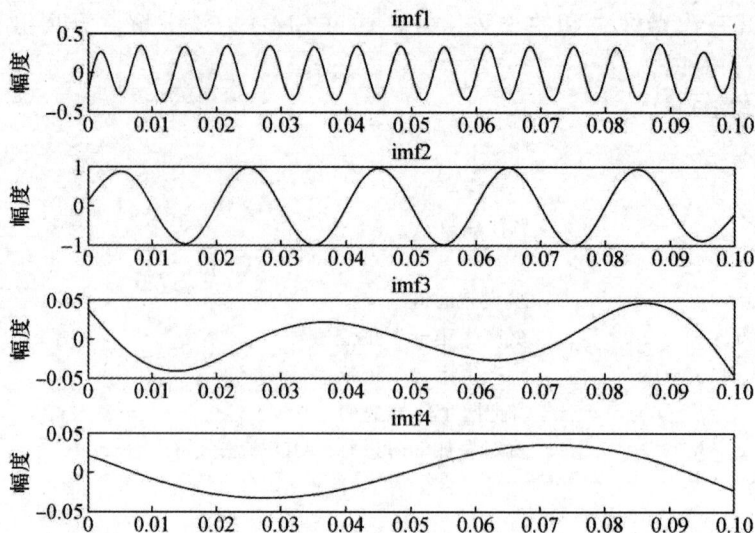

图 12.7 分解出的信号

12.3.3 语音情感的非线性特征

在传统的语音信号处理中，主要采用线性自回归模型来描述语音信号。事实上，语音信号的产生是一个非线性过程，其中存在着混沌的机制，其表现形式包括：发浊音时，声门处的非线性振动形成非线性振荡声门波；发清音时，受声道挤压约束的气流处于湍流状态，而湍流本身是已经被证明了的非线性混沌形象；同时，在声音的传播过程中，由于声道的截面既是随传播距离变化的，也是时变的，声道壁也是非线性的。此外，20 世纪 80 年代，Teager 等人研究发现语音的产生是涡流与平面波共同形成的，也是非线性的。基于上述的这些非线性现象，单单用线性模型来描述语音信号在理论上是不合适的，必须提出一个更精确的模型来描述语音信号的产生过程。随着非线性理论的发展，以及小波、混沌、分形和神经网络等非线性技术在语音信号处理中的成功应用，这些都为语音信号非线性特性的研究提供了理论基础。本节重点介绍语音信号的几种非线性模型，这些模型均可以在情感识别中使用。

1. 线性模型的局限性

早期的语音信号处理方法大多是基于语音信号具有短时平稳性理论，当语音信号分帧处理足够小时，语音信号可以当作近似线性信号来处理。通常，基于确定性线性系统理论的短时处理技术分为时域和频域两种。在时域内，包括计算短时平均能量、短时平均过零率及短时自相关函数等；在频域内，包括短时频谱分析、倒谱技术、同态处理等。虽然这些分析方法得到了广泛应用，但同时存在着很大的局限性，主要表现在语音编码、语音识别等方面的性能难以进一步提高。

2. 几种非线性模型

（1）Teager 能量算子

Teager 能量算子在连续域和离散域中有两种形式。在连续域中，Teager 能量算子可表示为

$$\Psi_d[v(t)] = [\dot{v}(t)]^2 - v(t)\ddot{v}(t) \tag{12.18}$$

式中，$\dot{v}(t)$ 和 $\ddot{v}(t)$ 分别是连续信号 $v(t)$ 的一阶和二阶导数。

对于有限离散信号 $v(n)$，Teager 能量算子可近似表示为

$$\Psi_d[v(n)] = v^2(n) - v(n+1)v(n-1) \tag{12.19}$$

设宽带稳态随机信号为 $v(n)$，其方差为

$$E\{\Psi[v(n)]\} = E[v^2(n)] - E[v(n+1)v(n-1)] \tag{12.20}$$

或

$$E\{\Psi[v(n)]\} = R_v(0) - R_v(2) \tag{12.21}$$

式中，$R_v(k)$ 是 $v(n)$ 的自相关函数。

在有噪声的语音信号中，带噪语音信号 $v(n)$ 为纯语音信号 $s(n)$ 与噪声（零均值加性噪声） $w(n)$ 之和，则其 Teager 能量算子为

$$\Psi[v(n)] = \Psi[s(n)] + \Psi[w(n)] + 2\Psi[s(n), w(n)] \tag{12.22}$$

其中，$\Psi[s(n), w(n)]$ 是 $s(n)$ 与 $w(n)$ 的互 Teager 能量，为

$$\Psi[s(n), w(n)] = s(n)w(n) - 0.5s(n-1)w(n+1) - 0.5s(n+1)w(n-1) \tag{12.23}$$

因为 $s(n)$ 与 $w(n)$ 相互独立且均值为零，故 $\Psi[s(n), w(n)]$ 的期望为零，可以推导出

$$E\{\Psi[v(n)]\} = E\{\Psi[s(n)]\} + E\{\Psi[w(n)]\} \tag{12.24}$$

式中，$E\{\Psi[w(n)]\}$ 相对于 $E\{\Psi[s(n)]\}$ 可以忽略不计，则可以得到

$$E\{\Psi[v(n)]\} \approx E\{\Psi[s(n)]\} \tag{12.25}$$

从式（12.19）可以看出，计算能量算子在第 n 点处的输出值，只需知道该样点和它前后时刻的值，计算量小的同时保证了能量算子输出后的信号依然与原始信号具有相似性。此外，从上面的推导还可以得出，Teager 能量算子具有消除零均值噪声和增强语音的能力。下面给出 Teager 能量算子计算的程序。

【程序12.3】 teager.m

```
clear all;
clc;
close all;

%文件路径
filedir='D:\MATLAB\bin\yuyin\';              %替换为实际音频文件路径
filename ='voice.wav';                       %替换为你的音频文件名
fle=[filedir filename];

%检查文件是否存在
if exist(fle,'file')~=2
        error('文件不存在，请检查路径和文件名');
end

%读取音频文件
[audioData,fs]=audioread(fle);               %audioData 是音频数据，fs 是采样率
```

```
%绘制原始音频波形
figure;
plot(audioData);
title('原始音频信号');
xlabel('样点数');
ylabel('幅度');

%初始化 Teager 能量矩阵
teagerEnergy=zeros(size(audioData));

%计算 Teager 能量
for n=2:length(audioData)-1
        teagerEnergy(n)=audioData(n)^2-audioData(n-1)*audioData(n+1);
end

%输出 Teager 能量矩阵
disp('Teager 能量已计算完成。');
disp(teagerEnergy);

%绘制 Teager 能量信号
figure;
plot(teagerEnergy);
title('Teager 能量信号');
xlabel('样点数');
ylabel('Teager 能量');

%保存 Teager 能量到矩阵文件
save('teager_energy.mat','teagerEnergy');
disp('Teager能量已保存到teager_energy.mat文件。');
```

语句"我到北京去"在不同情感状态下程序的运行结果如图12.8所示。从图可以看出，不同情感状态下，相同语句的Teager能量分布不同，因此Teager能量是区分不同情感状态的有效特征。

（2）非线性动力学模型

非线性动力学理论是解决语音非线性建模问题的新理论，基本思想是依据语音信号的混沌特性及非线性时间序列分析方法，从定量的角度对语音的非线性动力学特性进行研究。非线性时间序列分析方法大致可以分为两步：第一，对一维语音信号序列进行空间重构，将一维时间序列映射到高维空间中。这是因为只有把单变量的时间序列经过相空间重构张开到三维或其以上的相空间中去，才能把混沌时间序列中的多维动力学信息充分提取出来。第二，对重构后的语音信号进行特性分析。语音信号非线性动力学模型首先将语音信号看作一维时间序列 $[x(1),x(2),\cdots,x(N)]$ 进行处理。Taken's 嵌入定理指出：选取合适的最小延迟时间 τ 和嵌入维数 m，就可以将一维情感语音信号映射到高维空间实现相空间重构，且重构后高维空间与原始空间等价。重构后的情感语音信号变为 $[x(i),x(i+1),\cdots,x(i+(m-1)\times t)],i=1,2,\cdots,N-(m-1)\tau$。在高维空间里分析情感语音信号，进一步提取情感语音动力学模型下的非线性特征。下面介绍选取

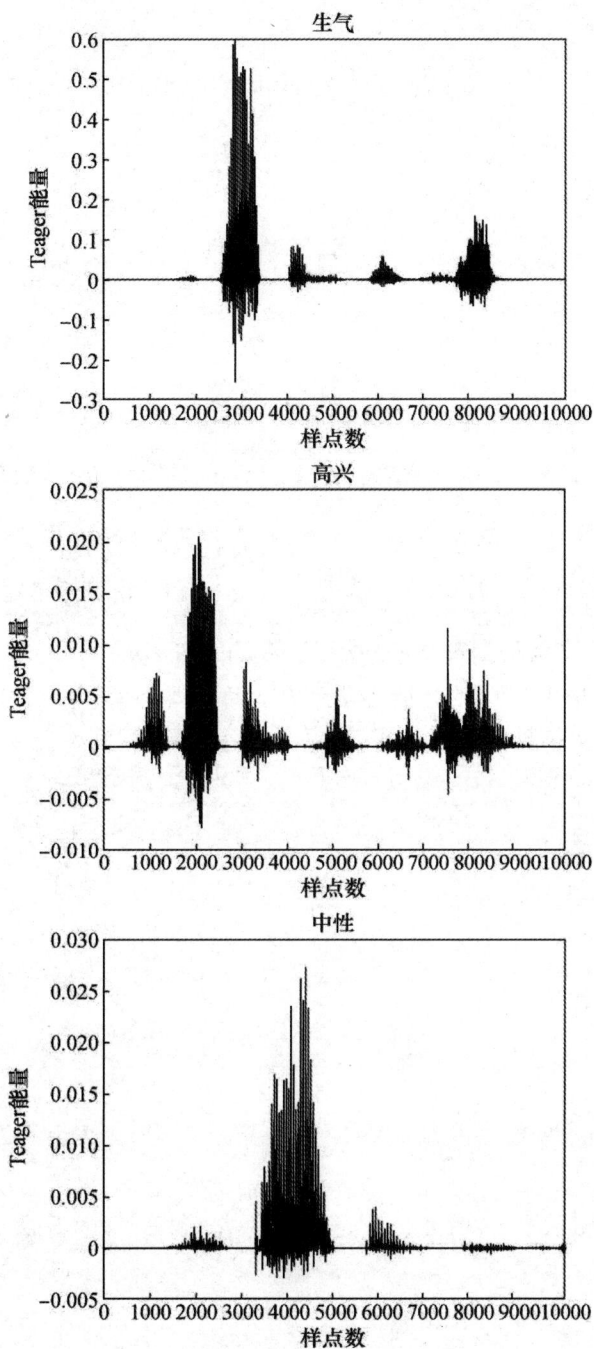

图 12.8　语句"我到北京去"在不同情感状态下的 Teager 能量图

最小延迟时间 τ 和嵌入维数 m 的方法。本书采用经典的 C-C 方法计算上述两个参数。该方法的计算量小,对小数据组可靠且具有较强的抗噪声能力,可以在计算最小延迟时间的同时得到相对应的嵌入维数,便于实现一维情感语音信号的相空间重构,计算方法如下。

①　将时间序列 $\{X_i, i = 1, 2, \cdots, N\}$ 分成 t 个不相交的时间序列,每个子序列的长度为 $\dfrac{N}{t}$,形式为 $\{(X_i, X_{i+t}, X_{2i+t}, \cdots), (i = 1, 2, \cdots, t)\}$。

② 定义每个子序列 $S_{(m,N,r,t)}$ 为

$$S_{(m,N,r,t)} = \frac{1}{t}\sum_{s=1}^{t}[C(m,r) - C(1,r)] \tag{12.26}$$

其中，$C(m,r)$ 为关联积分函数。

③ 计算以下三个量

$$S_t = \frac{1}{16}\sum_{m=2}^{5}\sum_{j=1}^{4}S(m,N,r_j,t) \tag{12.27}$$

$$\Delta S_t = \frac{1}{4}\sum_{m=2}^{5}\Delta S_{(m,N,t)} \tag{12.28}$$

$$S_{cor}(t) = \Delta S_t + |S_t| \tag{12.29}$$

其中，$\Delta S_{(m,N,t)} = \max S(m,N,r_j,t) - \min S(m,N,r_j,t)$，$r_j = \dfrac{j\sigma}{2}$，$\sigma$ 为时间序列的标准差。根据式（12.27）至式（12.29），寻找 S_t 的第一个零点，或根据 ΔS_t 的第一个极小值寻找延迟时间 τ；寻找 $S_{cor}(t)$ 最小值即窗口延迟时间 τ_w，由 $\tau_w = (m-1)*\tau$ 得到嵌入维数 $m = \dfrac{\tau_w}{\tau} + 1$。

3. 非线性模型在语音信号处理中的应用及 MATLAB 实现

本实验所用的语音样本来自柏林情感语音数据库，采样率为 16kHz。程序 12.4 实现的是将该语音样本从一维空间映射到高维空间的过程，实现相空间重构。

【程序12.4】yingshe.m

```
clear all;
[data,fs,nbits]=wavread('btest.wav');
N=length (data);
max_d=10;                                    %延迟时间最大值
sigma=std(data);
for t=1:max_d
s_t=0; delt_s_s=0;
for m=2:5
s_t1=0;
for j=1:4
r=sigma*j/2;
data_d=disjoint (data,N,t);                  %将时间序列分解成t个不相交的时间序列
[11,N_d]=size (data_d);
s_t3=0;
for i=1:t
Y=data_d(i,:);
C_1(i)=correlation_integral (Y,N_d,r);       %计算关联积分
X=reconstitution(Y,N_d,m,t);                 %相空间重构
N_r=N_d−(m−1)*t;
C_I(i)=correlation_integral(X,N_r,r);        %计算C_I(m,N_r,r,t)
s_t3=s_t3+(C_I(i)−C_1(i)^m);                 %对t个不相关的时间序列求和
end
s_t2(j)=s_t3/t;
s_t1=s_t1+s_t2(j);
```

```
end
delt_s_m(m)=max(s_t2)-min(s_t2);                          %求delt_S(m,t)
delt_s_s=delt_s_s+delt_s_m(m);                            %delt_S(m,t)对m求和
s_t0(m)=s_t1;
s_t=s_t+s_t0(m);                                          %S对m求和
end
s(t)=s_t/16;
delt_s(t)=delt_s_s/4;
s_cor(t)=delt_s(t)+abs(s(t));
end
t=1:max_d;
for i=1:length(s_cor(t))
if s_cor(i)==min(s_cor)
tw=i;
break;
end
end
for i=2:length(delt_s(t))-1
if delt_s(i)<delt_s(i-1)&delt_s(i)<delt_s(i+1)
tau=i;
break;
end
end
figure(1);
subplot(2,1,1);
title('一帧语音求延迟时间和嵌入维数');
plot(t,delt_s,'r.');
xlabel('t');
ylabel('delt_s');
subplot(2,1,2);
plot(t,s_cor,'*');
xlabel('t');
ylabel('s_cor');
m=round(tw/tau+1);
X=reconstitution(data,N,3,tau);
subplot(2,1,1)
plot(data)
xlabel('样点数'), ylabel('幅度');
title('一帧语音data的时域波形');
x=X(1,:);y=X(2,:);z=X(3,:);
subplot(2,1,2);
plot3(x,y,z);
title('一帧语音data的三维相空间重构图');
xlabel('data(n)'), ylabel('data(n+\tau)');zlabel('data(n+2\tau)');
axis([-0.1 0.1 -0.1 0.1 -0.1 0.1]);
```

其中，disjoint()为分解时间序列函数，correlation_integra()为关联积分函数，reconstitution()为相空间重构函数，其MATLAB程序分别如下：

```
% disjoint.m
functiondata_d=disjoint(data,N,t)
for i=1:t
for j=1:(N/t)
data_d(i, j)=data(i+(j-1)*t);
end
end
% correlation_integra.m
function C_I=correlation_integral(X,M,r)
sum_H=0;
for i=1:M
for j=i+1:M
d=norm((X(:,i)-X(:,j)),inf);          %计算相空间中的两点距离
sita=heaviside(r,d);
sum_H=sum_H+sita;
end
end
C_I=2*sum_H/(M*(M-1));
% reconstitution.m
function X=reconstitution(data,N,m,tau)
M=N-(m-1)*tau;
X=zeros(m,M);
for j=1:M
for i=1:m
X(i,j)=data((i-1)*tau+j);
end
end
```

程序运行结果如图12.9所示。

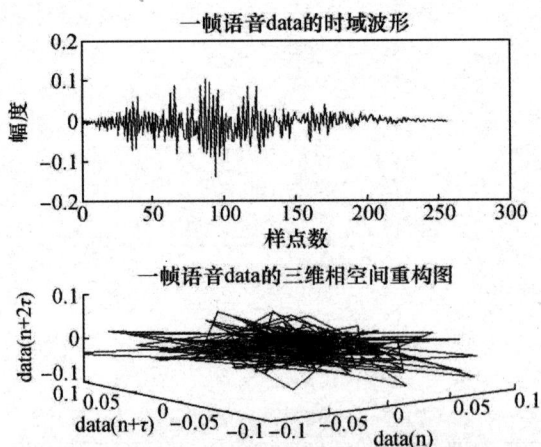

(a) 一帧语音data相空间重构前后对比图

图 12.9　程序 12.4 的运行结果

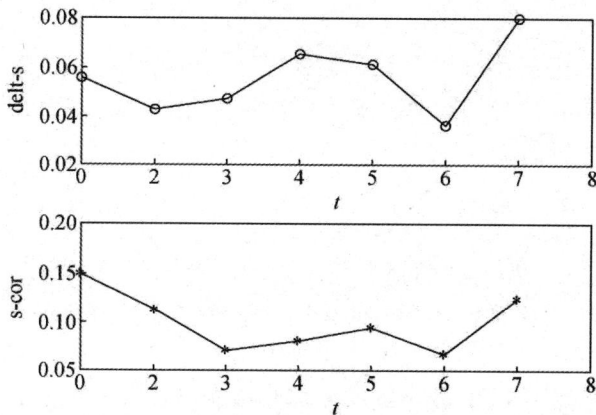

(b) 一帧语音data相空间参数仿真图

图 12.9　程序 12.4 的运行结果（续）

12.3.4　深度神经网络在语音情感识别中的应用

目前常见的语音情感识别方法有 HMM、ANN、SVM、深度神经网络（DNN）等。ANN 是以数学和物理方法以及信息处理的角度对人脑神经网络进行抽象，并建立某种简化模型，且需要不断寻优，时间较长。HMM、SVM 是基于数学方法的机器学习模型。深度神经网络构造的方式接近人脑对语音情感的感知过程，因此近年来被广泛使用。本节主要对深度神经网络进行介绍。

DNN 是一种具有多个隐藏层的神经网络，此内容在 10.3 节已详细说明，此处不再详细阐述，只介绍 DNN 在语音情感识别中的应用。图 12.10 为 DNN 用于语音情感识别的流程框图，实线表示模型的训练过程，虚线表示模型的测试过程。

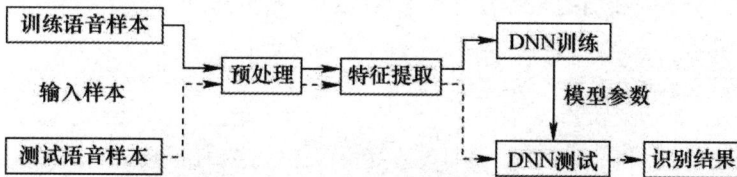

图 12.10　基于 DNN 的语音情感识别流程框图

具体步骤如下：

（1）输入数据

语音情感识别的数据集通常由多个语音样本组成，每个样本有相应的情感标签。在划分数据集时，最基本的划分方法为随机划分，即将所有的语音样本按照一定比例随机划分为训练集和测试集。

（2）预处理

在语音情感识别任务中，预处理是将原始的语音信号转换为适合 DNN 处理的数据格式的关键步骤。处理方法有分帧、降噪、预加重、加窗、降维、数据增强等。分帧是将语音信号划分为多个短时帧，便于提取局部时域和频域特征，一般每帧的长度为 20~40ms。预加重的目的是增强高频成分并平衡语音信号的频谱能量分布。在具体应用中，可自由选择预处理方法，以实现良好的识别性能。

（3）特征提取

在语音情感识别任务中，特征提取是从预处理好的语音信号中提取出用于表征语音特性的数值信息，是将复杂的语音信号转换为有意义的特征表达的过程。常用的特征包括 MFCC、过零率、能量特征和基频特征等。在应用时，通常会将多种特征结合，以提高识别的准确性和鲁棒性。

（4）DNN 训练及测试

DNN 的训练过程可以分为前向传播、损失计算、反向传播、迭代训练。前向传播是指输入数据经过每一层神经元的计算，逐层向前传递，最终生成输出，每个神经元进行加权求和并通过激活函数处理后传递给下一层；损失计算就是将输出层生成的结果与真实值进行比较，计算损失函数以衡量模型预测的准确性；反向传播是指通过计算损失函数的梯度，使用梯度下降法等优化算法调整网络中的权值和偏置项，逐层向后更新参数，以减少预测误差；迭代训练则是反复运行上述过程，通过多个训练周期进行迭代，直到模型性能达到预期。

DNN 的测试阶段可以分为加载训练好的模型、前向传播、计算性能指标。加载训练好的模型是指从训练阶段保存的模型参数中加载最终的模型。前向传播是将测试语音样本输入模型，生成预测结果。计算性能指标即评估模型在测试集上的表现。常用的指标包括加权准确率、无加权准确率等。

DNN 在语音情感识别中主要利用了其强大的特征提取和分类能力。在特征提取方面，DNN 能够自动从原始语音信号中学习出高级特征，无须依赖于手工特征工程。并且，由于DNN 的多层结构，它能够从低层次的信号特征提取出高层次的情感相关特征。在情感分类方面，DNN 作为分类器，可以将提取到的特征映射到具体的情感类别。

卷积神经网络（CNN）是 DNN 的一种。CNN 中的卷积层通过卷积操作，可以提取局部特征，如频谱图中的频率模式和时间变化；池化层通过最大池化或平均池化操作，可以减少特征的维度，保留重要特征，同时减少计算量和参数量。

由于 CNN 可以有效提取和处理语音信号中的时频特征，下面介绍基于 CNN 的语音情感识别。如图 12.11 所示，在输入层，说话者的声音波形通过采样、加窗、傅里叶变换和 Mel 滤

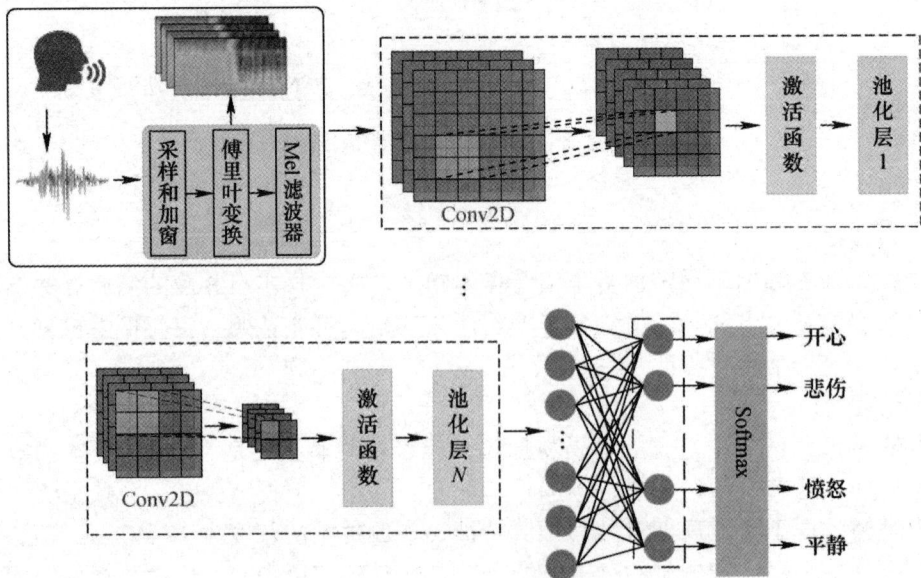

图 12.11　基于 CNN 的语音情感识别模型

波器等预处理操作，得到 Mel 频谱图。接着对 Mel 频谱进行取对数操作，形成特征矩阵。然后进行卷积、线性激活和池化操作。每个卷积层使用卷积核对输入的特征矩阵进行卷积操作，并提取特征。再通过激活函数的非线性变换引入非线性因素，增强模型的表达能力。池化层则通过池化操作（通常是最大池化或平均池化），进一步减少特征的维度，减少参数量和计算量，同时保留重要的特征信息。经过卷积和池化处理后的数据通过展平操作，转换为一维向量，并输入全连接层。全连接层将这些特征用于最终的分类任务。全连接层的输出通过 Softmax 函数，得到每个类别的概率分布，从而实现最终的情感分类。

习 题 12

12.1 离散情感模型与维度情感模型的区别与联系是什么？

12.2 语音数据库采集的基本原则是什么？

12.3 列举常见的语音情感特征。

12.4 为什么可以用非线性模型进行语音情感特征的提取？

第 13 章　语音增强原理及应用

近年来，随着人工智能的快速发展，智能语音人机交互作为人工智能领域的一项重要应用，能赋予机器和人类一样"会听"与"会说"的能力。然而在现实生活中，接收到的语音信号常受到多种噪声的干扰，如机械噪声、环境噪声、干扰噪声等，噪声使得这些智能产品无法听清外界指令，使语音编码、识别效果显著降低，无法完成后续一系列操作，导致人机交互失败。语音增强技术可以解决这一问题，它就是从带噪语音中去掉"噪声"干扰，提取原始（纯净）语音的技术，具有减小语音失真、提高语音质量、降低听觉疲劳感、提高听觉感知度等作用。语音增强技术可应用在智能语音处理的前端，同时可以满足不同应用场景对语音质量的要求。

13.1　语音特性和数据库

语音增强算法依赖于语音和噪声的特性。所以，对语音和噪声特性的了解和分析，是语音增强算法的前提。不同的语音特性、不同的噪声类型将会出现不同的语音增强算法，了解其中机理有助于算法的改进，能进一步拓展算法的应用。同时，数据准备是进行语音增强研究的基础，其目的是提高用于训练、测试和评估算法的有效性。因此充足的语音和噪声数据库在语音增强的研究中起着至关重要的作用。

13.1.1　语音和噪声的主要特性

1. 语音的主要特性

对语音信号的研究采用的是数字信号处理的知识，是从时域或频域、长时或短时、平稳或非平稳等角度来分析的，语音的主要特性有以下 3 点：

① 语音是时变的、非平稳的随机信号，同时又具有短时平稳性；

② 语音可分为清音和浊音两大类；

③ 语音信号可以用统计分析特性来描述。

2. 噪声的主要特性

噪声广泛地存在于人们的现实生活中，来源于实际的应用环境，因而其特性时刻变化。它的存在破坏了语音信号原有的声学特征和模型参数，模糊了不同语音之间的差别，使语音质量下降，可懂度降低，甚至使人产生听觉疲劳。更有甚者，强噪声环境还能使讲话人改变惯有的发音方式，比如提高音量、声音嘶哑，这些都改变了语音的特征参数，使得语音分析变得更加困难，对语音信号的处理无法实现。在对纯净语音的干扰方式上，噪声可分为加性噪声和非加性噪声。因为加性噪声更普遍、更易于分析，且有些非加性噪声可以通过变换转变为加性噪声。所以本章重点介绍加性噪声，它大致可分为周期性噪声、冲激噪声、宽带噪声和语音干扰噪声。

① 周期性噪声。具有许多离散的窄峰谱，通常来源于发动机等周期运转的机械，如 50Hz 或 60Hz 的交流声会引起周期性噪声。如果出现周期性噪声，可以通过功率谱发现，并通过滤波或变换技术将其消除。

② 冲激噪声。其特点是在时域波形中突然出现窄脉冲，它通常是放电的结果。对这种噪声的消除，可以根据带噪语音信号幅度的平均值确定阈值，当信号幅度超过该阈值时，判为冲激噪声并对其消除。

③ 宽带噪声。其特点是与语音信号在时域和频域上完全重叠，且只有在语音间歇期才单独存在，消除它也最困难。宽带噪声的来源很多，如热噪声、气流（如风、呼吸）噪声及各种随机噪声源。通常用到的高斯白噪声就是平稳的宽带噪声，而对于其他不具有这种频谱的宽带平稳噪声，可以先进行白化处理。对非平稳的宽带噪声，情况就更复杂一些。

④ 语音干扰噪声，是指干扰信号和待传信号同时在一个信道中传输所造成的噪声。通常人耳可以在两人以上讲话环境中分辨出所需要的声音，这种分辨能力被称为"鸡尾酒会效应"。但当多个语音叠加在一起进行单信道传输时，双耳信号因合并而消失，这时只能利用基音差别来区分有用信号和干扰信号。考虑到一般情况下两种语音的基音不成整数倍关系，就可以用梳状滤波器提取基音和各次谐波，再恢复出有用信号。

13.1.2 语音和噪声数据库

语音增强技术研究需要大量的语音和噪声数据，通常包括真实场景下的语音信号和各种噪声信号，通过对这些数据进行训练和测试，研究人员可开发出更加智能和高效的语音增强算法，并将其应用于现实世界中的各种应用场景，如语音识别、电话系统、音频设备等。

目前，已经有一些标准化的语音增强数据库被广泛应用，如 NOISEX-92、TIMIT 等，还有一些研究中心发布的公开数据库，如 THCHS-30、DEMAND，这些数据库提供了各种噪声类型和强度的语音数据，下面介绍目前公开的几种语音和噪声数据库。

（1）TIMIT（纯净语音库）：由斯坦福大学研究院、麻省理工学院和德州仪器公司联合开发，涵盖美国英语的众多方言，由 630 位来自不同地区的录制者录制，每位录制者录制 10 个句子，共包含 6300 句话。同时，TIMIT 不仅提供丰富的语音数据，还提供了与时间同步的音素标记。该数据库最早用于自动语音识别研究的标准数据库，后由于其优秀的语音质量、丰富的方言种类和准确的时间-音素标注而被广泛应用于语音增强及其他语音处理技术领域。

（2）VCTK（纯净语音库）：由英国爱丁堡大学的语音技术研究中心制作和发布，其中包括来自不同背景的 109 位说话人的录音，每位说话人读出约 400 句不同的英语句子。这些录音涵盖了多种英国口音，以及一些其他国家的口音，如美国、印度和新加坡等。VCTK 数据库可以从爱丁堡大学的官方网站或相关的数据共享平台获取，是一个广泛用于语音识别、语音合成和语音增强研究的数据库。

（3）THCHS-30（纯净语音库）：由清华大学语音与语言技术中心发布，其包含约 30 小时的录音，这些录音由 40 位来自不同地区且母语为中文的说话人在相对安静的环境下进行录制，录音内容包括数字、词语、句子和短文等，涵盖了日常生活中常用的语言材料。THCHS-30 可以从清华大学语音与语言技术中心的官方网站或其他数据共享平台免费下载，是一个可用于中文语音识别和语音增强研究的数据库。

（4）NOISEX-92（噪声库）：NOISEX-92 是一个经典的噪声数据库，其涵盖了多种环境下的噪声样本，如飞机噪声、车辆噪声、工厂噪声及白噪声等，便于研究人员能够在不同环境下评估和比较语音处理算法的性能。NOISEX-92 可以从 Zenodo、Figshare 等多个科研资源网站免费下载。

（5）DEMAND（噪声库）：DEMAND 数据库用于支持语音处理领域的研究和技术发展，

包含多种真实环境噪声，涵盖了从家居到办公室、公共空间乃至交通设施内的多种噪声背景样本，旨在重现真实世界的听觉环境多样性。DEMAND 数据库通常可以从与声音和语音处理研究相关的官方网站或数据共享平台下载。

（6）MUSAN（通常被用作噪声库）：MUSAN 由 David Snyder 创建，是一个多用途的语音数据库，包含音乐、语音和背景噪声。这个数据库适用于训练和评估语音活动检测、语音识别和语音增强算法。MUSAN 数据库可以从 OpenSLR 平台获取。

（7）AudioSet（通常被用作噪声库）：AudioSet 是由谷歌研究团队创建和发布的大规模音频数据库，其中包含来自 YouTube 视频的广泛和多样化的声音标签，覆盖了人类声音、音乐、动物声音、自然声音、机械声音等多个类别，是目前最大和最全面的音频数据库之一。

这些数据库中的音频通常包括多种噪声类型和强度，可以模拟不同的实际场景。在进行语音增强的训练和评估时，需要根据不同的场景和应用选择合适的数据库，以确保算法的有效性和鲁棒性。

13.2　语音增强算法的分类

语音增强是消除嘈杂环境中噪声干扰的重要技术，多年来一直是学者们研究的热点，同时涌现出各种语音增强算法，根据使用技术手段的不同，可将其大致分为无监督语音增强算法和有监督语音增强算法。

13.2.1　无监督语音增强算法

无监督语音增强算法历史悠久、计算简单，是经典的语音降噪技术，包括谱减法、维纳滤波法、基于统计模型等的语音增强算法。谱减法基于语音和噪声彼此独立且噪声平稳的假设，由带噪语音频谱减去估计的噪声频谱，得到增强语音频谱。该算法虽然简单，但是对噪声频谱的估计要求严格，若对噪声过估计，则会引起语音严重失真，相反如果噪声欠估计，则会导致过多的残留噪声，还会引入音乐噪声。维纳滤波法是以估计的信号与纯净信号之间均方误差最小为准则，从带噪信号中提取纯净信号的算法。虽然维纳滤波器滤除音乐噪声有效，但是在解决非平稳噪声时，不仅抑制能力较差，而且极易引起语音失真。基于最小均方误差的语音增强则利用语音信号的短时频谱幅度估计器，将语音和噪声频谱分量建模为统计独立的高斯随机变量，即可以假设纯净语音的离散傅里叶变换（DFT）分量具有 γ 分布，而噪声的 DFT 分量具有拉普拉斯分布，与高斯分布相比，利用拉普拉斯分布对噪声建模减少了增强语音信号中不必要的波动。后来提出的基于线性和非线性拉普拉斯分布的最优估计器，为解决语音失真问题提供了思路。

除了上述经典语音增强算法，为利用不同域的优势，根据对语音信号处理的所在域的不同，将语音增强算法分为基于时域、频域、Bark 域、子空间域、小波域等不同域的语音增强算法。时域语音增强是在时域中利用语音信号的短时平稳特征、自相关特性、周期性等来设计具有针对性的噪声消除算法，以恢复出纯净语音，代表性的算法有自适应噪声抵消法、卡尔曼滤波法等。频域语音增强利用离散傅里叶变换把语音信号转换到频域，利用频域中的带噪语音信号的频谱、频率系数等特性设计相应的算法，恢复出纯净语音的频谱分量，最后通过傅里叶逆变换来获得纯净语音，代表性的算法有经典谱减法、短时频谱估计语音增强算法和频域盲源分离的语音增强算法。Bark 域语音增强利用声音在基底膜的传输特性,把语音信号的频率按照 Bark 尺度划分到 Bark 域,通过计算 Bark 域中噪声的掩蔽阈值,然后通过它来调节噪声抑制系数,从而达到增强的目的,经典的算法有听觉掩蔽效应增强及相应的改进算法。子空间域的语音增强是带噪语音信号通过 K-L 变换,得到带噪信号的特征值,通过去除噪声特征值并对信号加噪声特征值空间进行估计,得到语音信号的特征值,再通过 K-L 反变换,得到所需要的纯净语音,代表算法有子空间语音增强法及相应的改进算法。小波域的语音增强是通过小波变换(Wavelet Packet Transformation,WTP)把语音信号变换到小波域,利用噪声和语音信号的小波系数的差异,保留有用的语音信号小波系数,抑制无用的噪声小波系数,再通过反变换恢复出语音,代表算法有小波模极大值、小波阈值、小波空域的语音增强算法。

因为语音信号在时域中存在相关性,而在从时域变换到其他域时,既能充分利用其他域中语音与背景噪声更为显著的特征区别,又能有效地消除相关性,所以其他域语音增强算法对带噪语音的增强效果要优于时域语音增强算法。

以上无监督语音增强算法基于一些不合理假设,且在低信噪比或者非平稳噪声的条件下提供的性能有限。而有监督语音增强算法可有效学习带噪语音和目标语音之间复杂的非线性关系,对突发性和非平稳噪声能实现较好抑制,可获得比无监督语音增强算法更优的性能。

13.2.2 有监督语音增强算法

有监督语音增强系统可视作一个从带噪语音到纯净语音之间的非线性函数,典型的算法包括基于隐马尔可夫模型(HMM)语音增强算法、基于非负矩阵分解的语音增强算法、基于浅层神经网络和基于深度神经网络的语音增强算法。

1. HMM 语音增强

基于 HMM 语音增强算法在训练阶段致力于训练纯净语音信号和噪声信号,分别得到纯净语音模型和噪声模型,将其作为已知数据应用于带噪语音测试阶段。简单地说,HMM 语音增强算法相当于加权维纳滤波器,因此关键是如何获得合适的加权维纳滤波器。He 等人研究了一种基于 Mel 频谱特征和线性预测系数的增益自适应并行 HMM 语音增强算法,引入两个增益因子,分别自适应调整语音和噪声的谱能量,解决了训练信号和测试信号之间谱能量不匹配问题。但是该类算法依然不能很好地处理非平稳噪声,而且计算量大,泛化能力较弱,更重要的是,没有关注带噪语音与纯净语音之间的复杂关系,影响系统的性能。

2. 非负矩阵分解语音增强

非负矩阵分解被认为是目前最广泛使用的字典学习算法之一,该算法通过最小化特定的目标函数,得到给定数据矩阵的基矩阵。在有监督的非负矩阵分解语音增强算法中,通过训练阶段学习得到语音基矩阵和噪声基矩阵,并将其联合得到联合基矩阵,测试阶段通过给定的联合基矩阵得到联合稀疏系数矩阵,进行语音重构。然而该算法会导致不同信号源(如语音和噪声)的基向量存在相似特征,为此,有学者将基向量的互相关或交叉重建误差项作为惩罚项添加到代价函数中。向代价函数中添加一些先验信息作为惩罚项,如幅度谱的时间连续性或统计特性,可解决训练数据和测试数据的特征不匹配问题。

3. 浅层神经网络语音增强

浅层神经网络语音增强算法利用浅层神经网络模型学习时域中带噪语音与纯净语音间的非线性关系。然而,考虑到在时域上不易准确描述其非线性关系,所以用具有一个隐藏层的多层感知器逼近和实现非线性谱估计。该算法用神经网络训练语音和噪声数据,估计语音和噪声特征参数。但是浅层神经网络模型中每层节点过少，无法训练信号尽可能多的特征信息，也没有体现出神经网络的优势。且由于计算过程复杂度太高，无法达到令人满意的效果。

4．深度神经网络语音增强

深度神经网络能弥补较弱的浅层结构表征能力，通过构建模型学习数据之间的映射关系，有利于提取到复杂数据的隐藏层结构信息，故而广泛应用于语音增强研究。而基于深度神经网络的语音增强算法的性能取决于特征提取、训练模型和学习目标，下面针对这3个方面进行分析。

（1）特征提取

特征提取作为神经网络语音增强算法的第一步，好的特征可以表征语音信号完整的结构信息，对后续训练模型的性能起关键作用。尤其在低信噪比下，语音信号混合过多的干扰信号，因此提取出具有鲁棒性的特征是后续工作成功的关键。在最初有监督的语音增强中，使用较多的特征有傅里叶幅度谱、幅度调制频谱（AMS）、Mel频率倒谱系数（MFCC）、感知线性预测系数（RASTA-PLP）。随后，从人耳听觉的非线性特性出发，借鉴MFCC特征提取方法，用Gammatone滤波器取代Mel滤波器，提出伽马通频率倒谱系数（Gammatone Frequency Cepstral Coefficients，GFCC）和功率归一化倒谱系数（Power Normalized Cepstral Coefficients，PNCC）。PNCC主要新功能包括使用幂律非线性函数来代替传统对数非线性函数，利用非对称滤波噪声抑制算法抑制背景激励，以及增加时间掩蔽模块。与MFCC相比，PNCC在处理存在混响和不匹配加性噪声时，运行时间成本仅比MFCC略高，但PNCC语音增强效果优于MFCC。从多个分辨率角度出发，捕捉语音局部信息，学者们提出多分辨率耳蜗（Multi-Resolution CochleaGram，MRCG）特征。MRCG特征通过组合不同分辨率的多个耳蜗表示来构建，高分辨率耳蜗捕获局部信息，而低分辨率耳蜗则捕获更广泛的频谱时间上下文信息，但是MRCG特征维度太高，极大地影响运算速率。为此，有学者将MRCG特征经过离散余弦变换，将特征提取简单化，在不影响语音增强性能的前提下，有效提高运算速率。

（2）训练模型

在过去十几年中，已经提出并证明许多深度学习方法可以有效改善语音质量。例如，受卷积神经网络（CNN）图像识别成功的启发，CNN模型在语音增强中获得良好的效果；递归神经网络（RNN）和LSTM网络已被证实具有良好的语音增强和相关语音信号处理能力。随后出现的门控循环单元（GRU）和生成对抗网络（GAN）也具有较好的语音增强能力。

CNN通过卷积层进行特征提取，输出的特征随后经过池化层，以实现特征要素选择，从而在一定程度上克服了信号局部的细微变化，使得特征表达更加稳健，且使用增强语音的短时傅里叶幅度谱和纯净语音短时傅里叶幅度谱之间的平均绝对误差损失来训练CNN。该模型易于实现，且适用于基于时频掩蔽或谱映射的相关语音处理任务。

RNN是一种有记忆功能的网络模型，通过在前一帧和当前帧之间使用递归结构捕捉上下文信息，对相邻帧之间的关系进行建模，并通过时间反向传播算法优化RNN参数，但是会面临梯度消失和爆炸的问题。为此，在RNN中引入LSTM网络，构成LSTM-RNN模型，在记忆单元中引入一系列门来动态控制信息流，很好地解决了梯度消失问题。

GRU是另一种处理序列数据的门控循环神经网络，包含更新门和重置门，通过这些门来控制信息的更新和重置。与LSTM网络相比，它包含更少的参数，但在某些任务上也能表现得很好。双向门控循环单元（BGRU）包含两个独立的GRU，分别用于正向和反向处理，在每个时间步上使用两个方向的GRU进行处理。

（3）学习目标

在基于深度神经网络语音增强算法中，学习目标的选择对提高语音质量和可懂度非常重要，一方面能够显著去除带噪语音中掺杂的噪声，另一方面，从特征到学习目标的时频映射适合于模型的训练。学习目标主要分为特征映射和时频掩模估计两种，前者主要利用回归模型由带噪语音特征直接预测增强语音特征，而后者由带噪语音特征估计时频掩模，从而得到增强语音特征。在基于时频掩模的语音增强中，最先提出的是理想二值掩模（Ideal Binary Mask，IBM）。IBM 已被证明即使在极低的信噪比条件下也能较好改善语音清晰度，而且在低频范围内的效果更好，尤其对于有听力损失的听众。尽管 IBM 是最佳二元掩模，但它不一定是训练和预测的最佳目标，通常会产生残余的音乐噪声。随后出现的理想浮值掩模（Ideal Ratio Mask，IRM），证明了估计时频掩模值比直接进行频谱特征映射取得的效果好，而且 IRM 作为学习目标的语音整体客观可懂度和质量均优于其他时频掩模。考虑到带噪语音、纯净语音和噪声功率谱之间的信道间相关性（Inter-Channel Correlation，ICC），出现了一种新的比率掩模表示，用于重建 Gammatone 域中的增强信号。ICC 因子自适应调整语音和噪声功率之间的比例，以使比率掩模在每个 Gammatone 通道中更精确，比率掩模在保留语音分量和掩蔽噪声分量方面更有效。

以上的时频掩模估计仅从幅度角度出发，往往忽略了时频掩模中的相位信息，然而相位信息对语音恢复同样起着重要的作用，因此相继提出复数域理想浮值掩模和相敏感掩模（Phase Sensitive Mask，PSM），并证明了这些包含相位信息的掩模可以获得更好的语音恢复性能。

13.3　传统语音增强算法及 MATLAB 实现

13.3.1　谱减法

谱减法（Spectral Subtraction，SS）的主要思想是：首先把带噪信号转换到频域，计算带噪语音的功率谱，并利用噪声估计算法得到噪声的功率谱；其次利用带噪语音的功率谱减去噪声的功率谱，得到纯净语音功率谱估计，并对其开方，就得到增强语音幅度谱估计；最后直接提取带噪语音的相位，将其相位恢复后再采用傅里叶逆变换恢复时域信号，得到增强语音。谱减法原理图如图 13.1 所示。

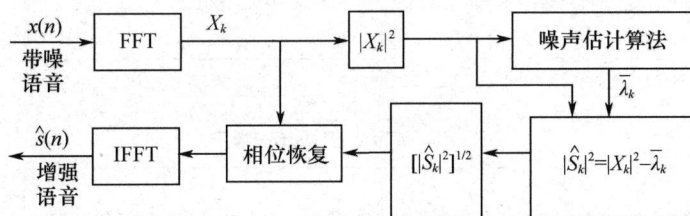

图 13.1　谱减法原理图

谱减法原理的数学描述如下：

设带噪语音为 $x(n)$，纯净语音为 $s(n)$，噪声为 $n(n)$，且为平稳加性高斯噪声，$x(n)$ 和 $n(n)$ 是统计独立的、零均值的，它们满足

$$x(n)=s(n)+n(n) \tag{13.1}$$

其中，n 代表采样的时间标号，且 $1 \leqslant n \leqslant K$，$K$ 为信号帧长，帧号为 l，总帧数为 L，且 $l=1$，$2, \cdots, L$。

设 $x(n)$ 的傅里叶变换为 $X_k=|X_k|\exp(j\theta_k)$、纯净语音 $s(n)$ 的傅里叶变换为 $S_k=|S_k|\exp(j\alpha_k)$、噪声 $n(n)$ 的傅里叶变换为 N_k，并假设各个傅里叶系数之间互不相关，由式（13.1）可得

$$X_k=S_k+N_k$$

带噪语音的功率谱为

$$|X_k|^2=|S_k|^2+|N_k|^2+S_kN_k^*+S_k^*N_k \tag{13.2}$$

由于 $s(n)$ 和 $n(n)$ 相互独立，N_k 为零均值的高斯分布，对式（13.2）求数字期望后变为

$$E(|X_k|^2)=E(|S_k|^2)+E(|N_k|^2) \tag{13.3}$$

因为分析的前提是语音加窗分帧，所以对于一个分析帧内的短时平稳信号，可以表示为

$$|X_k|^2=|S_k|^2+\overline{\lambda}_k \tag{13.4}$$

其中，$\overline{\lambda}_k$ 为无语音时 $|N_k|^2$ 的统计平均值。带噪语音的功率谱减去噪声的功率谱，就是语音的功率谱，再结合式（13.4），可得

$$|\hat{S}_k|=[|X_k|^2-E(|N_k|^2)]^{1/2}=[|X_k|^2-\overline{\lambda}_k]^{1/2} \tag{13.5}$$

这就得到了最终增强后语音信号的幅度谱 $|\hat{S}_k|$，然后经过相位处理，再经过傅里叶逆变换，最后把短时分析帧的语音经过叠接相加法综合就得到所需要的增强语音。

图 13.2 给出了一段取自 863 语音库的原始语音、带噪语音、增强语音的图，其 MATLAB 程序如程序 13.1 所示，其中噪声为 NOISEX.92 数据库的高斯白噪声，语音信号的采样率为 8kHz，帧长为 256 个采样点。在纯净语音中加入 10dB 高斯白噪声作为带噪语音。

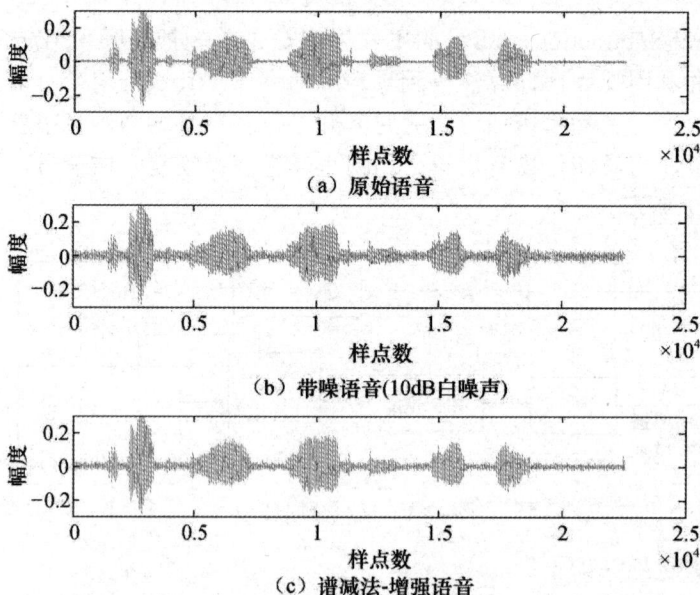

图 13.2　原始语音、带噪语音和谱减法增强语音波形

【程序 13.1】 Substract.m

```
%------------------------------ 读入带噪语音文件 ------------------------------
[filename,pathname]=uigetfile('*.wav','请选择纯净语音文件:');
```

```
tidy=wavread([pathname filename])';
[filename,pathname]=uigetfile('*.wav','请选择带噪语音文件:');
wavin=wavread([pathname filename])';
%————————————————————— 参数定义 —————————————————————
frame_len=256;                                          %帧长
step_len=0.5*frame_len;                                 %分帧时的步长,相当于重叠 50%
wav_length=length(wavin);
R = step_len;
L = frame_len;
f = (wav_length−mod(wav_length,frame_len))/frame_len;
k = 2*f−1;                                              %帧数
h = sqrt(1/101.3434)*hamming(256)';                     %汉明窗乘以系数的原因是使其符合条件要求
wavin = wavin(1:f*L);                                   %带噪语音与纯净语音长度对齐
tidy= tidy(1:f*L);
win = zeros(1,f*L);
enspeech = zeros(1,f*L);
%—————————————————————分帧—————————————————————————
for r = 1:k
    y = wavin(1+(r−1)*R:L+(r−1)*R);                     %对带噪语音帧间重叠一半取值
    y = y.*h;                                           %对取得的每一帧都加窗处理
    w = fft(y);                                         %对每一帧都进行傅里叶变换
    Y(1+(r−1)*L:r*L)= w(1:L);                           %把傅里叶变换值放在 Y 中
end
%————————————————————— 估计噪声—————————————————————
NOISE= stationary_noise_evaluate(Y,L,k);               %噪声最小值跟踪算法
%————————————————————— 谱减法—————————————————————————
for   t = 1:k
    X = abs(Y).^2;
    S = X(1+(t−1)*L:t*L)−NOISE(1+(t−1)*L:t*L);          %带噪语音功率谱减去噪声功率谱
    S = sqrt(S);
    A = Y(1+(t−1)*L:t*L)./abs(Y(1+(t−1)*L:t*L));        %带噪语音的相位
    S = S.*A;                                           %因为人耳对相位的感觉不明显,所以恢复时用
                                                        %的是带噪语音的相位信息
    s = ifft(S);
    s = real(s);                                        %取实部
    enspeech(1+(t−1)*L/2:L+(t−1)*L/2)= enspeech(1+(t−1)*L/2:L+(t−1)*L/2)+s;
                                                        %在实域叠接相加
    win(1+(t−1)*L/2:L+(t−1)*L/2)= win(1+(t−1)*L/2:L+(t−1)*L/2)+h;
                                                        %窗的叠接相加
end
enspeech = enspeech./win;                              %去除加窗引起的增益得到增强语音
%————————————————————— 画出波形—————————————————————————
subplot(3,1,1);plot(tidy);title('(a)原始语音');xlabel('样点数^ylabell('幅度'));axis([0 2.5*10^4 −0.3 0.3]);
subplot(3,1,2);plot(wavin);title('(b)带噪语音(10dB 白噪声)');xlabel('样点数^ylabell('幅度'));axis([0 2.5*10^4
```

```
                                                                                   −0.3 0.3]);
        subplot(3,1,3);plot(enspeech);title('(c)谱减法-增强语音');xlabel('样点数^ylabel('幅度'));axis([0 2.5*10^4 −
0.3 0.3]);
```

其中，NOISE 为子函数，其 MATLAB 程序如下：

```
function NOISE= stationary_noise_evaluate(Y,L,k);                          %定义子函数
%噪声功率谱密度 p 的粗略计算
for b = 1:L                                                                %外循环开始,b 表示频率分量,
                                                                           %这里穷举了所有的频率分量

        p = [0.15*abs(Y(b)).^2,zeros(1,k)];
        a = 0.85;
        for d = 1:k−1
          p(d+1)= a*p(d)+(1−a)*abs(Y(b+d*L)).^2;
        end
%噪声方差 actmin 的估计
        for e = 1:k−95
          actmin(e)= min(p(e:95+e));
        end
        for l = k−94:k
          m(l−(k−95))= min(p(l:k));
        end
        actmin = [actmin(1:k−95),m(1:95)];
        c(1+(b−1)*k:b*k)= actmin(1:k);
end                                                                        %外循环结束,从外循环开始到结束
                                                                           %中间是对某个具体的频率分量进行计算

    for t = 1:k
        for j = 1:L
           d(j)= c(t+(j−1)*k);
        end
        n(1+(t−1)*L:t*L)= d(1:L);
    end
NOISE =n;
```

谱减法是在频域中用带噪语音的短时功率谱减去相应的噪声谱来实现语音增强的，不必使用端点检测的方法检测语音段和无声段，算法简单。但是减去噪声谱后的增强语音仍会残留一些较大的功率谱分量，在频域上呈现出随机的尖峰，相应地在时域上就呈现出一些类正弦信号的叠加，从而呈现出音乐的特性，此类残留噪声具有一定的节奏性起伏感，故被称为"音乐噪声"。

13.3.2 维纳滤波法

维纳滤波（Wiener Filter，WF）法建立在谱减法的基础上，特点是增强后的残留噪声类似白噪声，而不是有起伏的音乐噪声。因此，维纳滤波法可以有效抑制音乐噪声。维纳滤波法原理图如图 13.3 所示。

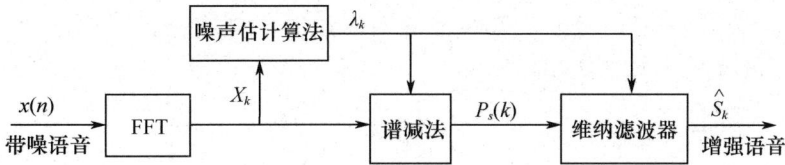

图 13.3   维纳滤波法原理图

维纳滤波法的数学描述如下：

设带噪语音为 $x(n)=s(n)+n(n)$，设计一个维纳滤波器 $h(n)$，$h(k)(k=0, 1, \cdots, M-1)$ 是滤波器的系数，带噪语音通过这个滤波器，输出为

$$\hat{s}(n) = x(n)*h(n) = \sum_{k=0}^{M-1} h(k)y(n-k) \tag{13.6}$$

根据最小均方准则，滤波器的均方误差的数学期望为

$$E[e(n)^2] = E\{[\hat{s}(n)-s(n)]^2\} \tag{13.7}$$

再根据带噪信号与误差信号的正交性原理，有

$$E[x(n-k)e^*(n)] = 0, \quad k = 0,1,2,\cdots,M-1 \tag{13.8}$$

假设 $x(n)$ 和 $s(n)$ 是零均值广义平稳过程，滤波器的系数满足

$$\sum_{i=0}^{M-1} h(i)r_x(i-k) = r_{sx}(-k), \quad k = 0,1,2,\cdots,M-1 \tag{13.9}$$

$$r_x(i-k) = E[x(n-k)x^*(n-i)] \tag{13.10}$$

$$r_{sx}(-k) = E[x(n-k)s^*(n)] \tag{13.11}$$

将式（13.11）、式 （13.10）代入式（13.9）并对式（13.9）两边做离散傅里叶变换，得

$$H(k) = \frac{P_{sx}(k)}{P_x(k)} \tag{13.12}$$

式中，$P_x(k)$ 为 $x(n)$ 的功率谱密度，$P_{sx}(k)$ 为 $s(n)$ 与 $x(n)$ 的互功率谱密度。由于 $s(n)$ 与 $n(n)$ 不相关，则可得

$$P_{sx}(k) = P_s(k) \tag{13.13}$$

$$P_x(k) = P_s(k) + P_n(k) \tag{13.14}$$

因此，设计的滤波器的增益（用 G_k 表示）为

$$G_k = H(k) = \frac{P_s(k)}{P_s(k) + P_n(k)} \tag{13.15}$$

$$= \frac{P_s(k)}{P_s(k) + \lambda_k} \tag{13.16}$$

式中，$P_n(k)=\lambda_k$；$P_s(k)$、λ_k 分别为语音功率谱密度和噪声功率谱密度。

根据增益，基于维纳滤波法的增强语音可表示为

$$\hat{S}_k = G_k \cdot P_s(k) \tag{13.17}$$

从上式可以看到，需要知道信号的功率谱，这对于短时频谱的语音来说，功率谱无法预先得到，于是把式（13.16）对应地改为

$$G_k = \frac{E[|S_k|^2]}{E[|S_k|^2] + \lambda_k} \qquad (13.18)$$

从式（13.18）可以看出，涉及 $E[|S_k|^2]$ 的求解可以有多种途径，比如用谱减法或其他谱估计法先得到 $|S_k|^2$，然后把相邻帧的 $|S_k|^2$ 做平滑估计得到 $E[|S_k|^2]$。

图 13.4 给出了经维纳滤波法后的图形，原始语音和带噪语音同图 13.2，程序 13.2 是维纳滤波法的 MATLAB 程序。

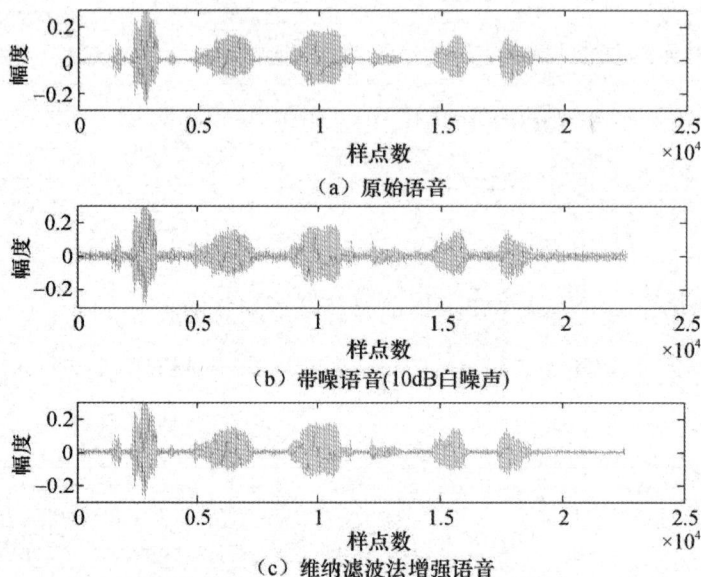

图 13.4　原始语音、带噪语音和维纳滤波法增强语音波形

另外，它还有一种推广的扩展形式

$$G_k = \left\{ \frac{E[|S_k|^2]}{E[|S_k|^2] + \beta\lambda_k} \right\}^{\alpha} \qquad (13.19)$$

其中，不同的 α、β 参数可以获得多种不同的变化形式，也就对应着不同的维纳滤波器。

【程序 13.2】Wiener.m

```
%先读入带噪语音文件、参数定义、对语音分帧、估计噪声,程序参见 Substract.m
%------------------------------ Wiener ------------------------------
    for t = 1:k
    X = abs(Y).^2;
    S=max((X(1+(t-1)*L:t*L)-NOISE(1+(t-1)*L:t*L)),0);
    G_k=(X(1+(t-1)*L:t*L)-NOISE(1+(t-1)*L:t*L))./X(1+(t-1)*L:t*L);
    S = sqrt(S);
    A1=G_k.*S;
    A = Y(1+(t-1)*L:t*L)./abs(Y(1+(t-1)*L:t*L)); %带噪语音的相位
    S = A1.*A; %因为人耳对相位的感觉不明显,所以恢复时用的是带噪语音的相位信息
    s = ifft(S);
```

```
s = real(s);                                    %取实部
enspeech(1+(t-1)*L/2:L+(t-1)*L/2)= enspeech(1+(t-1)*L/2:L+(t-1)*L/2)+s;
                                                %在实域叠接相加
win(1+(t-1)*L/2:L+(t-1)*L/2)= win(1+(t-1)*L/2:L+(t-1)*L/2)+h;
                                                %窗的叠接相加
end
enspeech = enspeech./win; %去除加窗引起的增益得到增强语音
%最后画出波形,程序参见 Substract.m
```

13.3.3　最小均方误差法

最小均方误差（Minimum Mean Square Error，MMSE）法是一种对特定的失真准则和后验概率不敏感的估计算法，能有效降低音乐噪声的干扰。

最小均方误差法原理图如图 13.5 所示。

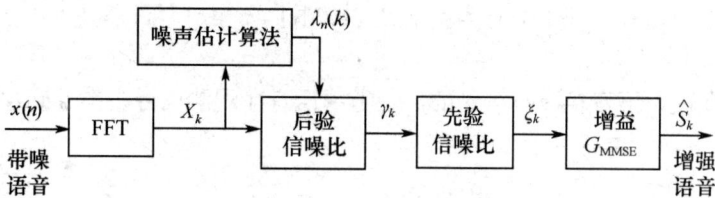

图 13.5　最小均方误差法原理图

最小均方误差法的基本原理如下：

带噪语音可表示为

$$x(n)=s(n)+n(n) \tag{13.20}$$

同样设 $x(n)$ 的傅里叶变换为 $X_k=|X_k|\exp(\mathrm{j}\theta_k)$，$\theta_k$ 是 X_k 的相位，k 代表第 k 个频谱分量；纯净语音 $s(n)$ 的傅里叶变换为 $S_k=|S_k|\exp(\mathrm{j}\alpha_k)$，$\alpha_k$ 是 S_k 的相位；噪声 $n(n)$ 的傅里叶变换为 N_k。为运算方便，设 $R_k=|x_k|$，$A_k=|S_k|$，最小均方误差估计就是对幅度谱的估计，A_k 的估计式为

$$\hat{A}_k = E(A_k \mid X_0, X_1, \cdots, X_N) \tag{13.21}$$

由贝叶斯公式

$$\hat{A}_k = E(A_k \mid X_k) = \frac{\int_0^{2\pi}\int_0^{\infty} a_k p(X_k \mid a_k, \alpha_k) p(a_k, \alpha_k)\mathrm{d}a_k \mathrm{d}\alpha_k}{\int_0^{2\pi}\int_0^{\infty} p(X_k \mid a_k, \alpha_k) p(a_k, \alpha_k)\mathrm{d}a_k \mathrm{d}\alpha_k} \tag{13.22}$$

其中，a_k 代表 A_k 的样本值。假设噪声信号 $n(n)$ 为平稳的高斯噪声，则 $p(X_k \mid a_k, \alpha_k)$ 和 $p(a_k, \alpha_k)$ 为

$$p(X_k \mid a_k, \alpha_k) = \frac{1}{\pi\lambda_n(k)}\exp\left\{-\frac{1}{\lambda_k(k)}\mid X_k - a_k \mathrm{e}^{\mathrm{j}\alpha_k}\mid^2\right\} \tag{13.23}$$

$$p(a_k, \alpha_k) = \frac{a_k}{\pi\lambda_s(k)}\exp\left\{-\frac{a_k^2}{\lambda_s(k)}\right\} \tag{13.24}$$

这里 $\lambda_s(k) = E[\mid S_k \mid^2]$、$\lambda_n(k) = E[\mid N_k \mid^2]$ 分别为第 k 个频率分量下的语音和噪声的方差。将以上

两式代入式（13.22）得

$$\hat{A}_k = \Gamma(1.5)\frac{v_k}{\gamma_k}\exp\left(-\frac{v_k}{2}\right)\left[(1+v_k)\mathrm{I}_0\left(\frac{v_k}{2}\right)+v_k\mathrm{I}_1\left(\frac{v_k}{2}\right)\right]R_k \qquad (13.25)$$

$\Gamma(\cdot)$ 表示伽玛函数，$\Gamma(1.5)=\sqrt{\pi}/2$，$\mathrm{I}_0(\cdot)$ 和 $\mathrm{I}_1(\cdot)$ 分别表示零阶和一阶贝塞尔函数，v_k 定义为

$$v_k = \frac{\xi_k}{1+\xi_k}\gamma_k \qquad (13.26)$$

$$\xi_k = \frac{\lambda_k(k)}{\lambda_n(k)} \qquad (13.27)$$

$$\gamma_k = \frac{R_k^2}{\lambda_n(k)} \qquad (13.28)$$

ξ_k 和 γ_k 分别代表先验与后验信噪比，若将 $\hat{A}_k$ 看作 R_k 乘以一个增益，定义这个增益为

$$G_{\mathrm{MMSE}}(\xi_k,\gamma_k) = \frac{\hat{A}_k}{R_k} = \Gamma(1.5)\frac{\sqrt{v_k}}{\gamma_k}\exp\left(-\frac{v_k}{2}\right)\left[(1+v_k)\mathrm{I}_0\left(\frac{v_k}{2}\right)+v_k\mathrm{I}_1\left(\frac{v_k}{2}\right)\right] \qquad (13.29)$$

上面的推导是在假设语音存在时得到的，若考虑语音在观测信号中的不确定性，将式（13.25）改写为

$$\hat{A}_k = \frac{\wedge(X_k,q_k)}{1+\wedge(X_k,q_k)}E\{A_k\mid X_k,H_k^1\} \qquad (13.30)$$

$$\wedge(X_k,q_k) = \mu_k\frac{p(X_k\mid H_k^1)}{p(X_k\mid H_k^0)} \qquad (13.31)$$

其中，$\wedge(X_k,q_k)$ 是归一化的语音存在概率，$\mu_k=(1-q_k)/q_k$，q_k 是第 k 个频率分量的语音存在概率。H_k^0 和 H_k^1 分别代表语音不存在与语音存在的两种假设情况。

将式（13.24）和式（13.25）代入式（13.30），得

$$\wedge(X_k,q_k) = \mu_k\frac{\exp(v_k)}{1+\xi_k} \qquad (13.32)$$

最终的语音幅度谱估计为

$$\hat{A}_k = \frac{\wedge(\xi_k,\gamma_k,q_k)}{1+\wedge(\xi_k,\gamma_k,q_k)}G_{\mathrm{MMSE}}(\xi_k,\gamma_k)R_k \qquad (13.33)$$

实际上，在最小均方误差计算过程中，采用对数谱更加合适。于是，语音的幅度谱由下式估算

$$\hat{A}_k = \exp\{E[\ln A_k\mid X_k],0\leqslant t\leqslant T\} \qquad (13.34)$$

最终推导得出幅度谱的估计式为

$$\hat{A}_k = \frac{\xi_k}{1+\xi_k}\exp\left\{\frac{1}{2}\int_{v_k}^{\infty}\frac{\mathrm{e}^{-t}}{t}\mathrm{d}t\right\}R_k \qquad (13.35)$$

增益 $G_{\mathrm{MMSE}}(\xi_k,\gamma_k)$ 可以写成

$$G_{\mathrm{MMSE}}(\xi_k,\gamma_k) = \frac{\hat{A}_k}{R_k} = \frac{\xi_k}{1+\xi_k}\exp\left\{\frac{1}{2}\int_{v_k}^{\infty}\frac{\mathrm{e}^{-t}}{t}\mathrm{d}t\right\} \qquad (13.36)$$

上面的积分式可用一个近似计算代替

$$\exp \mathrm{int}(v_k) = \int_{v_k}^{\infty} \frac{\mathrm{e}^{-t}}{x}\mathrm{d}t = \begin{cases} -2.31\log_{10}(v_k) - 0.6, & v_k < 0.1 \\ -1.544\log_{10}(v_k) + 0.166, & 0.1 \leqslant v_k \leqslant 1 \\ 10^{-0.52v_k - 0.26}, & v_k > 1 \end{cases} \quad （13.37）$$

增益就可以写成

$$G_{\mathrm{MMSE}}(\xi_k, \gamma_k) = \frac{\xi_k}{1 + \xi_k}\exp\left[\frac{1}{2}\exp\mathrm{int}(v_k)\right] \quad （13.38）$$

最小均方误差法的 MATLAB 实现如程序 13.3 所示，结果如图 13.6 所示。

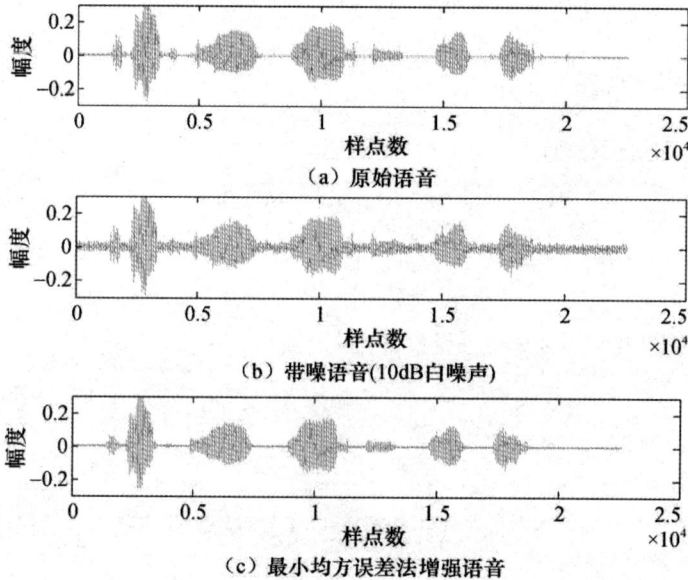

（a）原始语音

（b）带噪语音(10dB白噪声)

（c）最小均方误差法增强语音

图 13.6　原始语音、带噪语音和最小均方误差法增强语音波形

【程序 13.3】MMSE.m

```
%先读入带噪语音文件、参数定义、对语音分帧、估计噪声,程序参见 Substract.m
%---------------------------- MMSE----------------------------------
for b = 1:L;
    a = 0.98;                               %系数
    q = 0.2;                                %第 k 个频率分量的语音存在概率
    A = [0.1*abs(Y(b)),zeros(1,k-1)];       %语音幅度
    s1 = [a*abs(Y(b)).^2/NOISE(b),zeros(1,k-1)];   %先验信噪比
    for t = 1:k-1                           %先算每一帧的第一点
        x1(t+1)= abs(Y(b+t*L)).^2;          %带噪语音幅度
        r(t+1)= x1(t+1)/NOISE(b+t*L);       %后验信噪比
        if r(t+1)>= 700
            r(t+1)= 700;
        elseif r(t+1)< 1
            r(t+1)= 1.5 ;
        end
```

```
        s1(t+1)= a*(A(t).^2/NOISE(b+(t-1)*L))+(1-a)*max(r(t+1)-1,0); %先验信噪比
        v(t+1)= (s1(t+1)/(1+s1(t+1)))*r(t+1);
        if   v(t+1)< 0.1
            expint(t+1)= -2.31*log10(v(t+1))-0.6;
        elseif   v(t+1)>= 0.1&v(t+1)<= 1
                expint(t+1)= -1.544*log10(v(t+1))+0.166;
        elseif   v(t+1)> 1
                expint(t+1)= 10.^(-0.52*(v(t+1))-0.26);
        end
        Gmmse(t+1)= (s1(t+1)/(1+s1(t+1)))*exp(0.5*expint(t+1));
        w(t+1)= ((1-q)/q)*(exp(v(t+1))/(1+s1(t+1)));
        A(t+1)= (w(t+1)/(1+w(t+1)))*Gmmse(t+1)*abs(Y(b+t*L));
    end
    A1(1+(b-1)*k:b*k)= A(1:k);
end
%下面程序的作用是把每一帧的点依次还原成原来的存放顺序
for   t1 = 1:k
    for   j = 1:L
        d(j)= A1(t1+(j-1)*k);
    end
    A2(1+(t1-1)*L:t1*L)= d(1:L);
end
for   t2 = 1:k
    S = A2(1+(t2-1)*L:t2*L);
    ang = Y(1+(t2-1)*L:t2*L)./abs(Y(1+(t2-1)*L:t2*L));        %带噪语音的相位
    S = S.*ang; %  因为人耳对相位的感觉不明显,所以恢复时用的是带噪语音的相位信息
    s = ifft(S);
    s = real(s);                                             %取实部
    enspeech(1+(t2-1)*L/2:L+(t2-1)*L/2)= enspeech(1+(t2-1)*L/2:L+(t2-1)*L/2)+s;
                            %在实域叠接相加,把分帧后的序列恢复成原来序列的长度
    win(1+(t2-1)*L/2:L+(t2-1)*L/2)= win(1+(t2-1)*L/2:L+(t2-1)*L/2)+h;
                                            %窗的叠接相加
end
enspeech = enspeech./win;                    %去除加窗引起的增益得到增强语音
%最后画出波形,程序参见 Substract.m
```

13.4   基于深度学习的语音增强算法

　　基于深度学习的语音增强算法分为训练阶段和增强阶段。训练阶段首先将带噪语音、纯净语音和噪声进行时频分解,从而得到语音特征和时频掩蔽值,并将其作为神经网络的输入进行模型训练,根据最小化损失函数反向调优,不断更新网络的参数,将性能最好的网络模型保存下来用于测试。增强阶段首先提取需要输入网络模型的带噪语音的语音特征,并通过模型训练得到估计的时频掩蔽值,最后结合带噪语音的相位信息重建增强语音波形。

基于深度学习的语音增强算法框图如图 13.7 所示。

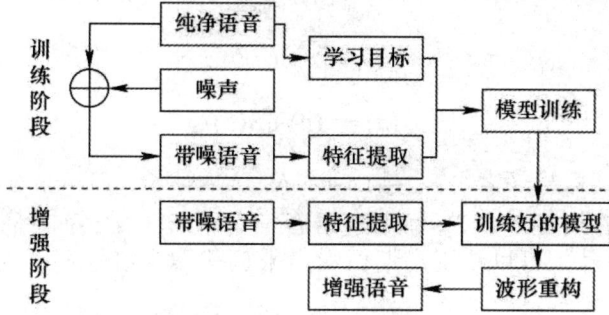

图 13.7 基于深度学习的语音增强算法框图

13.4.1 基于卷积神经网络的语音增强

基于 CNN 的语音增强算法使用 CNN 建立从噪声语音特征到纯净语音特征的映射模型，通过该模型实现对噪声的抑制。在语音增强中，CNN 可以通过学习语音信号的特征表达，从而减少噪声并增强语音信号的质量。

CNN 的训练过程通常采用反向传播（BP）算法，需要准备多组纯净语音-带噪语音的语音数据对，对其进行特征提取，以训练基于 CNN 的回归模型，BP 算法通过将误差反向传播到网络中的每一层来计算梯度，然后使用梯度下降法来更新网络参数，以最小化损失函数。在语音增强阶段，将带噪语音的特征输入训练好的网络模型中，以产生增强后的特征，进而进行语音波形重建，得到增强语音。

基于 CNN 的语音增强原理图如图 13.8 所示。

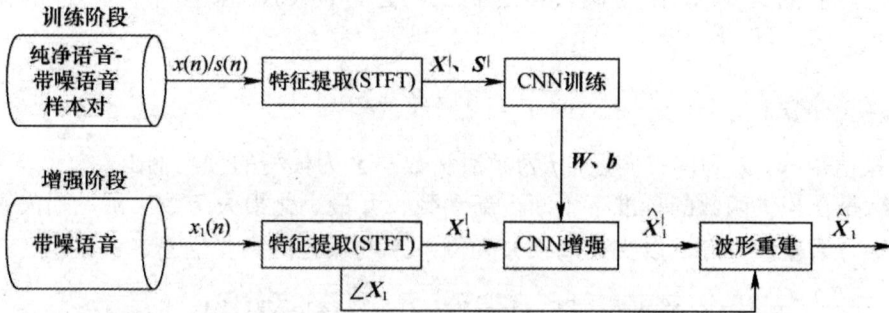

图 13.8 基于 CNN 的语音增强原理图

基于 CNN 的语音增强原理的描述如下：

由纯净语音和噪声信号生成特定信噪比的带噪语音。设带噪语音信号为 $x(n)$，纯净语音信号为 $s(n)$，噪声信号为 $n(n)$，目标信噪比为 SNR，则它们满足：

$$SNR_{dB} = 10\log\left(\frac{P_S}{P_N}\right) \tag{13.39}$$

$$SNR_{linear} = 10^{SNR_{dB}/10} \tag{13.40}$$

$$P_S = \sum x(n)^2 \tag{13.41}$$

$$P_N = \frac{P_S}{\text{SNR}_{\text{linear}}} \tag{13.42}$$

$$P_N = \sum \hat{n}(n)^2 \tag{13.43}$$

$$x(n) = s(n) + \hat{n}(n) \tag{13.44}$$

其中，n 代表采样的时间标号（索引），且 $1 \le n \le N$，N 为帧长；SNR_{dB} 为目标信噪比值（dB）；$\text{SNR}_{\text{linear}}$ 为目标信噪比的线性值；P_S 为纯净语音信号功率；P_N 为调整后的噪声信号功率；$\hat{n}(n)$ 为调整后的噪声信号，可以使用高斯白噪声来调整噪声信号 $n(n)$ 的振幅使其满足噪声功率要求。

特征提取是将原始语音信号转换为频谱表示或其他特征表示，此处使用短时傅里叶变换（STFT）进行特征提取。

$$X(m,k) = \sum_{n=-\infty}^{\infty} x(n)w(n-mH)\text{e}^{-\text{j}2\pi\frac{k}{N}n} \tag{13.45}$$

$$S(m,k) = \sum_{n=-\infty}^{\infty} s(n)w(n-mH)\text{e}^{-\text{j}2\pi\frac{k}{N}n} \tag{13.46}$$

其中，$X(m,k)$ 表示带噪语音信号在时间索引 m 和频率索引 k 处的 STFT 结果；n 为信号样本索引；$w(n-mH)$ 为窗函数，作用于信号的局部区域，H 为窗口的移动步长；N 为 STFT 的点数；$S(m,k)$ 则表示纯净语音信号的 STFT 结果。将提取到的带噪语音幅度谱特征记为 $\boldsymbol{X}^|$，纯净语音幅度谱特征记为 $\boldsymbol{S}^|$。带噪语音相位谱特征记为 $\angle \boldsymbol{X}_1$，此外对特征进行归一化处理，使其均值为 0，方差为 1，这样处理可以使得训练出的网络模型具有更好的性能。

将经过处理后的 $\boldsymbol{X}^|$、$\boldsymbol{S}^|$ 作为输入传送到已搭建好的 CNN 模型中，CNN 的输入、输出满足：

$$\hat{\boldsymbol{Y}} = f(\boldsymbol{W} * \boldsymbol{X}^| + \boldsymbol{b}) \tag{13.47}$$

其中，$\boldsymbol{W}$ 为权值矩阵，$\boldsymbol{b}$ 为偏移向量，f 为激活函数，$\hat{\boldsymbol{Y}}$ 为模型的预测输出。

模型训练是在损失函数的标准下不断更新参数，并最小化损失函数。常见损失函数包括交叉熵损失、均方误差损失等，以交叉熵损失为例，$\boldsymbol{S}^|$ 与模型的预测输出 $\hat{\boldsymbol{Y}}$ 满足：

$$L(\boldsymbol{S}^|, \hat{\boldsymbol{Y}}) = -[\boldsymbol{S}^| * \log(\hat{\boldsymbol{Y}}) + (1-\boldsymbol{S}^|) * \log(1-\hat{\boldsymbol{Y}})] \tag{13.48}$$

其中，$L(\boldsymbol{S}^|, \hat{\boldsymbol{Y}})$ 为交叉熵损失。权值更新满足：

$$\frac{\partial \boldsymbol{L}}{\partial \boldsymbol{W}} = \frac{\partial \boldsymbol{L}}{\partial \hat{\boldsymbol{Y}}} * \frac{\partial \hat{\boldsymbol{Y}}}{\partial \boldsymbol{X}^|} * \frac{\partial \boldsymbol{X}^|}{\partial \boldsymbol{W}} \tag{13.49}$$

模型训练完成后，可用于处理新的带噪语音 $x_1(n)$，对其进行特征提取得到幅度谱特征 $\boldsymbol{X}_1^|$，$\boldsymbol{X}_1^|$ 经过 CNN 处理产生增强后的幅度谱特征 $\hat{\boldsymbol{X}}_1^|$，它们满足：

$$\hat{\boldsymbol{X}}_1^| = f(\boldsymbol{W} * \boldsymbol{X}_1^| + \boldsymbol{b}) \tag{13.50}$$

之后由以下公式进行频谱重构：

$$\hat{\boldsymbol{X}}_1 = \hat{\boldsymbol{X}}_1^| * \exp\{\text{j} * \angle \boldsymbol{X}_1\} \tag{13.51}$$

其中，$\hat{\boldsymbol{X}}_1$ 为重构后的增强频谱。最后，通过逆 STFT 将重构后的增强频谱 $\hat{\boldsymbol{X}}_1$ 转换回时域信号，以获得增强后的语音。

图 13.9 给出了一段取自 863 语音库的原始语音、带噪语音、增强语音的图，其 MATLAB 实现程序如程序 13.4 和程序 13.5 所示。其中，噪声为 NOISEX-92 数据库的高斯白噪声，语音信号的采样率为 16kHz，帧长 N 为 256 个采样点。在纯净语音中加入 10dB 高斯白噪声作为带噪语音。

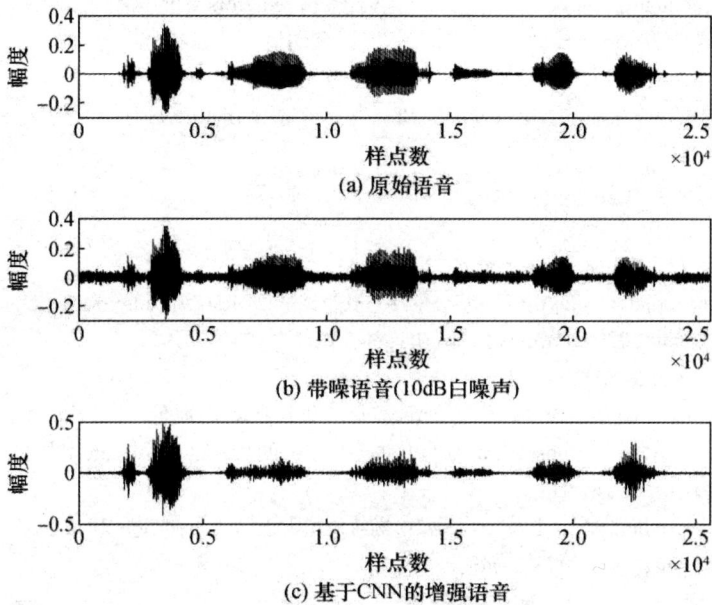

图 13.9 纯净语音、带噪语音和基于 CNN 的增强语音波形

【程序 13.4】CNN_train.m

```
%-----------------读入噪声文件、纯净语音文件-----------------
[noise, inputfs] = audioread('white_16k_235sec.wav');
src=dsp.SampleRateConverter('InputSampleRate',inputfs,'OutputSampleRate',16000,'Bandwidth',15800);
noise = src(noise);                          %对噪声信号进行采样率转换
dataFolder = 'voiceData/speech';
datasetTrain = fullfile(dataFolder,'train');     %构建音频文件的完整目录
adsTrain = audioDatastore(datasetTrain, 'IncludeSubfolders',true);%读取和管理音频数据
samples = 200;
adsTrain = subset(adsTrain,1:samples);       %创建原始数据的子集，从 adsTrain 中提取前 samples 个音
                                             %频样本形成新的音频数据集
[audio,adsTrainInfo] = read(adsTrain);
%-----------------参数设置-----------------
windowLength = 256;                          %帧长
win = hamming(windowLength, 'periodic');     %选择汉明窗
overlap = round(0.75*windowLength);          %步长
fftLength = windowLength;                     %进行傅里叶变换时使用的 FFT 点数
inputFs = adsTrainInfo.SampleRate;           %输入音频的采样率
fs = adsTrainInfo.SampleRate;                %用于 STFT 的采样率
numFeatures = fftLength/2;                    %每帧的特征数
```

```
numSegments = 8;        %在时间上将音频切分成的段数,用于在训练模型时生成输入特征的时序片段数量
%——————————————————————特征提取——————————————————————
reset(adsTrain)                        %将数据流的读取位置恢复到初始状态,重新开始遍历数据
T = tall(adsTrain);                    %延迟计算
[targets, predictors] = cellfun(@(x)HelperGenerateSpeechDenoisingFeatures2(x,noise,win),T,'UniformOutput',false);
                                       %特征提取
[targets, predictors] = gather(targets, predictors);  %将分布在不同计算设备上的数据收集到一个设备上
predictors = cat(3,predictors{:});                    %连接 predictors 中的数据
noisyMean = mean(predictors(:));                      %计算均值
noisyStd = std(predictors(:));                        %计算标准差
predictors(:) = (predictors(:) − noisyMean)/noisyStd;    %对 predictors 进行标准化
targets = cat(2,targets{:});
cleanMean = mean(targets(:));
cleanStd = std(targets(:));
targets(:) = (targets(:) − cleanMean)/cleanStd;
predictors=reshape(predictors,size(predictors,1),size(predictors,2),1,size(predictors,3));
targets = reshape(targets,1,1,size(targets,1),size(targets,2));
inds = randperm(size(targets,4));
L = round(0.99*size(predictors,4));            %计算用于训练的样本数量
trainPredictors = predictors(:,:,:,inds(1:L));     %从调整大小后的 predictors 和 targets 中选择用于训练的样本
trainTargets = targets(:,:,:,inds(1:L));
validatePredictors = predictors(:,:,:,inds(L+1:end)); %从调整大小后的 predictors 和 targets 中选择用于验证的样本
validateTargets = targets(:,:,:,inds(L+1:end));
%——————————————————————CNN 模型——————————————————————
layers = [
    imageInputLayer([numFeatures, numSegments]) %输入层,用于接收音频数据
    convolution2dLayer([9 8], 18, 'Stride', [1 100], 'Padding', 'same') % conv1
    batchNormalizationLayer %批标准化层
    reluLayer % ReLU 激活函数层
    repmat([
        convolution2dLayer([5 1], 30, 'Stride', [1 100], 'Padding', 'same') % conv2
        batchNormalizationLayer
        reluLayer
        convolution2dLayer([9 1], 8, 'Stride', [1 100], 'Padding', 'same') % conv3
        batchNormalizationLayer
        reluLayer
        convolution2dLayer([9 1], 18, 'Stride', [1 100], 'Padding', 'same') % conv4
        batchNormalizationLayer
        reluLayer], 4, 1) %将上述卷积层、批标准化层和激活函数层的结构重复 4 次
    convolution2dLayer([5 1], 30, 'Stride', [1 100], 'Padding', 'same') % conv5
    batchNormalizationLayer
    reluLayer
    convolution2dLayer([9 1], 8, 'Stride', [1 100], 'Padding', 'same') % conv6
    batchNormalizationLayer
    reluLayer
```

```matlab
    convolution2dLayer([129 1], 1, 'Stride', [1 100], 'Padding', 'same')
    % fullyConnectedLayer(1) %全连接层
    regressionLayer %回归层
];
%————————————————————CNN 模型训练————————————————————
miniBatchSize = 64;
options = trainingOptions('adam', ...          %指定优化器为 Adam
'MaxEpoch',5, ...                              %指定训练的最大迭代次数
'InitialLearnRate',1e-5, ...                   %指定初始学习率
'MiniBatchSize',miniBatchSize, ...             %指定每个 mini-batch 的样本数量
'Shuffle','every-epoch', ...                   %指定是否在每个 epoch 之前对数据进行洗牌
'Plots','training-progress', ...               %指定是否显示训练进度图
'Verbose',false, ...                           %指定是否显示详细的训练信息
'ValidationFrequency',floor(size(trainPredictors,4)/miniBatchSize), ...
                                               %指定在多少个 mini-batche 之后进行一次验证
'LearnRateSchedule','piecewise', ...           %指定学习率的调整方式
'LearnRateDropFactor',0.9, ...                 %指定学习率下降的倍数
'LearnRateDropPeriod',1, ...                   %指定学习率下降的周期
'ValidationData',{validatePredictors,permute(validateTargets,[3 1 2 4])});   %指定用于验证的数据
denoiseNetFullyConvolutional = trainNetwork(trainPredictors,permute(trainTargets,[3  1  2  4]), layers,options);
                %训练 CNN 模型
```

其中，HelperGenerateSpeechDenoisingFeatures2 为子函数，其 MATLAB 程序如下：

```matlab
function [targets, predictors] = HelperGenerateSpeechDenoisingFeatures2(audio, noise, win)
%生成纯净语音和带噪语音的 STFT
    WindowLength = 256; %帧长
    Overlap = round(0.75 * WindowLength); %步长
    FFTLength = WindowLength; %进行傅里叶变换时使用的 FFT 点数
    NumFeatures = FFTLength / 2; %每帧的特征数
    NumSegments = 8; %在时间上将音频切分成的段数,用于在训练模型时生成输入特征的时序片段数量
    randind = randi(numel(noise) - numel(audio), [1 1]);
    noiseSegment = noise(randind : randind + numel(audio) - 1);

    %合成特定信噪比的带噪语音
    desired_SNR_dB = 10; %目标信噪比（以 dB 为单位）
    desired_SNR_linear = 10^(desired_SNR_dB / 10); %将目标信噪比转换为线性的
    cleanPower = sum(audio.^2);
    noisePower = cleanPower / desired_SNR_linear;
    noisePower_current = sum(noiseSegment.^2);
    noiseSegment = noiseSegment .* sqrt(noisePower / noisePower_current);
    noisyAudio = audio + noiseSegment;

    cleanSTFT = stft(audio, 'Window',win, 'OverlapLength', Overlap, 'FFTLength',FFTLength);
    cleanSTFT = abs(cleanSTFT(NumFeatures+1:end,:));
    noisySTFT = stft(noisyAudio, 'Window',win, 'OverlapLength', Overlap, 'FFTLength',FFTLength);
    noisySTFT = abs(noisySTFT(NumFeatures+1:end,:));
```

```
noisySTFTAugmented = [noisySTFT(:,1:NumSegments−1) noisySTFT];

STFTSegments = zeros(NumFeatures, NumSegments , size(noisySTFTAugmented,2) − NumSegments + 1);
for index = 1 : size(noisySTFTAugmented,2) − NumSegments + 1
    STFTSegments(:,:,index) = noisySTFTAugmented(:,index:index+NumSegments−1);
end
targets = cleanSTFT;
predictors = STFTSegments;
end
```

【程序 13.5】CNN_test.m

```
%-------------------------读入噪声文件、纯净语音文件-------------------------
[filename,pathname]=uigetfile('sp01.wav','请选择纯净语音文件:');
[cleanAudio, ~] = audioread(fullfile(pathname, filename));
[filename,pathname]=uigetfile('SNR10_sp01.wav','请选择带噪语音文件:');
[noisyAudio, inputfs] = audioread(fullfile(pathname, filename));
%------------------------参数设置-----------------------------------------
windowLength = 256;                       %帧长
win = hamming(windowLength, 'periodic');  %选择汉明窗
overlap = round(0.75*windowLength);       %步长
fftLength = windowLength;                 %FFT 长度
fs = inputfs;                             %采样率
numFeatures = fftLength/2;                %特征数
numSegments = 8;                          %段数
%----------------------------------特征提取-------------------------------
noisySTFT = stft(noisyAudio,'Window',win,'OverlapLength',overlap,'fftLength',fftLength);
noisyPhase = angle(noisySTFT(numFeatures+1:end,:));
noisySTFT = abs(noisySTFT(numFeatures+1:end,:));

noisySTFT = [noisySTFT(:,1:numSegments−1) noisySTFT];
predictors = zeros(numFeatures,numSegments,size(noisySTFT,2) − numSegments + 1);
for index = 1:(size(noisySTFT,2) − numSegments + 1)
    predictors(:,:,index) = noisySTFT(:,index:index + numSegments − 1);
end
predictors(:) = (predictors(:) − noisyMean)/noisyStd;
%--------------------------------语音增强阶段------------------------------
predictors = reshape(predictors,[numFeatures,numSegments,1,size(predictors,3)]);
STFTFullyConvolutional = predict(denoiseNetFullyConvolutional,predictors);
                    %使用训练好的神经网络进行预测,得到噪声降低后的频谱图
STFTFullyConvolutional=squeeze(STFTFullyConvolutional);
%----------------------------------波形恢复-------------------------------
STFTFullyConvolutional(:) = cleanStd*STFTFullyConvolutional(:) + cleanMean;
                    %反标准化网络输出,以得到实际的频谱图
STFTFullyConvolutional = squeeze(STFTFullyConvolutional).*exp(1j*noisyPhase);
```

%将相位信息重新应用到频谱图
STFTFullyConvolutional = [conj(STFTFullyConvolutional(end:-1:1,:));STFTFullyConvolutional];
%对频谱图进行对称处理,以生成最终的 STFT 结果
denoisedAudioFullyConvolutional = istft(STFTFullyConvolutional,'Window',win,'OverlapLength',overlap,'fftLength',fftLength,'ConjugateSymmetric',true);   %通过 ISTFT 还原音频
%--画出波形--
figure(1)
subplot(3,1,1);plot(cleanAudio);xlabel({'样点数','(a)纯净语音'},'FontSize',9,'FontName', 'Times new Rom');ylabel('幅度','FontSize',9,'FontName', 'Times new Rom');axis([0 2.5*10^4 -0.3 0.3]);
subplot(3,1,2);plot(noisyAudio);xlabel({'样点数','(b)带噪语音(10dB 白噪声)'},'FontSize',9,'FontName', 'Times new Rom');ylabel('幅度','FontSize',9,'FontName', 'Times new Rom');axis([0 2.5*10^4 -0.3 0.3]);
subplot(3,1,3); plot(denoisedAudioFullyConvolutional); xlabel({'样点数','(c)基于 CNN 的语音增强'},'FontSize',9,'FontName', 'Times new Rom'); ylabel('幅度','FontSize',9,'FontName', 'Times new Rom');axis([0 2.5*10^4 -0.3 0.3]);

13.4.2　基于长短期记忆网络的语音增强

基于 LSTM 网络的语音增强的主要思想是利用 LSTM 网络对时间序列数据进行建模,以学习语音信号的长期依赖关系。LSTM 网络通过使用门控机制来记忆和选择性地遗忘过去的信息,从而更好地捕捉语音信号中的动态和时序特性,提高对噪声的鲁棒性。

基于 LSTM 网络的语音增强原理图如图 13.10 所示。

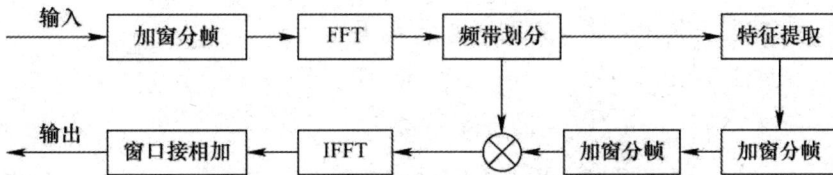

图 13.10　基于 LSTM 网络的语音增强原理图

首先对输入信号加窗分帧,进行傅里叶变换,并根据 Bark 尺度划分频带,提取信号特征;然后将这些特征输入基于 LSTM 网络的语音增强模型中,并从带噪语音特征中估计频带增益,将其频谱与估计增益相乘生成增强后的语音频谱;最后,通过傅里叶逆变换恢复时域信号,并利用叠接相加法合成增强语音信号。

其数学描述如下:

带噪语音可表示为

$$x(t) = s(t) + n(t) \tag{13.52}$$

其中,$x(t)$ 表示带噪语音信号,$s(t)$ 表示纯净语音信号,$n(t)$ 表示噪声信号,t 为时间索引。

对信号加窗、分帧并进行傅里叶变换得 $X(k)$。根据 Bark 尺度划分频带,临界带宽在 Bark 尺度上通常是非线性的,但在一定范围内可以近似地表示为线性频率,即

$$z(f) = 13\arctan(7.6 \times 10^{-4} f) + 3.5\arctan[(1.33 \times 10^{-4} f)^2] \tag{13.53}$$

其中,$z(f)$ 为 Bark 尺度下的临界频带速率,其临界带宽(Critical BandWidth,CBW)可表示为

$$\text{CBW}(f_c) = 25 + 75(1 + 1.4 \times 10^{-6} f_c^2)^{0.69} \tag{13.54}$$

其中，f_c 为中心频率，按照上述公式对频带进行划分。

特征提取是将原始语音信号转换为频谱表示或其他特征表示，此处使用 Bark 频率倒谱系数（BFCC）进行特征提取。设 $h_m(k)$ 为频率 k 处第 m 个频带的幅值，则有

$$\sum_m h_m(k) = 1 \tag{13.55}$$

这表明在每个频率 k 上，所有频带的相应系数之和为 1。第 m 个频带的能量为

$$E(m) = \sum_k h_m(k)|X(k)|^2 \tag{13.56}$$

其中，$E(m)$ 是第 m 个频带的能量，$|X(k)|^2$ 是信号在频率 k 上的能量谱。将离散余弦变换应用对数谱得到 BFCC 为

$$\text{BFCC}(i) = c(i) \sum_{m=1}^{M} \log[E(m)] \cos\left[\frac{(m-0.5)\pi i}{M}\right] \tag{13.57}$$

$$c(i) = \begin{cases} \sqrt{1/M}, & i = 0 \\ \sqrt{2/M}, & i \neq 0 \end{cases} \tag{13.58}$$

其中，$\text{BFCC}(i)$ 表示第 i 个 Bark 频率倒谱系数，$c(i)$ 为归一化系数，M 表示频带数。将提取到的特征作为输入传送到已搭建好的 LSTM 模型中，前向传播满足：

$$\begin{cases} i_t = \sigma(\boldsymbol{W}_i \times [h_{t-1}, x_t] + \boldsymbol{b}_i) \\ f_t = \sigma(\boldsymbol{W}_f \times [h_{t-1}, x_t] + \boldsymbol{b}_f) \\ c_t = f_t \otimes c_{t-1} + i_t \otimes \text{Tanh}(\boldsymbol{W}_c \times [h_{t-1}, x_t] + \boldsymbol{b}_c) \\ o_t = \sigma(\boldsymbol{W}_o \times [h_{t-1}, x_t] + \boldsymbol{b}_o) \\ h_t = o_t \otimes \text{Tanh}(c_t) \end{cases} \tag{13.59}$$

其中，t 表示当前时间步，t-1 则为前一个时间步，σ 为激活函数，i_t 表示当前时间步输入门的激活值，f_t 表示当前时间步遗忘门的激活值，c_t 表示当前时间步更新后的细胞状态，o_t 表示当前时间步输出门的激活值，h_t 表示当前时间步的隐藏状态，$\boldsymbol{W}_i$、$\boldsymbol{W}_f$、$\boldsymbol{W}_c$、$\boldsymbol{W}_o$ 则分别表示输入门、遗忘门、细胞状态更新、输出门的权值矩阵，$\boldsymbol{b}_i$、$\boldsymbol{b}_f$、$\boldsymbol{b}_c$、$\boldsymbol{b}_o$ 则分别表示输入门、遗忘门、细胞状态更新、输出门的偏置向量，[*]表示对括号内的数据进行拼接，$\otimes$ 表示点积，Tanh( ) 表示双曲正切激活函数。

模型训练目标是通过不断更新网络参数来最小化损失函数。此处以理想临界频带增益作为网络的学习目标，真实增益 g_m 和预测增益 $\hat{g}_m$ 满足：

$$L_g = \sum_m [10(\sqrt{\hat{g}_m} - \sqrt{g_m})^4 + (\sqrt{\hat{g}_m} - \sqrt{g_m})^2 + 0.01 L_{\text{bin}}(g_m, \hat{g}_m)] \tag{13.60}$$

$$L_{\text{bin}}(t, p) = -t\log(p) - (1-t)\log(1-p) \tag{13.61}$$

$$g_m = \sqrt{\frac{E_s(m)}{E_s(m) + E_n(m)}} \tag{13.62}$$

其中，L_g 为增益输出损失函数，L_{bin} 为交叉熵损失，g_m 为第 m 个频带的真实增益，$\hat{g}_m$ 为第 m 个频带的预测增益，t 为真实标签（通常是 0 或 1），p 为网络预测的概率值，$E_s(m)$ 为纯净语音

信号能量，$E_n(m)$ 为噪声信号能量。

模型训练完成后，将带噪语音特征作为输入传入 LSTM 网络生成估计增益，然后将带噪语音频谱与估计增益相乘生成增强后的语音频谱，最后通过傅里叶逆变换恢复时域信号，并利用叠接相加法合成最终的增强语音信号。

图 13.11 给出了一段取自 863 语音库的原始语音、带噪语音、增强语音波形。其中，噪声为 NOISEX-92 数据库的高斯白噪声，语音信号的采样率为 16kHz，帧长为 256 个采样点。在纯净语音中加入 10dB 高斯白噪声作为带噪语音。

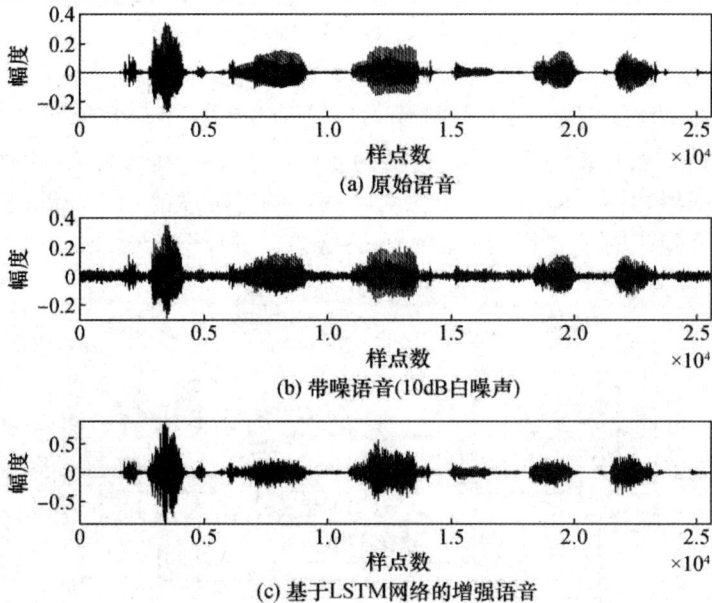

图 13.11 原始语音、带噪语音和基于 LSTM 网络的增强语音波形

13.4.3 基于生成对抗网络的语音增强

1. 生成对抗网络原理

生成对抗网络（GAN）是基于深度卷积网络的模型，主要包括两部分：生成器（G）和判别器（D）。生成器通过计算损失函数的值不断调整模型参数来学习真实样本 x 的特征参数，尽最大可能生成无限接近真实样本分布的数据 $G(z)$。判别器的作用是区分输入的数据是真实数据还是生成数据，使 $D(x)$ 向 1 趋近，$D(G(z))$ 向 0 趋近。生成器和判别器通过对抗训练，优化自身参数，最终达到一个平衡，该状态下判别器就无法区别输入的数据是来自真实数据还是生成数据，说明生成器生成数据的分布非常接近真实数据的分布，两者相似度很高，即 $D(x)$ 向 1 趋近，$D(G(z))$ 向 1 趋近，如图 13.12 所示。

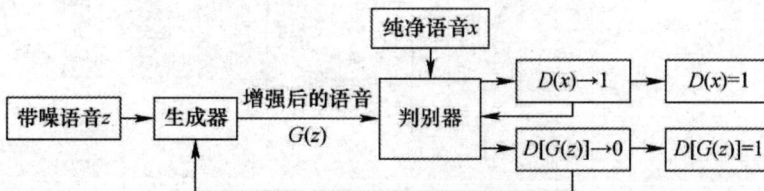

图 13.12 GAN 语音增强模型图

生成器和判别器之间的关系可表示为

$$\min_{G}\max_{D}V(D, G) = E_{x \sim P_{\text{data}}(x)}[\log D(x)] + E_{z \sim P_z(z)}[\log(1 - D(G(z)))] \qquad (13.63)$$

其中，E 代表对数据求平均值，x 和 $P_{\text{data}}(x)$ 分别是真实数据及其分布，$G(z)$ 是生成器生成的数据，$P_z(z)$ 是噪音数据的分布。

2. 网络结构

基于 GAN 的语音增强模型的生成器采用 U 形结构，由编码器和解码器组成，编码器接收噪声语音，解码器输出相应的增强语音。生成器的结构如图 13.13 所示。编码器和解码器各由 11 个一维卷积层组成，每层滤波器的步长为 2。各层输出的结果维度大小分别是：16384×1，8192×16，4096×32，2048×32，1024×64，512×64，256×128，128×128，64×256，32×256，16×512 及 8×1024。噪声语音信号输入经过预处理后得到一个长度为 16384 的一维向量，经过生成器编码后被压缩为 1024 个长度为 8 的向量 $\boldsymbol{C}$。解码器使用的滤波器尺寸和每层的滤波器数量与编码器相同，即两者是镜像对称的。解码阶段的任务与编码阶段的任务相反，编码后的向量与高斯噪声向量 $\boldsymbol{Z}$ 拼接后输入解码器中，进行语音合成。

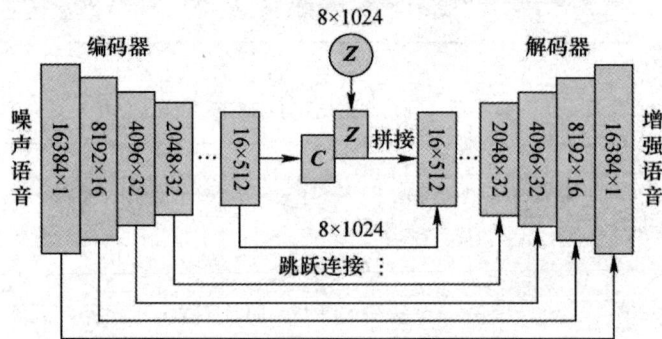

图 13.13　生成器结构图

与生成器的编码器结构相同，判别器也采用了一维步幅的卷积结构，如图 13.14 所示。滤波器宽度为 31、步长为 2，用来确定模型是否输入了纯净的或嘈杂的声音，如果输入的是干净语音，输出 1；如果输入的是嘈杂语音，则输出 0。判别器将参数信息通过反向传播传递给生成器，继而调整生成器的权值，以产生更真实的语音信号，蒙蔽判别器。与生成器不同的是，需要输入纯净语音和噪声语音两种语音到判别器，因此其输入通道的维度是生成器的 2 倍，即 16384×2。另外，在最后一层中加入全连接层，将卷积输出转换为一维向量，最终输出判别结果。

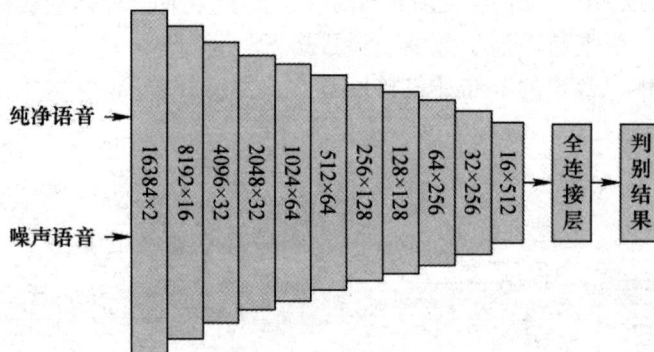

图 13.14　判别器结构图

3．训练过程

在整个训练过程前，需要先对输入的带噪语音信号进行预处理，便于生成器进行下一步处理。实验将噪声信号和判别器提取到的特征信息作为条件，输入生成器中，并使用最小二乘函数作为损失函数，加以 L1 范数的约束，最大限度地使增强后的语音信号更加接近纯净语音信号。

GAN 在整个对抗训练的过程中，生成器和判别器采用的是交替优化的方法达到全局最优解。在每一次交叉训练时，首先固定生成器的参数，使判别器的准确率尽可能最大化，并通过反向传递更新判别器的参数，如图 13.15 所示。然后固定判别器的参数，使生成器生成的样本最大化地接近真实数据，以同样的方式更新优化生成器的参数，得到增强语音，如图 13.16 所示。

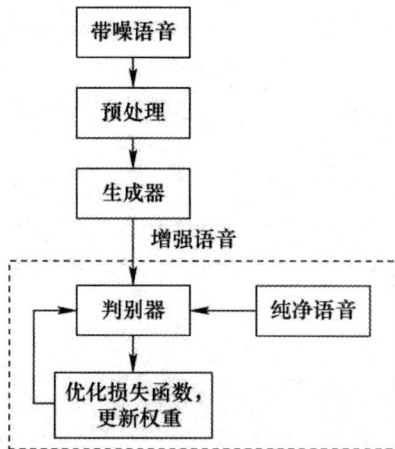

图 13.15　判别器的训练流程图　　　　图 13.16　生成器的训练流程图

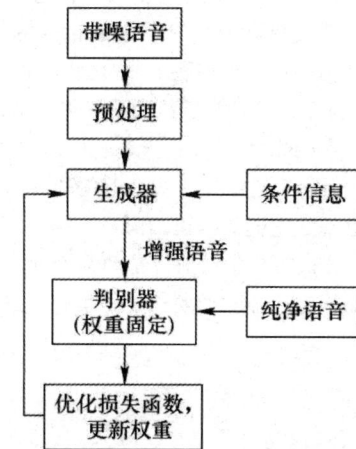

图 13.17 给出了一段取自 IEEE 语音库的原始语音、带噪语音、增强语音波形，其中噪声为 NOISEX-92 数据库的白噪声，语音信号的采样率为 16kHz，帧长为 16384 个采样点，帧叠率为 50％。在纯净语音中加入 10dB 白噪声作为带噪语音。

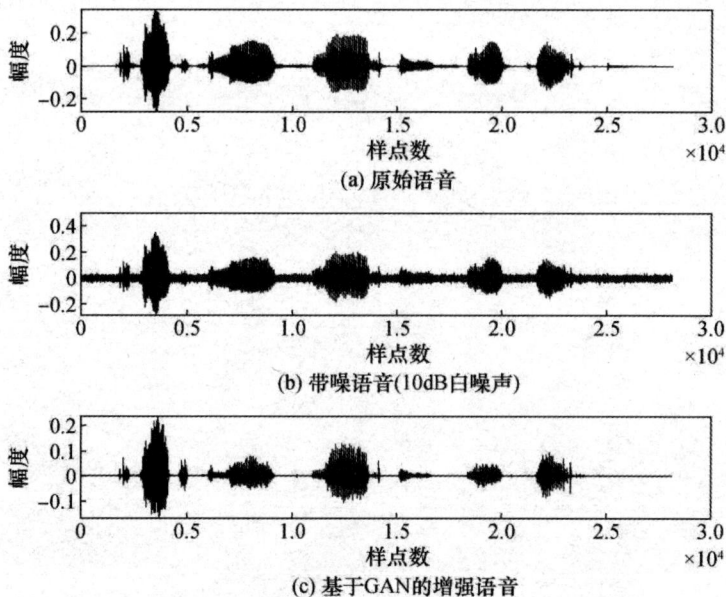

图 13.17　原始语音、带噪语音和基于 GAN 的语音增强波形

从图 13.17 可以看出，基于 GAN 的语音增强能够很好地去除带噪语音中混入的噪声干扰，且失真较少，可以用于语音增强领域。

习 题 13

13.1 语音增强的定义是什么？可以应用在哪些方面？

13.2 在语音增强算法中，哪种方法容易引起音乐噪声？为什么？用所学到的知识解释如何消除。

13.3 解释维纳滤波法的原理，尝试使用不同的扩展方式进行语音增强，并比较它们的效果。

13.4 最小均方误差法与谱减法相比，优势表现在哪里？为什么？

13.5 用 MATLAB 对一个 5dB 的带噪语音（噪声类型随机）进行仿真，分别采用谱减法、维纳滤波法、子空间法和最小均方误差法，并对比它们的性能。

13.6 基于深度神经网络的语音增强算法与传统语音增强算法相比，优势表现在哪里？

13.7 在 CNN 中，损失函数的作用是什么？

13.8 用基于 CNN、LSTM 网络和 GAN 的语音增强算法对 5dB 的 Babble 噪声（人声嘈杂噪声）进行增强仿真，并比较它们的结果。语音可选用不同语音库，噪声使用 NOISE-92 数据库。

13.9 尝试对基于 CNN、LSTM 网络和 GAN 的语音增强算法进行改进，改进后对 5dB 的 Babble 噪声进行实验测试，并比较它们的结果。语音可选用不同语音库，噪声使用 NOISE-92 数据库。

第 14 章　语音质量评价和可懂度评价

14.1　语音质量与可懂度

质量只是语音信号众多属性中的一个，可懂度是另一种属性，这两种属性并不等效。由于这个原因，就有了不同的评估方法用来估计语音的质量和可懂度。质量在本质上是高度主观的且很难被可靠地估计。部分原因是不同的测听者有着不同的自身标准，这就导致了测听者之间的评级得分的巨大差异。质量评价是估计说话人"如何"发出一段话语，并且得知一些诸如自然度、刺耳度和沙哑度等属性。质量拥有太多的属性，根据实际的目的我们只需要知道语音质量的几个属性。可懂度评价是估计说话人说了"什么"，比如说出的单词的意思或内容。不同于质量，语音可懂度不是主观的，并且通过向测听者展示语音材料（句子、单词等）和让他们分辨词汇可以很容易地被测量。通过计算单词和音素的正确识别数量可以量化可懂度。

我们还不能完全理解语音质量和可懂度的关系，部分原因是我们无法得知质量和可懂度在声学上的关系。语音可以被很好地理解，即使在质量很差的情况下。例如使用少量（3~6 个）正弦波合成的语音和使用少量（4 个）调制噪声频带合成的语音，正弦波语音给人的感觉是很机械的，但有很高的可懂度。相反，有时语音有很好的质量，却不能完全地被理解。例如，语音在 IP 网络中传输或者在传输过程中产生了大量的丢包。在接收端，由于某些词的丢失在语音感知时就产生了干扰，会降低语音的可懂度。然而，剩余的词的质量还是很好的。正如这些例子所阐释的，在估计语音质量和可懂度时需要不同的方法。

14.2　语音质量的主观评价方法

主观评价方法是基于一组测听者对原始语音与合成语音进行对比试听，然后根据某种事先规定好的尺度标准来对失真语音划分等级的方法，主要反映的是测听者主观上对语音质量或者可懂度的一种感知。主观评价分为语音质量的主观评价和语音可懂度的主观评价，常见的语音质量主观评价方法是平均意见得分（Mean Opinion Score，MOS）。另外，还有判断满意度测量（Diagnostic Acceptability Measure，DAM），它是对语音质量，例如样本自身的感知质量、背景情况及其他因素进行的多维测量。

MOS 是一个在电话网络中已经使用了数十年的测试，它用来得到用户对网络质量的观点和感受。从历史角度来看，MOS 曾是一个主观的测量方法，测听者在一个安静的房间中对他们感知到的通话质量评分。ITU-T P.800 建议说话者应该在 30~120m³ 的安静房间中发音，且回响时间要少于 500ms，最好为 200~300ms。测量 IP 语音（Voice over IP，VoIP）是更为客观的，它是基于 IP 网络的表现和性能的计算。ITU-T PESQ P.862 标准定义这个计算。此外，由于手机制造业技术的进步，在 VoIP 网络中 3.9 分的 MOS 得分实际上要比以前的主观评分 4.0 以上的得分听起来好。

在多媒体（如音频、语音电话或者视频）中，尤其是当编解码器用于压缩带宽需求时，MOS 产生一个感知质量的数值表示，该数值是来自用户对压缩或者传输之后接收到的多媒体的感知。

MOS 是对语音质量的整体满意度进行打分，采用 5 级评分标准，每个测听者从 5 个等级中根据自己对测试语音的感觉来选择相应的分数，然后所有测听者的平均得分便是被测语音的 MOS 评分。

MOS 测试需要经历两个阶段，即训练和估计。在训练阶段，测听者听取一系列的参考信号，比如高质量的、差的以及一些中间的判断类别。这一阶段是非常重要的，它能够规范所有测听者的质量评级主观范围。在估计阶段，测听者对测试信号进行主观测听，并且为信号的质量评级。表 14.1 给出了 MOS 得分标准与对应的语音质量和失真级别。

表 14.1 MOS 得分标准

MOS 得分	质量等级	失真级别
5	优	不觉察
4	良	刚有觉察
3	中	有觉察且稍觉可厌
2	差	有明显觉察且可厌但可忍受
1	坏	不可忍受

MOS 得分标准中，“优”表示：测听语音与原始的纯净语音几乎没有区别，如果不进行详细的比对是感觉不到差别的；“良”表示：测听语音稍有失真，不刻意去听是感觉不到的；“中”表示：测听语音有一些能够察觉的失真，但总体上还是可以听清楚语音的；“差”表示：测听语音与原始的纯净语音相比有相对较多的失真，测听者会感觉到疲劳；“坏”表示：测听的语音质量相当差，正常人无法忍受。

MOS 又分为 3 种，即绝对等级评价（Absolute Category Rating，ACR）、失真等级评价（Degradation Category Rating，DCR）及相对等级评价（Comparison Category Rating，CCR）。ACR 主要通过 MOS 得分对语音质量进行主观评价。这时，测听者在没有参考语音的情况下听失真语音，之后对该语音进行 1~5 分的评分。由于不需要参考语音，所以 ACR 方法相对灵活。但是因为人对不同的声音有着不同的喜好，以至于这种灵活性产生了不公平性。DCR 主要通过失真平均意见评分（Degradation Mean Opinion Score，DMOS）来实现对语音质量的主观评价。该方法需要测听者对失真语音评分前就已经熟悉了参考语音，然后将失真语音与参考语音之间的差异通过一定的标准描述出来。DCR 一般在汽车噪声、街道噪声或者其他说话人干扰等噪声背景下评价语音质量。噪声的数量与类型将直接影响失真级别的评定。CCR 在对语音进行主观评价时，一般采用相对平均意见评分（Comparison Mean Opinion Score，CMOS）。CCR 与 DCR 类似，但不同的是，CCR 是随机播放参考语音和失真语音的，以至于测听者无法辨别参考语音和失真语音。测听者只能基于上一个语音来评定当前语音的优劣。CCR 允许处理后的语音即失真语音有高于参考语音的评价。因此，它能够对具有语音增强功能及噪声抑制功能的编码器进行评价，也能够对两种未知编码器性能的好坏进行比较。其中，ACR 目前被 ITU 采用在主观评价标准中且在国内外得到了广泛的使用。

压缩和解压系统通常用于语音通信中，并且可以配置节约带宽。但是在语音质量和节约带宽之间存在一个权衡的关系。最好的编解码器需要最好的节约带宽，同时产生最少的语音质量的下降。节约带宽可以定量测量，语音质量的估计虽然可以通过测试系统测量，但语音质量却需要去解释。表 14.2 是不同编解码器的平均意见得分。

表 14.2 不同编解码器的平均意见得分

编解码器	数据速率/(kbit/s)	平均意见得分（MOS）
G.723.1 r53	5.3	3.65
G.723.1 r63	6.3	3.9
G.729a	8	3.7
G.729	8	3.92
GSM FR	12.2	3.5
GSM EFR	12.2	3.8
AMR	12.2	4.14
iLBC	15.2	4.14
G.728	16	3.61
G.726 ADPCM	32	3.85
G.711（ISDN）	64	4.1

当部署一个 VoIP 网络时，需要考虑的一个因素是：特定编解码器的 MOS 与带宽的关系。例如，G.711 的数据速率是 64kbit/s，达到了最大的 MOS 得分 4.1，然而 G.729 的数据速率只有 8kbit/s，MOS 得分却达到了 3.9。与 G.711 相比，G.729 被压缩了八倍之多，然而语音质量仍很好。

14.3　语音可懂度的主观评价方法

可懂度是语音信号的一个重要属性。设计一个可靠且有效的语音可懂度测试需要考虑以下几个因素。

（1）所有主要的语音音素都要有好的表现

所有的或者几乎所有的基础语音音素都应该在测试项目列表中表示出来。在理想的情况下，测试项目中的音素发生的相对频率应该反映通信语音中的音素分布。这种需求就确保可懂度测试将产生一个得分来反映实际的通信情况。它解决的是有效性问题。

（2）测试列表应具有相等的难度

为了进行广泛的测试，尤其是几种算法都需要在不同条件下测试的情况下，就需要大量的测试列表。防止测听者在某种程度上"学习"或者记忆语音材料或者语音材料的呈现顺序时是很有必要的。需要多个测试列表，一个测试列表可能包括 10 个句子或者 50 个单音节的词，测试材料应该分组到这些测试列表中，每个测试列表应该具有相等的识别难度。

（3）上下文信息的控制

众所周知，放在句子中的单词比起孤立的单词有更高的可懂度。这是因为测听者辨别句子中的单词时可以根据上下文的信息，没有必要识别句子中所有的单词来得知意思。对于句子而言，为了使每个列表都有相同的可懂度，控制每个列表中的上下文信息是很有必要的。

许多语音测试都基于不同的语音材料，这些测试通常分为 3 种类别，而这 3 种类别是根据语音材料的选择而划分的：①无意义音节测试，识别音节组成的毫无意义的语音组合，例如"apa""aka"；②单词测试，识别以孤立方式（脱离上下文）表示的单一意思的词（例如"bar""pile"）或者以连接词格式表示的词；③句子测试，识别单词之间包含所有上下文信息的有意义的句子。每个测试都有其优点和缺点，这取决于具体应用。

在大部分的测试中，语音可懂度被量化为一系列能够被正确识别的单词或者音节的百分比。百分比可懂度通常被用于估计固定的语音或噪声等级。然而，这样的可懂度评价方法从本质上是被地板效应或者天花板效应所局限的。例如，假如估计被两种不同算法增强的语音的可懂度，得到的两种算法的百分比得分都在90%以上，却没有办法得知究竟是哪一种算法更好，这便是天花板效应。因此，在一些情况下估计语音可懂度需要一种不同的且更可靠的评价方法，这种方法对语音或者噪声等级是不敏感的且不受地板效应和天花板效应的影响。

语音接受阈（Speech Reception Threshold，SRT）在测量语音可懂度方面可被用于替代百分比得分。无论在安静环境下还是噪声环境下都可以测量出SRT。在安静环境下，SRT被定义为表示等级或者强度等级，此时测听者识别单词的准确率是50%。

当在噪声环境下，SRT被定义为信噪比（SNR）等级，此时测听者识别单词的准确率是50%。通过从消极信噪比等级（如SNR=-10dB）到积极信噪比等级（如SNR=10dB）的不同信噪比等级语音的信噪比表现函数图中可以得到SRT。从这个图中，我们规定50%点处对应其SRT。显然，小的信噪比值意味着表现差，而大的信噪比值则意味着表现好。信噪比表现函数是S形单调递增的，如图14.1所示。

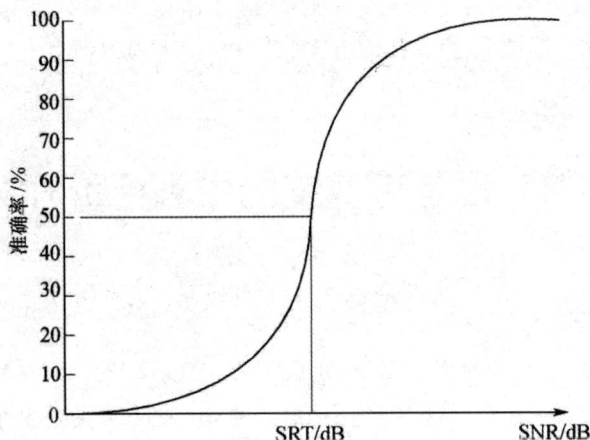

图14.1 典型信噪比表现函数图

由于在不同的强度等级和信噪比等级需要不断重复地做测试，这就需要耗费大量的时间才能获得强度表现函数和信噪比表现函数。此外，为了得到50%点，信噪比等级的范围仍是不清楚的。这就需要一个更实际且有效的方法来得到SRT。幸运的是，存在这样一个被称为up-down的自适应程序，它会根据测听者的反应系统地调节信噪比等级或者安静条件下的强度等级。

语音材料最初是在高信噪比等级条件下被提出的。如果测听者能够准确地识别出给出的单词，那么信噪比等级就会减少一个固定的数值（即2dB），直到测听者不再识别出给出的单词。然后，信噪比等级会增加相同的数值直到测听者不再识别出单词。这个过程的不断进行需要大量的实验跟踪信噪比等级的改变。信噪比等级从增加到减少或者从高到低的变化、从减少到增加的变化被称为反转。最初的两个反转通常被忽略，以减少最初点的偏差。最后8个反转的中间点做平均就可得到SRT。除了改变信噪比等级，系统地改变强度等级同样的程序可以用来得到安静环境下的SRT。信噪比等级或者强度等级增加还是减少的那个量称为步长，它需要仔细地选择。步长过大，可能会使数据错误地置于相对于50%点的位置；步长太小，又需要较长的时间来汇集数据。固定的步长（2~4dB）被认为是较好的。

判断韵词测试（Diagnostic Rhyme Test，DRT）方法是广泛地用来估计语音可懂度的一种测试方法。在 DRT 测试中，韵词的选择不仅是首个不同的辅音，而且还有首个音素的不同。大量的实验表明，DRT 测试是可靠的，当测听人数在 8~10 人时，DRT 总的得分标准误差大约是 1%。DRT 也对多种形式的信号退化很敏感，包括噪声掩蔽。一般情况下，DRT 得分在95%以上被认为其语音可懂度为优，得分在 85%~94%为良，得分在 75%~84%为中，得分在65%~75%为差，而得分在 65%以下则认为可懂度坏得无法接受。

14.4　语音质量客观评价方法

语音质量的主观评价提供了对语音的可靠评价指标。然而，这些方法费时，同时需要对测听者进行训练。基于这些原因，一些研究人员开始探求客观的评价方法。理想情况下，客观评价方法需要在没有原始语音的情况下对语音进行评价，需要结合不同的处理过程的知识。理想的方法所得到的评价结果应与主观评价相一致。

现有的评价方法局限于要知道原始的语音信号，并且多数只能模拟低层的处理过程。尽管有这些局限性，一些客观评价方法与主观评价有很高的相似度。

在实现时，首先将语音信号分成 10~30ms 的语音帧，然后比较原始信号与处理信号之间的畸变度，最后将所有语音帧的畸变度进行平均。畸变度的计算可以在时域进行，也可以在频域进行。对于频域的方法，假设检测到的任何频域畸变都与语音质量有关。

14.4.1　时域和频域分段信噪比方法及 MATLAB 实现

时域分段信噪比（the time-domian segmental SNR，SNRseg）评价方法的计算如下

$$\text{SNRseg} = \frac{10}{M}\sum_{m=0}^{M-1}\log_{10}\frac{\sum_{n=Nm}^{Nm+N-1}x^2(n)}{\sum_{n=Nm}^{Nm+N-1}[x(n)-\hat{x}(n)]^2} \tag{14.1}$$

式中，$x(n)$是纯净语音信号，$\hat{x}(n)$是处理语音信号，N是帧长（选为 30ms，当采样率为 8kbit/s时，采样点数为 240），M是总帧数。该方法存在的问题之一是在语音信号的静音期，原始信号的能量非常小，使时域分段信噪比产生大的负值，从而使整个测量结果产生偏差。可采用的补救方法是：去掉静音帧或在计算均值时，只考虑 SNRseg 在[-10, 35]dB 范围内的帧。

频域加权分段信噪比（the frequency-weighted segmental SNR，fwSNRseg）评价方法的计算如下

$$\text{fwSNRseg} = \frac{10}{M}\sum_{m=0}^{M-1}\frac{\sum_{j=1}^{N}W(j,m)\log_{10}\frac{X(j,m)^2}{[X(j,m)-\overline{X}(j,m)]^2}}{\sum_{j=1}^{N}W(j,m)} \tag{14.2}$$

式中，$W(j,m)$是第 j 个频带的权值，K 是频带数，M 是信号的总帧数，$X(j,m)$是第 m 帧中第 j个频带的纯净信号的临界频谱值（激励谱），$\overline{X}(j,m)$是相同频带中的处理信号相应的频谱值。式（14.2）中分子的信噪比项被限定在[-10, 35]dB。为了估计动态范围的影响，也可以限

定为[-15, 20]dB、[-15, 25]dB、[-15, 30]dB、[-15, 35]dB。程序 14.1 是频域加权分段信噪比方法的 MATLAB 代码。

【程序 14.1】 FrequencyWeightedSNRseg.m

```
functionfwseg_dist=FrequencyWeightedSNRseg(cleanFile, enhancedFile);
% ─────────────────────────────────────────────────────────────────────
%此函数实现式(14.2)中的频域加权分段信噪比的语音质量评价方法
%首先信号通过临界频带滤波器,将语音分为 13 个或 25 个频带,
%计算每个频带的信噪比。再对每个频带的信噪比加权和归一化
%权值 W= [0.0030.0030.0030.0070.0100.0160.0160.0170.0170.022
%     0.0270.0280.0300.0320.0340.0350.0370.0360.0360.0330.0300.0290.0270.0260.026]
%
%使用方法：  fwSNRseg=FrequencyWeightedSNRseg(cleanFile.wav, enhancedFile.wav)
%           cleanFile.wav – clean input file in .wav format
%           enhancedFile   – enhanced output file in .wav format
%           fwSNRseg        – computed frequency weighted SNRseg in dB
%           Note that large numbers of fwSNRseg are better.
%调用例子：  fwSNRseg =FrequencyWeightedSNRseg('clean.wav','enhanced.wav')
% ─────────────────────────────────────────────────────────────────────
ifnargin~=2
fprintf('USAGE: fwSNRseg=FrequencyWeightedSNRseg (cleanFile.wav, enhancedFile.wav)\n');
fprintf('For more help, type: FrequencyWeightedSNRseg\n\n');
return;
end
[data1, Srate1, Nbits1]= wavread(cleanFile);
[data2, Srate2, Nbits2]= wavread(enhancedFile);
if ( Srate1~= Srate2)| ( Nbits1~= Nbits2)
     error( '清晰语音和增强语音的长度必须一致!\n');
end
len= min( length( data1), length( data2));
data1= data1( 1: len)+eps;
data2= data2( 1: len)+eps;
wss_dist_vec= fwseg( data1, data2,Srate1);
fwseg_dist=mean(wss_dist_vec);
% ─────────────────────────────────────────────────────────────────────
function distortion = fwseg(clean_speech, processed_speech,sample_rate)
% ─────────────────────────────────────────────────────────────────────
%检查清晰语音和增强语音的长度是否一致.
% ─────────────────────────────────────────────────────────────────────
clean_length        = length(clean_speech);
processed_length    = length(processed_speech);
if (clean_length ~= processed_length)
disp('错误: 清晰语音和增强语音的长度必须一致.');
return
end
winlength    = round(30*sample_rate/1000);              %以采样点数表示的窗长
```

```
skiprate        = floor(winlength/4);              %以采样点数表示的窗移
max_freq        = sample_rate/2;                   %最大带宽
num_crit        = 25;                              %临界频带数量
USE_25=1;
n_fft           = 2^nextpow2(2*winlength);
n_fftby2        = n_fft/2;
gamma=0.2;
%——————————————————————————————————————————————————
%定义临界频带滤波 (中心频率和带宽以 Hz 表示)
%——————————————————————————————————————————————————
cent_freq(1)  = 50.0000;      bandwidth(1)  = 70.0000;
cent_freq(2)  = 120.000;      bandwidth(2)  = 70.0000;
cent_freq(3)  = 190.000;      bandwidth(3)  = 70.0000;
cent_freq(4)  = 260.000;      bandwidth(4)  = 70.0000;
cent_freq(5)  = 330.000;      bandwidth(5)  = 70.0000;
cent_freq(6)  = 400.000;      bandwidth(6)  = 70.0000;
cent_freq(7)  = 470.000;      bandwidth(7)  = 70.0000;
cent_freq(8)  = 540.000;      bandwidth(8)  = 77.3724;
cent_freq(9)  = 617.372;      bandwidth(9)  = 86.0056;
cent_freq(10) = 703.378;      bandwidth(10) = 95.3398;
cent_freq(11) = 798.717;      bandwidth(11) = 105.411;
cent_freq(12) = 904.128;      bandwidth(12) = 116.256;
cent_freq(13) = 1020.38;      bandwidth(13) = 127.914;
cent_freq(14) = 1148.30;      bandwidth(14) = 140.423;
cent_freq(15) = 1288.72;      bandwidth(15) = 153.823;
cent_freq(16) = 1442.54;      bandwidth(16) = 168.154;
cent_freq(17) = 1610.70;      bandwidth(17) = 183.457;
cent_freq(18) = 1794.16;      bandwidth(18) = 199.776;
cent_freq(19) = 1993.93;      bandwidth(19) = 217.153;
cent_freq(20) = 2211.08;      bandwidth(20) = 235.631;
cent_freq(21) = 2446.71;      bandwidth(21) = 255.255;
cent_freq(22) = 2701.97;      bandwidth(22) = 276.072;
cent_freq(23) = 2978.04;      bandwidth(23) = 298.126;
cent_freq(24) = 3276.17;      bandwidth(24) = 321.465;
cent_freq(25) = 3597.63;      bandwidth(25) = 346.136;
W=[    %权值
0.0030.0030.0030.0070.0100.0160.0160.0170.0170.0220.0270.0280.0300.0320.0340.0350.0370.0360.0360.0330
.0300.0290.0270.0260.026];
if USE_25==0                                  %使用 13 个频带
    % ————— 将临界频带连在一起——————————————
    k=2;
    cent_freq2(1)=cent_freq(1);
bandwidth2(1)=bandwidth(1)+bandwidth(2);
W2(1)=W(1);
for i=2:13
```

```matlab
                cent_freq2(i)=cent_freq2(i-1)+bandwidth2(i-1);
bandwidth2(i)=bandwidth(k)+bandwidth(k+1);
W2(i)=0.5*(W(k)+W(k+1));
                k=k+2;
    end
sumW=sum(W2);
bw_min = bandwidth2 (1);                    %最小临界频带数
else
sumW=sum(W);
bw_min=bandwidth(1);
end
% ------------------------------------------------------------------
%设置临界频带滤波, 这里使用的是高斯滤波。同时,
%每个临界频带滤波权值的和相同。小于-30dB 的滤波设置为零
% ------------------------------------------------------------------
min_factor = exp (-30.0 / (2.0 * 2.303));        %-30dB 滤波点
if USE_25==0
num_crit=length(cent_freq2);
for i = 1:num_crit
        f0 = (cent_freq2 (i)/max_freq)* (n_fftby2);
        all_f0(i)= floor(f0);
bw = (bandwidth2 (i)/max_freq)* (n_fftby2);
norm_factor = log(bw_min)- log(bandwidth2(i));
        j = 0:1:n_fftby2-1;
crit_filter(i,:)= exp (-11 *(((j - floor(f0))./bw).^2)+ norm_factor);
crit_filter(i,:)= crit_filter(i,:).*(crit_filter(i,:)>min_factor);
    end
else
for i = 1:num_crit
        f0 = (cent_freq (i)/max_freq)* (n_fftby2);
        all_f0(i)= floor(f0);
bw = (bandwidth (i)/max_freq)* (n_fftby2);
norm_factor = log(bw_min)- log(bandwidth(i));
        j = 0:1:n_fftby2-1;
crit_filter(i,:)= exp (-11 *(((j - floor(f0))./bw).^2)+ norm_factor);
crit_filter(i,:)= crit_filter(i,:).*(crit_filter(i,:)>min_factor);
    end
end
num_frames = clean_length/skiprate-(winlength/skiprate); %帧数
start       = 1;                                     %起始点
window      = 0.5*(1 - cos(2*pi*(1:winlength)'/(winlength+1)));
forframe_count = 1:num_frames
    % ------------------------------------------------------------------
    % (1)得到加窗的清晰和增强语音帧
    % ------------------------------------------------------------------
```

```matlab
clean_frame = clean_speech(start:start+winlength−1);
processed_frame = processed_speech(start:start+winlength−1);
clean_frame = clean_frame.*window;
processed_frame = processed_frame.*window;
    % ------------------------------------------------------------------------
    % (2)计算清晰和增强语音帧的频谱
    % ------------------------------------------------------------------------
clean_spec      = abs(fft(clean_frame,n_fft));
processed_spec = abs(fft(processed_frame,n_fft));
    % normalize spectra to have area of one
    %
clean_spec=clean_spec/sum(clean_spec(1:n_fftby2));
processed_spec=processed_spec/sum(processed_spec(1:n_fftby2));
    % ------------------------------------------------------------------------
    % (3)计算输出能量
    % ------------------------------------------------------------------------
clean_energy=zeros(1,num_crit);
processed_energy=zeros(1,num_crit);
error_energy=zeros(1,num_crit);
W_freq=zeros(1,num_crit);
for i = 1:num_crit
clean_energy(i)= sum(clean_spec(1:n_fftby2)...
    .*crit_filter(i,:)');
processed_energy(i)= sum(processed_spec(1:n_fftby2)...
            .*crit_filter(i,:)');
error_energy(i)=max((clean_energy(i)−processed_energy(i))^2,eps);
W_freq(i)=(clean_energy(i))^gamma;
end
SNRlog=10*log10((clean_energy.^2)./error_energy);
fwSNR=sum(W_freq.*SNRlog)/sum(W_freq);
distortion(frame_count)=min(max(fwSNR,−10),35);
start = start + skiprate;
end
```

14.4.2　基于 LPC 客观评价方法及 MATLAB 实现

在大多数情况下，采用基于线性预测编码（Linear Predictive Coding，LPC）客观评价方法估计纯净信号与处理信号之间的谱包络差异。有 3 种不同的基于 LPC 的客观评价方法：对数似然估计比（the Log Likelihood Ratio，LLR）、the Itakura-Saito（IS）和倒谱距离（the CEPstrum distance，CEP）评价方法。这 3 种方法都是估计纯净信号和处理信号谱包络之间的差异的，且都是通过 LPC 模型计算的。LLR 评价方法定义如下

$$d_{\text{LLR}}(\boldsymbol{a}_p,\boldsymbol{a}_c) = \log\left(\frac{\boldsymbol{a}_p \boldsymbol{R}_c \boldsymbol{a}_p^{\text{T}}}{\boldsymbol{a}_c \boldsymbol{R}_c \boldsymbol{a}_c^{\text{T}}}\right) \tag{14.3}$$

其中，a_c 是纯净信号的 LPC 向量，a_p 是处理信号的 LPC 向量，R_c 是纯净信号的自相关矩阵。只有最小的 95% 的帧，其 LLR 值被用来计算平均 LLR 值。分段的 LLR 值被限制在[0, 2]之间，以进一步减小离群值。

IS 评价方法定义为

$$d_{\mathrm{IS}}(a_p, a_c) = \frac{\sigma_c^2}{\sigma_p^2}\left(\frac{a_p R_c a_p^{\mathrm{T}}}{a_c R_c a_c^{\mathrm{T}}}\right) + \log\left(\frac{\sigma_c^2}{\sigma_p^2}\right) - 1 \tag{14.4}$$

其中，σ_c^2 和 σ_p^2 分别是纯净信号和处理信号的 LPC 增益。IS 值被限制在[0, 100]之间以减小离群值。

CEP 评价方法是估计两个谱之间的对数谱距离，且计算为

$$d_{\mathrm{CEP}}(c_c, c_p) = \log\sqrt{2\sum_{k=1}^{p}[c_c(k) - c_p(k)]^2} \tag{14.5}$$

其中，c_c 和 c_p 分别是纯净信号和处理信号的倒谱系数向量。CEP 值被限制在[0，10]之间以减小离群值。

程序 14.2 是基于 LLR 的可懂度客观评价方法的 MATLAB 实现。

【程序 14.2】 LLR.m

```
functionllr_mean=LLR(cleanFile, enhancedFile);
%—————————————————————————————————————
%此函数实现式(14.3)所示的基于 LLR 的可懂度客观评价方法
%使用方法:   llr= LLR (cleanFile.wav, enhancedFile.wav)
%           cleanFile.wav － clean input file in .wav format
%           enhancedFile  － enhanced output file in .wav format
%           llr           － computed likelihood ratio
%注意 LLR 方法的输出值限制在[0, 2].
%调用例子:   llr = LLR ('clean.wav','enhanced.wav')
%—————————————————————————————————————
ifnargin~=2
fprintf('USAGE: llr= LLR (cleanFile.wav, enhancedFile.wav)\n');
fprintf('For more help, type: help LLR\n\n');
return;
end
alpha=0.95;
[data1, Srate1, Nbits1]= wavread(cleanFile);
[data2, Srate2, Nbits2]= wavread(enhancedFile);
if ( Srate1~= Srate2)| ( Nbits1~= Nbits2)
error( 'The two files do not match!\n');
end
len= min( length( data1), length( data2));
data1= data1( 1: len)+eps;
data2= data2( 1: len)+eps;
IS_dist= llr( data1, data2,Srate1);
IS_len= round( length( IS_dist)* alpha);
```

```matlab
IS= sort(IS_dist);
llr_mean= mean( IS( 1: IS_len));
function distortion = llr(clean_speech, processed_speech,sample_rate)
% –––––––––––––––––––––––––––––––––––––––––––––––––––––––––
%检查清晰语音和增强语音的长度是否一致
% –––––––––––––––––––––––––––––––––––––––––––––––––––––––––
clean_length        = length(clean_speech);
processed_length    = length(processed_speech);
if (clean_length ~= processed_length)
disp('Error: Both Speech Files must be same length.');
return
end
winlength    = round(30*sample_rate/1000);            %以采样点数表示的窗长
skiprate     = floor(winlength/4);                    %以采样点数表示的窗移
ifsample_rate<10000
    P=10;                                             %LPC 阶数
else
    P=16;                                             %依据采样率变化
end
% –––––––––––––––––––––––––––––––––––––––––––––––––––––––––
%对每一帧输入语音,计算 LLR 值
% –––––––––––––––––––––––––––––––––––––––––––––––––––––––––
num_frames = clean_length/skiprate-(winlength/skiprate);    %帧数
start       = 1;                                      %起始采样点
window      = 0.5*(1 - cos(2*pi*(1:winlength)'/(winlength+1)));
forframe_count = 1:num_frames
    % –––––––––––––––––––––––––––––––––––––––––––––––––––––
    % (1)得到加窗的清晰语音和增强语音
    % –––––––––––––––––––––––––––––––––––––––––––––––––––––
clean_frame = clean_speech(start:start+winlength-1);
processed_frame = processed_speech(start:start+winlength-1);
clean_frame = clean_frame.*window;
processed_frame = processed_frame.*window;
    % –––––––––––––––––––––––––––––––––––––––––––––––––––––
    % (2)计算自相关和 LPC 系数
    % –––––––––––––––––––––––––––––––––––––––––––––––––––––
    [R_clean, Ref_clean, A_clean] = ...
lpcoeff(clean_frame, P);
    [R_processed, Ref_processed, A_processed] = ...
lpcoeff(processed_frame, P);
    % –––––––––––––––––––––––––––––––––––––––––––––––––––––
    % (3)基于自相关和 LPC 系数计算 LLR
    % –––––––––––––––––––––––––––––––––––––––––––––––––––––
numerator    = A_processed*toeplitz(R_clean)*A_processed';
denominator = A_clean*toeplitz(R_clean)*A_clean';
```

```
distortion(frame_count)= min(2,log(numerator/denominator));
start = start + skiprate;
end
function [acorr, refcoeff, lpparams] = lpcoeff(speech_frame, model_order)
    % ────────────────────────────────────────────────────────
    % (1)计算自相关系数
    % ────────────────────────────────────────────────────────
winlength = max(size(speech_frame));
for k=1:model_order+1
R(k)= sum(speech_frame(1:winlength−k+1)...
                .*speech_frame(k:winlength));
end
    % ────────────────────────────────────────────────────────
    % (2)杜宾递推
    % ────────────────────────────────────────────────────────
    a = ones(1,model_order);
E(1)=R(1);
for i=1:model_order
a_past(1:i−1)= a(1:i−1);
sum_term = sum(a_past(1:i−1).*R(i:−1:2));
rcoeff(i)=(R(i+1)− sum_term)/E(i);
a(i)=rcoeff(i);
a(1:i−1)= a_past(1:i−1)− rcoeff(i).*a_past(i−1:−1:1);
E(i+1)=(1−rcoeff(i)*rcoeff(i))*E(i);
end
acorr       = R;
refcoeff = rcoeff;
lpparams = [1 −a];
```

14.4.3　语音质量的感知（PESQ）评价方法及 MATLAB 实现

在众多的客观评价方法中，PESQ 评价方法在计算上是最复杂的。其计算如下：原始信号和下降信号首先被置于相同的标准测听等级且经过一个滤波器的预处理，预处理后信号因为时间延迟要进行时间校准，然后通过一个听觉转换器的处理得到响度谱。原始信号和下降信号在响度上的差别通过时间和频率的计算与平均来产生主观质量评级预测。PESQ 产生一个 1.0~4.5 的得分，得分越高表示质量越好。来自互联网语音协议的应用中，大量的测试条件通过使用 PESQ 评价方法与主观测听测试达到了极高的相关度（$r>0.92$）。PESQ 评价方法的结构框图如图 14.2 所示。

（1）响度谱的计算

经过预处理，原始信号和下降信号的 Bark 谱分别按照下式变换到一个响度尺度

$$S(b) = S_1 * \left[\frac{p_0(b)}{0.5} \right]^{\gamma} * \left\{ \left[0.5 + 0.5 * \frac{B'_x(b)}{p_0(b)} \right]^{\gamma} - 1 \right\} \tag{14.6}$$

其中，S_1 是响度比例因子，$p_0(b)$ 是 Bark 域 b 的绝对听觉域值，$B'_x(b)$ 中 Bark 谱的频率补偿，

指数 γ 当 $b \geqslant 4$ 时为 0.23，当 $b < 4$ 时略有提高。下降信号的响度谱记为 $\overline{S}(b)$，也用类似的方法计算。

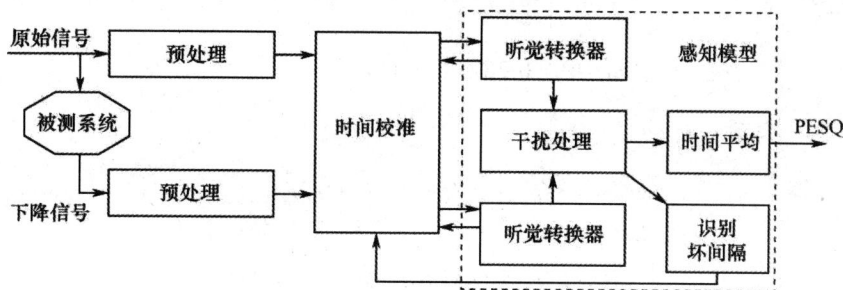

图 14.2　PESQ 评价方法的结构框图

图 14.3 和图 14.4 表示响度谱计算过程中的两个阶段。

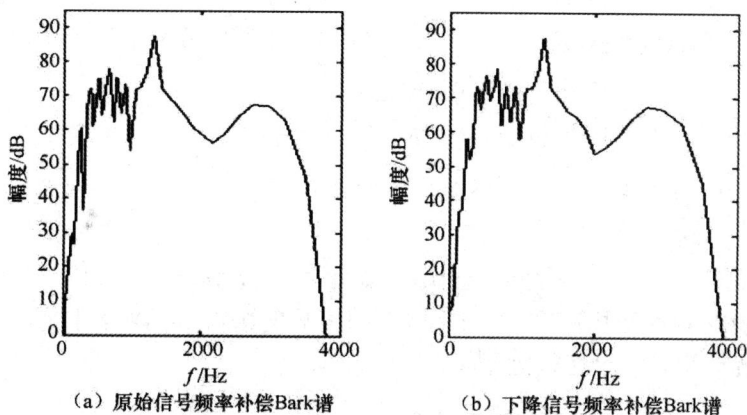

（a）原始信号频率补偿Bark谱　　　　　　（b）下降信号频率补偿Bark谱

图 14.3　经频率补偿后修正的 Bark 谱

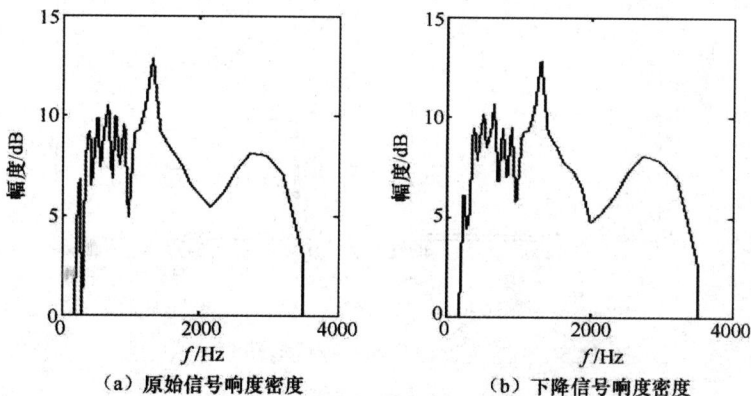

（a）原始信号响度密度　　　　　　（b）下降信号响度密度

图 14.4　原始信号和下降信号的响度谱

（2）扰动计算及在时间和频率上的平均

原始信号和下降信号的差值为

$$r_n(b) = S_n(b) - \overline{S}_n(b) \tag{14.7}$$

其中，下标 n 代表时间帧号，$r_n(b)$ 表示原始的扰动密度。PESQ 评价方法区别对待正扰动和负扰动。正扰动和负扰动对感知的影响不同。正扰动表明加入了噪声，负扰动表示谱受损或丢失。与增加的成分不同，由于掩蔽效应，丢失的成分不容易被感知到，因此，对正扰动和负扰动分别加上不同的权值。

掩蔽效应体现为

$$m_n(b) = 0.25 \min[S_n(b), \overline{S}_n(b)] \qquad (14.8)$$

据此，可以得到一个新的扰动密度

$$D_n(b) = \begin{cases} r_n(b) - m_n(b), & r_n(b) > m_n(b) \\ 0, & r_n(b) \leqslant m_n(b) \\ r_n(b) + m_n(b), & r_n(b) > -m_n(b) \end{cases} \qquad (14.9)$$

非对称因子由下式计算

$$\mathrm{AF}_n(b) = \begin{cases} 0, & \{[\overline{B}_n(b) + c]/[B_n(b) + c]\}^{1.2} < 3 \\ 12, & \{[\overline{B}_n(b) + c]/[B_n(b) + c]\}^{1.2} > 12 \\ \left(\dfrac{\overline{B}_n(b) + c}{B_n(b) + c}\right)^{1.2}, & \text{其他} \end{cases} \qquad (14.10)$$

其中，$B_n(b)$ 和 $\overline{B}_n(b)$ 分别表示原始信号和下降信号的 Bark 谱；常数 c 设置为 $c=50$。用以上因子计算非对称的扰动密度为

$$\mathrm{DA}_n(b) = \mathrm{AF}_n(b) \cdot D_n(b), \qquad 1 \leqslant b \leqslant 42 \qquad (14.11)$$

其中，$\mathrm{DA}_n(b)$ 代表非对称的扰动密度。图 14.5 为由响度谱得到的对称扰动及非对称扰动。非对称扰动与对称扰动相差一个比例因子 12。

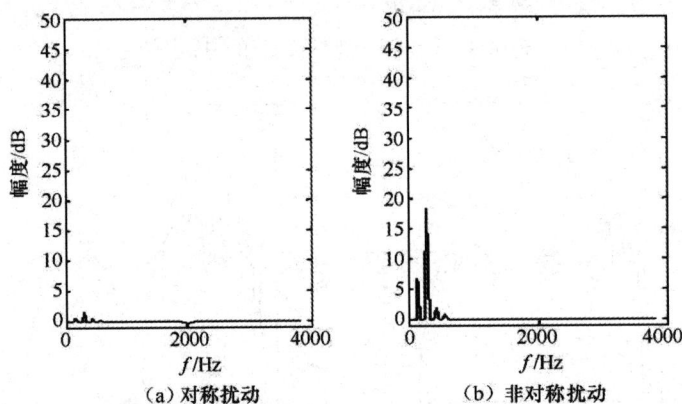

图 14.5　由响度谱得到的对称扰动和非对称扰动

最后，扰动密度和非对称扰动密度在频域按以下公式求和

$$D_n = \left(\sum_{b=1}^{N_b} W_b\right)^{1/2} \left\{\sum_{b=1}^{N_b} [|D_n(b)|W_b]^2\right\}^{1/2} \qquad (14.12)$$

$$\mathrm{DA}_n = \sum_{b=1}^{N_b} |\mathrm{DA}_n(b)|W_b \qquad (14.13)$$

其中，权值 W_b 是 Bark 频带的宽度。式（14.12）和式（14.13）称为帧的扰动。随后，将帧的扰动进行语音活动时间上的平均，得到 PESQ 值。

对所选取的帧计算响度谱的 MATLAB 代码见程序 14.3，输入为所选取的帧的标号及经过补偿的 Bark 谱。

【程序 14.3】 LoudnessCalculating.m

```
functionloudness_dens =LoudnessCalculating(...
frame, pitch_pow_dens)
globalabs_thresh_powerSlNbcentre_of_band_bark
% ––––––––––––––––––––––––––––––––––––––––––––––––––––––––––––––––––
%此函数实现式(14.6)所表示的响度谱的计算
%使用方法:  loudness_dens = LoudnessCalculating (frame, pitch_pow_dens)
%              frame – frame index
%              pitch_pow_dens–Bark spectral
%程序中用到的参数:
%   Sl = 0.1866
%   centre_of_band_bark =
%   [0.0787   0.3163   0.6366   0.9612   1.2905   1.6242   1.9626   2.3056   2.6534
%   3.0059   3.3632   3.7254   4.0924   4.4645   4.8415   5.2236   5.6109   6.0033
%   6.4009   6.8038   7.2120   7.6256   8.0446   8.4691   8.8992   9.3349   9.7763
%   10.2234   10.6762   11.1350   11.5996   12.0701   12.5467   13.0294   13.5182   14.0133
%   14.5146   15.0222   15.5362   16.0567   16.5838   17.1174]
%   abs_thresh_power =
%   1.0e+007 *
%   5.1286   0.2455   0.0071   0.0005   0.0001   0.0000   0.0000   0.0000
%   0.0000   0.0000   0.0000   0.0000
%   0.0000   0.0000   0.0000   0.0000   0.0000   0.0000   0.0000   0.0000   0.0000
%   0.0000   0.0000   0.0000
%   0.0000   0.0000   0.0000   0.0000   0.0000   0.0000   0.0000   0.0000   0.0000
%   0.0000   0.0000   0.0000
%   0.0000   0.0000   0.0000   0.0000   0.0000   0.0000
%   Nb   =   42
%调用例子: loudness_dens =LoudnessCalculating(frame, pitch_pow_dens)
% ––––––––––––––––––––––––––––––––––––––––––––––––––––––––––––––––––
ZWICKER_POWER= 0.23;
for band = 1: Nb
threshold = abs_thresh_power (band);
input = pitch_pow_dens (1+ frame, band);
if (centre_of_band_bark (band)< 4)
        h =   6 / (centre_of_band_bark (band)+ 2);
else
        h = 1;
end
if (h > 2)
        h = 2;
end
    h = h^ 0.15;
modified_zwicker_power = ZWICKER_POWER * h;
```

```
if (input > threshold)
loudness_dens (band)= ((threshold / 0.5)^modified_zwicker_power)...%10.44
              * ((0.5 + 0.5 * input / threshold)^modified_zwicker_power− 1);
else
loudness_dens (band)= 0;
end
loudness_dens (band)= loudness_dens (band)* Sl;
endend
if (h > 2)
          h = 2;
end
      h = h^ 0.15;
modified_zwicker_power = ZWICKER_POWER * h;
if (input > threshold)
loudness_dens (band)= ((threshold / 0.5)^modified_zwicker_power)...%10.44
              * ((0.5 + 0.5 * input / threshold)^modified_zwicker_power− 1);
else
loudness_dens (band)= 0;
end
loudness_dens (band)= loudness_dens (band)* Sl;
end
```

14.5　语音可懂度客观评价方法

由于可懂度与质量的不同性质，它们的客观评价方法也有所不同。语音可懂度的客观评价近年来引起了人们的重视，研究人员在现在评价方法的基础上进行改进或提出了新的可懂度评价方法。

14.5.1　频域加权分段信噪比评价方法及 MATLAB 实现

在评价语音可懂度时，计算频域加权分段信噪比的方法与评价语音质量时的方法一样，只是此时权值选为清晰语音在对应频带的能量指数，MATLAB 代码见程序 14.4。

【程序 14.4】FWSNRseg.m

```
functionfwseg_dist= FWSNRseg(cleanFile, enhancedFile);
% % --------------------------------------------------------------------------
%此函数实现式(14.2)中的频域加权分段信噪比的语音质量评价方法
%首先将信号通过临界频带滤波器,将语音分为 13 个或 25 个频带,
%计算每个频带的信噪比。再对每个频带的信噪比加权和归一化
%每个频带的权值选为清晰语音在对应频带的能量指数, W_freq(i)=(clean_energy(i))^gamma;
%使用方法:  fwSNRseg=FWSNRseg(cleanFile.wav, enhancedFile.wav)
%         cleanFile.wav  – clean input file in .wav format
%         enhancedFile   – enhanced output file in .wav format
%         fwSNRseg       – computed frequency weighted SNRseg in dB
```

```matlab
%              Note that large numbers of fwSNRseg are better.
%调用例子:   fwSNRseg =FWSNRseg('clean.wav','enhanced.wav')
ifnargin~=2
fprintf('USAGE: fwSNRseg=FWSNRseg(cleanFile.wav, enhancedFile.wav)\n');
fprintf('For more help, type: help FWSNRseg\n\n');
return;
end
[data1, Srate1, Nbits1]= wavread(cleanFile);
[data2, Srate2, Nbits2]= wavread(enhancedFile);
if ( Srate1~= Srate2)| ( Nbits1~= Nbits2)
error( 'The two files do not match!\n');
end
len= min( length( data1), length( data2));
data1= data1( 1: len)+eps;
data2= data2( 1: len)+eps;
wss_dist_vec= fwseg( data1, data2,Srate1);
fwseg_dist=mean(wss_dist_vec);
% ---------------------------------------------------------------------
function distortion = fwseg(clean_speech, processed_speech,sample_rate)
% ---------------------------------------------------------------------
%全局变量
global gamma;
gamma=1; %可以调整 gamma 值
% ---------------------------------------------------------------------
%检查清晰语音和增强语音的长度是否一致
% ---------------------------------------------------------------------
clean_length        = length(clean_speech);
processed_length    = length(processed_speech);
if (clean_length ~= processed_length)
disp('Error: Files must have same length.');
return
end
winlength    = round(30*sample_rate/1000);      %以采样点数表示的窗长
skiprate     = floor(winlength/4);              %以采样点数表示的窗移
max_freq     = sample_rate/2;                   %最大带宽
num_crit     = 25;                              %临界频带数量
USE_25=1;
n_fft        = 2^nextpow2(2*winlength);
n_fftby2     = n_fft/2;
% ---------------------------------------------------------------------
%定义临界频带滤波 (中心频率和带宽以 Hz 表示)
% ---------------------------------------------------------------------
cent_freq(1)   = 50.0000;    bandwidth(1)   = 70.0000;
cent_freq(2)   = 120.000;    bandwidth(2)   = 70.0000;
cent_freq(3)   = 190.000;    bandwidth(3)   = 70.0000;
```

```
cent_freq(4)   = 260.000;    bandwidth(4)   = 70.0000;
cent_freq(5)   = 330.000;    bandwidth(5)   = 70.0000;
cent_freq(6)   = 400.000;    bandwidth(6)   = 70.0000;
cent_freq(7)   = 470.000;    bandwidth(7)   = 70.0000;
cent_freq(8)   = 540.000;    bandwidth(8)   = 77.3724;
cent_freq(9)   = 617.372;    bandwidth(9)   = 86.0056;
cent_freq(10) = 703.378;    bandwidth(10) = 95.3398;
cent_freq(11) = 798.717;    bandwidth(11) = 105.411;
cent_freq(12) = 904.128;    bandwidth(12) = 116.256;
cent_freq(13) = 1020.38;    bandwidth(13) = 127.914;
cent_freq(14) = 1148.30;    bandwidth(14) = 140.423;
cent_freq(15) = 1288.72;    bandwidth(15) = 153.823;
cent_freq(16) = 1442.54;    bandwidth(16) = 168.154;
cent_freq(17) = 1610.70;    bandwidth(17) = 183.457;
cent_freq(18) = 1794.16;    bandwidth(18) = 199.776;
cent_freq(19) = 1993.93;    bandwidth(19) = 217.153;
cent_freq(20) = 2211.08;    bandwidth(20) = 235.631;
cent_freq(21) = 2446.71;    bandwidth(21) = 255.255;
cent_freq(22) = 2701.97;    bandwidth(22) = 276.072;
cent_freq(23) = 2978.04;    bandwidth(23) = 298.126;
cent_freq(24) = 3276.17;    bandwidth(24) = 321.465;
cent_freq(25) = 3597.63;    bandwidth(25) = 346.136;
if USE_25==0   %使用 13 个频带
    % ------将临界频带连在一起------------------
    k=2;
    cent_freq2(1)=cent_freq(1);
bandwidth2(1)=bandwidth(1)+bandwidth(2);
for i=2:13
        cent_freq2(i)=cent_freq2(i-1)+bandwidth2(i-1);
bandwidth2(i)=bandwidth(k)+bandwidth(k+1);
        k=k+2;
end
bw_min=bandwidth2 (1);                    %最小临界频带
else
bw_min=bandwidth(1);
end
% ----------------------------------------------------------------
%设置临界频带滤波, 这里使用的是高斯滤波。同时,
%每个临界频带滤波权值的和相同。小于-30dB 的滤波设置为零
% ----------------------------------------------------------------
min_factor = exp (-30.0 / (2.0 * 2.303));        % -30dB 滤波点
if USE_25==0
num_crit=length(cent_freq2);
for i = 1:num_crit
        f0 = (cent_freq2 (i)/max_freq)* (n_fftby2);
```

```matlab
        all_f0(i)= floor(f0);
bw = (bandwidth2 (i)/max_freq)* (n_fftby2);
norm_factor = log(bw_min)- log(bandwidth2(i));
        j = 0:1:n_fftby2-1;
crit_filter(i,:)= exp (-11 *(((j - floor(f0))./bw).^2)+ norm_factor);
crit_filter(i,:)= crit_filter(i,:).*(crit_filter(i,:)>min_factor);
end
else
for i = 1:num_crit
        f0 = (cent_freq (i)/max_freq)* (n_fftby2);
        all_f0(i)= floor(f0);
bw = (bandwidth (i)/max_freq)* (n_fftby2);
norm_factor = log(bw_min)- log(bandwidth(i));
        j = 0:1:n_fftby2-1;
crit_filter(i,:)= exp (-11 *(((j - floor(f0))./bw).^2)+ norm_factor);
crit_filter(i,:)= crit_filter(i,:).*(crit_filter(i,:)>min_factor);
end
end
num_frames = clean_length/skiprate-(winlength/skiprate);        %帧数
start       = 1;                                                %出发点
window     = 0.5*(1 - cos(2*pi*(1:winlength)'/(winlength+1)));
forframe_count = 1:num_frames
    % ------------------------------------------------------------------
    % (1)得到加窗的清晰和增强语音帧
    % ------------------------------------------------------------------
clean_frame = clean_speech(start:start+winlength-1);
processed_frame = processed_speech(start:start+winlength-1);
clean_frame = clean_frame.*window;
processed_frame = processed_frame.*window;
    % ------------------------------------------------------------------
    % (2)计算清晰和增强语音帧的频谱
    % ------------------------------------------------------------------
clean_spec     = abs(fft(clean_frame,n_fft));
processed_spec = abs(fft(processed_frame,n_fft));
%区域内频谱归一化
clean_spec=clean_spec/sum(clean_spec(1:n_fftby2));
processed_spec=processed_spec/sum(processed_spec(1:n_fftby2));
%   ------------------------------------------------------------------
% (3)计算输出能量
%   ------------------------------------------------------------------
clean_energy     =zeros(1,num_crit);
processed_energy=zeros(1,num_crit);
error_energy     =zeros(1,num_crit);
W_freq          =zeros(1,num_crit);
for i = 1:num_crit
```

```
clean_energy(i)= sum(clean_spec(1:n_fftby2)...
    .*crit_filter(i,:)');
processed_energy(i)= sum(processed_spec(1:n_fftby2)...
            .*crit_filter(i,:)');
 error_energy(i)=max((clean_energy(i)−processed_energy(i))^2,eps);
W_freq(i)=(clean_energy(i))^gamma;
end
SNRlog=10*log10((clean_energy.^2)./error_energy);
SNRlog_lim = min(max(SNRlog,−15),15);    % limit between [−15, 15]
Tjm    = (SNRlog_lim+15)/30;
    AI    = max(0,sum(W_freq.*Tjm)/sum(W_freq)); %公式(14.5)
distortion(frame_count)=AI ;
start = start + skiprate;
end;
```

14.5.2 归一化协方差（NCM）评价方法及 MATLAB 实现

NCM（Normalize Covariance Measure）评价方法基于清晰语音（输入）和增强语音（输出）的包络信号之间的协方差。NCM 评价方法计算如下：清晰语音带通滤波跨越信号带宽的 K 个频带，K 通常取为 20。基于希尔伯特变换计算每一频带的包络并且下采样到 25Hz，从而限制了包络调制频率为 0~12.5Hz。$x_i(t)$ 为清晰（探测）语音信号的第 i 个频带的下采样包络，$y_i(t)$ 为增强（响应）语音信号的下采样包络，在第 i 个频带的归一化方差计算为

$$r_i = \frac{\sum_t [x_i(t) - m_i][y_i(t) - n_i]}{\sqrt{\sum_t [x_t(t) - m_i]^2}\sqrt{\sum_t [y_t(t) - n_i]^2}} \tag{14.14}$$

其中，m_i 和 n_i 分别是 $x_i(t)$ 和 $y_i(t)$ 包络的均值。r_i 值的范围为 $|r_i| \le 1$，r_i 值接近于 1 表明清晰语音和增强语音是线性相关的，r_i 值接近于 0 将表明清晰语音和增强语音是不相关的。其中每一频带的信噪比为

$$SNR_i = 10\log_{10}\left(\frac{r_i^2}{1 - r_i^2}\right) \tag{14.15}$$

每一频带的传输指数（TI）是使用下面的公式在 0 和 1 之间通过线性映射信噪比来计算的

$$TI_i = \frac{SNR_i + 15}{30} \tag{14.16}$$

最后，传输指数在所有频带平均以产生 NCM 指数，即

$$NCM = \frac{\sum_{i=1}^{K} W_i \times TI_i}{\sum_{i=1}^{K} W_i} \tag{14.17}$$

其中，W_i 是 K 个频带中每一频带的权值。

程序 14.5 是归一化协方差评价方法的 MATLAB 实现，其中权值选为清晰语音的能量指数。

【程序 14.5】NCM.m

```
functionncm_cov_weighted= NCM( c_f, n_f, noise_f)
% --------------------------------------------------------------------
%该函数实现式(14.17)所示的 NCM 指数计算
%使用方法:   ncm=NCM(c_f.wav, n_f.wav, noise_f.wav)
%          c_f.wav  - wav 格式的清晰语音文件
%          n_f.wav  - wav 格式的增强语音文件
%          noise_f.wav      噪声文件, 是增强语音与清晰语音之差
%          NCM 的取值范围为[0, 1]
% 调用举例:   ncm = NCM('clean.wav','enhanced.wav','noise.wav')
% --------------------------------------------------------------------
global M_CHANNELS
pw=1; %
x_c= wavread(c_f);
x_n= wavread(n_f);
nse= wavread( noise_f);                    %噪声信号
x= x_c;   % clean signal
y= x_n;   % noisy signal
z= nse;   % noise signal
%    CONSTANT
F_SIGNAL      =     8000;                %原始信号采样率
F_ENVELOPE    =     25;                  %包络信号的采样率,也可以为 100, 200, 400, 800

%    DEFINE BAND EDGES
M_CHANNELS    =     20;
% BAND         =      Band;
BAND         =       Get_Band(M_CHANNELS);
%    SUM IN CASE INPUTS ARE STEREO
if size(x,2)== 2, x = x*[0.5 0.5]'; end
if size(y,2)== 2, y = y*[0.5 0.5]'; end
%    NORMALIZE LENGTHS
Lx            =      length(x);
Ly            =      length(y);
Lnse          =      length(nse);
maxL=max(Lx,Ly);
maxL=max(maxL,Lnse);
x     =    [x ; zeros(maxL-Lx,1)];
y     =    [y ; zeros(maxL-Ly,1)];
nse   =    [nse ; zeros(maxL-Lnse,1)];
%    GENERATE BANDPASS FILTERS
for a = 1:M_CHANNELS,
    [B_bpA_bp]         =         butter( 4 , [BAND(a)BAND(a+1)]*(2/F_SIGNAL));
%      fprintf('[%d] %d %d\n',a,BAND(a),BAND(a+1));
    X_BANDS( : , a )     =      filter( B_bp , A_bp , x );
    Y_BANDS( : , a )     =      filter( B_bp , A_bp , y );
```

```
            N_BANDS( : , a )      =      filter( B_bp , A_bp , nse);        %噪声信号
end
%     CALCULATE HILBERT ENVELOPES, resampled at 25Hz
analytic_x           =        hilbert( X_BANDS );
X                    =        abs(analytic_x );
X                    =        resample( X , F_ENVELOPE , F_SIGNAL );
analytic_y           =        hilbert( Y_BANDS );
Y                    =        abs(analytic_y );
Y                    =        resample( Y , F_ENVELOPE , F_SIGNAL );
analytic_n           =        hilbert( N_BANDS );
NOISE                =        abs(analytic_n );
NOISE                =        resample( NOISE , F_ENVELOPE , F_SIGNAL );
% ------------------------------------------------------------------------
% ---依据清晰语音包络的均方根计算权值-----
[Ldx, pp]=size(X);
p=pw;
wghts=zeros(M_CHANNELS,1);

for i=1:M_CHANNELS
wp=norm(X(:,i),2)/sqrt(Ldx);
wghts(i)=wp^p;    % p=1
end;
% ---计算归一化的协方差---
for k= 1: M_CHANNELS
x_tmp= X( :, k);
y_tmp= Y( :, k);
lambda_x= norm(x_tmp- mean( x_tmp))^2;
lambda_y= norm(y_tmp- mean( y_tmp))^2;
lambda_xy= sum( (x_tmp- mean( x_tmp)).* ...
        (y_tmp- mean(y_tmp)));
ro2(k)= (lambda_xy^ 2)/ (lambda_x* lambda_y);
asnr(k)= 10* log10( (ro2( k)+ eps)/ (1- ro2( k)+ eps));        %公式(14.15)
ifasnr(k)< -15
asnr(k)= -15;
elseifasnr(k)> 15
asnr(k)= 15;
end
      TI(k)= (asnr(k)+ 15)/ 30;                        %公式(14.16)
end
ncm_cov_weighted= wghts'*TI(:)/sum(wghts);        %公式(14.17)
% ------------------------------------------------------------------------
function BAND = Get_Band(M);
%此函数用于设置带通滤波的边界
A       =       165;
a       =       2.1;
```

```
K     =     1;
L     =     35;
CF = 300;
x_100 = (L/a)*log10(CF/A + K);
% CF = 8000;
CF = 3400;
x_8000 = (L/a)*log10(CF/A + K);
LX = x_8000 - x_100;
x_step = LX / M;
x = [x_100:x_step:x_8000];
if length(x) = = M, x(M+1)= x_8000; end
BAND = A*(10.^(a*x/L)- K);
```

习　题　14

14.1　什么是语音质量？什么是语音的可懂度？

14.2　常用的质量主观评价方法有哪些？常用的客观评价方法有哪些？

14.3　常用的可懂度主观评价方法有哪些？常用的客观评价方法有哪些？

14.4　根据式（14.2），参考程序 14.1 计算语音的质量。

14.5　根据复倒谱的计算公式 $c(m)=a_m+\sum_{k=1}^{m-1}\dfrac{k}{m}c(k)a_{m-k}$，$1\leqslant m\leqslant p$，写出根据 LPC 系统计算复倒谱的

MATLAB 函数 function[cep]=lpc2cep(a)，其中 a 为 LPC 系数向量，cep 为复倒谱系数向量。

14.6　根据式（14.3），参考程序 14.2 及复倒谱的计算函数，计算语音质量的客观评价值。

14.7　基于 MATLAB 中数字滤波器的频率响应函数 freqz，画出 NCM 评价方法中所用的巴特沃斯带通滤波器的波形。

参 考 文 献

[1] 赵伟. 面向高效语音合成的深度神经网络声学建模研究[D]. 浙江大学, 2023.

[2] 潘孝勤, 芦天亮, 杜彦辉, 等. 基于深度学习的语音合成与转换技术综述[J]. 计算机科学, 2021, 48(08): 200-208.

[3] Kaur N, Singh P. Conventional and contemporary approaches used in text to speech synthesis: A review[J]. Artificial Intelligence Review, 2023, 56(7): 5837-5880.

[4] 金秀丽. 端到端语音识别算法研究与实现[D]. 兰州交通大学, 2023.

[5] Pandey A, Vishwakarma D K. Progress, achievements, and challenges in multimodal sentiment analysis using deep learning: A survey[J]. Applied Soft Computing, 2024, 152: 111206.

[6] 廖俊伟. 深度学习大模型时代的自然语言生成技术研究[D]. 电子科技大学, 2023.

[7] 刘泽新. 8～32kbit/s 宽带嵌入式变速率语音编解码算法研究[D]. 北京工业大学, 2007.

[8] Jemine, Corentin. Real-Time Voice Cloning[J]. Unpublished master's thesis, Université de Liège, Liège, Belgique, 2019.

[9] Yadav A, Vishwakarma D K. A Multilingual Framework of CNN and Bi-LSTM for Emotion Classification[C]. 2020 11th International Conference on Computing, Communication and Networking Technologies (ICCCNT), 2020: 1-6.

[10] 田子晗, 张涵, 周培勇. 基于自注意力机制改进的 SEGAN 语音增强[J]. 现代信息科技, 2024, 8(14): 64-68.

[11] 钱兴维, 张祥. 基于深度学习的声纹识别语音唤醒技术优化研究[J]. 电声技术, 2024, 48(06): 53-55.

[12] 赵力. 语音信号处理[M]. 2 版. 北京: 机械工业出版社, 2011.

[13] 蔡莲红, 黄德智, 蔡锐. 语音技术基础与应用[M]. 北京: 清华大学出版社, 2003.

[14] 胡航. 语音信号处理[M]. 哈尔滨: 哈尔滨工业大学出版社, 2009.

[15] 杨行峻, 迟惠生. 语音信号处理[M]. 北京: 电子工业出版社, 1995.

[16] 蔡莲红, 黄德智, 蔡锐. 现代语音技术基础与应用[M]. 北京: 清华大学出版社, 2003.

[17] Sanjit K. Mitra. 数字信号处理(基于计算机的方法)[M]. 孙洪, 余翔宇, 译. 北京: 电子工业出版社, 2005.

[18] 姚天任. 数字语音处理[M]. 武汉: 华中科技大学出版社, 2003.

[19] 易克初, 田斌, 付强. 语音信号处理[M]. 北京: 国防工业出版社, 2000.

[20] 王炳锡, 屈丹, 彭煊. 实用语音识别基础[M]. 北京: 机械工业出版社, 2005.

[21] 韩纪庆, 张磊, 郑铁然. 语音信号处理[M]. 北京: 清华大学出版社, 2013.

[22] 王让定, 柴佩琪. 语音倒谱特征的研究[J]. 计算机工程, 2003, 29(13): 31-33.

[23] L. R. 拉宾纳, R. W. 谢佛. 语音信号数字处理[M]. 北京: 科学出版社, 1983.

[24] Oppenheim A V, Schafer R W. Discrete-time Signal Processing[M]. Prentice-Hall, 1989.

[25] 张刚, 张雪英, 马建芬. 语音处理与编码[M]. 北京: 兵器工业出版社, 2000.

[26] 孟飚. 8kbit/s CS-ACELP 语音编码算法的研究与实现[D]. 太原理工大学, 2003.

[27] 白国栋. 自适应多速率宽带语音编码算法的仿真实现及研究[D]. 太原理工大学, 2008.

[28] 王炳锡, 王洪. 变速率语音编码[M]. 西安: 西安电子科技大学出版社, 2004.

[29] 鲍长春. 低比特率数字语音编码基础[M]. 北京: 北京工业大学出版社, 2001.

[30] 温斌. 中低速率语音编码技术的发展及应用[J]. 电信科学, 1996(10): 35-38.

[31] 赵晓群. 数字语音编码[M]. 北京: 机械工业出版社, 2007.

[32] 李昌立, 吴善培. 数字语音-语音编码实用教程[M]. 北京: 人民邮电出版社, 2004.

[33] 胡征, 杨有为. 矢量量化原理与应用[M]. 西安: 西安电子科技大学出版社, 1988.

[34] 李凤莲, 张雪英. ISP 与 LSP 的特性比较[J]. 太原理工大学学报, 2008, (39): 581-584.

[35] Stephen S, Kuldip K P. A comparative study of LPC parameter representations and quantisation schemes for wide-band speech coding[J]. Digital Signal Processing, 2007, 17(1), 114-137.

[36] Yuval B, Shlomo P. Immittance Spectral Pairs(ISP) for speech Encoding[J]. IEEE Int Conf Acoust, 1993(2): 9-12.

[37] 俞铁城. 语音识别的发展现状[J]. 通信世界, 2005(2): 56-57.

[38] 拉宾纳. 语音识别的基本原理[M]. 北京: 清华大学出版社, 2002.

[39] 郑方. 非特定人连续数字识别方法与汉语语音数据库的研究[D]. 清华大学, 1992.

[40] 白静, 张雪英, 侯雪梅. 基于 RBF 神经网络的抗噪语音识别[J]. 计算机工程与应用, 2007, 43(22): 28-30.

[41] Kim D S, Lee S Y, Rhee M K. Auditory Processing of Speech Signals for Robust Speech Recognition in Real World Noisy Environments[J]. IEEE Transactions on Speech and Audio Processing, 1999, 7(1): 55-69.

[42] Rabiner L R. A Tutorial on Hidden Markov Model and Selected Applications in Speech Recognition[J]. Proc. of the IEEE, 1989, 77(2): 257-286.

[43] Bojana Gajic. Robust Speech Recognition Using Feature Based on Zero Crossing with Peak Amplitudes[J], ICASSP, 2003: 64-67.

[44] 赵姝彦. 基于 ZCPA 和 DHMM 的孤立词语音识别系统[D]. 太原理工大学, 2005.

[45] 焦志平. 改进的 ZCPA 语音识别特征提取算法研究[D]. 太原理工大学, 2005.

[46] 梁五洲. 抗噪语音识别特征提取算法的研究[D]. 太原理工大学, 2006.

[47] 弗朗索瓦·肖莱. Python 深度学习[M]. 张亮, 译. 北京: 人民邮电出版社, 2018.

[48] 李金洪. PyTorch 深度学习和图神经网络. 卷 1. 基础知识[M]. 北京: 人民邮电出版社, 2021.

[49] 邱锡鹏. 神经网络与深度学习[M]. 北京: 机械工业出版社, 2020.

[50] 阿斯顿·张, 李沐, 扎卡里·C. 立顿, 等. 动手学深度学习[M]. 北京: 人民邮电出版社, 2019.

[51] 吴茂贵, 郁明敏, 杨本法, 等. Python 深度学习: 基于 PyTorch[M]. 北京: 机械工业出版社, 2019.

[52] 董炳辰. 基于深度卷积神经网络的语音情感识别研究[D]. 武汉邮电科学研究院, 2021.

[53] 杨行峻, 郑君里. 人工神经网络与盲信号处理[M]. 北京: 清华大学出版社, 2003.

[54] 张雄伟, 陈亮, 杨吉斌. 现代语音处理技术及应用[M]. 北京: 机械工业出版社, 2007.

[55] 许建华, 张学工. 统计学习理论[M]. 北京: 电子工业出版社, 2004.

[56] 邓乃扬, 田英杰. 数据挖掘中的新方法——支持向量机[M]. 北京: 科学出版社, 2004.

[57] Chang C C, Lin C J. Training v-Support Vector Classifiers: Theory and Algorithms[J]. Neural Computation, 2001, 13(9): 2119-2147.

[58] Müller K R, Mika S, Rtsch G, et al. An Introduction to Kernel-Based Learning Algorithms[J]. IEEE Transactions on Neural Networks, 2001, 12(2): 181-201.

[59] Engin A, Derya A. Using Combination of Support Vector Machines for Automatic Analog Modulation Recognition[J]. Expert Systems with Applications, 2009, 36: 3956-3964.

[60] Suryannarayana Chandaka, Amitava Chatterjee, Sugata Munshi. Support Vector Machines Employing Cross-Correlation for Emotional Speech Recognition[J]. Measurement, 2009, 42: 611-618.

[61] Comon P. Independent component analysis, a new concept[J]. IEEE Trans. on Signal Processing, 1994, 36: 287-314.

[62] Hyvariene A. Independent component analysis[J]. John Wiley and Sons, 2001, 13(45): 411-430.

[63] Hyvarinen A, Oja E. A fast fixed-point algorithm for independent component analysis[J]. Neural Computation, 1997, 9(7): 1483-1492.

[64] Oja E. Convergence of the symmetrical FASTICA algorithm[J]. Proceedings of International Conference on Neural Information, 2002, 3: 1368-1372.

[65] 胡广书. 现代信号处理教程[M]. 北京: 清华大学出版社, 2004.

[66] 韩力群. 人工神经网络教程[M]. 北京: 北京邮电大学出版社, 2006.

[67] 周开利, 康耀红. 神经网络模型及其 MATLAB 仿真程序设计[M]. 北京: 清华大学出版社, 2005.

[68] J. D. 马卡尔. 语音信号线性预测[M]. 娄乃英, 译. 北京: 中国铁道出版社, 1987.

[69] Recommendation G. 729, Coding of speech at 8kbit/s using Conjugate-Structure Algebraic-Code-Excited Linear-Prediction (CS-ACELP)[S]. Geneva, Switzerland: ITU-T, March 1996.

[70] Recommendation P-862, Perceptual Evaluation of Speech Quality (PESQ)—An objective method for end-to-end speech quality assessment of narrowband telephone networks and speech codecs[S]. Geneva, Switzerland: ITU-T, 2001.

[71] Recommendation G. 721, A 32kbit/s Adaptive Differential Pulse-Code-Modulation(ADPCM)[S]. Red Books, CCITT, 1984.

[72] Oded Ghitza. Auditory models and human performance in tasks related to speech coding and speech recognition[J]. IEEE Transactions on Speech and Audio Processing, 1994, 2(1): 13-131.

[73] Recommendation G. 722. 2, Wideband Coding of Speech at Around 16kbit/s Using Adaptive Multi-Rate Wideband (AMR-WB)[S]. ITU-T, 2003.

[74] TS 26. 190. Adaptive multi-rate wideband speech codec: transcoding functions[S]. 3GPP, 2001.

[75] 李娟. 基音周期检测算法研究及在语音合成中的应用[D]. 太原理工大学, 2008.

[76] 柏静, 韦岗. 一种基于线性预测与自相关函数法的语音基音周期检测算法[J]. 语音技术, 2005, 43(4): 42-45.

[77] M J Ross, H L Shaffer, A Cohen, et al. Average Magnitude Difference Function Pitch Extractor[J]. IEEE Trans. on Acoustics Speech and Signal Proc, 1974, 22(5): 353-362.

[78] 鲍长春, 樊昌信. 基于归一化互相关函数的基音检测算法[J]. 通信学报, 1998, 19(10): 27-31.

[79] Zeng Y M, Wu Z Y, Liu H B, et al. Modified AMDF pitch detection algorithm[J]. Proceedings of the Second International Conference on Machine Learning and Cybernetics, 2003, 1: 470- 473.

[80] 王晓亚. 倒谱在语音的基音和共振峰提取中的应用[J]. 无线电工程, 2004, 34(01): 57-61.

[81] 朱维彬, 吕士楠. 基于语义的语音合成——语音合成技术的现状及展望[J]. 北京理工大学学报, 2007, 27(5): 408-412.

[82] 陶建华, 蔡莲红. 计算机语音合成的关键技术及展望[J]. 计算机世界, 2000(3): 20.

[83] 张后旗, 俞振利, 张礼和. 基于 TD-PSOLA 算法的汉语普通话韵律合成[J]. 科技通报, 2002, 18(1): 6-9.

[84] 刘建, 郑方, 邓菁, 等. 基于混合幅度差函数的基音提取算法[J]. 电子学报, 2006, 34(10): 1925-1928.

[85] 方青, 国辛纯, 洪锐. TD-PSOLA 算法对基音频率和时长的控制[J]. 电子测量技术, 2006, 29(6), 175-176.

[86] Ekman P, Friesen W V. Constants across cultures in the face and emotion[J]. Journal of Personality and Social Psychology, 1971, 17(2): 124-129.

[87] Ekman P, Freisen W V, Ancoli S. Facial signs of emotional experience[J]. Journal of Personality and Social Psychology, 1980, 39(6): 1125-1134.

[88] Cowie, Douglas-Cowie R E, Tsaptsoulis N. Taylor2001, Emotion recognition in humancomputer interaction[J]. IEEE Signal Processing Magazine, 2001, 18(1): 33-80.

[89] Russell J A. A circumplex model of affect[J]. Journal of Personality and Social Psychology, 1980, 39(6): 1161-1178.

[90] Mehrabian A, Russell J A. An Approach to Environmental Psychology[M]. Cambridge, USA: The MIT Press, 1974: 103-129.

[91] Mehrabian A. Pleasure-arousal-dominance: A general framework for describing and measuring individual differences in Temperament[J]. Current Psychology, 1996, 14(4): 261-292.

[92] Li X M, Zhou H T, Song S Z, et al. The reliability and validity of the Chinese version of Abbreviated PAD Emotion Scales[J]. Affective Computing and Intelligent Interaction, Proceedings, 2005, 3784: 513-518.

[93] 李晓明. PAD 三维情感模型[J]. 计算机世界, 2007-01-29(B14).

[94] Fontaine J R J, Scherer K R, Roesch E B, et al. The world of emotions is not two-dimensional[J]. Psychological Science, 2007, 18(12): 1050-1057.

[95] Marsella, Stacy C, Jonathan Gratch. EMA: A process model of appraisal dynamics. Cognitive Systems Research, 2009, 10(1): 70-90.

[96] 浦江. 需求影响下多层次认知-情感交互机理[J]. 北京邮电大学学报, 2014, 37(3): 109-114.

[97] Luca Chittaro, Milena Serra. Behavioral programming of autonomous characters based on probabilistic automata and personality[J]. Computer Animation and Virtual Worlds, 2004, 12(3-4): 319-326.

[98] 倪昕. 语料库支持的英语文语转换合成引擎[D]. 清华大学, 2004.

[99] 尤鸣宇. 语音情感识别的关键技术研究[D]. 浙江大学, 2007.

[100] 徐露, 徐明星, 杨大利. 面向情感变化监测的汉语情感语音数据库[J]. 清华大学学报（自然科学版）, 2009, S1(49): 1413-1418.

[101] 孙颖. 情感语音识别与合成的研究[D]. 太原理工大学, 2011.

[102] 张雪英, 孙颖. 语音情感识别[M]. 北京：科学出版社, 2021.

[103] 张婷. 基于 PAD 三维情感模型的情感语音研究[D]. 太原理工大学, 2018.

[104] Burkhardt F, Paeschke A, Rolfes M, et al. A database of German emotional speech[C]//INTERSPEECH 2005-Eurospeech, European Conference on Speech Communication and Technology, Lisbon, Portugal. 2005: 1217-1220.

[105] Busso C，Bulut M，Lee C C，et al．IEMOCAP：Interactive emotional dyadic motion capture database [J]. Language resources and evaluation，2008, 42(4)：335-359.

[106] Busso, Carlos, et al. MSP-IMPROV: An acted corpus of dyadic interactions to study emotion perception[J]. IEEE Transactions on Affective Computing, 2017, 8(1): 67-80.

[107] Dias Issa, M. Fatih Demirci, Adnan Yazici. Speech emotion recognition with deep convolutional neural networks[J]. Biomedical Signal Processing and Control, 2020, 59(1): 101894.

[108] Md. R A, Salekul I, A. KMMI, et al. An Ensemble 1D-CNN-LSTM-GRU Model with Data Augmentation for Speech Emotion Recognition[J]. Expert Systems with Applications, 2022, 218: 119633.

[109] 靳晨升. 语音增强算法的研究[D]. 太原理工大学, 2001.

[110] 欧世峰. 变换域语音增强算法的研究[D]. 吉林大学, 2009.

[111] H. Lev-Ari, Y. Ephraim. Extension of the signal subspace speech enhancement approach to colored noise[J]. IEEE Signal Processing Letters, 2003, 4(10): 104-106.

[112] Zhu Y, Xu X, Ye. Flgcnn: A novel fully convolutional neural network for end-to-end monaural speech enhancement with utterance-based objective functions[J]. Applied Acoustics, 2020, 170: 107511.

[113] Loizou P C. Speech enhancement: theory and practice[M]. CRC Press, Inc. 2007.

[114] 许春冬, 张震, 战鸽, 等. 面向语音增强的约束序贯高斯混合模型噪声功率谱估计[J]. 声学学报, 2017, 42(05): 633-640.

[115] Ephraim Y, Malah D, Juang B H. On the application of hidden Markov models for enhancing noisyspeech [C]// International Conference on Acoustics. IEEE Xplore, 1989, 1: 533-536.

[116] Deny J, Densi J, Sivasankarai N, et al. Approaches to iterative speech feature enhancement and recognition using HMM and modified HMM[J]. International Journal of Advanced Information Science and Technology, 2012, 1: 44-51.

[117] Ephraim Y, Trees H V. A signal subspace approach for speech enhancement[J]. IEEE Transactions on Speech and Audio Processing, 1995, 3(4): 251-266.

[118] 贾海蓉, 王卫梅, 王雁, 等. 区分性联合稀疏字典交替优化的语音增强[J]. 西安电子科技大学学报, 2019, 46(03): 74-81.

[119] 李煦, 王子腾, 王晓飞, 等. 采用性别相关的深度神经网络及非负矩阵分解模型用于单通道语音增强[J]. 声学学报, 2019, 44(02): 221-230.

[120] Shimada K, Bando Y, Mimura M, et al. Unsupervised speech enhancement based on multichannel NMF-informed beamforming for noise-robust automatic speech recognition[J]. IEEE/ACM Transactions on Audio, Speech, and Language Processing, 2019, 27(5): 960-971.

[121] Xu L, Wei Z, Zaidi S, et al. Speech enhancement based on nonnegative matrix factorization in constant-Q frequency domain[J]. Applied Acoustics, 2020, 174: 107732.

[122] 徐勇. 基于深层神经网络的语音增强方法研究[D]. 中国科学技术大学, 2015.

[123] 张雪英. 数字语音处理及 MATLAB 仿真[M]. 北京：电子工业出版社, 2010.

[124] 梅淑琳. 基于人耳听觉的双通道 DNN 助听器语音增强研究[D]. 太原理工大学, 2021.

[125] Chen J T, Wang Y X, Wang D L. A feature study for classification-based speech separation at low signal-to-noise ratios[J]. IEEE/ACM Transactions on Audio Speech & Language Processing, 2014, 22(12): 1993-2002.

[126] Piczak K J. Environmental sound classification with convolutional neural networks[C]//2015 IEEE 25th International Workshop on Machine Learning for Signal Processing (MLSP). IEEE, 2015: 1-6.

[127] 肖纯鑫, 陈雨. 基于循环神经网络的实时语音增强算法[J]. 计算机工程与设计, 2021, 42(07): 1989-1994.

[128] Cho K, Merrienboer B V, Gulcehre C, et al. Learning phrase representations using RNN encoder-decoder for statistical machine translation[J]. Computer Science. 2014: 1724-1734.

[129] Deliang Wang, Kjems U, Pedersen M S, et al. Speech intelligibility in background noise with ideal binary time-frequency masking[J]. Journal of the Acoustical Society of America, 2009, 125(4): 2336.

[130] 何淇. 基于混合特征感知的语音增强算法研究与实现[D]. 北京交通大学, 2022.

[131] 徐宇卓. 语音可懂度客观评价方法的研究[D]. 太原理工大学, 2015.

[132] Ma J, Hu Y, Loizou P C. Objective measures for predicting speech intelligibility in noisy conditions based on new band-importance functions[J]. Journal of the Acoustical Society of America, 2009, 125(5): 3387-3405.